U0939893

城市绿地景观规划与设计

主编 郭 征 郭忠磊 豆苏含

中国原子能出版社

图书在版编目 (CIP) 数据

城市绿地景观规划与设计 / 郭征，郭忠磊，豆苏含主编 . -- 北京 : 中国原子能出版社，2019.4

ISBN 978-7-5022-9760-2

Ⅰ . ①城… Ⅱ . ①郭… ②郭… ③豆… Ⅲ . ①城市绿地—绿化规划—研究—中国②城市绿地—景观设计—研究—中国 Ⅳ . ① TU985.2

中国版本图书馆 CIP 数据核字（2019）第 075336 号

内容简介

随着我国现代工业及城市化的快速发展，城市人口密度的增加，企业及汽车数量的不断增多，城市环境日益严峻，为改善城市环境，创造宜居的城市空间，需要不断加大城市绿地景观系统的规划，提高城市绿地景观系统的比例，以改善城市生态环境。本书从多个角度入手，对城市绿地景观规划与设计进行研究。

本书在内容编写上注重理论与实践相结合，图文并茂，可读性强。可作为普通高校园林工程技术、景观设计、环境艺术设计专业的教学参考书，也可供园林绿化工作者和园林爱好者阅读参考。

城市绿地景观规划与设计

出版发行　中国原子能出版社（北京市海淀区阜成路 43 号 100048）
责任编辑　张　琳
责任校对　冯莲凤
印　　刷　北京亚吉飞数码科技有限公司
经　　销　全国新华书店
开　　本　787mm × 1092mm　1/16
印　　张　24.25
字　　数　620 千字
版　　次　2019 年 8 月第 1 版　2024 年 9 月第 2 次印刷
书　　号　ISBN 978-7-5022-9760-2　　定　　价　96.00 元

网　　址：http://www.aep.com.cn　　E-mail:atomep123@126.com
发行电话：010-68452845

编委会

前　言

随着我国现代工业及城市化的快速发展，城市人口密度的增加，企业及汽车数量的不断增多，城市环境日益严峻，为改善城市环境，创造宜居的城市空间，需要不断加大城市绿地景观系统的规划，提高城市绿地景观系统的比例，以改善城市生态环境。景观功能是在生态功能基础上对城市环境的改造，是为创造宜居环境而作的设计。

我国造园史可以追溯到几千年前，有着堪称世界上经典的传统园林范例，为此有世界园林之母之美誉；而园林设计在实践中发展、演化和与现代社会的融合接轨，又是近几十年的事，所以园林设计在我国是一门古老而又年轻的学科。过去人们眼中的公园形象基本是绿荫下的亭台，而随着近年来的经济发展，对城市园林设计的功能定位也逐渐健全，越来越多的公园、广场、生态廊道、风景区等成为现代城市的标志，对城市园林生态、景观、文化、休憩和减灾避险的功能定位，已从传统园林到城市绿化，再到城郊一体化的大地景观，园林规划设计的观念逐步深化和完善，领域逐步在拓宽。设计师一方面从传统文化中汲取营养，另一方面又在设计中加入新思潮、新理念，因此涌现出了一大批优秀的作品。

本书在编写过程中，为力求资料科学、准确，主要参考了陈从周编写的《说园》、杜汝俭等编写的《园林建筑设计》、胡长龙编写的《城市园林绝对化设计》、胡先祥等编写的《园林规划设计》、刘福智等编写的《风景园林建筑设计指导》、李贞等编写的《城市园林设计理论与实践》、唐学山等编写的《园林设计》、张德炎等编写的《园林规划设计》、马杰等编写的《彩叶植物生产栽培及应用》、李敏编写的《城市绿地系统与人居环境规划》等著作，并广泛浏览了“中国园林网”“百度文库”“360 百科”“中国风景园林网”“园林设计网”“青青花木网”等网站，还得到了河南农业大学、信阳农林学院一些老师的建议，在此一并向各位老师、作者表示感谢。

本书编者依据我国有关城市规划法规和条例，按照现代化城市高质量的生态环境要求，结合多年来教学与园林景观设计的实践经验，吸收国内外最新研究成果，加以研究探索，逐步整理编写而成，在内容编写上注重理论与实践相结合，图文并茂，可读性强。可作为普通高校园林工程技术、景观设计、环境艺术设计专业的教学参考书，也可供园林绿化工作者和园林爱好者阅读参考。由于编写时间仓促，学术水平有限，错误和不妥之处在所难免，敬请读者批评指正。

编　者

2019 年 3 月

目　录

第一章 绪 论

城市绿地是随着园林事业的发展而产生的，如果说城市是人类用智慧铸就在地球上的皇冠，那么园林就是镶嵌在皇冠上的钻石、明珠。园林是艺术，园林是美，园林是科学，园林是人类智慧的结晶，城市绿地是社会生产力及人类文明发展到一定高度的必然产物。

第一节 城市绿地的定义及范畴

城市绿地是指用以栽植树木花草和布置的配套设施，基本上由绿色植物所覆盖，并赋以一定的功能与用途的场地。城市绿化能够提高城市自然生态质量，有利于环境保护；提高城市生活质量，调试环境心理；增加城市地景的美学效果；增加城市经济效益；有利于城市防灾；净化空气污染。

广义的城市绿地，指城市规划区范围内的各种绿地。包括六大类型：公共绿地，即各种公园、游憩林荫带；居住区绿地；交通绿地；附属绿地；生产防护绿地；位于市内或城郊的风景区绿地，即风景游览区、休养区、疗养区等。

不属于城市绿地的有：

（1）屋顶绿化、垂直绿化、阳台绿化和室内绿化；

（2）以物质生产为主的林地、耕地、牧草地、果园和竹园等地；

（3）城市规划中不列入“绿地”的水域。

狭义的城市绿地，指面积较小、设施较少或没有设施的绿化地段，区别于面积较大、设施较为完善的“公园”。

“绿地”作为城市规划专门术语，在国家现行标准《城市用地分类与规划建设用地标准》（GB50137 — 2011）中指城市建设用地的一个大类，其中包括公共绿地、生产和防护绿地两个种类。

“绿道”是一种线形的绿色开敞空间，通常沿着河滨、溪谷、山脊、风景道路等自然和人工廊道建立，内设可供行人和骑车人进入的景观游憩线路，连接主要的公园、自然保护区、风景名胜区、历史古迹和城乡居住区等，有利于更好地保护和利用自然、历史文化资源，并为居民提供充足的游憩和交往空间。从规划建设思想来看，绿道建设基本不需要占用建设用地指标，具有投资少、见效快的特点，符合建设低碳城市的发展要求，也是扩大内需、刺激消费，推动经济发展的有效举措之一；还可以全面提升城乡居民的生活质量，完善城市功能，强化地方风貌特征，提升发展品位。因此，在低碳、环保生活理念倡导下，绿道建设已经成为了国际运动。

城市绿地和园林是不可分割的，但是“园林”一词由来已久。北魏杨衒之《洛阳伽蓝记·城东》:“惟伦最为豪侈,斋宇光丽,服翫精奇,车马出入,逾于邦君。园林山池之美,诸王莫及。”晋张翰《杂诗》:“暮春和气应,白日照园林。”唐代贾岛《郊居即事》:“住此园林久,其如未是家。”姚合《扬州春词》:“园林多是宅,车马少于船”,明代刘基《春雨三绝句》:“春雨和风细细来,园林取次发枯荄。”清代吴伟业《晚眺》:“原庙寒泉里,园林秋草旁。”这里的“园林”,就是我们今天所谓的有假山水榭、亭台楼阁、花草树木,可供人休息和游赏的地方。

在我国古代园林称为苑、囿、园、圃、苑囿、园池、庭园、别墅、山庄等。

《中国大百科全书》称园林(park and garden)是“在一定的地域运用工程技术和艺术手段,通过改造地形(或进一步筑山、叠石、理水)、种植树木花草、营造建筑和布置园路等途径创作而成的美的自然环境和游憩境域”。园林的范围包括庭园、宅园、小游园、花园、公园、植物园和动物园等,随着园林学科的发展还包括森林公园、风景名胜区、自然保护区、国家公园的游览区以及休疗养胜地等。这个定义概括了园林的特点和构成范围,包含以下几点:

(1)园林是一个供人们观赏、休闲、游憩的场所,一个户外的活动空间或视觉空间,这个空间有大尺度的,也有小尺度的,大尺度的如森林公园、风景名胜区等,小尺度的如街道小游园、庭院绿化等。

(2)园林的构成要素有地形、水体、山石、建筑、植物等,它们的和谐搭配形成了园林的不同类型和风格。园林的构成要素在园林中并不是随机地、任意地组合在一起的,而是互相联系、有机地组合在一起的,各种构成要素的使用比例,也不是任意的,而是根据园林形式和园林风格的变化而变化的。园林作为艺术品,它的风格必然与文化传统、历史条件、地理环境有着密切的关系,也带有一定的阶级烙印。

(3)园林既是物质产品,又是精神产品,它和雕塑、建筑等都属三维空间的造型艺术,但园林和雕塑、建筑等的根本区别在于它是一个自然物的开放空间。园林的营造是在经济、技术条件的制约下,在满足使用功能和生态功能的前提下,艺术地布局,从而既形成了一个赏心悦目的户外环境,满足了大众的精神需求,又维护了国土安全和环境生态效益的平衡。

随着时代的发展和经济全球化,园林学科将向社会的广度与深度渗透,现代园林的社会属性、文化内涵与构成范围又会有新的发展。

第二节　园林景观发展史

一、中国园林发展及演变

就我国的园林艺术而言,如果从殷、周时代囿的出现算起,至今已有3000多年的历史,是世界园林艺术起源最早的国家之一,在世界园林史上占有极重要的位置,并具有极其高超的艺术水平和独特的民族风格。在世界各个历史文化交流的阶段中,我国“妙极自然,宛自天开”的自然式山水园林的理论以及创作实践的影响所及,不仅对日本、朝鲜等亚洲国家影响深远,而且对欧洲一些国家的园林艺术创作也都产生过很大的影响。为此,我国园林被誉为世界造园史上的渊源之一。

自唐、宋始，我国的造园技术传入日本、朝鲜等国。明末计成的造园理论专著《园冶》流入日本，对日本园林的发展产生了很大的影响，至今日本许多园林建筑的题名都还沿用古典汉语。特别是在公元13世纪，意大利旅行家马可·波罗就把杭州西湖的园林称誉为“世界上最美丽华贵之城”，从而使杭州的园林艺术名扬海外。今天，它更是世界旅游者心中向往的游览胜地。

我国古典园林建造的历史始于何时，至今尚无明确的定论。但从园林建筑的使用性质来分析，园林主要是为满足游憩、文化娱乐、起居的要求而兴建，而使用者则必须占有一定的物质财富和劳动力，才有可能建造供他们游憩享乐的园林。所以，我国古典园林的形成与发展是社会生产力发展到一定水平并同时形成了与之相适应的生产关系后的必然产物。

在人类的生产能力很低，改造自然、征服自然的能力很弱，只有依靠群体的力量才能获得生活资料的原始社会，是不存在造园活动的。《礼记·札记》：“昔者先王未有宫室，冬则居营窟，夏则居橧巢。未有火化，食草木之实，鸟兽之肉，饮其血，茹其毛；未有麻丝，衣其羽皮。”即便是到了旧、新石器时代的繁荣时期，有了典型的村落，出现锄耕农业和家畜饲养，手工制作的彩陶形态和花纹都很精致，有些陶器上还刻有类似文字的符号。但此时的劳动生产率还是十分低下。

在原始社会母系氏族公社时期（仰韶文化），原始居民的房屋属于半地下式，结构比较简单，见图1–1。

图1–1 西安半坡仰韶文化遗址方形房屋复原图

到了原始社会的末期父系氏族公社（龙山文化），原始居民的房屋结构有了新的变化，虽然还是半地下式，但其结构已经比较复杂了，见图1–2 。

从原始社会转变为奴隶社会，社会生产力水平提高，商品交换扩大，奴隶主的财富不断增加，他们的思想和趣味也随之起了变化。这时，既有奴隶经济基础的剩余生活资料可供奴隶主使用，又有劳动力可供他们驱使，这就为建造满足他们奢侈享乐生活所需的园林提供了条件。如在我国古代第一个奴隶制国家夏朝，农业和手工业都有相当的发展，那时已有青铜器，人们使用锛、凿、刀、锥、戈等工具，为建造园林提供了技术上的条件。因此，在夏朝已经出现了宫殿建筑。

商朝的甲骨文是商代文化的巨大成就，文字构造以象形为主，现已识别的字约有两千个。商代已有立法，有相当的天文知识，雕刻艺术也很发达。从商朝的经济、技术、文化艺术的发展情况看，当时已具备了造园活动的基础。而甲骨文中又有园、圃、囿等字的出现，这也就引起了园林的营造活动到底是开始于商朝还是周朝，以及最初形式是园、圃，还是囿的讨论。

到了商代已经有了木骨架结构的宫殿。以后的各个朝代不但有了宫殿，而且有了与之相配套的园林，见图 1-3。

图 1-2　河南陕县庙底沟龙山文化遗址房屋复原图

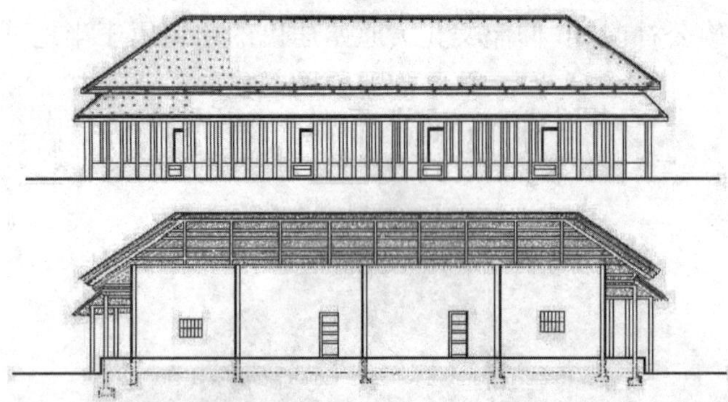

图 1-3　湖北盘龙城宫殿复原图（上为南立面图，下为剖面图）

古代文献中有不少关于园林的记载，如《周礼》："园圃树果瓜，时敛而收之"；《说文》："囿，养禽兽也"；《周礼地官》："囿人，……掌囿游之兽禁，牧百兽"；等等，说明囿的作用主要是放牧百兽，以供狩猎游乐。在园、圃、囿三种形式中，囿具备了园林活动的内容，如周文王的"灵囿"。据《孟子》记载："文王之囿，方七十里"，其中养有兽、鱼、鸟等，不仅供狩猎，同时也是周文王欣赏自然之美，满足他的审美享受的场所。可以说，囿是我国古典园林的一种最初形式。

到了封建社会的秦代，秦始皇完成了统一中国的大业。在建立了前所未有的民族统一的大国后，连续不断地营建宫、苑，大小不下三百处，其中最为有名的应推上林苑中的阿房宫，周围三百里，内有离宫七十所，"离宫别馆，弥山跨谷"。可以想见，规模是多么宏伟。

在终南山顶上建阙，在当时来说已算是一种高大的建筑物了。山本静，水流则动。当时人们已经懂得了这其中的道理，把樊川的水引来做池，苑中还有涌泉、瀑布，以及种类繁多的动植物，规模相当壮观。

汉代所建宫苑以未央宫、建章宫、长乐宫规模为最大。汉武帝在秦上林宛的基础上继续扩大，苑中有宫，宫中有苑，在苑中分区养动物，栽培各地的名果奇树多达 3000 种，不论是其内容和规模都是相当可观的。

从三国到隋朝统一中国的四百六十多年中，由于战乱较多，在没落、无为、循世和追求享乐的思想影响之下，宫苑建筑之风盛行，又因当时建筑技术与材料已相当发达，建筑装饰中色彩丰富以及优美的纹样图案等，都为造园活动提供了技术与艺术的条件。

这一时期有影响的苑室，如三国时代曹操所建的铜雀台，台是建在南北五里、东西七里的郓城（今河南临漳），规模虽不算太大，规划却相当合理，说明当时的城市规划也有了进一步的发展。就台本身来说，已经不是一般的建筑，出现了五层楼阁，可以说它是当时的高层建筑了。在台与台之间设有可以放置或卸下的阁道（类似浮桥），而且是用机械设备开动，足以说明当时工程技术的进步。

三国魏晋时期出现了许多擅长山水画的名手。他们善于画山峰、泉、丘、壑、岩等。在此基础上，画家所创造的构图、色彩、层次和美好的意境等往往被造园艺术所借鉴。

这时文人士大夫崇尚玄谈隐世，寄情山水，更有文人画家以风雅自居。因此，该时期的造园活动将所谓“诗情画意”也运用到园林艺术之中来了，为隋唐的山水园林艺术发展打下了基础。

三国时，魏文帝还“以五色石起景阳山于芳林苑，树松竹草木、捕禽兽以充其中”。吴国的孙皓在建业（今南京）“大开苑圃，起土山楼观，功役之费以万计”。晋武帝司马炎重修“香林苑”，并改名为“华林苑”。

在以优美园林闻名于世的苏州，据记载在春秋、秦汉和三国时代，统治者已经开始利用这里明山秀水的自然条件，兴建花园，寻欢作乐。东晋顾辟疆在苏州所建辟疆园，应当是这个时期江南最早的私家园林。

南朝梁武帝修建“芳林苑”，“植嘉树珍果，穷极雕丽”。他还广建佛寺，自己三次舍身同泰寺，以麻痹人民。北朝统治者在盛乐（今内蒙古和林格尔县）建“鹿苑”，引附近武川之水注入苑内，广九十里，成为历史上结合内蒙古自然条件所建的重要的园林。

隋炀帝时更是大造宫苑，所建离宫别馆四十余所。杨广所建的宫苑以洛阳最宏伟的西苑而著称，据《隋书》记载：“西苑用二百里，其内为海，周十余里，为蓬莱、方丈、瀛洲诸山，高百余尺，台观殿阁，罗络山上，海北有渠，缘渠作十六院，门皆临渠，穷极华丽”，供其游玩的龙舟及其他船只数万艘，由此可以看出游园活动的规模之大。苑内有周长十余里的人工海，海中有百余尺高的三座海上神山造景，还有极多的殿堂楼观、动植物等。这种极尽豪华的园林艺术，在开池筑山、模仿自然、聚石引水、植林开涧等方面有若自然的造园手法，为以后的自然式造园活动打下了厚实的基础。

唐代是继秦汉以后我国历史上的极盛时期。此时期的造园活动和所建宫苑的壮丽，比以前更有过之而无不及。如在长安建有宫苑结合的“南内苑”“东内苑”“芙蓉苑”及骊山的“华清宫”等。著名的“华清宫”至今仍保留有唐代园林艺术风格，是极为珍贵的了。

宋代有著名的汴京“寿山艮岳”（今开封），周围十余里，规模大、景点多，其造园手法也比过去大有提高。

明朝在北京建有“西苑”等。清代更有占地 8400 多亩的热河“避暑山庄”（见图 1–4、图 1–5、图 1–6），以及与世界文化历史上著名的古迹、法国巴黎的凡尔赛宫相比拟的“圆明园”等（见图 1–7、图 1–8）。

如今，若把我国园林艺术约 3000 年的历史划分阶段的话，大致可分为：商朝产生了园林的雏形——囿；秦汉由囿发展到苑；唐宋由苑到园；明清则为我国古典园林的极盛时期。

从历史发展水平的角度可以将园林划分成四个发展阶段：

（1）第一阶段，狩猎社会的园林，自然从属型社会。

特点：认识水平不高，以宗教信仰园林空间（处于萌芽状态）为主。

（2）第二阶段，农业社会的园林，自然顺应型社会。

特点：世界各地园林形成了丰富多彩的时代风格、民族风格、地方风格。

（3）第三阶段，工业社会的园林，自然征服型社会。

18 世纪中叶，英国的产业革命带来了由农业社会向工业社会的转变。20 世纪，自然征服型（工业）社会的野蛮发展导致了地球环境的急剧恶化，主要表现在地球温暖化、酸雨以及野生生物的灭绝等方面。同时，也给城市环境带来了三大主要问题：城市人口爆发性的增加、人类生态系的突出，以及人工环境领域的扩大。

图 1-4　避暑山庄局部

图 1-5　避暑山庄观莲所

可以说人类在创造便利与富裕生活的同时，正在破坏着自已赖以生存的环境。园林出现了公园、都市绿地系统、田园都市等。这个时期园林具有三个共同特点：第一，园林为统治者、贵族、宗教者等少数人所有与享用。第二,园林空间为封闭的,内向型。第三,以追求精神享受为主,多忽视生态与环境效益。

(4)第四阶段,现代社会的园林,将朝着人类与自然处于共生关系的自然共生型社会发展,生物多样性将成为评价园林绿地的标准。

图 1-6 避暑山庄湖畔亭

图 1-7 圆明园局部“长春仙馆”图

图 1-8 圆明园局部“别有洞天”图

二、西方园林发展及演变

(一)古埃及与西亚园林

埃及与西亚邻近,埃及的尼罗河流域与西亚的幼发拉底河、底格里斯河流域同为人类文明的两个发源地,风景园林出现也很早。公元三千多年,古埃及在北非建立奴隶制国家。尼罗河沃土冲积,适宜于农业耕作,但国土的其余部分都是沙漠地带。尼罗河每年泛滥,退水之后需要丈量土地,因而发明了几何学。于是,古埃及人也把几何的概念用于园林设计。水池和水渠的形状方整规则，房屋和树木都按几何形状加以安排，是世界上最早的规整式园林设计。

1. 古埃及墓园、园圃

埃及法老（即国王）死后都兴建金字塔作王陵，并建墓园。金字塔浩大、宏伟、壮观，反映出当时埃及科学与工程技术已很发达。金字塔四周布置规则对称的林木，中轴为笔直的祭道，控制两侧均衡，塔前留有广场，与正门对应，营造庄严、肃穆的气氛（见图 1–9）。

图 1–9　古埃及第四王朝的墓园

古埃及奴隶主们为了坐享奴隶们创造的劳动果实，一味追求荒诞的享乐方式，包括大肆营造私园。尼罗河谷的园艺一向是很发达的，树木园、葡萄园、蔬菜园等遍布谷地，到公元前 16 世纪时已演变成为祭司重臣之类所建的具有审美价值的私园。这些私园周围有墙，其中除种植有果树、蔬菜之外，还有各种观赏树木和花草，甚至还养殖动物。这种形式和内容已超出了实用价值，具有观赏和游憩的性质。奴隶主的私园把绿荫和湿润的小气候作为追求的主要目标，把树木和水池作为主要内容。他们在园中栽植许多树木或藤本棚架植物，搭配鲜花美草，又在园中挖有池塘渠道，特别是还利用机械工具桔槔进行人工灌溉（见图 1–10）。这种私园大部分设在奴隶主私宅的附近或者就在私宅的周围，其面积延伸很大，私宅附近还有特意进行艺术加工的庭园（见图 1–11）。

图 1–10　古埃及桔槔

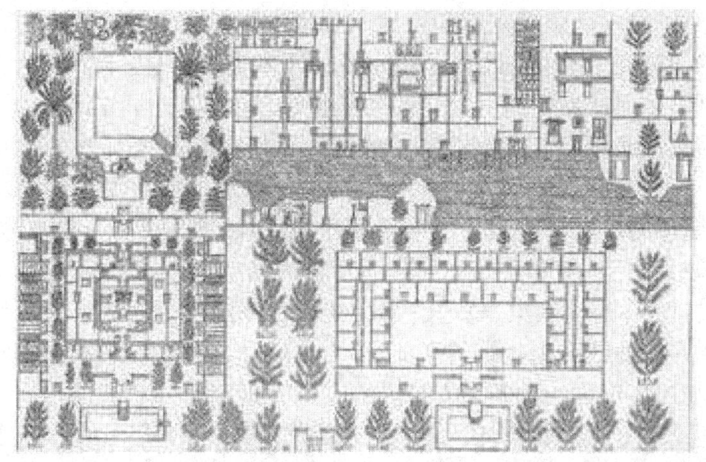

图 1-11 麦瑞尔（Merire）高级教士住所平面图

2. 西亚地区的花园

位于亚洲西端的叙利亚和伊拉克也是人类文明发祥地之一，幼发拉底河和底格里斯河流贯境内向南注入波斯湾，两河流域形成美索不达米亚大平原。美索不达米亚在公元前 3500 年时，已经出现了高度发展的古代文明，形成了许多城市国家，实行奴隶制。奴隶主为了追求物质和精神的享受，在私宅附近建造各式花园，作为游憩观赏的乐园，奴隶主的私宅和花园，一般都建在幼发拉底河沿岸的谷地平原上，引水浇园，花园内筑有水池或水渠，道路纵横方直，花草树木充满其间，布置非常整齐美观。基督教圣经中记载的伊甸园被称为“天国乐园”，就在叙利亚首都大马士革城的附近。在公元前 2000 年的巴比伦、亚述或大马士革等西亚广大地区有许多美丽的花园。尤其距今 3000 年前古巴比伦王国宏大的都城中有五组宫殿，不仅异常华丽壮观，而且尼布甲尼撒国王为王妃在宫殿上建造了“空中花园”。据说王妃生于山区，为解思乡之情，特在宫殿屋顶之上建造花园，以象征山林之胜。这是利用屋顶错落的平台，加土植树种花草，又将水管引向屋上浇灌花木。远看该园悬于空中，近赏可人游，如同仙境，被誉为世界七大奇观之一，称得上世界最早的屋顶花园（见图 1-12）。

图 1-12 古巴比伦王国“空中花园”复原图（J.Beale）

公元七世纪，阿拉伯人征服了东起印度河西到伊比利亚半岛的广大地带，建立了一个横跨亚、非、拉三大洲的伊斯兰大帝国，虽然后来分裂成许多小国，但由于伊斯兰教教义的约束，在这个广大的地区内仍然保持着伊斯兰文化的共同特点。阿拉伯人早先原是沙漠上的游牧民族，祖先逐水草而居的帐幕生涯，对“绿洲”和水的特殊感情在园林艺术上有着深刻的反映；又受到古埃及的影响从而形成了阿拉伯园林的独特风格；以水池或水渠为中心，水经常处于流动的状态，发出轻微悦耳的声音。建筑物大半通透开畅，园林景观具有一定幽静的气氛。

印度莫卧儿园林（公元 14 世纪）是伊斯兰园林的鼎盛时期。此后，在东方演变为印度的莫卧儿的两种形式：一种是以水渠、草地、树林、花坛和花池为主体而成对称均齐的布置，建筑居于次要的地位。另一种则突出建筑的形象，中央为殿堂，围墙的四周有角楼，所有的水池、水渠、花木和道路均按几何对称的关系来安排。著名的泰姬陵即属后者的代表（见图 1–13）。

图 1–13　印度泰姬陵

3. 波斯天堂园及水法

波斯在公元前 6 世纪时兴起于伊朗西部高原，建立波斯奴隶制帝国，逐渐强大之后，占领了小亚细亚、两河流域及叙利亚广大地区，都城波斯波利斯是当时世界上有名的大城市。波斯文化非常发达，影响十分深远。古波斯帝国的奴隶主们常以祖先们经历过的狩猎生活为其娱乐方式，后来又选地造囿，圈养许多动物作为游猎园圃，以后增强了观赏功能，在园囿的基础上发展成游乐性质的园。波斯地区一向名花异卉资源丰富，人工繁育应用也较早，在游乐园里除树木外，多种植花草（见图 1–14）。“天堂园”是其代表，园四面有围墙，其内开出纵横“十”字形的道路构成轴线，分割出四块绿地栽种花草树木。道路交叉点修筑中心水池，象征天堂，所以称之为“天堂园”。波斯地区多为高原，雨水稀少，高温干旱，因此水被看成是庭园的生命，所以西亚一带造园必有水。在园中对水的利用更加着意进行艺术加工，因此各式的水法创作也就应运而生。

到公元 8 世纪时，阿拉伯帝国征服波斯之后，也承袭了波斯的造园艺术。阿拉伯地区的自然条件与波斯相似，干燥少雨而炎热，又多沙漠，对水极为珍惜。阿拉伯多是伊斯兰教国，领主都有自己的伊斯兰教园，而伊斯兰教园更是把水看成是造园的灵魂。这时的水法创作和造园艺术又跟随伊斯兰教军的远征传到了北非和西班牙各地，到公元13世纪时又传入印度北部和喀什米尔。各地区的伊斯兰教园都尽量发挥水景的作用，对于水的利用给予特别的爱惜和敬仰，并且神化起来，甚至点点滴滴都蓄积成大大小小的水池，或穿地道或掘明沟延伸到各处种植绿地之间。这种水法由西班牙再传入意大利之后，发展得更加巧妙、壮观了。

图1–14 16世纪，伊斯法罕（Isphahan）城中所建的“四庭园大道”

（二）古希腊、古罗马、意大利园林景观

1. 古希腊的雅典城邦

古希腊由许多奴隶制的城邦国家组成。公元前500年，以雅典城邦为代表的完善的自由民主政治带来了文化、科学、艺术的空前繁荣，园林的建设也很兴盛。古希腊园林大体上可以分为三类：第一类是供公共活动浏览的园林，早先原为体育竞技场，后来，为了遮荫而种植的大片树丛逐渐开辟为林荫道，为了灌溉而引来的水渠逐渐形成装饰性的水景。到处陈列着体育竞赛优胜者的大理石雕像，林荫下设置座椅。人们不仅来此观看体育活动，也可以散步、闲谈和游览。政治学家在这里发表演说，哲学家在这里辩论，为此而修建专用的厅堂，另外还有音乐演奏台以及其他公共活动设施。但这种颇似于现代“文化休息公园”的公共园林存在的时间并不长，其随着古希腊民主政体的衰亡而逐渐消失。第二类是城市的住宅，四周以柱廊围绕成庭院，庭院中散置水池和花木，古希腊的柱廊园，改进了波斯在造园布局上结合自然的形式，而变成了喷水池占据中心位置，使自然符合人的意志、有秩序的整形园。把西亚和欧洲两个系统的早期庭园形式与造园艺术联系起来，起到了过渡的作用。第三类是寺庙园林即以神庙为主体的园林风景区，例如德尔菲圣山（The Mountaiin Sanctuary of Delphi）。

2. 古罗马别墅花园

古罗马继承古希腊的传统而着重发展了别墅园（villa garden）和宅园这两类，别墅园修建在郊外和城内的丘陵地带，包括居住房屋、水渠、水池、草地和树林。当时的一位官员和著作家Pliny对此曾有过生动的描写：“别墅园林之所以怡人心神，在于那些爬满常春藤的柱廊和人工栽植的树丛；晶莹的水渠两岸缀以花坛，上下交相辉映。确实美不胜收。还有柔媚的林荫道、敞露在阳光下的洁池、华丽的客厅、精制的餐室和卧室……”这些都为人们在中午和晚上提供了愉快安谧的场所。从1784年发掘的庞贝城遗址中可以清楚地看到柱廊园的布局形式，柱廊园有明显的轴线，方正规则。每个家族的住宅都围成方正的院落，一面是正厅，其余三面环以游廊，沿周排列居室，中心为庭园，围绕庭园的边界是一排柱廊，柱廊后边和居室连在一起（见图1-15）。园内中间有喷泉和雕像，四处有规整花树和葡萄篱架。在游廊内墙面上绘有逼真的树木、喷泉、花鸟及远景等的壁画，利用人的幻觉使空间产生扩大的效果，更有的在柱廊园外设置林荫道小院，称之为绿廊。

图1-15　庞贝城中的列柱围廊

意大利半岛三面濒海而多山地，气候温和，阳光明媚。积累了大量财富的贵族、大主教、商业资本家们在城市修建华丽的住宅，也在郊外经营别墅作为休闲的场所，别墅园遂成为意大利文艺复兴园林中的最具代表性的一种类型。别墅园林多半建立在山坡地段上，就坡势而做成若干的台地，即所谓的台地园。园林的规划设计一般都由建筑师担任，因而运用了许多古典建筑的设计手法。主要建筑物通常位于山坡地段的最高处，在它的前面沿山坡而引出的一条中轴线上开辟一层层的台地，分别配置保坎、平台、花坛、水池、喷泉、雕像。各层台地之间以蹬道相联系。中轴线两旁栽植高耸的丝杉、黄杨、石松等树丛作为园林与周围自然环境的过渡。站在台地上顺着中轴线的纵深方向眺望，可以收摄到无限深远的园外借景。这是规整式与风景式相结合而以前者为主的一种园林形式（见图1-16）。

3. 欧洲意大利半岛的理水方式和园林小品

理水的手法远较过去丰富。每于高处汇聚水源作贮水池，然后顺坡势往下引注成为水瀑或流水梯，在下层台地则利用水落差的压力作出各式喷泉，最低一层平台地上又汇聚为水池。此外，常有为欣赏流水声音而设的装置，甚至有意识地利用激水之声构成音乐的旋律作为装饰点缀的“园林小品”也极其多样，那些雕镂精致的石栏杆、石坛罐、保坎、碑铭以及为数众多的、以古典神话为题材的大理石雕像，它们本身的光亮晶莹衬托着暗绿色的树丛，与碧水蓝天相掩映，产生一种生动而强烈的色彩和质感的对比。

意大利文艺复兴式园林中还出现一种新的造园手法，绣毯式的植坛，即在一块大面积的平地上利用灌木花草的栽植镶嵌组合成各种纹样图案，好像铺在地上的地毯。

图 1–16 卡斯特洛别墅园岛瞰图

4. 法国的中轴线对称规整的园林布局

17 世纪，意大利文艺复兴式园林传入法国。法国多平原，有大片天然植被和大量的河流湖泊。法国人并没有完全接受台地园的形式，而是把中轴线对称均齐的整齐式的园林布局（见图 1–17）手法运用于平地造园。17 世纪末，欧洲资本主义的原始积累加速进行着，君主专制政权成了资产阶级和旧贵族共同镇压农民和城市平民的国家机器。法国在当时已经是世界上最强大的中央集权的君主国家，国王路易十四建立了一个绝对君权的中央政府，尽量运用一切文化艺术手段来宣扬君主的权威。宫殿和园林作为艺术创作当然也不例外，巴黎近郊的凡尔赛宫（Versallei）就是一个典型的例子（见图 1–18）。

凡尔赛宫占地极大，有 600 余公顷，是路易十四仿照财政大臣副开的围攻园的样式而建成的，包括“宫”和“苑”两部分。广大的苑林区在宫殿建筑的西面，由著名的造园家靳・诺特（Andri Le Notre）设计规划。凡尔赛原是路易十三的狩猎场，只有一座三合院式砖砌猎庄，在巴黎西南。1661 年路易十四决定在此建宫苑，历经不断规划设计、改建、增建，至 1756 年路易十五时期才最后完成，共历时 90 余年。路易十四有意保留原三合院式猎庄作为全宫区的中心，将墙面改为大理石，称“大理石院”，勒沃在其南、西、北扩建，延长南北两翼，称为御院，御院前建辅助房作为前院，前院之前为扇形练兵广场，广场上筑三条放射形大道。1678—1688 年，孟萨设计凡尔赛宫南北两翼，总长度达 402m。南翼为王子、亲王住处，北翼为中央政府办公处、教堂、剧院等。宫内有陈列厅，很宽阔，有大理石大楼梯、壁画与各种雕像。中央西南为宫中主大厅（称镜廊），宫西为勒・诺特设计、建造的花园，面积约 6.7km^2，园分南、北、中三部分。南、北两部分都为绣花式花坛，再南为橘园、人工湖；北面花坛由密林包围，景色幽雅。它有一条自宫殿中央往西延伸长达 3km 的中轴线，两侧大片的树林把中轴线衬托成为一条宽阔的林荫大道，自西向东一直消失在无垠的天际。林荫大道的设计分为东西两段：西段以水景为主，包括“十”字形的大水渠和阿波罗水池，饰以大理石雕像和喷泉。3km 长的中轴向西穿过林园到达小林园、大林园（合称十二丛林）。穿小林园的称王家大道，中央设草地，两侧奉雕刻。道东为池，池内立阿波罗母亲塑像；道西端池内立阿波罗驾车冲出水面的塑像，两组塑像象征路易十四“太阳王”的形象，并歌颂太阳神的主题。中轴线进入大林园后与大运河相接，大运河为“十”字形，两条水渠成十字相交构成，纵长1500m，横长1013m，宽为120m，使空间具有更为开阔的意境。大运河南端为动物园，北端为特里阿农殿。因由勒·诺特设计、建造，此园成为欧洲造园的典范，一些国家竞相模仿。东端的开阔平地上则是左右对称布置的几组大型的“绣毯式植坛”。大林荫道两侧的树林隐藏地布列着一些洞府、水景剧场迷宫、小型别墅等，是比较安静的就近观赏的场所。树林里还开辟出许多笔直相交的小林荫路，它们的尽端都有对景，因此形成一系列的视景线，故此种园林又叫作视景园。中央大林荫道上的水池、喷泉、台阶、保坎、雕像等建筑小品以及植坛、绿篱均严格按对称均齐的几何格式布局，是为规整式园林的典范，较之意大利文艺复兴园林更明显地反映了有组织有秩序的古典主义原则。它所显示的恢宏的气概和雍容华贵的景观也远非前者所能比拟。

图 1-17　维康府邸（Vaux-Le-Vicomte）

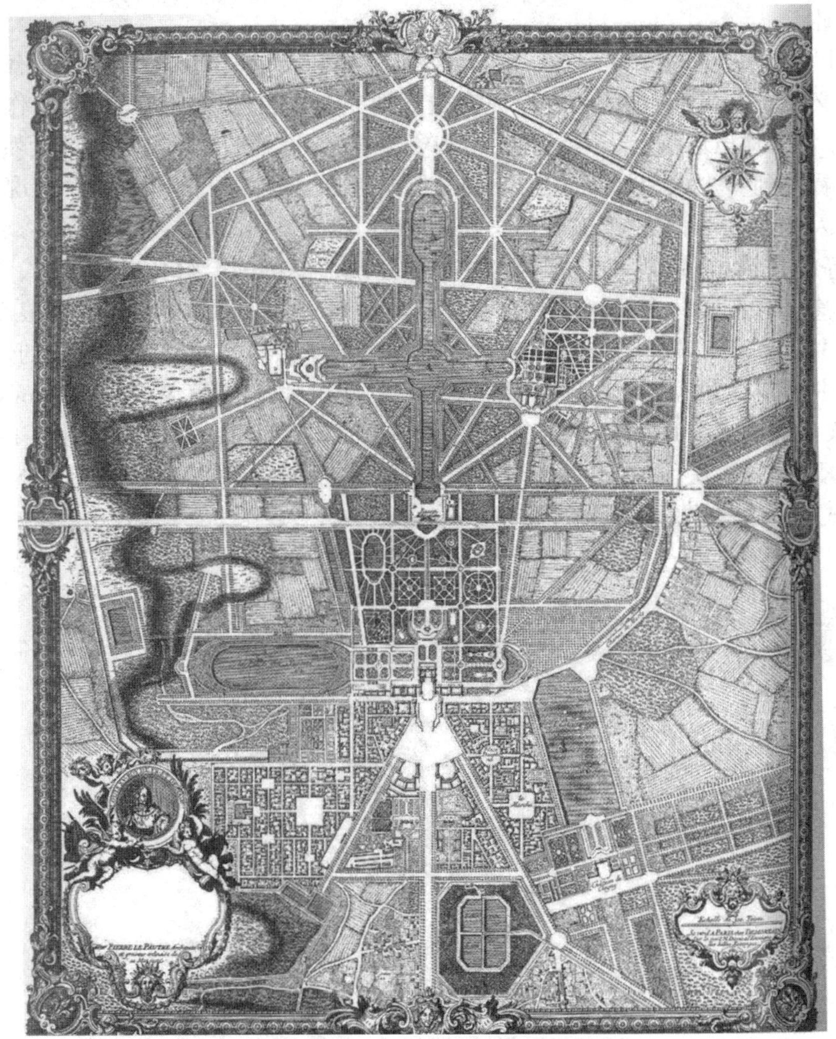

图 1–18 凡尔赛宫总平面图

5. 英国的风景式园林

英伦三岛多起伏的丘陵，十七八世纪时由于毛纺工业的发展而开辟了许多牧羊的草场。如茵的草地、森林、树丛与丘陵地貌相结合，构成了英国天然风致的特殊景观。这种优美的自然景观促进了风景画和田园诗的兴盛。而风景画和浪漫派诗人对大自然的纵情讴歌又使得英国人对天然风致之美产生了深厚的感情。这种思潮当然会波及园林艺术，于是封闭的“城堡园林”和规整严谨的“靳诺特式”园林逐渐被人们所厌弃而促使他们去探索另一种近乎自然、返璞归真的新的园林风格——风景式园林。

英国的风景式园林兴起于18世纪初期。与靳诺特式的园林完全相反，它否定了纹样植坛、笔直的林荫道、方正的水池、整形的树木。扬弃了一切几何形状和对称均齐的布局，代之以弯曲的道路、自然式的树丛和草地、蜿蜒的河流，讲究借景和与园外的自然环境相融合。为了彻底消除园内景观界限，英国人想出一个办法，把园墙修筑在深沟之中即所谓“沉墙”。当这种造园风格盛行的时候，英国过去的许多出色的文艺复兴和靳诺特式园林都被平毁而改造成为风景式的园林。

风景式园林比规整式园林，在园林与天然风致相结合、突出自然景观方面有其独特的成就。但物极必反，却又逐渐走向另一个完全极端即完全以自然风景或者风景画作为抄袭的蓝本，以至于经营园林虽然耗费了大量的人力和资金，而所得到的效果与原始的天然风致并没有什么区别。看不到多少人为加工的点染，虽本于自然但未必高于自然。这种情况也引起了人们的反感。因此，从造园家列普顿开始又使用台地、绿篱、人工理水、植物整形修剪以及日晷、鸟舍、雕像等的建筑小品；特别注意树的外形与建筑形象的配合衬托以及虚实、色彩、明暗的比例关系。甚至有在园林中故意设置废墟、残碑、断碣、朽桥、枯树以渲染一种浪漫的情调，这就是所谓的“浪漫派”园林。这时候，通过在中国的耶稣会传教士致罗马教廷的通讯，以圆明园为代表的中国园林艺术被介绍到欧洲。英国皇家建筑师张伯斯（William Chambers）两度游历中国，归来后著文盛谈中国园林并在他所设计的邱园（Kew Garden）（见图 1–19）中首次运用所谓“中国式”的手法，虽然不过是一些肤浅和不伦不类的点缀，但也形成一个流派，法国称之为“中英式”园林，在欧洲曾经盛行一时。

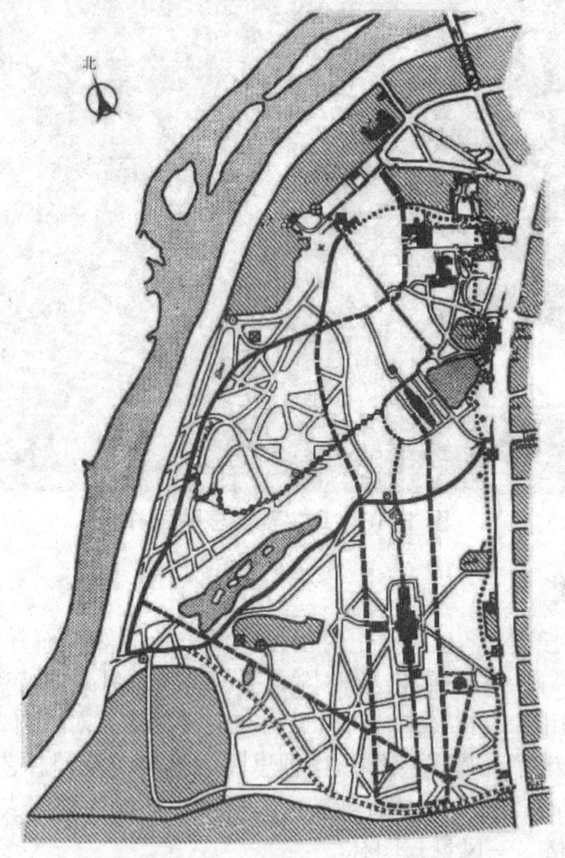

图 1–19　英国邱园平面图

19 世纪中叶植物研究成为专门的学科，大量花卉开始在景观中运用，欧洲人从海外大量引进树木和花卉的新品种而加以驯化，观赏植物的研究遂成为一门专门的学科。花卉在园林中的地位越来越重要，很讲究花卉的形态、色彩、香味、花期和栽植方式。造园大量使用了花坛，并且出现了以花卉配置为主要内容的“花园”乃至以某一种花卉为主题的花园如玫瑰园、百合园等。

公元19世纪后期,随着大工业的发展,郊野地区开始兴建别墅园林。当时的许多学者已经看到城市建筑过于稠密和拥挤所造成的后果,特别是终年居住在贫民窟里面的工人阶级迫切需要优美的园林环境作为生活的调剂。因此,设计师们在提出种种城市规划的理论和方案设想的同时也考虑到园林绿化的问题。其中霍华德倡导的“花园城”不仅是很有代表性的一种理论,而且在英国、美国都有若干实践的例子但并未得到推广。至于其他形形色色的学说则大都是资本主义制度下不易实现的空想。另外,在资产阶级居住区却也相应出现了一些新的园林类型。比较早的如伦敦花园广场,以及后来将公园纳入住宅区的规划中,等等。

6. 现代流派的迭兴产生了现代园林

第一次世界大战以后,造型艺术和建筑艺术中的各种现代流派迭兴,园林也受到它们的潜移默化的影响。把现代艺术和现代建筑的构图运用于造园设计,好像靳诺特式园林之运用古典主义建筑的原则一样,从而形成一种新型风格的“现代园林”。这种园林的规划讲究自由布局和空间的穿插,建筑、水、山和植物讲究体形、质地、色彩的抽象构图,并且还吸收了日本庭园的某些意匠和手法。现代园林随着现代建筑和造园技术的发达而风行于全世界,至今仍方兴未艾。

(三)东西方园林建筑的差异

人们习惯于将古希腊、古罗马为代表的欧洲建筑体系视为西方建筑,将中国、印度、日本为代表的亚洲建筑体系视为东方建筑,将以中国为代表的自然式园林称为东方古典园林,将以法国为代表的规则式园林称为西方古典园林。中国园林建筑与西方园林建筑相比,由于各自所处的自然环境、社会形态、文化氛围等方面的差异,造园中使用不同的建筑材料和布局形式,表达各自不同的观念情调和审美意识,产生了东西方园林建筑的差异。

1. 东西方古典园林区别之一

东西方古典园林的一个最大区别,就在于是突出自然风景还是突出建筑。中国古典园林是一种由文人、画家、造园匠师们创造出来的自然山水式园林,追求天然情趣是我国造园艺术的基本特征。在中国园林里,不规则的平面中自然的山水是景观构图的主体,而形式各异的各类建筑却为观赏和营造文化品位而设,植物配合着山水自由布置,道路回环曲折,达到一种自然环境、审美情趣与美的理想水乳交融的境界,既“可望可行”,又“可游可居”,富有自然山水情调的园林艺术空间。以法国宫廷花园为代表的由建筑师、雕塑家和园林设计师创作出来的西方规则式古典园林,以几何体形的美学原则为基础,以“强迫自然去接受均称的法则”为指导思想,追求一种纯净的、人工雕琢的盛装美。花园多采取几何对称的布局,有明确的贯穿整座园林的轴线与对称关系。水池、广场、树木、雕塑、建筑、道路等都在中轴上依次排列,在轴线高处的起点上常布置着体量高大、严谨对称的建筑物,建筑物控制着轴线,轴线控制着园林,因此建筑也就统率着花园,花园从属于建筑。

2. 东西方古典园林区别之二

东西方古典园林的另一区别在于建筑材料及表现主题。造园使用的建筑材料,中国传统建筑以土木为主,西方古典建筑以石质为主。在布局上,中国传统建筑多数是向平面展开的组群布局，而西方古典建筑强调向上挺拔，突出个体建筑。在建筑文化的主题上，中国传统建筑以宣扬皇权至尊、明伦示礼为中心，西方古典建筑以宣扬神的崇高、表现对神的崇拜与爱戴为中心。中国传统建筑的艺术风格以人与自然“和谐”之美为基调，西方古典建筑的艺术风格重在表现人与自然的对抗之美，以宗教建筑的空旷、封闭的内部空间使人产生宗教般的激情与迷狂。

我国的传统建筑是一种木结构体系，其中使用最多的是挑梁式木构架。挑梁式木构架不仅可以组成一间、三间、五间乃至若干间的房屋，还可以建造三角、正方、五角、六角、八角、圆形、扇面、万字、田字及其他特殊平面的建筑，甚至可以构成多层的楼阁与塔等建筑，墙壁是起围护、分割作用的非承重构件。由于受到木材及结构本身的限制，形状及内部空间较简单。布局上，总是把各种不同用途的房间分解为若干幢单体建筑，每幢单体建筑都有其特定的功能与一定的“身份”，以及与这个“身份”相适应的位置。建筑艺术处理的重点，表现在建筑结构本身的美化、建筑的造型及少量的附加装饰上。

3. 东西方古典园林区别之三

东西方古典园林在园林布局形式上存在差异。中国传统的审美趣味虽然在对待城市和处理宫殿、寺院、民居等建筑的布局上十分喜爱用轴线引导和左右对称的方法以求得整体的统一性，但却不像西方那样一味地为追求几何美而在园林中大量采用这种手法。脱胎于我国传统建筑中的中国园林建筑，形式多样、位置灵活，按使用上的需要，可把它们独立设置，也可用廊、墙等组合成为院落式的群体。建筑空间变化曲折、丰富多彩。在处理建筑、人、环境的关系时，儒家所倡导的“天人合一”的思想使中国园林建筑强调与自然、社会环境的协调和统一。传统的将建筑化大为小、化集中的大体量为分散的小体量的处理手法，非常适合于中国园林布局与景观上“山水为主、建筑为辅”的设计理念的需要。中国传统造型艺术强调“线型美”，园林建筑所采取的木质梁、柱，恰恰能适应这种“线”的艺术要求，无论是单体建筑，还是群体建筑，均讲究具有优美的轮廓线和天际线。

西方古代建筑多以石料砌筑，墙壁较厚，窗洞较小，建筑的跨度受石料的限制而内部空间较小。拱券结构发展后，建筑空间得到了很大程度的解放，建造起了像古罗马的万神庙等有内部空间层次的公共性建筑物，建筑的空间艺术有了很大的发展，但仍未突破厚重实体的外框。西方古典造型艺术强调“体积美”，建筑物的尺度、体量、形象并不去适应人们实际活动的需要，而着重在于强调建筑实体的气氛，其着眼点在于两度的立面与三度的形体，建筑与雕塑连为一体，追求一种雕塑性的美。其建筑艺术加工的重点也自然地集中到了目力所及的外表及装饰艺术上。

西方古典园林中的园林建筑取法于西方古典建筑，它把各种不同功能用途的房间都集中在一幢砖石结构的建筑物内，所追求的是一种内部空间的构成美和外部形体的雕塑美。由于建筑体积庞大，因此很重视其立面实体的分划和处理，从而形成一整套立面构图的美学原则。在园林布局上，黑格尔曾说：“最彻底地运用建筑原则于园林艺术的是法国的园子，它们照例接近高大的宫殿，树木栽成有规律的行列，形成林荫大道，修剪得很整齐，围墙也是用修剪整齐的篱笆造成的。这样就把大自然改造成为一座露天的广厦。”西方古典园林无论在情趣上还是构图上其古典建筑所遵循的都是同一个原则。园林设计把建筑设计的手法、原则从室内搬到室外，两者除组合要素不同外，并没有很大的差别。

第二章　园林景观设计的基本原理

第一节　园林景观设计基本原则

园林景观设计的目的是要在一定的区域内运用工程技术和艺术手段,通过改造地形、营造建筑小品、种植树木花草等途径创造出景色如画、环境优美、健康文明的游憩境域。一方面它要求具有园林的美学价值,另一方面它又和科学技术密不可分,同时它又要求具有能适应社会大众需求的社会属性。

一、园林景观设计的美学原则

美是人类共同的追求。虽然对于美的认识在世界各民族、社会发展的不同时期及人的不同年龄节段有所差异。但是,无论何种形式的美都是人们对于客观事物的心理认识。在《美和美的创造》一书中对"美"的解释是:"美是一种客观存在的社会现象,它是人类通过创造性的劳动实践,把具有真和善的品质的本质力量,在对象中实现出来,从而使对象成为一种能够引起爱慕和喜悦的感情的观赏形象。"衡量一座园林建筑设计是否优秀,美是重要标准之一。

(一)园林景观美的内容

园林美是指在特写的环境中,由部分自然美、社会美和艺术美相互渗透所构成的一种整体美。它通过山水、植物、建筑等客观物质实体的线条、色彩、体量、质感等属性表现出一种动态特征,直接作用于人的感官,给人以美的感受。园林美源于自然,又高于自然,是大自然造化的典型概括,是自然美的再现。从内容上讲,园林美包括园林的自然美、社会美、艺术美三个方面。

1. 园林景观的自然美

园林景观的自然美在整体美中,具有线条、色彩、体形、体量、比例、对称、均衡等能体现园林自然美的必备条件。园林景观的自然美有两种情况:一种是经过人的加工、改造或再塑造的风景,它们"虽由人作,宛自天开",仍然保持自然特征,使人从中获得自然界美的信息,如中国传统山水园林。另一种是未经过人的直接加工改造,但这种大自然风景通过人的选择,提炼和重新组织,如中国的风景区、美国的国家公园(见图 2-1、图 2-2)等。园林景观的自然美有以下共性:

（1）变化性。园林景观美的变化性是指随着时间、空间和人的文化心理结构的不同，自然常常发生明显的或微妙的变化。

（2）多面性。指园林中的同一自然景物，可以因人的主观意识与处境不同而向相互对立的方向转化；同时，园林中的两个不同的景物，也可以产生同样的美的效应。

（3）综合性。园林作为一种时空综合艺术，其自然美常常表现在动静结合中，如山静水动、树静风动、物静人动、水静鱼动等，在动静结合中，又往往寓静于动或寓动于静。

图 2-1　河南汝河沿岸自然风光

图 2-2　美国黄石国家森林公园自然风光

2. 园林景观的社会美

园林景观的社会美是指园林的内涵美。这种内涵美源于社会生活，将社会生活中的道德标准和高尚情操，融入园林景物中，使人触景生情，这是园林特有的、直观的效应，在人的感觉中发生作用。中国从魏晋南北朝到明清，千百年中，文人士大夫通过园林审美而实现自我人格完善的事例有很多，如一些园林作品中的“养真”“求志”“抱冰”等标榜人格的题额，甚至皇家及私家园林中也常以“澹泊敬诚”“澡身浴德”等一些警句作景区、景点命名。

3. 园林景观的艺术美

园林景观的艺术美指园林的一种时空综合美。在体现时间艺术美方面，它具有诗与音乐般的节奏与旋律，能通过想象与联想，使人将一系列的感受转化为艺术形象；在体现空间艺术美方面，它具有比一般造型艺术更为完备的三维空间，既能使人感觉与触摸，又能使人深入其内，身临其境，观赏和体验到它的序列、层次、高低、大小、宽窄、深浅。中国传统园林，是以山水画的艺术构图为形式、以山水诗的艺术意境为内涵的典型的时空综合艺术，其艺术美是融诗画为一体的内容与形式谐调统一的美。

园林美是形式美与内容美的高度统一，它的主要内容有以下几个方面。

（1）山水地形美。

通过地形改造、引水造景、地貌利用以及堆砌土石假山等，形成园林的骨架和脉络，为园林植物种植、游览建筑设置和视景点的控制创造条件。如意大利把山地修筑成阶梯状台地，从山上至山下设一条总轴线，主体建筑安置在山坡的上方，即总轴线的端点处，将泉水从山上引至山下，构成流水瀑布、践水踏步等水景，然后结合雕塑，把景物对称布置在总轴线的两侧。

中国古典园林以山水造景为主，常常模仿自然山水一角，在有限的庭院空间中创造出强烈对比的山水地貌，讲究“咫尺山涯”和“不出堂庭而坐穷泉壑之美”的意境（见图 2–3）。

图 2–3　中国园林山水

（2）借用天象美。

借日月雨雪造景。如在园林中观云海霞光以及看日出日落等，园林中设朝阳洞、夕照亭、月到风来亭、烟雨楼等方便游人观赏自然天象，造断桥残雪、踏雪寻梅的意境等。

（3）再现生境美。

效仿自然，创造人工植物群落和良性循环的生态环境，创造空气清新、温度适中的小气候环境。如杭州西湖十景之一的“柳浪闻莺”，首先要求体现主题——“柳浪闻莺”，柳树以一定的数量配置于主要位置，构成“柳浪”景观；为了体现“闻莺”的主题，在闻莺馆的四周，种有多层次的与假山结合的乔灌木，如南天竹、山茶、玉兰、鸡爪槭、香樟、垂柳等，使闻莺馆隐蔽于树丛之中，建筑色彩比较深暗，加强了密林隐蔽的感觉，周围还种有许多瑞香、腊梅、桂花等香花植物，增加了鸟语花香的意趣（见图 2-4）。拙政园荷风四面亭为一路亭，位于三岔路口，三面环水，一面邻山。在植物配置方面，基本上选用较高大的乔木，如垂柳、榔榆等，其中以垂柳为主，灌木则以迎春为主，四周皆荷，每当仲夏季节，柳荫路密，荷风拂面，清香四溢，体现“荷风四面”之意。还有岳飞庙的“精忠报国”影壁下的杜鹃花，是借“杜鹃啼血”之意，以杜鹃花鲜红浓郁的色彩，表达后人对忠魂的景仰与哀思。

图 2-4 杭州西湖十景之一“柳浪闻莺”

（4）建筑艺术美。

风景园林中由于游览景点、服务管理、维护等功能的要求和造景需要，要求修建一些园林建筑。建筑不可多，也不可无，最好古为今用、外为中用、简洁使用、画龙点睛，所以建筑艺术往往是民族文化和时代潮流的结晶。苏州网师园中有一濯缨水阁，临水而建，这种建筑形式能令人联想起江南水乡的市肆茶馆。月白风清之夜，临河品茗，又有弹唱，这种情趣也只有富有园林审美激情的人才能享受。

（5）工程设施美。

园林景观中游道廊桥、假山水景、电照光影、给水排水以及挡土护坡各项设施必须配套，要注意艺术处理区别于一般的市政设施。

（6）文化景观美。

风景园林常为宗教胜地或历史古迹所在地，其中的景名景序、门楹对联、摩崖石刻、字画雕塑等无不浸透着人类文化的精华。

（7）色彩音响美。

风景园林是一幅五彩缤纷的天然图画，蓝天白云、花红叶绿、粉墙灰瓦、雕梁画栋、风声雨声、欢声笑语、百籁争鸣。

（8）造型艺术美。

园林中常运用艺术造型来表现某种精神、象征、礼仪、标志和纪念意义，以及某种体形、线条美。如图腾、华表、标牌、喷泉及各种植物造型等。

(9)文化旅游生活美。

园林是一个可游、可思、可赏、可居、可学、可食的综合活动空间,因此满意的生活服务、健康的文化娱乐、清洁卫生的环境、便利的交通与治安的保证,都将怡悦人们的性情,带来生活的美感。

(10)联想意境美。

联想和意境是我国造园艺术的特征之一。丰富的景物,通过人们的接近联想和对比联想,达到见景生情、体会弦外之音的效果。意境就是通过意向的深化而构成心境应合、神形兼备的艺术境界,也就是主客观情景交融的艺术境界,而园林就应该是这样一种境界。花草树木永远是生境的主题。苏州拙政园中有个留听阁,阁前荷池,一到秋来,花残叶枯,此为构园者寄意于李义山的《宿骆氏亭寄怀崔雍崔衮》诗:“竹坞无尘水槛清,相思迢递隔重城。秋阴不散霜飞晚,留得枯荷听雨声。”有人特意择秋雨萧瑟之时,到那里去观赏诗意之景,真谓意境深邃。拙政园中还有一处小庭院,倚虹长廊蜿蜒,玲珑馆东侧花墙分隔的独立小院是“海棠春坞”,处处有景点题,造型别致的书卷式砖额,嵌于院之南墙,庭院铺地用青红白三色鹅卵石镶嵌而成海棠花纹,院内茶几装饰图案均为海棠纹样,院内海棠数株,初春时分万花似锦,娇羞如小家碧玉秀姿艳质,有超群绝类之美,庭院虽小,清静幽雅,是读书休憩的理想之所,文人墨客为之动情讴歌。此亦是构园者之匠心,苏东坡有《海棠》诗:“东风袅袅泛崇光,香雾空蒙月转廊。只恐夜深花睡去,故烧高烛照红妆。”这个小院,称得上是苏东坡《海棠》诗的“注疏”了。这样的例子在中国古典园林中还有很多,现代园林的设计与建造也非常重视意境的营造,只是古人领会之“意”与今人领会之“意”不同罢了。

(二)园林景观美的形态

园林因具体条件和环境不同而有各种不同的表现形态,如旷、奥、雄、秀、奇、幽、险、畅等。这些形态特征,既通过自然的人化反映出来,又通过人化的自然创造出来。所谓自然的人化,即人们对特定的大自然空间、山岳、水体、动植物等,产生某种感受,赋予某种想象与联想,使人在自然物上,看到更多人的本质,运用比、兴等手法形成自然物的人格化;所谓人化的自然,是人们从认识、发掘和把握自然美中,运用造园艺术理论、手法和技巧,“外师造化,内得心源”,再现自然之形状与神态。

1. 雄伟

用于形容风景园林的美学特征,多指体积厚重而高峻、肌理粗壮、气势磅礴的景观。自然界一些由花岗岩构成的,主峰端庄、群峰簇拥、拔地通天的山岳,即具备此特征。但人们对风景园林的审美,绝非只侧重于审美对象的外部形态,中国传统审美观同时重视景物的内涵。此外,历史文化的渊源以及环境的衬托,也是加强雄伟感的因素。如著名的泰山山岳风景,地处辽阔坦荡的华北大平原东缘,驾临于齐鲁丘陵之上,通过平原丘陵与高山的对比,雄伟之姿态已显露出来,再加上秦皇、汉武的封禅,历代帝王的祭祀,民间的顶礼朝拜,使这座绝对高程并非居华夏之首的泰岳,被称为“五岳之冠”“天下之雄”。传统园林中多围绕掇山创造雄伟形象。在造园手法中表现雄伟,一方面要在规划布局中注意“烘托”与“对比”,设计中注意体形、体量的比例与尺度;另一方面在选用材料时要重视质地与肌理。在古典园林中,以山为主景时,周围的水体与建筑适当压低和缩小,再配置若干苍劲的植物,山石选用顽夯厚实的材料(如黄石),

其雄伟形象即可立刻表现出来。雄伟在中国被称为“阳刚之美”,苏轼词中描绘的“乱石穿空,惊涛拍岸,卷起千堆雪”的景象,黄果树大瀑布的水流从70多米高的悬崖上陡然跌落,形成气势磅礴的景象都是雄伟之美(见图2–5)。

图2–5 黄果树大瀑布

2. 秀丽

“秀”本指禾本类植物的花,用于风景园林的形态特征时,指线条柔美、绵延曲折的山脉,堆苍积翠的植被,喷珠漱玉的泉瀑等。西湖、富春江、桂林、阳朔、武夷山都属于具有秀丽优美形态的风景区,人称西湖娇秀、富春江锦秀、桂林和阳朔奇秀、武夷山青秀。中国画论中有“得烟云而秀媚”,这些都属于清秀美丽的共性中的个性。上述风景区,都与水有关,水是植物生长的基本条件,所以有山清水秀之谓。有山、有水,就有树木花卉,二者配合有致,则秀气生焉,此外,水性主柔,山性主刚,二者通过植物使之和谐统一,就符合于秀丽优美之特质(见图2–6)。秀丽、优美在中国被称为“阴柔之美”。中国传统园林的“诗情画意”具有情景交融的境界,体现了内容与形式的和谐统一,使人感到优美,尤其是幽雅、精致的江南园林,显得特别秀丽。

3. 幽雅

“幽雅”作为风景园林美的形态特征,与“雄伟”是相对应的,幽雅即幽静雅致。大自然中的幽静环境,常处于丛林邃谷之中,这里生趣盎然,有远离尘世之感。人为环境中的幽静,是通过曲折和深邃的空间布局求得的,所谓“曲径通幽”,曲则能深,深则幽静。运用得体的美化加工和艺术处理,使幽静中美而不俗,便达到了幽雅的境界。传统园林十分讲究幽雅形态,如著名风景名胜区四川青城山就以幽著称,有“青城天下幽”之谓。青城有一“听寒亭”,亭前有一清泉,晶莹见底,泉珠滴落池中,如琴弦轻拨、珠玑落地,堪称天下绝妙的幽雅境界。青城山山林之美的最大特点就体现在一个“幽”字上,所以,沿山间小路上山,两侧苍松翠竹,碧绿成荫,溪泉清澈见底,潺潺入耳,偶而传来鸟鸣声,“蝉噪林愈静,鸟鸣山更幽”,真有一种幽深莫测的神秘感,使旅游者感到无限的安逸、舒适,悠闲自得。幽美在于深藏,景藏得越深,越显得幽美。

中国古典园林中往往在园中园、书斋、别馆内，省略装修与花木，仅植竹林，散点山石，令人感到荫荫翠润，十分幽雅宁静，如北京颐和园后山景色清雅，深深的竹林，静静的山谷，密林中弯弯的山路，深山中小小的茅舍，就是体现幽雅的绝妙景观。

图 2–6　柔美秀丽的桂林山水

4. 奇特

大千世界，千奇百怪，天下之奇不一定都美，然而，新奇而有特色的风景园林，确能引起人们浓烈的兴味，最富有吸引力、感染力与生命力，这与人类长期的创造性活动有关。人类文化是在不断的创造中延续和发展的，创造意味着新奇而有特色的成果产生。因此，人们在观赏自然界中的奇特景物时，总要赞美造物者的鬼斧神功，于是联想到人的智慧才能。"黄山天下奇"，奇在千姿百态的七十二峰，变幻莫测的云海，所谓"出为碧峤，没为银海"，再加上奇松、怪石，因此黄山以奇为美，而且其美驾凌于五岳之上，有"五岳归来不看山，黄山归来不看岳"之盛誉（见图 2–7）。中国造园，犹如吟诗作文，语不惊人死不休，不但布局求新、造景求奇，即便是土木装修之事，亦贵在新奇大雅，尤其是立峰选石，最是追求奇特，所谓透、漏、瘦、皱，即是奇特之形态。

5. 惊险

作为一种审美享受，常常出现于现实生活中，如听故事、读小说、观杂技、看电影等总要为惊险情节所吸引，而这种吸引却是被动式的、观赏式的享受，用自身的行为去领略与体验惊险，并从中获得美感，则是一种参与式的享受，能给人以更大的快乐。今天的现代化游乐场中形形色色的惊险活动内容，以及风景区中诸如爬山、冲浪、滑雪等项目，可使人领略与体验惊险，有益于身心健康。"华山天下险"，是由于华山的山脊高而窄，四壁陡峭，成八九十度的角度，使人身历其境，感到惊心动魄，游过华山的人，对此情此景，都留有深刻的印象和美好的回忆，其中包含有征服惊险的自豪感，这便是惊险中产生的美。造园的掇山叠石，人为地制造一点惊险情景，可以给园林带来一番生动的情趣；但应做到惊而不悸、险而不危，恰到好处地化险为夷，寓美感于惊险之中。

图 2-7　黄山奇石“老僧采药”

（三）中国古典园林景观的自然美

中国古典园林又称自然式、风景式、不规则式、山水派园林。

中国 3000 多年悠久的造园历史，造就了精湛而又独具特色的造园艺术。我国丰富深厚的思想文化内涵，对造园技艺有很大影响，是形成中国独具特色的古典园林的重要原因。我们从现存众多的古典园林中，不难看出中国悠久深厚的思想文化内涵对造园艺术所起的作用。“天人合一”“黄老学派”与崇尚自然的传统哲学思想对造园艺术有着重要的影响。中国园林悠久的历史和独特的民族风格，在世界园林中久富盛名，被誉为“世界园林之母”。中国园林以其独特的美学思想和艺术表现手法创造出无数经典园林，深为我国各族人民及世界各国人民所喜爱。

中国传统哲学追求人与自然的和谐与统一，以自然为审美标准并以此表达中国园林的自然美。讲究在园林创作中运用“师法自然”“中得心源”等手法来表达对象。明末造园家计成的《园冶》中提出，园林创作应当是“虽为人作，宛自天开”的天然图画，在造园意境上讲求“寓情于景”“情境交融”，并有“巧于因借”“精在体宜”等重要的造园理论。园林，并非园与林的合称，也不是园中有树林的简单理解，它是园的总汇，是指各种不同园林要素的有机结合，如“构石为山”“高台芳树”“苑林曲池”“重阁修廊”“奇树异草”等。

中国园林从周朝开始，历经数代的发展，不论是皇家宫苑还是私家宅园，都是以自然山水园林为源流。发展到清代，保留至今的皇家园林，如颐和园、承德避暑山庄、圆明园（遗址）；私家宅园，如苏州的拙政园、网师园等都是自然山水园林的代表作品。中国自然式园林的主要特征有以下几个方面。

1. 地形

自然式园林的创作讲究“相地合宜，构园得体”。处理地形的主要手法是“高方欲就亭台，低凹可开池沼”的“得景随形”。自然式园林最主要的地形特征是“自成天然之趣”，所以，在园林中，要求再现自然界的山峰、山巅、崖、岗、岭、峡、岬、谷、坞、坪、洞、穴等地貌景观（见图2-8）。在平原，要求自然起伏、和缓的微地形。地形的剖面为自然曲线。

图 2-8 避暑山庄之金山亭

2. 水体

讲究“疏源之去由，察水之来历”，园林水景的主要类型有湖、池、潭、沼、汀、溪、涧、洲、渚、港、湾、瀑布、跌水等。总之，水体要再现自然界水景。水体的轮廓为自然曲折，水岸为自然曲线的倾斜坡度，驳岸主要用自然山石驳岸、石矶等形式。在建筑附近或根据造景需要也部分用条石砌成直线或折线驳岸（见图 2-9）。

图 2-9 园林水体手绘图

3. 种植

自然式园林种植要求反映自然界植物群落之美，不成行成排栽植。树木不修剪，配植以孤植、丛植、群植、密林为主要形式。花卉的布置以花丛、花群为主要形式。院内也有花台的应用（见图 2-10）。

图 2-10　河南许昌某小区花园植物配置

4. 建筑

单体建筑多为对称或不对称的均衡布局；建筑群或大规模建筑组群，多采用不对称均衡的布局。全园不以轴线控制，但局部仍有轴线处理。中国自然式园林中的建筑类型有亭、廊、榭、舫、楼、阁、轩、馆、台、塔、厅、堂、桥等（见图 2-11）。

图 2-11　避暑山庄局部

5. 广场与道路

除建筑前广场为规则式外，园林中的空旷地和广场的外形轮廓为自然式的。道路的走向、排列多随地形，道路的平面和剖面多由自然的起伏曲折的平曲线和竖曲线组成（见图 2–12）。

图 2–12 河南许昌春秋广场园路

6. 园林小品

假山、石品、盆景、石刻、石雕、木刻等。

（四）西方园林的美学

西方园林又称规则式园林，与中国园林相比具有“对称美”“规则美”“几何美”等特点。埃及不仅是人类文明的摇篮，它的造园艺术也是独树一帜。从古埃及、古巴比伦、古希腊、古罗马到 18 世纪英国风景园林产生之前，西方园林主要是以规则式为主，其中以文艺复兴时期意大利大台地园和 19 世纪法国勒 · 诺特（Le Notre）平面几何图案式园林为代表。这类规则式园林有以下特点：

1. 中轴线

全园在平面规划上有明显的中轴线，并大抵依中轴线的左右前后对称或拟对称布置，园地的划分大都成几何形体（见图 2–13）。

2. 地形

在开阔较平坦地段，由不同高程的水平面及稍倾斜的平面组成；在山地及丘陵地段，由阶梯式的大小不同水平台地倾斜平面及石级组成，其剖面均为直线所组成（见图 2–14）。

3. 水体及外形轮廓均为几何形

主要是圆形和长方形，水体的驳岸多整形、垂直，有时加以雕塑；水景的类型有整形水池、整形瀑布、喷泉、壁泉及水渠运河等，古代神话雕塑与喷泉构成水景的主要内容（见图 2–15）。

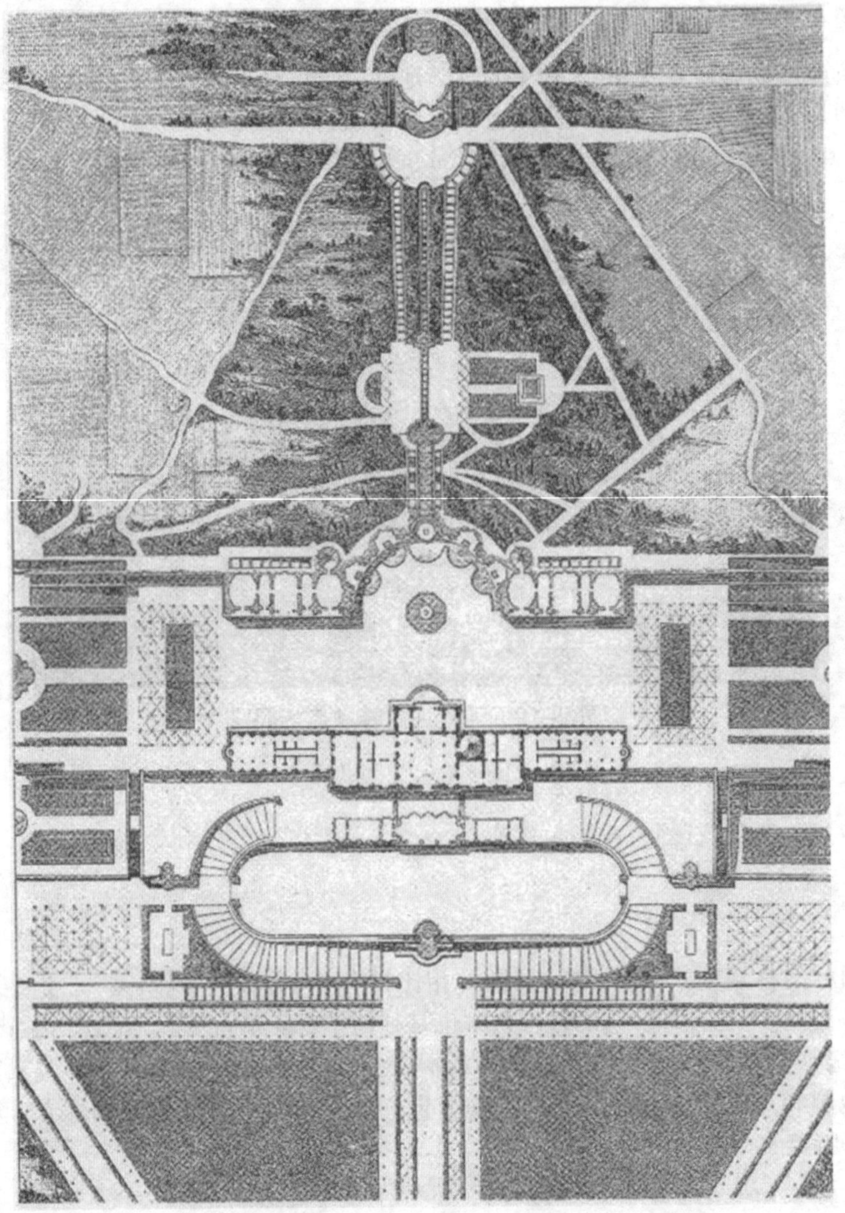

图 2-13 阿尔多布兰迪尼别墅园（Villa Aldobrandini）

4. 广场与道路

广场多呈规则对称的几何形，主轴线和副轴线上的广场形成主次分明的系统；道路均为直线形、折线形或几何曲线形。广场与道路构成方格形、环状放射形、中轴对称或不对称的几何布局（见图 2-16）。

5. 建筑

主体建筑组群和单体建筑多采用中轴对称均衡设计，多以主体建筑群和次要建筑群形成与广场、道路相组合的主轴、副轴系统，形成控制全园的总格局（见图 2-16）。

图 2-14　文艺复兴时期的台地形式园林

图 2-15　兰特庄园（Villa Lante）一层平台中心喷泉雕塑

6. 种植规划

配合中轴对称的总格局，全园树木配植以等距离行列式、对称式为主，树木修剪整形多模拟建筑形体、动物造型，绿篱、绿墙、绿门、绿柱为规则式园林较突出的特点。园内常运用大量的绿篱、绿墙和丛林划分和组织空间，花卉布置常为以图案为主要内容的花坛和花带，有时布置成大规模的花坛群（见图 2-17、图 2-18）。

图 2-16　西方园林

图 2-17　荷兰王室 Het Loo 规则式园林种植

图 2-18　荷兰王室 Het Loo 规则式园林种植

7. 园林小品

园林雕塑、瓶饰、园灯、栏杆等装饰、点缀了园景。西方园林的雕塑主要以人物雕像布置于室外，并且雕像多配置于轴线的起点、交点和终点。雕塑常与喷泉、水池构成水体的主景（见图 2-19）。

图 2-19　荷兰王室 Het Loo 建筑小品

规则式园林的规划手法，从另一角度探索，园林轴线多视为主体建筑室内中轴线向室外的延伸。一般情况下，主体建筑主轴线和室外园林轴线是一致的。

（五）园林艺术构图法则

与其他艺术门类一样，园林艺术作品的形式（园林景象）总是按照美的规律创造出来的。

形式美的规律,即所谓的法则(原则),概括起来有以下几种:多样统一规律、比例和尺度、对称与均衡、对比与协调、节奏与韵律等。

1. 多样统一规律

多样统一规律是形式美的基本法则,其主要意义是要求在艺术形式的多样变化中,要有其内在的和谐与统一关系,既显示形式美的独特性,又具有艺术的整体性。多样而不统一必然杂乱无章;统一而无变化,则呆板单调。所以既多样又统一才会使人感到优美而自然,而"自然"则是构图的最终要求。风景园林是由建筑、植物、山石、道路等多种要素组成的空间艺术,山水地形变化万千,建筑的形态、风格各样,植物千姿百态、五彩缤纷,要想在同一个空间里达到和谐统一,必须要注意多样统一规律的应用。多样统一所产生的美感效果是和谐,体现了自然界中对立统一的规律。事物本身的形具有大小、方圆、高低、长短、曲直、正斜的特点;质地具有刚柔、粗细、强弱、润燥、轻重的特点;势具有动静、聚散、抑扬、进退、升沉的特点等,这些对立的因素统一在具体事物上面,形成了和谐。过于统一易使整体单调无味,缺乏变化;变化过多则易使整体杂乱无章,无法把握。在许多形式因素中有一个中心,各种形式因素都围绕这个中心组织安排,形成一种秩序,组织轴线,安排位置,分清主次。如颐和园的长廊是其主要建筑之一,蜿蜒于万寿山南麓,昆明湖北岸,将如画的景区、景点串联一线,使湖山之间的景色层次分明,有如系在昆明湖与万寿山之间的一条彩带。长廊共273间,全长728m,中间建有象征春、夏、秋、冬的"留佳""寄澜""秋水""清遥"4座八角重檐的亭子。长廊以排云门为中心,分为东西两段,在两边各有伸向湖岸的一段短廊,衔接着对鸥舫和鱼藻轩两座临水建筑。西部北面又有一段短廊,连接着一座8面3层的建筑,山色湖光共一楼。长廊的西部终端为石丈亭,从邀月门到石丈亭,沿途穿花透树,看山赏水,景随步移,美不胜收。颐和园的长廊在美学上体现了"千篇一律与千变万化"的结合。它的结构和装饰都是在变化中求统一,最明显的是廊内梁枋上的油漆彩画,共有14000多幅,但没有一幅是重复的,有《西游记》《三国演义》《水浒传》等书中人物画和全国著名的风景画,都作了有秩序的相间的安排,随着长廊空间的变化,画的大小样式也相应地变化,游人在长廊中一边漫步,一边欣赏,不时还可以坐下来休息,还可以眺望昆明湖的风光,使人乐而忘返。长廊的道路还存在着微妙的起伏与曲折的变化,但长廊在变化中又能保持统一,如廊内等距离的柱和枋,一纵一横,在廊的两侧和上方,有秩序地反复,形成一种轻快的节奏,通过柱与枋的透视关系,路面在远方融会在一起,使人产生一种柔和的音乐感。长廊的设计使人感到变化多样而又不杂乱。

再如敦煌石窟中的图案,在石窟中从窟顶到墙根,都画满了各种图案,但是这种繁密的图案装饰却一点也不显得杂乱。因为它的色彩、形状是有规律地组合在一起的,在窟顶有一朵莲花作为中心,其他图案都是环绕这个中心由内向外一圈一圈地扩大,每一圈图案的造型和色彩都有变化,使你感觉四面的图案在由外向内收缩,把你的注意力引向窟顶的莲花形象。这种有规律的组合,能在变化中显出秩序,使人感到多而不乱。

多样统一使人感到既丰富,又单纯;既活泼,又有秩序。要创造多样统一的艺术效果,可通过各种途径达到:

(1)形体的变化与统一。

形体可分为单一形体与多种形体。如建筑是由方体、圆体及长方体等不同形体组成的,设计时可采用同一个主体形式通过大小不同、色彩的不同变化来达到多样统一的效果。如不同大小的"金字塔"形组合、不同方向的斜面体组合、不同大小的长方体组合以及同心圆或椭圆形内各部分的组合等。形体组合的变化与统一可有两种途径：一是以主体的主要部分形式去统一各次要部分，各次要部分服从或类似主体，起到衬托呼应主体的作用。如一个公园中的园林建筑亭、榭可采用圆形构图也可以采用方形构图；方形构图的亭榭可以采用圆形梁柱，圆形构图的亭榭也可以采用方形梁柱。这样在统一的大形体下，又有不同的形体变化，打破了单一形体的单调感。二是对某一群体空间而言，用整体体系去统一各局部形体或细部线条以及色彩、动势。如道路两旁采用同一形体的行道树可以统一不同的街景建筑。

(2)风格和流派的变化与统一。

园林的风格是演变的，并受民族性格、历史时代、地理条件以及科学、文化和艺术的发展状况所支配，而这些因素都有其独特的作用和协同的作用，并彼此相互影响。如江南园林建筑小巧轻灵、色彩朴素淡雅；北方园林建筑圆浑厚重、色彩鲜艳；岭南园林建筑出檐较宽，这些都是受气候、历史传统等影响而形成的，各自显示出其地域性的变化与统一。画栋雕梁、竹篱茅舍，各有所好；山乡和泽园因园林素材不同而大异其趣。因此在设计时一定要注意采用同一风格、同一流派的建筑，避免南北不分、中西结合呈现不伦不类的效果。

(3)图形线条的变化与统一。

指各图形本身总的线条图案与局部线条图案的变化与统一。如栏杆在横平、竖直上采用直线条，斜向上可以采用曲线条，水平线条、垂直线条、斜线条还可以在直径大小上有一个变化；流线形的花坛设计，曲线的道路、院墙等在设计时同样要注意其图案保持整体的一致性，同时又要注意细部的变化，打破单调感。

(4)动势动态的变化与统一。

多指景物本身之间或本身与周围环境之间在动势倾向变化中求得统一，如水平延伸的建筑两旁可以采用低矮水平分枝的植物，垂直向上的建筑可采用圆锥形、尖塔形植物来引导视线，配合建筑和突出建筑。

(5)形式与内容的变化统一。

某些建筑造型与其功能内涵在长期的配合中，形成了相应的规律性，尽管其变化多端，但万变不离其宗，尤其是体量不大的风景建筑，更应有其外形与内涵的变化与统一。古代造园中建筑物分厅、堂、斋、房、亭、台、楼、阁、廊、桥、轩、榭，功能不同，形式各异；大的风景区中序幕空间根据规模大小因地制宜地选取不同式样的门、洞、桥、汀步、牌楼、石刻等。采用园林建筑时除了考虑景观上的需要外，同时也要照顾使用功能的合理，才会使景点具有个性。

(6)材料与质地的变化与统一。

一座假山，一堵墙面，一组建筑，无论是单个或是群体，它们在选材方面既要有变化，又要保持整体的一致性，这样才能显示景物的本质特征。如湖石与黄石假山用材就不可混杂，片石墙面和水泥墙面必须有主次比例。一组建筑，木构、石构、砖构必有一主，切不可等量混杂。近年来多有用现代材料结构表现古建筑的做法，如仿木竹的水泥结构，仿大理石的喷涂做法，也可表现理想的质感统一效果。

(7)线型纹理的变化与统一。

岸边假山的竖向石壁与临水的横向步道，虽然线型的方向有变化，但与环境是统一的；长廊砖砌柱墩的横向纹理与竖向柱墩方向不一，但与横向长廊是统一协调的。

(8)尺度比例的变化与统一。

少儿游戏设施和成年娱乐设施的比例尺度自然不同,一般的民居与商场、体育馆的应用尺度也有很大差异,所以尺度比例是随着应用功能或艺术功能的不同而变化和统一的。

(9)局部与整体的变化与统一。

在同一园林中,景区与景点各具特色,但就全园总体而言,其风格造型、色彩变化均应保持与全园整体的基本协调,在变化中求完整。应先明确园林的主题和格调,然后决定切合主题的局部形式,选择对这种表现主题最直接、最有效的素材,如在西方规则式园林中,常运用几何式花坛,修剪成整齐的树木来创造园林,元素与园林、局部与总体之间便表现出形状上的统一性;在自然式园林中,园林建设则必须围绕"自然"的性质作自然式布局,自然的池岸,曲折的小径,树木的自然栽植和自然式整形以求得风格的协调统一。

2. 对称与均衡

(1)对称。

对称具有规整、庄严、宁静与单纯等特点,但过分强调对称会产生呆板、压抑、牵强与造作的感觉。对称一般用于建筑入口两边或规则式构图或起强调作用的地方。

对称有3种形式:左右对称、旋转对称、中心对称。

1)左右对称:以一根轴为对称轴,两侧左右对称(轴对称),是最为常见的一种形式。如中国传统民居建筑一般都是一明两暗,中间是主厅,两边对称布置房间或厢房;大门两旁的景物设置也都采用对称的布局形式。园林中的行道树也大都采用两侧对称形式。法国凡尔赛宫的植物布局为左右对称,意大利埃斯特庄园采用的也是一种左右对称的布局形式。

2)旋转对称:旋转一定角度后的对称称为旋转对称,旋转180°的对称为反对称,花坛等的图案可采用这种构图。

3)中心对称:以多根轴及其交点为对称的称为中心轴对称。广场等大面积的构图可采用这种形式,园林中设置花坛、铺装与花窗等图案时可采用围绕圆心设置不同的图案,称为中心对称。

(2)均衡。

指景物群体的各部分之间对立统一的空间关系,一般表现为两种类型,即对称均衡和不对称均衡。均衡感是人体平衡感的自然产物。

1)对称均衡(静态均衡):景物以附加轴线为中心,在相对静止的条件下,取得左右(上下)对称的形式,在心理学上表现为稳定、庄重和理性。对称均衡较工整,构图的正中设置集中注意力的焦点,使之因有稳定的中心而产生高贵感。

2)不对称均衡(动态均衡):不对称均衡较自然,注意力焦点不放在中间,形式上不对称,产生静中有动的感觉。对称均衡是简单和静态的;不对称均衡则随着构成因素的增多而变得复杂,具有动态感。动态均衡创作法一般有以下几种类型:

①构图中心法,即在群体景物之中,有意识地强调一个视线构图中心,而使其他部分均与其取得对应关系,从而在总体上取得均衡感。

②杠杆均衡法,又称动态平衡法。根据杠杆力距的原理,使不同体量或重量感的景物置于相对应的位置而取得平衡感。

③惯性心理法(运动平衡法),同样面积、同样性质的物体由于色彩不同,所获得的感觉不

同，暖色调的感觉比冷色调的重；相同色相，明度高的比明度低的感觉重；相同面积的物体，实的感觉比虚的重；质地软的比质地硬的显得轻；相同性质的物体，右边的物体感觉比左边重；相同面积的物体，三角形显得比圆形、方形轻，圆形又比方形轻。为了达到均衡的效果，构图时需考虑色彩、材料、质感、坚固性、视觉特性等因素。

不对称均衡没有明显的对称轴和对称中心，但具有相对稳定的构图重心。不对称均衡形式自由、多样、构图活泼、富于变化、具有动态感。园林布局的稳定表现在园林建筑、山石和园林植物等上下、大小所表现的轻重感。如园林建筑的基部墙面，多采用粗石和深色的表面处理，上层部分采用较光滑或色彩较浅的材料，重心在下，给人以稳定感。水边或山坡处，有意识地种植斜伸的松、柏、杨和柳等树，在保持整体稳定感的同时，表现某种动态，构成独特的美。

3. 对比与协调

（1）对比。

对比是比较心理的产物，对风景或艺术品之间存在的差异和矛盾加以组合利用，取得相互比较、相辅相承的呼应关系。形体、色彩、质感等构成要素之间的差异是设计个性表达的基础，能产生强烈的形态感情，主要表现在量（多少、大小、长短、宽窄、厚薄）、方向（纵横、高低、左右）、形（曲直、钝锐、线、面体）、材料（光滑、粗糙、软硬、轻重、疏密）、色彩（黑白、明暗、冷暖）等方面。在园林造景艺术中，往往通过形式和内容的对比关系而更加突出主体，更能表现景物的本质特征，产生强烈的艺术感染力。

1）布局对比：建筑形象是人为的几何形象，山水风景是天然的自然形象，两者构成了明显的对立。如果恰当处理好两者的关系，在对立中求统一，便会产生特殊的艺术效果。山势高耸是垂直方向，水面平坦是水平方向，山水结合形成方向的对比；在形体上“山小显水大，水小显山高”，也是一种对比。事先要明确突出什么内容，然后可以人为地安排山势和水面。如万寿山地处颐和园的中心部位，高耸奇丽的万寿山与昆明湖形成垂直高差的明显对比，衬托了万寿山的高耸与昆明湖的浩渺。

2）体量大小的对比：中国园林要在方寸之地、咫尺山林之中，表现出多方胜景，不运用以大观小、以小观大的对比手法，是很难达到设计意图的。如一株亭亭华盖的古树下散点山石数块，更显古木参天高大；一座假山基部设置一个体量很小的亭子亦可显现山势的雄伟；草坪上配植几株大乔木，也可得到立面对比的效果。

3）色彩对比：利用植物烘托植物容易得到较好的效果，万绿丛中一点红的意境是容易做到的，以常绿树作背景衬托花灌木，体形色彩均能产生对比，效果很好。以植物烘托建筑的手法也很常用，其中包含着人工与自然的对比，质地的对比，线条、色彩的对比等，烘托的效果极好。如红与绿的对比，黄与紫、黑与白都能取得醒目、艳丽、活泼的效果。

4）明暗对比、虚实对比：园林中所指的虚，即虚无、虚空之意，有时也指数量上的稀少；实，指实景，即客观存在的景物，有时也指景物的密实、充盈。园林中的水是“无”，是虚；建筑、山石、林木是“有”，是实；草坪与疏林比较，疏林为实，草坪为虚，这种虚实对比在园林中经常采用。如陵园用密林做背景，设置铁栅栏、透花墙；山上设亭，建筑附近置草坪都是利用虚实对比的手法。传统园林的水池当中，绝对不放什么东西的，如要置桥、置岛等，也必靠池之边。例如，苏州网师园池边设两座小桥；拙政园中，池上两个岛屿偏于东，曲桥偏于西，中间是空阔的水面；退思园中也将曲桥和旱船等置于水池之边，这样处理的目的是突出水面的虚无与空灵，强化虚实对比的效果。

造园家改造一个林地最好的办法是开辟林间隙地，那里像天窗一样，使暗中有明，形成明暗对比，非常引人入胜。草坪上阳光充沛，上面点缀一些疏林，造成明中有暗，产生对比的效果。

5）空间疏密对比：古代园林都非常注重空间的疏密对比，讲究“疏可跑马，密不透风”的对比布局。如古时洛阳有名的“湖园”，以开朗平远的水景为主题，园中有湖，湖中有洲，洲上有堂，称百花洲，它与北岸的四并堂、西岸的迎晖亭，鼎足而三。“湖园”成功地采用了对比的布局手法。横池是太湖的收缩处，也是从开朗的湖水景区转到曲径幽闭景区的转折处，形成了明显的对比。从林中沿曲径到梅台知止庵，穿过竹林小径到环翠亭，景色幽静，同开朗的湖区形成对比。

颐和园的东部以宫廷建筑为主，从东宫门入园必先经过宫廷区重重封闭的建筑空间，绕过仁寿殿南侧的一带小土岗，于不经意间进至豁然开朗的另一天地。放眼西望，美丽的湖光山色突然呈现在面前，这是一个极其强烈的对比，一开始便增强了人们对园林的感受，其动人心弦之处恐怕是每个游人所不能忘怀的。如果没有这个建筑空间的过渡，刚入园即一览无余，那园林给予人的第一个印象也就为之减色了。万寿山后坡，林深谷邃，藏有花承阁、绮望轩等许多清幽的苑囿。林木茂密，松柏森森，古木参天，灌木杂以野花，富有自然野趣。沿山脚下一条狭长而曲折的溪流，在峰回路转时露出港叉桥岛，环境幽静，与前山的开阔形成鲜明的对比。

6）动静对比：园林中经常可采用动势与静态对比的造园手法，如青草动而林荫合，水静而鱼跃。注重园中四季景物的变换，如“野芳发而幽香（春景），佳木秀而繁阴（夏景），风霜高洁（秋景），水落而石出（冬景）”，达到四时之景不同。

7）质感对比：粗面的石料如混凝土、粗木建筑给人感觉稳重；细致光滑的石料、细木、植物给人感觉轻巧。如桥下和小弯处采用山石护坡给人以稳重安定感，而在缓坡岸采用草皮护坡能给人以轻松亲切和自然感。

（2）协调（谐调、和谐）。

在形式美的概念中，协调是指各景物之间形成了矛盾的统一体，也就是在事物的差异中强调了统一的一面，使人们在柔和宁静的氛围中获得审美享受。如红与橙、橙与黄的调和可取得和谐、朴素、宁静的效果。在园林造景中，若要达到谐调的艺术效果有以下几种手法：

1）相似协调法：指形状基本相同的几何形体、建筑体、花坛、树木等，因其大小及排列不同而产生的协调感。

2）近似协调法：也称微差协调，指相似的景物重复出现或相互配合而产生的协调感。

3）局部与整体的协调法：可以表现在整体风景园林空间中，局部景区景点与整体的协调，也可表现在某一景物的各组成部分与整体的协调上。如某假山石的局部用石，纹理必须服从总体用石材纹理走向。

4. 节奏与韵律

节奏产生于人本身的生理活动，如心跳、呼吸、步行等，在建筑和风景园林中，节奏就是景物简单的反复连续出现，通过时间的运动而产生美感，如灯杆、花坛、行道树、水的波纹、植物的叶序以及河边上的卵石等；而韵律则是节奏的深化，是有规律但又自由地抑扬起伏变化，从而产生富于感情色彩的律动感，如自然山峰的起伏线，人工植物群落的林冠线等。在园林设计中，可由点、线、面、体、色彩、质感等许多要素形成一个共同的韵律。利用韵律手法易于看到作品的全貌,易于理解,通过韵律的使用,使作品的诸要素得到调和,表现出一定的情趣,赋予作品以生动活泼感,使作品产生回味。

由于节奏与韵律有着内在的共同性,故可以用节奏韵律表示它们的综合意义。

(1)连续韵律。

指一种组成部分的连续使用和重复出现的有组织排列所产生的韵律感。在公园笔直游路旁,采用树冠比较开展的树种,配置花、灌木和草花,在形式上有较多样变化,给人一种轻快、活泼的感觉。

(2)交错韵律(交替韵律)。

是由一种或几种要素相互交织、穿插所形成的,各组成部分作有规律的纵横穿插或交替。如园林中漏窗图案、园路图案就常常采用不同的图案形成交错韵律。

(3)渐变韵律。

是由连续重复的因素按一定规律有秩序地变化所形成的,如长宽依次增减,或角度有规律地变化,体积大小、色彩的浓淡、质感的粗细等有规则地逐渐增加或减少所产生的韵律。中国历代的宝塔建筑在整体上是由下逐层向上收分,各构件虽在形体上大致相似,但尺寸上却有大小的变化,人们在观赏它们时,往往只有从整体上审视并从上下形状的对比中才可有效地发现其变化的韵律。韵律变化的这种整体性与对比性的特点,使人们在审美建筑物时,只能从感性出发,直接欣赏,很难从局部变化或局部构图的格局来推及全体的基本格局的变化秩序。

(4)旋转韵律。

某些要素或线条按照螺旋状方式反复连续进行或向上、向左右发展,从而得到旋转感很强的韵律特征,在图案、花纹或雕塑设计中常见。这种韵律由于具有非常强的运动感,符合现代人的生活节奏,所以在现代园林设计中采用这种韵律形式较多。

(5)自由韵律。

指某些要素或线条以自然流畅的方式,不规则但却有一定规律地婉转流动,反复延续,出现自然柔美的韵律感。连续的风景形成忽高忽低、忽而宽广、忽而深远并有间断的变化,达到步移景变,既有明显的差异,又不过分生硬和缺乏统一感。

造园设计中,空间过大,难以统一韵律感,则可用各种素材进行空间分割。如凡尔赛宫周围用树木来体现,中国私家园林的曲廊迂回,现代高层建筑则用窗、阳台、栏杆的重复、光影来追求韵律。

5. 比例和尺度

(1)比例。

指一件事物整体与局部以及局部与局部之间的关系。比例一般只反映景物及各组成部分之间的相对数比关系,而不涉及具体的尺寸。如建筑的一切比例都要合乎一定的技术规范,建筑尺寸的大小,各种构件的安排,只要遵循一定的技术规则,就可获得形式美。常用的比例有:

1)黄金分割比:大小(宽长)的比例相当于大小二者之和与大者之间的比例,其比值为1.618。黄金分割是人类在把握自然规律的过程中,对世界物体结构关系的一种理性认识和科学说明。

我国大安门广场的人民英雄纪念碑,如果进行几何分析,从碑顶作一垂线与基座的底线相交,然后从基座的边沿作一斜线,将碑顶的一点与基座的边线相交,这时,这一直角三角形的斜边与底边的比，正好是 1.618 ∶ 1。此外，法国的巴黎圣母院、美国的林肯纪念堂以及我国的毛主席纪念堂等也都采用了黄金分割比这一比例。

2）整体分割比：具有匀称感、静态感，由数列组成的复合比例，如 2 ∶ 3 ∶ 5 等构成的平面具有秩序感、动态感。现代设计注重明快、单纯，因而整体比的应用较广泛。

3）人体模数体系：著名建筑师勒·柯布西埃认为空间是和人们的各种活动结合在一起的，因此各种空间大小往往要根据人的基本尺寸来确定。各种座椅、门窗、道路的宽窄都应根据人体的身高、肩宽、脚幅来进行设计。如幼儿游戏设施的体量较小，门窗的尺寸较小；而成人的空间建筑的门、窗尺寸则较大、较宽。

（2）尺度。

是指园林景物、建筑物整体和局部构件与人或人所习见的某些特定标准之间的大小关系。在园林造景中，运用尺度进行设计的方法有以下几种：

1）单位尺度引进法：即引用某种为人所熟悉的景物作为尺度标准，来确定群体景物的相互关系，从而得出合乎尺度规律的园林景观。

2）人的习惯尺度法：即以人体各部分尺寸及其活动习惯尺寸规律为准，来确定风景空间及各景物的具体尺度。如：一般民居及环境是常规活动尺度；纪念碑、大型溶洞等是夸大的超人尺度，它往往使人产生自身的渺小感和建筑物（景观）的超然、神圣、庄严之感。而人的私密性活动空间，如建筑物中的小卧室、大剧院中的包厢、大草坪边的小绿化空间等，使人有安全、宁静和隐蔽之感，这就是亲密（空间）尺度。

3）模度尺设计法：即运用好的数比系列或被认为是最美的图形，如圆形、正方形、矩形、三角形或正方内接三角形等作为基本模度，进行多种划分、拼接、组合、展开或缩小等，从而在立面、平面或立体空间中，取得具有模度倍数关系的空间。

二、景观设计的功能性原则

《公园设计规范》指出，园林是完善城市 4 项基本功能中游憩职能的场所。其基本作用就是要满足广大人民群众的精神文明需求，功能性和适用性是园林的基本原则。

如果把园林作为一种艺术的话，那么，不论有多少自然主义和浪漫主义的性质和渊源，它都必然还要遵循理性主义的原则，这是因为现代园林通常是一种实用场所，还因为园林会涉及环境安全的内容。

现代园林是功能体系的一种特殊形式，或是本身带有某种功能性质，这就要求把相关的功能因素放在优先位置考虑，不能因为追求某种预定的纯艺术形式而与功能抵触。园林要提倡有机性，它与功能之间也应该是有机的关系。除了附属的功能之外，园林本身也有功能义务，除了悦目以外，园林的场所必须让人感到舒适，至少要提供最起码的树荫、座椅、散步等功能因素，还要根据自身的性质，进一步提供如慢跑径、水池及游泳池、运动场地和设施等内容。

除了实现某种实用意义外，功能的原则还能为艺术形式本身提供重要的价值观保障。在传统的园林中有很强的享乐意味，但是不能过分，对这种意味过分地追求只能使艺术走向庸俗。在功能范畴内追求豪华和华丽是无可厚非的，但如果为此附加许多与功能无关的内容，它的艺术性就会遭到破坏。因为园林本身和园林的各种元素都已经具有了很强的装饰意味，功能性必须格外强调才能引起关注，没有必要再刻意添加非功能因素。

功能原则可以为园林设计提供一些矫饰。然而，由园林的一些特殊性质决定，对空间进行装饰本身就是园林的一种功能责任，当然这不是摆摆鲜花之类的纯装饰行为。更主要的一点在于，与建筑这种功能实体同时也是一种艺术类型或一件艺术品一样，园林本身也是一种独立的艺术形式，每处园林也都应该成为艺术品。这就要求它尽情表现其艺术魅力，能否成功，就要看园林设计中对自身的形式和风格把握得如何了。

作为一种空间场所的园林，首先要在物质意义上完善空间的构造，要建立起有效的边界体系，与外界其他空间建立适宜的关系。同时对自己的空间进行完善，就要用内部边界和内部实体来细化、美化、充实这一空间，使它成为一件名副其实的艺术品。这是一个设计过程，在其中完全可以利用绘画、雕塑等其他艺术类型的形式进行设计，最终得到自己的形式。形式已经空前的丰富，园林质料也空前的丰富，所以园林设计也是多种多样的。

现代设计已使许多功能设施超越了功能本身成为概念、意义和内容的载体，而且设计意念的发展越来越丰富、越来越明确。可以说，现代设计把作品部分的构素与材料都直接转换成表达现代设计观念、现代美学观点的语言符号。功能设施在某种程度上成了表现我们美学思想的载体。

另外，设施、构素、意义、功能等属性之间的可转换性，使设计构思有了极大的自由度和可能性。而利用它们之间的转换特性也成了现代设计的重要手段。通过设计艺术，可以使功能性设施艺术化，也可以使艺术化的作品功能化。通过造型设计，使软质东西在视觉上硬化，把硬物体在视觉上软化。一个真正的设计大师，即使在做简单的构图上也可以展开其丰富的想象力。一块石头、一个花池、一把座椅、一处步级、一段小径在他们的大脑中的美的形式都千变万化，都有出乎常人意料的新奇形象，这就是人类的文化精神。

艺术最重要的永恒原则之一就是科学性。在有意识的科学诞生之前，科学隐藏在以自然规律的启示为基础内容的哲学、宗教、知识等形式中。艺术也是如此，不论是从巧夺天工的意义来讲，还是从试图表现根源上的自然规律来看，只是不同的自然情况造成不同的人对自然规律的理解不同，以至产生了不同的艺术类型，而与科学不同的是艺术能自成一种形式。不论是城市、乡村、土地，或是任何一处局部的领域，只要我们不是把园林简单化到物质的层面，就表明我们在追求园林艺术，那么我们就不能追求自然风景本身，不能只搬来自然元素，也不能只搬来其他地方的艺术，我们只能将面对的一切，一起重新纳入所谓的自然规律中，才有可能得到新的、真正的园林艺术。

三、景观设计的经济学原则

由于园林是社会生产力发展到一定水平的产物，也可以说是由经济基础决定的上层建筑。因此，进行园林设计时必须有经济学理念。在正确选址的前提下，因地制宜，巧于因借，用较少的投入取得最大的效果，做到“事半功倍”。因为，同样是一处园林，甚至是同一设计方案，采用不同的建筑材料，不同规格的苗木，不同的施工标准，其工程造价是完全不同的。所以，作为园林设计师，在考虑园林美学、功能性的前提下，设计出最佳的方案，采用最佳的施工方案及材料，以获得最佳化的效果，是最明智的选择。一切不切实际的贪大求洋均是不可取的，尤其是在当前的形势下更应注意这一问题。

总之,"经济、适用、美观"是园林设计必须遵循的原则。三者之间的关系是辩证的统一,相互依存,不可分割。

第二节 景观设计中的立意

景观设计与文学、绘画的创作一样,在动笔之前,必须先立意。立意即园林设计的主题思想,是园林艺术设计构思前,对自然和造园的具体条件进行仔细观察、体验,然后在自己的头脑中形成主题思想和各种景观的艺术形象,让所建园林达到预想的艺术境界。

我国园林艺术设计的源泉,主要是来于自然。园林艺术的创作,就是把自然山水概括和提炼,再现于园林空间,让园林比大自然更典型、更集中、更富有意境。在日常生活中,人们常用风景如画来形容秀丽的风景或园林中美好的景点。这说明园林艺术应达到如画的境界,达到"虽为人作,宛自天开"的艺术效果,方为上品,否则就是一般的工程技术了。

一、意在笔先,神仪在心

晋代顾恺之在《论画》中说:"巧密于精思,神仪在心。"即绘画、造园首先要认真考虑立意,"意在笔先"。明代恽向也在《宝迁斋书画录》中谈道:"诗文以意为主,而气附之,惟画亦云。无论大小尺幅,皆有一意,故论诗者以意逆志,而看画者以意寻意。"

南齐时期的著名画家谢赫在《古画品录》中提出的六法,对我国园林艺术创作中的立意有较大的影响。他的六法其一是气韵生动。所谓气韵生动,就是要求一幅绘画作品有真实的感人的艺术魅力。其二是骨法用笔。所谓"骨法用笔",是指绘画造型技巧,"骨法",一般指事物的形象特征,"用笔"指技法。用墨"分其阴阳"更好地表现大自然的光感明暗、远近疏密、朝暮阴晴,以及山石的体积感、质量感等。下笔之前,要充分"立意",作到"意在笔先",下笔后"不滞于手,不凝于心",一气呵成,做到"画尽意在"。其三是应物象形,"应物象形"是指物所占有的空间、形象、颜色等。其四是"随类赋彩",画家用不同的色彩来表现不同的对象。我国古代画家把用色得当和表现出的美好境界,称为"浑化",在画面上看不到人为色彩的涂痕。其五是经营位置。即考虑整个结构和布局,使结构恰当、主次分明、远近得体,在变化中求得统一。我国历代绘画理论中谈及的构图规律,疏密、参差、藏露、虚实、呼应、简繁、明暗、曲直、层次以及宾主关系等,既是画论,又是造园的理论根据。如画家画远树无叶,远舟见帆而不见船身,这种简繁的方法,既是画理,也是造园之理。其六是传移摹写,即向传统学习。

南北朝时期,文人墨客厌世,对城市繁华生活厌倦,陶醉于大自然,想超脱尘世,追求清淡隐逸,于是对山水、园林产生了浓厚的兴趣。如陶渊明的《桃花源记》:"……缘溪行,忘路之远近。忽逢桃花林,夹岸数百步,中无杂树,芳草鲜美,落英缤纷……欲穷其林。林尽水源,得一山,山有小口,仿佛若有光……初极狭……豁然开朗……",诗中所立的意境,成为设计者创造"山重水复疑无路,柳暗花明又一村"园林艺术空间意境的依据。

二、神韵和意趣

造园的关键在于造景，而造景的目的在于作者对造园目的与任务的认识和激发的思想感情。所谓"诗情画意"入园林，即造园不仅要做到景美如画，同时还要求达到情境交融，意趣昂然的境界。我国古典园林艺术的创作，由于受到文学、绘画的影响，因此寄寓着诗情画意，包含着"神韵"和"意趣"。造园者在布置园林山水、花木时，要把握住山水性情，让山有环抱起伏之状，水有潆洄之势，树木栽植要有比拟联想。"廊边窗外花树一角，或翠竹一丛，山间古树簇聚或散植，都要力求有枯木竹石图之意"。即一草一木，或含笑，或开，或谢，都应具有画工之意。不仅要追求自然的形似，而且要把自然中的气韵反映出来，要把内在的本质、意义表现出来。在"多方胜景，咫尺山林"中，要能达到"片石生情"的意趣，这就要求造园者须有高度的艺术修养和"匠心独运"的精湛技巧，有丰富的生活体验，掌握种种名山巨川的神态、特征。只有这样，才能在 0.067 ~ 0.134hm^2 或者其数十倍面积的空间中，不论是叠山、理水、置亭安榭，或是筑径架桥、植树栽花等，做到艺术的概括，做到"寓形于神"，耐人寻味。

如苏州环秀山庄石壁山洞，在仅 0.067hm^2 多的有限面积之内，以质朴、自然、幽静的山水，来体现委婉含蓄的诗情，通过合理安排山石、树木、水体，体现深远与层次多变的画意。它的创作方法是以假山为主，辅以池水。池东为主山，使人有在一畴平川之内，忽地一峰突起，耸峙于原野之上的感觉。山虽不高，却如巨石磅礴，很有气派。池北为次山，主山分前后两部分，其间有幽谷，前山全用叠石构成，外形峭壁峰峦，内构为洞。后山临池水部分为湖石石壁，在前后山之间留有 1m 左右的距离，构成洞谷。谷高 5m 左右，一山二峰，巍然矗立，其形给人以悬崖峭壁之感。其间植以花草树木，倍觉幽深自然。山脚止于池边，犹如高山山麓断谷截溪，气势雄奇峭拔。山石苔藓幽草，妙趣横生；水中倒影，情趣盎然。于水池边石凳稍憩，饱览这山峦秀色，静心玩赏，可一洗尘虑，别有一番情趣。山贵有脉，有水方活。构置于西南部的主山峰，有几个低峰衬托，左右峡谷架以石梁。站在石梁仰望，如见峭壁悬崖，俯首但见一泓溪水就在脚下边，形成活泼生动的园林艺术空间效果。主山之西北为问泉亭，由池西问泉亭开始，过曲桥，沿临池水道，旁依峭壁，下临池水，假山内构有洞室，在洞室可坐息眺望。由于石洞下通水面，在这里可观赏到映入洞中的天光水色。环秀山庄凿池引水富有情趣，使得山有脉、水有源，山分水，又以水分山，水绕山转，山因水活，使得咫尺园景富有生机。在 0.067hm^2 左右的有限空间，山体仅占 0.033hm^2，却构出了谷溪、石梁、危崖、绝壁、洞室、幽径，建有补秋舫、问泉亭等园林建筑，没有造园者的精心规划、刻意经营、美好的立意，要把自然界中峰峦洞谷的形象集中缩写于咫尺一地是不可能的。这正如王维在《山水论》中所说："凡画山水，意在笔先。"园林艺术创作同样如此，不先立意谈不上园林创作。立意不是凭空乱想、随心所欲，而是根据审美趣味、自然条件、使用功能等进行构思，并通过园林空间景观艺术形象的组织，典型环境的利用，叠山理水，经营建筑绿化，依山取山景，而得山林意境，傍水得水景，而得看水意境，意因境存，境因意活，相辅相成，方能创造出美好的园林艺术形象

我国古典园林艺术的立意，还来自上古神话。例如，传说在渤海的东面，有一条名叫归墟的大壑，归墟里有五座神——岱舆、员峤、方壶、瀛洲和蓬莱，山中有奇花异树，山上有金台玉观。在这景色美丽的地方，有神仙居住。这五座神山由大龟背着，后来因后龙伯国的一位大人钓鱼，拖走了岱舆、员峤，并将其沉于北极洋底，从此，在烟波浩渺的大海中，只有方壶、瀛洲和

蓬莱这三座神山,象征东海仙境。这三座神话中的神山,自秦汉以来,就成了我国古典园林湖中建岛的传统手法,即一池三山模式。这种模式在秦皇、汉武时期达到了高峰。如秦、汉时期西安附近的上林苑中就有蓬莱、方丈、瀛洲、壶梁等岛名。在唐代的宫苑中,如长安东内的大明宫里就有蓬莱池,中有蓬莱山。建于明代的苏州留园水景中有小蓬莱。从秦、汉、隋、唐一直到明、清的园林建筑中,都继承着蓬莱、瀛洲、仙山楼阁的老传统。借助于神话,往往使得园林艺术更幽美和更富有诗情画意,以神话来立意,并作为园林的意境,使园林更显得生动而又令人神往。

园林艺术设计也常从诗词与山水画中寻找素材。苏州著名园林之一的狮子林,以假山著称,东南部诸峰罗列,长廊回绕;西北多水,绿水清盈;西部有岩石峭壁,倚山斜立,更有飞瀑和流水潺潺,人工为之,极富天然之趣,在苏州众名园中别具一格。据苏州府志记载,当初建园时天如禅师曾邀请元代园林艺人倪云林等人共同设计,倪云林曾著有《狮子林图卷》。

以画立意,而又胜于绘画的例子,莫过于曹雪芹笔下的大观园了。大观园风景如画,而又高于绘画。《红楼梦》第四十回,刘姥姥说:“今儿进这园里一瞧,竟比那画儿还强十倍。”园林风景如画,又胜似画,也是诗人画家仿写的对象。我国的园林艺术,不仅与文学、绘画等有着共同的特点,而且常与文学、绘画相结合,用匾额、对联、题咏、碑刻等形式来立意,给人以美的享受,成为园林艺术的重要组成部分。

第三节 园林景观布局

园林景观布局是园林设计总体规划的一个重要步骤,是根据计划确定所建园林的性质、主题、内容,结合选定园址的具体情况,进行总体的立意构思,对构成园林的各种重要因素进行综合的全面安排,确定它们的位置和相互之间的关系。如园林内容和艺术形式的选择,山岭、水体的位置和大体轮廓的确定,不同功能用地的划分和衔接,活动和安静景区的布置,园林主景的位置、主要出入口和干道的安排等。布局时须综合考虑平面和立面之间的关系,使全园结构形成一个能够满足功能和景观要求的统一体。经过多个方案的比较,确定合适的布局方案,然后再作深入的设计。布局是否合宜得体关系到建园的成败。

园林景观布局要因地制宜,布局前对建园单位或园主的要求先行了解,对建园基地的情况作详细调查,不仅了解基地自身情况,还要了解其四周外围的环境。布局要顺应自然,充分利用原有的地形、地貌加以适当的改造,才能构图得体合宜。园林布局要体现时代精神、民族特色和地方风格,要不断推陈出新。

各国园林有不同的形式、流派和风格,式样上有自然式、规则式、混合式等。布局时采取何种艺术形式,要随建园意图和基地环境而定。一般来说,一个园的艺术形式应该统一和谐,如果用混合式,在不同形式的过渡衔接上要处理得顺理成章。有时可用“园中园”手法或集锦式方法,把不同的形式风格布置在一个整体园林中。

园林是一种多维空间供游人身临其境进行游赏。组织景区、分隔空间务必使全局既有分隔又有联系,各个景区互相呼应衬托。布局要突出主体,分别主次;利用地形、植物、建筑、道路等分隔空间,有开有合,有聚有散,曲折多变,小中见大,使全园既有变化又有统一,使游人感觉有不穷之景、不尽之意。

风景点的布设既要注意提供游人驻足留憩细细欣赏的静观效果，也要善于运用风景透视线来联络组织各个景点，使游人在行进中感到景色时隐时现、时远时近、时俯视时仰望，不断变化，层层展开，收到步移景异的动观效果。

任何园林的布局都要首先考虑实用功能上具有共同性的一些问题。例如出入口的位置与外部交通的衔接，人流的集散，车辆的停放，行政管理区的位置，运输车辆的车行道，杂物堆放场等必须选址合适。为游人提供停留、坐憩、饮食、公厕等的各种设施也要周密安排。

一、园林景观的布局形式

园林景观布置形式的产生和形成，是和世界各民族、国家、地区的文化传统、地理条件等综合因素的作用分不开的。英国造园家杰利克（G.A.Jellicoe）在 1954 年国际风景园林家联合会第四次大会致辞中说："世界造园史三大流派：中国、西亚和古希腊。"归纳这三大流派的基本特征可以把园林的形式分为规则式、自然式和混合式三类。

（一）规则式园林

规则式园林又称为"几何式""整形式""对称式""建筑式"园林。从古埃及、古巴比伦、古希腊、古罗马起到 18 世纪英国风景式园林产生之前，西方园林基本上都属于规则式园林。

规则式园林的规划手法，从另一角度探索，园林轴线多是主体建筑室内中轴线向室外的延伸。一般情况下，主体建筑主轴线和室外园林轴线是一致的。

（二）自然式园林

自然式园林又称为风景式、不规则式、山水派园林。

中国园林从周朝开始，经历代的发展，不论是皇家宫苑还是私家宅园，都是以自然山水园林为源流。发展到清代，保留至今的皇家园林，如颐和园、承德避暑山庄、圆明园；私家宅园，如苏州的拙政园、网师园等都是自然山水园林的代表作品。从 6 世纪传入日本，18 世纪后半叶传入英国。

（三）混合式园林

所谓混合式园林，主要指规则式、自然式交错组合，全园没有或不形成控制全园的主中轴线和副轴线，只有局部景区、建筑以中轴对称布局，或全园没有明显的自然山水骨架，形不成自然格局。一般情况下，多结合地形，在原地形平坦处，根据总体规划需要安排规划式的布局。在原地形条件较复杂，具有起伏不平的丘陵、山谷、洼地等处，结合地形规划成自然式。混合式园林是自然式和规则式的交错与结合。

二、园林景观布局的基本原则

(一)构园有法,法无定式

1. 主景与配景

各种艺术创作中,首先确定主题与副题、重点与一般、主角与配角、主景与配景等关系。所以,园林布局,在确定主题思想前提下,需考虑主要的艺术形象,也就是考虑园林主景。主要景物能通过次要景物的配景、陪衬、烘托,得到加强。

为了表现主题,在园林和建筑艺术中主景突出通常采用下列手法。

(1)中轴对称。

在布局中,先确定某方向轴线,轴线上方通常安排主要景物,在主景前方两侧,常常配置一对或若干对的次要景物,以陪衬主景。如天安门广场、凡尔赛宫殿、广州起义烈士陵园等。

(2)主景升高。

主景升高犹如"鹤立鸡群",这是普通、常用的艺术手段。主景升高往往与中轴对称方法同步采用。如美国华盛顿记念性园林及北京人民英雄记念碑等。

(3)环拱水平视觉四合空间的交汇点。

园林中,环拱四合空间主要出现在宽阔的水平面景观或四周由群山环抱的盆地类型园林空间,如杭州西湖中的三潭印月等。自然式园林中四周由土山和树林环抱的林中草地,也是环拱的四合空间。四周配植林带,在视觉交汇点上布置主景,即可起到主景突出作用。

(4)构图重心位能。

三角形、圆形图案等重心为几何构图中心,往往是处理主景突出的最佳位置,起到最好的信能效应。自然山水园林的视觉重心忌居正中。

(5)渐变法。

渐变法即园林景物面局,采用渐变的方法,从低到高,逐步升级,由次要景物到主景,级级引入,通过园林景观的序列布置,引人入胜,引出主景。

2. 统一与变化

园林布局的统一变化,具体表现在对比与调和、韵律节奏、主从与重点、联系与分隔等方面。

(1)对比与调和。

对比、调和是艺术构图的一个重要手法,它是运用布局中的某一因素(如体量、色彩等)中,两种程度不同的差异,取得不同艺术效果的表现形式,或者说是利用人的错觉来互相衬托的表现手法,差异程度显著的表现称对比,能彼此对照,互相衬托,更加鲜明地突出各自的特点;差异程度较小的表现称为调和,使彼此和谐,互相联系,产生完整的效果。园林景色要在对比中求调和,在调和中求对比,使景观既丰富多彩、生动活泼,又突出主题,风格协调。

对比的手法:形象的对比、体量的对比、方向的对比、开闭的对比、明暗的对比、虚实的对比、色彩的对比、质感的对比。

(2)韵律节奏。

韵律节奏就是艺术表现中某一因素作有规律的重复,有组织的变化。重复是获得韵律的必要条件，只有简单的重复而缺乏有规律的变化，就令人感到单调、枯燥，所以韵律节奏是园林艺术布局多样统一的重要手法之一。

园林绿地布局的韵律节奏方法很多，常见的有：简单韵律、交替的韵律、渐变的韵律、起伏曲折韵律、拟态韵律、交错韵律。

（3）主从与重点。

①主与从：园林布局中的主要部分或主体与从属体，一般都是由功能使用要求决定的，从平面布局上看，主要部分常成为全园的主要布局中心，次要部分成为次要的布局中心，次要布局中心既有相对独立性，又要从属主要布局中心，要能互相联系、互相呼应。

主从关系的处理方法：

A. 组织轴线：主体位于主要轴线上；安排位置：主体位于中心位置或最突出的位置。从而分清主次。

B. 运用对比手法，互相衬托，突出主体。

②重点与一般：重点处理常用于园林景物的主体和主要部分，以使其更加突出。重点处理不能过多，以免流于烦琐，反而不能突出重点。

常用的处理方法：

A. 以重点处理来突出表现园林功能和艺术内容的重要部分，使形式更有力地表达内容。如主要入口，重要的景观、道路和广场等。

B. 以重点处理来突出园林布局中的关键部分，如主要道路交叉转折处和结束部分等。

C. 以重点处理打破单调，加强变化或取得一定的装饰效果，如在大片草地、水面部分，在边缘或地形曲折起伏处做重点处理等。

（4）联系与分隔。

园林绿地都是由若干功能使用要求不同的空间或者局部组成，它们之间都存在必要的联系与分隔，一个园林建筑的室内与庭院之间也存在联系与分隔的问题。园林布局中的联系与分隔组织不同材料、局部、体形、空间，使它们成为一个完美的整体，也是园林布局中取得统一与变化的手段之一。表现在以下两个方面：

①园林景物的体形和空间组合的联系与分隔：园林景物的体形和空间组合的联系与分隔，主要决定于功能使用的要求，以及建立在这个基础上的园林艺术布局的要求，为了取得联系的效果，常在有关的园林景物与空间之间安排一定的轴线和对应的关系，形成互为对景或呼应，利用园林中的树木种植、土丘、道路、台阶、挡土墙、水面、栏杆、桥、花架、廊、建筑门、窗等做为联系与分隔的构件。建筑室内外之间的联系与分隔，常用门、窗、空廊、花架、水、山石等建筑处理，把建筑引入庭院，有时也把室外绿地有意识地引入室内，丰富室内景观。

②立面景观上的联系与分隔：立面景观的联系与分隔，是为了达到立面景观完整的目的。有些园林景物由于使用功能要求不同，形成性格完全不同的部分，容易造成不完整的效果，如在自然的山形下面建造建筑，若不考虑两者之间立面景观上的联系与分隔，往往显得很生硬。

分隔就是因功能或者艺术要求将整体划分为若干局部，联系是因功能或艺术由若干局部组成一个整体。联系与分隔是求得完美统一的园林布局整体的重要手段之一。

上述对比与调和、韵律节奏、主从与重点、联系与分隔都是园林布局中统一与变化的手段，也是统一与变化在园林布局中的表现。在这些手段中，调和、主从、联系常作为变化中求统一的手段，而对比、重点、分隔则更多地作为统一中求变化的手段。所有这些统一与变化的手段，在园林布局中，常同时存在，相互作用，必须综合地而不是孤立地运用上述手段，才能取得统一而又变化的效果。此外，园林布局各部分处理手法应具有一致性。

3. 均衡与稳定

由于园林景物是由一定的体量和不同材料组成的实体，因而常常表现出不同的重量感，探讨均衡与稳定的原则，是为了获得园林布局的完整和安全感。稳定是指园林布局的整体上下轻重的关系，而均衡是指园林布局中的部分与部分的相对关系，例如左与右、前与后的轻重关系等。

(1)均衡。

园林布局中要求园林景物的体量关系符合人们在日常生活中形成的平衡安定的概念，所以除少数动势造景外(如悬崖、峭壁等)，一般艺术构图都力求均衡。均衡可分为对称均衡和非对称均衡。

①对称均衡：对称布局是有明确的轴线的，在轴线左右完全对称。对称均衡布局常给人以庄重严整的感觉，规则式的园林绿地中采用较多，如纪念性园林、公共建筑的前庭绿化等，有时在某些园林局部也会运用。

对称均衡小至行道树的两侧对称，花坛、雕塑、水池的对称布置，大至整个园林绿地建筑、道路的对称布局。对称均衡布局的景物常常过于呆板而不亲切。

②不对称均衡：在园林绿地的布局中，由于受功能、组成部分、地形等各种复杂条件制约，往往很难也没有必要做到绝对对称形式，在这种情况下常采用不对称均衡的手法。

不对称均衡的布置要综合衡量园林绿地构成要素的虚实、色彩、质感、疏密、线条、体形、数量等给人产生的体量感觉，切忌单纯考虑平面的构图。

不对称均衡的布置小至树丛、散置山石、自然水池；大至整个园林绿地、风景区的布局。给人以轻松、自由、活泼变化的感觉，所以广泛应用于一般游憩性的自然式园林绿地中。

(2)稳定。

园林布局中稳定是指园林建筑、山石和园林植物等上下、大小所呈现的轻重感的关系。在园林布局上，往往在体量上采用下面大、向上逐渐缩小的方法来取得稳定坚固感，如我国古典园林中塔和阁等；另外在园林建筑和山石处理上也常利用材料、质地所给人的不同的重量感来获得稳定感，如在建筑的基部墙面多用粗石和深色的表面来处理，而上层部分采用较光滑或色彩较浅的材料，在土山带石的土丘上，也往往把山石设置在山麓部分而给人以稳定感。

4. 比拟联想

园林艺术不能直接描写或者刻画生活中的人物与事件的具体形象，运用比拟联想的手法显得更为重要。园林构图中运用比拟联想的方法有如下几种：

(1)概括名山大川的气质，模拟自然山水风景，创造“咫尺山林”的意境，使人有“真山真水”的感受，联想到名山大川，天然胜地，若处理得当，使人面对着园林的小山小水产生“一峰则太华千寻，一勺则江湖万里”的联想，这是以人力巧夺天工的“弄假成真”。

我国园林在模拟自然山水手法上有独到之处，善于综合运用空间组织、比例尺度、色彩质感、视觉感受等，使散置的山石有平岗山峦的感觉，使池水有不尽之意，犹如国画“意到笔未到”，给人无穷联想。

(2)运用植物的姿态、特征，给人以不同的感觉，产生比拟联想。如“松、竹、梅”有“岁寒三友”之称,“梅兰竹菊”有“四君子”之称,在园林绿地中适当运用,可增加意境。

(3)运用园林建筑、雕塑造型产生的比拟联想。如蘑菇亭、月洞门、水帘洞等。

(4)遗址访古产生的联想。

(5)风景题名题咏对联匾额、摩崖石刻所产生的比拟联想。题名、题咏、题诗能丰富人们的联想,提高风景游览的艺术效果。

5. 空间组织

空间组织与园林绿地构图关系密切,空间有室内、室外之分,建筑设计多注意室内空间的组织,建筑群与园林绿地规划设计,则多注意室外空间的渗透过渡。

园林绿地空间组织的目的首先是在满足使用功能的基础上,运用各种艺术构图的规律创造既突出主题,又富于变化的园林风景。其次是根据人的视觉特性创造良好的景物观赏条件,使一定的景物在一定的空间里获得良好的观赏效果,适当处理观赏点与景物的关系。

(1)视景空间的基本类型。

①静态空间:静态空间是在游人视点不移动的情况下观赏静态风景画面所需的空间。组织静态空间时必须注意在优美的“静态风景”画面之前布置广场、平台、亭、廊等设施,以利于游人静态观赏;而在人们经常逗留之处,应该设立“静态风景”观赏画面,以供游人静态观赏。

②动态空间:动态空间是在游人视点移动的情况下,观赏动态风景画面所需要的空间。在动态空间里观赏动态风景就会有步移景异的效果。组织动态空间时,要使空间视景有节奏、韵律,有起景、高潮和结尾,形成一个完整的连续构图。

③开敞空间与开朗风景:人的视平线高于四周景物的空间是开敞空间,开敞空间中所见的风景是开朗风景。开敞空间中,视线可延伸到无穷远处,视线平行向前,视觉不易疲劳。

④闭锁空间与闭锁风景:人的视线被四周屏障遮挡的空间是闭锁空间,闭锁空间中所见的风景是闭锁风景,屏障物之顶部与游人视线所成角度越大,则闭锁性越强;反之成角越小,闭锁性也越小。这也与游人和景物的距离有关,距离越小,闭锁性越强;距离越大,闭锁性越弱。闭锁风景,近景感染力强,四周景物,可琳琅满目,但久赏易感闭塞,易觉疲劳。

⑤纵深空间与聚景:在狭长的空间中,如道路、河流、山谷两旁有建筑、密林、山丘等景物阻挡视线,这狭长的空间叫纵深空间,视线的注意力很自然地被引导到轴线的端点,这种风景叫聚景。

园林中的空间构图,不要片面强调开朗,也不要片面强调闭锁。同一园林中,既要有开朗的局部,也要有闭锁的局部,开朗与闭锁综合应用,开中有合,合中有开,两者共存相得益彰。

⑥拱穹空间:地下或山中的洞穴所组成的空间称为拱穹空间。在拱穹空间里组织的景观称为拱穹风景,对于天然岩洞,应尽力加以保护,宣扬其自然美景,布置奇特的拱穹风景。人工的洞穴也应认真组织拱穹空间,使人犹如身临天然岩洞之感。

(2)空间展示程序与导游线。

风景视线是紧密相联的,要求有戏剧性的安排,音乐般的节奏,既有起景、高潮、结景空间,又有过渡空间,使空间主次分明,开、闭、聚适当,大小尺度相宜。

(3)空间的转折。

空间转折有急转与缓转之分。在规则式园林空间中常用急转,如在主轴线与副轴线的交点处。在自然式园林空间中常用缓转,缓转有过渡空间,如在室内外空间之间设有空廊、花架之类的过渡。

两空间分隔有虚分与实分。两空间干扰不大,须互通气息者可虚分,如用疏林、空廊、漏窗、水面等。两空间功能不同、动静不同、风格不同宜实分,可用密林、山阜、建筑、实墙来分隔。虚分是缓转,实分是急转。

(二)组景有方,简约有序

古人总结组景有18种方法,即对景、借景、夹景、框景、隔景、障景、泄景、引景、分景、藏景、露景、影景、朦景、色景、香景、眼景、题景、天景。由于篇幅,在此不一一分析,只就其中的对景、借景、框景等几种手法作一些分析。

1. 对景

所谓"对",就是相对之意。我把你作为景,你也把我作为景。这种景在园林中有很多,但要做好这种景也不易。景贵自然,这里的自然是多义的,自然也与距离有关,在某种距离上,景观似会觉得不自在。景如人,若是两个相互不认识的人,距离不到2m相对而立,就会觉得很别扭。景也一样,若一个小院两边相对观之,也会有这种不愉快的感觉,这就叫"硬对景"。如果景深不能扩大,是否有某种手法可以弥补这种缺陷呢?当然有。试看苏州留园中的石林小院,院北是揖峰轩,院南是石林小屋(半亭),两者相对而观,相距只有10m,但觉得无别扭之感。为什么?正是因为园中有数立峰,因此相互对视,景时隐时现,较为含蓄。北京故宫中的乾隆花园,其中古华轩与遂初堂之间的小院中,也立石,是同样手法,据说这个花园是乾隆皇帝之手笔,他酷爱江南园林,所以手法如一。苏州怡园的藕香榭向北望,隔池是假山林丛,山上一个亭,即"小沧浪"点缀其间,形成以自然为主的景观,可谓美不胜收;反之,人在亭中观藕香榭,也甚观止,而且一仰一俯,更见造园者之匠心了。杭州孤山之西的西泠印社,山上有一块不规则形的空地,四周建筑有:汉三老石室、观乐楼、华严经塔、题襟馆、四照阁等,空地之北有石池。这里有好多对景关系,景景不同,妙趣无穷。由于中部南北之间空间较狭,于是南部不设物,一可观山下景,二也避免了视距短"硬对景"。

2. 借景

即有意识地把园外的景物"借"到园内视景范围中来。借景是中国园林艺术的传统手法。一座园林的面积和空间是有限的,为了扩大景物的深度和广度,丰富游赏的内容,除了运用多样统一、迂回曲折等造园手法外,造园者还常常运用借景的手法,收无限于有限之中。

对景是相对为景;借景则只借不对。无锡寄畅园,人在环翠楼前南望,可以见到树丛背后的锡山和山上的龙光塔。这塔和山似成园内之景;反之,若人在锡山或龙光塔上,甚至找不到寄畅园。借景是单向的,这就是借景与对景之不同。

苏州拙政园,在吾竹幽居亭中向西望去,可以见到远处的北寺塔,而且有了这座塔的形象,使这一景更美。景贵有层次,塔成了此景的远景。

中国古代早就有运用借景的手法。唐代所建的滕王阁,借赣江之景:"落霞与孤鹜齐飞,秋水共长天一色。"岳阳楼近借洞庭湖水,远借君山,构成气象万千的山水画面。杭州西湖,在"明湖一碧,青山四围,六桥锁烟水"的较大境域中,"西湖十景"互借,各个"景"又自成一体,形成一幅幅生动的画面。"借景"作为一种理论概念提出来,则始见于明末著名造园家计成所著《园冶》一书。计成在"兴造论"里提出了"园林巧于因借,精在体宜""泉流石注,互相借资”“俗则屏之，嘉则收之”“借者园虽别内外，得景则无拘远近”等基本原则。

（1）借景种类。

①近借，在园中欣赏园外近处的景物。

②远借，在不封闭的园林中看远处的景物，例如靠水的园林，在水边眺望开阔的水面和远处的岛屿。

③邻借，在园中欣赏相邻园林的景物。

④互借，两座园林或两个景点之间彼此借资对方的景物。

⑤仰借，在园中仰视园外的峰峦、峭壁或邻寺的高塔。

⑥俯借，在园中的高视点，俯瞰园外的景物。

⑦应时借。借一年中的某一季节或一天中某一时刻的景物，主要是借天文景观、气象景观、植物季相变化景观和即时的动态景观。

（2）借景方法。

①开辟赏景透视线，对于赏景的障碍物进行整理或去除，譬如修剪掉遮挡视线的树木枝叶等。在园中建轩、榭、亭、台，作为视景点，仰视或平视景物，纳烟水之悠悠，收云山之耸翠，看梵宇之凌空，赏平林之漠漠。

②提升视景点的高度，使视景线突破园林的界限，取俯视或平视远景的效果。在园中堆山，筑台，建造楼、阁、亭等，让游者放眼远望，以穷千里目。

③借虚景，如朱熹的“半亩方塘”，圆明园四十景中的“上下天光”，都俯借了“天光云影”；上海豫园中的花墙下的月洞，邻借了隔院的水榭。

（3）借景内容。

①借山、水、动物、植物、建筑等景物。如远岫屏列、平湖翻银、水村山郭、晴岚塔影、飞阁流丹、楼出霄汉、堞雉斜飞、长桥卧波、田畴纵横、竹树参差、鸡犬桑麻、雁阵鹭行、丹枫如醉、繁花烂漫、绿草如茵。

②借人为景物。如寻芳水滨、踏青原上、吟诗松荫、弹琴竹里、远浦归帆、渔舟唱晚、古寺钟声、梵音诵唱、酒旗高飘、社日箫鼓。

③借天文气象景物。如日出、日落、朝晖、晚霞、圆月、弯月、蓝天、星斗、云雾、彩虹、雨景、雪景、春风、朝露等。此外还可以通过声音来充实借景内容，如鸟唱蝉鸣、鸡啼犬吠、松海涛声、残荷夜雨。

在中国的现有园林和风景区中，运用借景手法的实例有很多。北京颐和园的“湖山真意”远借西山为背景，近借玉泉山，在夕阳西下、落霞满天的时候赏景，景象曼妙。承德避暑山庄，借磬锤峰一带山峦的景色。苏州园林各有其独具匠心的借景手法。拙政园西部原为清末张氏补园，与拙政园中部分别为两座园林，西部假山上设宜两亭，邻借拙政园中部之景，一亭尽收两家春色。留园西部舒啸亭土山一带，近借西园，远借虎丘山景色。沧浪亭的看山楼，远借上方山的风光塔影。山塘街的塔影园，近借虎丘塔，在池中可以清楚地看到虎丘塔的倒影。

从手法来说，要借景，必须设计视线。寄畅园中能见到锡山，拙政园中能见到北寺塔，都是因为在视点前面有一大片水池，才使视线可及远处之景。这两处水池都做得狭长，拉长视距又不影响园的规模。现在有了准确的平面图，作视线不难，但古时候没有这种图，何以能有如此之妙？这就须实地观察、把握。

借景虽属传统园林手法，但如今兴造城市绿地，也可借鉴此法，使景观更有情趣。城市有许多高层建筑，可以借鉴借景手法组织景观。《园冶》中说："得景则无拘远近，晴峦耸秀，绀宇凌空，极目所至，俗则屏之，嘉则收之，不分町畽，尽为烟景，斯所谓'巧而得体'者也……"所谓"俗则屏之"，也可以理解为现在有的建筑不好看，就得用林木、小建筑等挡住其视线；"嘉则收之"，就是可以把远处美的建筑引入景观之中以供观赏。如果城中有山有塔，更可取之。

3. 框景

顾名思义，框景就是将景框在"镜框"中，如同一幅画。拙政园内园有个扇亭，坐在亭内向东北方向的框门外望去，见到外面的拜文揖沈之斋和水廊，在林木掩映之下，形成一幅美丽的画卷。北京颐和园中的"湖山春意"，向西望去，可见到远处的玉泉山和山上的宝塔，近处有西堤和昆明湖，更远处还有山峦，层层叠叠，景色如画。

苏州狮子林花篮厅之北的院子之东有一片墙，一个月洞门，两边是庭院，可以说互为框景，妙趣无穷。也许是造园者有意这样做的，所以在此月洞门上有"得其环中"四字。这四字来自《庄子·齐物论》："彼是莫得其偶，谓之道枢，枢，始得其环中，以应无穷。……"其意是彼此双方都找不到它的对立面，这就是道的枢纽。这个枢纽道先得到了"道"的圆环中心，来应付世间一切没有穷尽的事理。这里有深邃的哲理性，不知园主人写此四字，与在此两面都起框景作用是否有关系。但无论如何，在客观上存在这种交互为框景，可谓难能可贵。

4. 引景

其实，漏窗也起到引景的作用，如杭州西泠印社，围墙上一排漏窗，人们观窗内之景，便欲入园游赏，于是沿墙找到大门而入。苏州怡园中的复廊、上海豫园中的复廊，都有引景之作用。引景手法较多，有的用弧墙（有较强的导向性）引景，如杭州虎跑。自"虎跑泉"照壁，沿弧墙前行，便至叠翠轩、桂花厅等处。也有的用文字来暗示，起到引景的作用，如上海豫园，自三穗堂向东，有一条廊向北，有"渐入佳境"四字，很起引景作用。廊边墙上又有四字"峰回路转"，显然是转弯，里面果然美景不少。总之，无论是漏花墙、廊、台阶、弧墙乃至文字，都能起到引景的作用；但须得当，不能喧宾夺主，这些东西只是起引景的作用，不是主景。

组景十八法，只是古人对组景方法的总结，不能生搬硬套，墨守成规，须处理恰当。另外这种手法也要融会贯通，用到新的城市绿地景观设计中去，还须有新意。

（三）因地制宜，以境造景

造景是通过人工手段，利用环境条件和构成园林的各种要素造作所需要的景观。

"景"即境域的风光，也称风景。是由物质的形象、体量、姿态、声音、光线、色彩以至香味等组成的。景是园林的主体，欣赏的对象。自然造化的天然景（野景）是没有经过人力加工的。大地上的江河、湖沼、海洋、瀑布林泉、高山悬崖、洞壑深渊、古木奇树、斜阳残月、花鸟虫鱼、雾雪霜露等，都是天然景，园林造景时要充分加以利用。

《园冶·卷一·兴造论》中，开卷即曰："凡造作"，要"随曲合方"，"能妙于得体合宜。""园林巧于'因''借'，精在'体''宜'。""因者，随基势之高下，体形之端正，碍木删桠，泉流石注，互相借资；宜亭斯亭、宜榭斯榭，不妨偏径，顿置婉转，斯谓'精而合宜者'也。"这说明要根据地形、地势的实际情况，因地制宜地建亭、筑榭，山道随形势，清泉石上流。

"因地制宜"的原则，是造园最重要的原则之一。同样是帝王宫苑，由于不同地形状况，而采用不同的造园手法,创造出迥然不同、各具风格的园林。

中国自南北朝以来,发展了自然山水园林。园林造景,常以模山范水为基础,“得景随形”,“借景有因”,“有自然之理,得自然之趣”,“虽由人作,宛自天开”。造景方法主要有:

(1)挖湖堆山,塑造地形,布置江河湖沼,辟径筑路,造山水景;

(2)构筑楼、台、亭、阁、堂、馆、轩、榭、廊、桥、舫、照壁、墙垣、梯级、磴道、景门等建筑设施,造建筑景;

(3)用石块砌叠假山、奇峰、洞壑、危崖,造假山景;

(4)布置山谷、溪涧、乱石、湍流,造溪涧景;

(5)堆砌巨石断崖,引水倾泻而下,造瀑布景;

(6)按地形设浅水小池,筑石山喷泉,放养观赏鱼类,栽植荷莲、芦荻、花草,造水石景;

(7)用不同的组合方式,布置群落以体现林际线和季相变化或突出孤立树的姿态,或者修剪树木,使之具有各种形态,造花木景。

(8)在园林中布置各种雕塑或与地形水域结合,或单独竖立,成为构图中心,以雕塑为主体,塑造景观。

园林雕塑配合园林构图,多数位于室外,题材广泛。园林雕塑通过艺术形象可反映一定的社会时代精神,表现一定的思想内容,既可点缀园景,又可成为园林某一局部甚至全园的构图中心。

园林雕塑有悠久的历史。文艺复兴时期,雕塑已成为意大利园林的重要组成部分。园中雕塑或结合园林理水,或装饰台层,甚至建立了以展览雕塑为主的“花园博物馆”“雕塑公园”。园林雕塑在欧、美各国园林里至今仍占有重要地位。

中国古代园林很早就有雕塑装饰。汉武帝时建章宫北太液池畔曾有石鱼、石龟、石牛、织女,还有铜仙人立于神明台上。现在颐和园宫门前的铜狮,庭院中布置的铜鹤、铜鹿,既是造型优美的艺术珍品,又是庭院的组成部分。中国园林中“特置”的山石,虽然不是人工雕塑物,也起雕塑物的作用。如颐和园乐寿堂前的青芝岫、苏州留园的冠云峰,都是以其自然形象供人欣赏。在自然风景区常利用天然岩壁洞穴雕凿佛像。帝王陵园前则以石人、石兽列队甬道两侧,增加中轴线的气势。近年来,中国各地园林中也设置了各种类型的雕塑。

园林雕塑按内容可分为:

(1)纪念性雕塑:纪念历史人物或事件,如南京雨花台烈士群像、上海虹口公园的鲁迅像等。

(2)主题性雕塑:表现一定的主题内容,如广州市的市徽“五羊”、南京莫愁湖的莫愁女等。

(3)装饰性雕塑:题材广泛,人物、动物、植物、器物都可作为题材,如北京日坛公园曲池胜春景区中展翅欲飞的天鹅和各地园林中的运动员、儿童及动物形象等。

按形式分有圆雕、凸雕、浮雕、透雕等,使用材料有永久性材料(金属、石、水泥、玻璃钢等)和非永久性材料(石膏、泥、木等)。园林雕塑常用永久性材料的圆雕,至于凸雕、浮雕、透雕则常与建筑结合。冰雕、雪塑是东北园林冬季特有的一种雕塑艺术。

雕塑可配置于规则式园林的广场、花坛、林荫道上,也可点缀在自然式园林的山坡、草地、池畔或水中。在园林中设置雕塑,其主题和形象均应与环境相协调,雕塑与所在空间的大小、尺度要有恰当的比例,并需要考虑雕塑本身的朝向、色彩以及与背景的关系,使雕塑与园林环境互为衬托,相得益彰。

匾联也是园林造景常用的手法之一。匾额横置门头或墙洞门上,在园林中多为景点的名称或对景色的称颂,以三字四字的为多。楹联往往与匾额相配,或树立门旁,或悬挂在厅、堂、亭、榭的楹柱上。楹联字数不限,讲究词性、对仗、音韵、平仄、意境情趣,是诗词的演变。相传楹联始于五代后蜀,孟昶在寝门桃符板上题"新年纳余庆,嘉节号长春"句。匾额楹联不但能点缀堂榭,装饰门墙,在园林中往往表达了造园者或园主的思想感情,还可以丰富景观,唤起联想,增加诗情画意,起着画龙点睛的作用,是中国传统园林的一个特色。曹雪芹在《红楼梦》中,借小说中人物评大观园时说:"若大景致,若干亭榭,无字标题,任是花柳山水,也断不能生色。"如苏州拙政园中的"与谁同坐轩",表达了"与谁同坐?清风、明月、我"的孤芳自赏的思想。楹联中如苏州沧浪亭的"清风明月本无价,近水远山皆有情";拙政园梧竹幽居的"爽借清风明借月,动观流水静观山";雪香云蔚亭的"蝉噪林愈静,鸟鸣山更幽",都写景、写情,发人联想,即使游人在无风、无月、无蝉、无鸟时到此,也觉得似有这一境界。济南大明湖有联云:"四面荷花三面柳,一城山色半城湖";杭州观海亭上一联云:"楼观沧海日,门对浙江潮",写景抒情,概括性很强。又如镇江焦山别峰庵郑板桥读书处,小屋三间,门上联云:"室雅何须大,花香不在多。"描绘简朴幽雅的情景。所以匾额楹联,特别是名联、名匾,不但为景观添色,而且发人深思。岳阳楼何绍基的102字长联,昆明大观楼的180字长联,状景、写情、辞藻、对仗、书法、境界等都值得称道,本身就是一件艺术品。

(四)掇山理水,理及精微

人们往往用"挖湖堆山"来概括中国园林创作的特征。

《画论》云:"水令人远,石令人古","胸中有山方能有水,意中有水方许作山","地得水而柔,水得地而刚","山要回抱,水要潆迴","水因山转,山因水活"等山水画要诀,就是我们"挖湖堆山"的理论依据。同时,明确指出掇山理水是不可分割的关系。

中国历代学者对山水的理解已有精辟论述。

孔子云:"智者乐山,仁者乐水。"因他看山高草木生长,鸟兽繁衍,雨露之泽,万物以成,即"水无私给予万方生灵",遂以山水喻世人之品德。

宋郭熙在《林泉高致》一文中对山、水也有一番论述:"山有三远;自山下而仰山巅,谓之高远;自山前而窥山后,谓之深远;自近山而望远山,谓之平远。""高远给人以清明感,深远给人以重晦感,平远给人以冲澹飘渺感。"而其对水的三远是:"聚者辽阔,散则潆迴,前者旷观,后者微观","近岸旷水,旷阔遥山,有烟雾","一片大明,景物至绝而微茫,漂渺者为幽远","水之三远:旷远,幽远与迷远。"

郭熙对水的特性描述如下:"水活物也。其形欲深静,欲柔滑,欲汪洋,欲四环,欲肥腻,欲喷薄,欲激射,欲多泉,欲远流,欲瀑布插天,欲溅,欲扶烟云而秀媚,欲照溪谷而生辉,此谓水之活体也。"

自秦始皇在长池中作三仙岛以后,历代帝王多崇"一池三山"之法,包括西藏拉萨的罗布林卡这座达赖喇嘛的夏宫,也在他的湖心宫中建成藏式的"一池三山"。湖心宫中的"一池三岛"是三个方岛,其中最大者为汉式攒尖顶的方亭,另一岛为藏式攒尖亭,第三个岛为绿岛。然而,中国的传统文化艺术讲究既有一定之法,又可一法多用,即所谓"有法而无式",有一定的法度而无固定的模式,一法可多式。

1705年,清乾隆帝为其母祝寿所建的清漪园,同样采用"一池三山"的模式。规划者根据当时"瓮山""瓮湖"的现状进行一池三岛的创作,采用留堤(西堤)、留岛(藻鉴堂、治镜阁)、堆岛(南湖岛)的新法,在原瓮湖水面基础上,留出西堤向西扩展水面,留出藻鉴堂(山岛)、治镜阁(阁岛),而不同于杭州西湖的“疏湖堆岛”;同时,在湖岛艺术处理上不重复同一个水面内留三岛的处理,而是分三个水面,由三个水面组合成一个大湖面,形成湖、堤、岛的新的“一池三山”新形象。更难能可贵之处在于颐和园(原清漪园)在塑造三大岛——南湖岛、藻鉴堂、治镜阁的同时,增添三小岛——知春岛、小西泠、凤凰墩。而且知春岛由两小岛、两座木桥、一座十六柱亭——知春亭组成。小西泠岛是由曲折线的规则垂直条石驳岸构成,在传统自然山水园中,一反常法,与其周围的石舫、船坞构成颐和园西部景区的独特风格。小西泠岛曲折线规则垂直条石驳岸,与后湖苏州街的曲折线垂直驳岸又起到前后呼应的作用。后湖叫后溪河,以溪河形象对比于昆明湖“汪洋”大水面,在1000m长的后溪河上,水面收放有致,环境宁静清雅,形成另一番带状水系景致。

在建造圆明园时,为突出“仙岛神山”的主题思想,创造了以圆明园的福海三岛“蓬岛瑶台”的全园构图中心,约25hm^{2}近方形湖面,东西、南北约500m长的湖岸线,尤其在雨雾天气下,湖中的三岛如仙都神宫。三个岛分别叫作“北岛玉宇”“蓬岛瑶台”“瀛海仙山”,中间蓬岛瑶台略大,其余两岛略小,仿李思训画意,成仙山楼阁之状。岩岩亭亭,望之若金堂五所,玉楼十二也。真可谓“天上画图悬日月,水中楼阁浸琉璃”。三岛皆近正方形,呈现西北往东南方向斜串联的湖岛布局,实属中国造园手法之妙举。

承德避暑山庄的湖区,由堤岛形仿中国古代吉祥物“如意”“灵芝”之形,通过芝径云堤,使湖中三岛的形象构成一棵“如意灵芝”树,为“一池三山”的传统湖岛模式又添新花。

元代的大内御苑的太液池中三岛布列,分别为“万岁山”(原为金代的琼华岛),万岁山模拟仙山琼阁的境界。其余二岛为“圆坻”和“犀山”。到明代的大内御苑中的西苑,将元代的太液池分成三个水面:北海、中海、南海。在西苑的南部开凿南海,扩大了太液池的原水面。在西苑北部的北海中改元代的万岁山为原名“琼华岛”。琼华岛浮现在北海的水面上,每当晨昏烟霞弥漫时,四际扑朔迷离,宛如仙山琼阁。元代时的圆坻由水中岛屿变化为半岛,原圆坻的土筑高台改为砖砌城墙的“团城”成为另一仙山,南海中堆筑大岛“南台”,从而在明代将元代太液池的旧址改为西苑,西苑的水面由北海、中海、南海三海组成,由琼华岛、团城、南台构成新的“一池三山”形象。

1. 理水

理水首先要沟通水系,即“疏水之去由,察水之来历”,切忌水出无源,或死水一潭。

水景的类型可分为静态水景与动态水景。静态水景又可分为:规则式、自然式和混和式等类型。规则式静态水景,如方形(北海静心斋)、长形(南京煦园);自然式静态水景,如方形(苏州网师园等)、三角形(颐和园的谐趣园等)、长方形、狭形、复合形等。

园林中,水系设计要求:

(1)主次分明,自成系统:水系要“疏水之去由,察水之来历”。水体要有大小、主次之分。并做到山水相连,相互掩映,“模山范水”,创造出大湖面、小水池、沼、潭、港、湾、滩、渚、溪等不同的水体,并组织构成完整的体系。

(2)水岸溪流,曲折有致:水体的岸边,溪流的设计,要求讲究“线”形艺术,不宜成角、对称、圆弧、螺旋线、等波状、直线(除垂直条石驳岸外)等线形。姐妹艺术中,以讲究线形艺术的书法,而书法中尤以草书的形态,可以作为园林设计中“线”形艺术创作的参考。唐代书法家孙过庭在其《书谱》一文中，对书法艺术中的形态、神韵、用墨、笔触等曾有过极其精彩的描绘：“……夫悬针垂露之异，奔雷坠石之奇，鸿飞兽骇之资，鸾舞蛇惊之态，绝岸颓峰之势，临危据槁之形。或重若崩云，或轻如蝉翼。导之则泉注，顿之则山安。纤纤乎似初月之出天崖，落落乎犹众星之列河汉。同自然之妙……”上述可以看出唐代孙过庭对书法的“异”“奇”“姿”“态”“势”“形”等的描述，对于园林中的线形景观，如湖岸线、天际线、园路线等的设计都有一定的可借鉴性。当然，湖岸线、天际线等的设计，除了考虑线形外，还要因地制宜，结合驳岸工程的要求等综合因素加以确定。

（3）阴阳虚实，湖岛相间：水体设计讲究“知白守黑”，虚中有实，实中有虚，虚实相间，景致万变。一般园林中水体设计可以根据水面的大小加以考虑。古典皇家园林颐和园水面占全园的1/3，约200hm^2，所以水景分岛、堤、湖、河、湾、溪、瀑布（小型）、池等，驳岸有石条垂直驳岸、山石驳岸、矶等形式，使水景丰富多彩。有的水体还创造洲、渚、滩等景观。现代公园中，如上海的长风公园，水面占全园的39%，约14.3hm^2，银锄湖内的青枫绿屿岛打破了湖面的单调感，因为大型园林的水体忌讳“一览无余”，岛的作用，增加湖面的层次，同时又组织了湖面的空间。一般小型园林，如苏州宅园，也在湖、池中点缀小岛或山石，尤其假山驳岸或悬崖峭壁、山洞等的处理，使水景更引人入胜。

（4）山因水活，水因山转：传统的中国园林山水创作，山与水是不可分割的整体。水系与山体相互组成有机整体，山的走势、水的脉络相互穿插、渗透、融汇，而不能是孤立的山无源的水。

2. 掇山

在造园的过程中，挖了“湖”，就要“堆山”。园林中堆山又可称为“掇山”“筑山”。人工掇山可以分为：土山、石山、土石相间的山等不同类型。在掇山过程中，应根据土、石方工程的技术要求，由设计者酌情而定。

土山在园林设计中，按造景的功能，分为主山、客山；土山还可以作围合空间、屏障、阜障、土丘、缓坡、微地形处理等。园林建设中，堆山较高的实例，如上海长风公园的铁臂山，高约30m；上海植物园的松柏山，高约9m；组织空间的土山，约1.5 ~ 3.0m；组织游览的阜障、土丘，约高1.0m；缓坡的坡度约为1：4 ~ 1：10。

在《公园设计规范》中，确定了我国园林行业中地形设计的标准。其中明确指出：“大高差或大面积填方地段的设计标高，应计入当地土壤的自然沉降系数。改造的地形坡度超过土壤的自然安息角时，应采取护坡、固土或防冲刷的工程措施。”并规定，土山（上植草皮）最大坡度为33%，最小坡度为1%。土山设计要点为：

（1）主客分明，遥相呼应：主山不宜居中，忌讳“笔架山”对称形象。山体宜呈主、次、配的和谐构图，高低错落，前后穿插，顾盼呼应，切忌“一”字罗列，成排成行。

（2）未山先麓，脉落贯通：堆山视山高及土质而定其基盘。山形追求“左急右缓，莫为两翼”，避免呆板、对称。

（3）位置经营，山讲三远：在较大规模的园林中，布置一组山体，在规划设计过程中，考虑达到山体的“三远”艺术效果。

（4）山观四面而异，山形步移景变：四面各异，讲究山体的坡度陡、缓各不同；不同角度、不同方面形态变化多端。峰、峦、崖、岗、山形山势随机；坞、谳、洞、穴随形。

（5）山水相依，山抱水转：山水相连，山岛相延，水穿山谷，水绕山间。

微地形的利用与处理，近年来受到园林界的重视。缓坡草地、草坪为广大群众所接受。起伏的微地形，不仅创造出优美、细腻的景观，同时利用地形排水，节省土地，适宜开展各项活动。在居民区，微地形草坪更适合于开展户外活动。

（五）建筑经营，时景为精

中国园林中的建筑具有使用和观赏的双重作用，要求园林建筑可居、可游、可观。中国传统的园林建筑类型，常见的有厅、堂、楼、阁、塔、台、轩、馆、亭、榭、斋、舫、廊等。《园冶》云："凡园圃之基，定厅堂为主。先乎取景，妙在朝南。""楼阁之基，依次序定在厅堂之后"，"花间隐榭，水际安亭"，廊则"蹑山腰，落水面，任高低曲折，自然断续蜿蜒"。这些说明，由于建筑使用的目的、功能不同，建筑的位置选择也各异。

园林中建筑的平面类型多种多样，屋顶的类型也形形色色，建筑的基址也千变万化。以园林中的亭子为例，亭子可以是三角形、四方形、五角形、六角形、八角形或其他多边形。亭子的平面还有不等边形、曲边形、半亭、双亭、组亭及组合亭、不规则平面等。亭子顶部，有攒尖、歇山、庑殿、盂顶、十字顶、悬山顶、藏式金顶、重檐顶等类型。亭子的造型千姿百态，亭子的基址，因地制宜，亭子与环境协调统一，各具其妙。

亭子可临水而建，可近岸水中建亭；可岛上、桥上、溪涧、山顶、山腰、山麓、林中、角隅、平地、路旁建亭；还可以筑台、掇山石建筑。其他园林建筑也不拘一格，"景到随机"，"山楼凭远"，"围墙隐约于萝间"，"门楼知稼，廊庑连芸"，"漏层阴而藏阁，迎先月以登台"，"榭者，借也……或水边，或花畔，制亦随态"。总之，中国园林建筑的布局，依据"相地合宜，构园得体"的原则，成为园林中的景物，又是赏景点，以供凭眺、畅览园林景色，同时可防日晒、避雨淋，是纳凉、小憩的游人之处。

（六）道路系统，顺势通畅

园林中，道路系统的设计是十分重要的内容之一。从上述规则式园林与自然式园林的比较中，不难看出，由于不同的道路设计形式（当然也综合其他构园因素），决定了园林的形式，表现了不同的园林内涵。

美国近代园林先驱阿姆斯特德在其长期的生产实践中，总结了有关园林设计的理论要点。阿姆斯特德原则要点如下：

①保护自然景观，园林设施融于自然环境之中。

②尽可能避免使用规则形式。

③保持公园中心区一定面积的草坪、草地。

④道路成流畅曲线流线形，并成循环系统。

⑤全园靠道路划分不同区域。

⑥选用当地的乔木、灌木。

在上述原则中，阿姆斯特德讲了两点关于园路设计的原则。其一，论述了道路在公园中或其他类型园林的规划设计中，它既是园林划分不同区域的界线，又是连接园林各不同区域活动内容的纽带。园林设计过程中，除考虑上述内容外，设计的园路还应当起到引导游览、组织风景系列的作用。其二，要使道路与山体、水系、建筑、花木之间构成有机的整体。

“顺势辟路”，其意之一，指道路的设计应当与地形巧妙地结合。路折因遇岩壁，路转因交峰回。山势平缓则路线舒展，大曲率；山势变化急剧则路径“顿置宛转”；尤其在自然山体的山脊和山谷，有高有凹，有曲有直，所以山路讲究“路宜偏径”，要“临濠蜿蜒”，做到“曲折有情”。其意之二，“顺势”，就要分析园景的序列空间构图的游览形势，“因势利导”，“构园得体”。园路设计要求平面上曲折和剖面起伏融汇于一条上，“曲折有致”，“起伏顺势”。园路设计应顺地形的变化而“敷设”，顺地形而起伏，顺地形而转折；反之，设计者也可以结合园路的势态而陡急，而延缓。园路与地形、地势相辅互成。园路设计切忌“拼盘”，如果在平坦的曲线园路两侧，堆砌山丘、阜障，而园路不是在已形成的地形上布设，曲线路必然失之生意。

园林道路的设计，首先要考虑系统性。要从全园的总体着眼，确定主路系统。主路是全园的框架，要求成循环系统。一般园林中，入园后，道路不是直线延伸到底（除纪念性园林外），而是入园后两翼分展，或三路并进。分岔路的设计，主要起到“循游”和“回流”的作用。道路的循环系统将形成多环、套环的游线，产生园界有限而游线无数的效果。路的转折、衔接通顺，符合游人行为规律。

一般主路宽 5 ~ 7m，二级路为 2.5 ~ 3.5m，小路约 0.9 ~ 1.2m，汀路、山道为 0.6 ~ 0.8m。主路设计要大曲率，流顺通畅，起到游览的主动脉作用，组织游览，疏导游人；同时要方便生产和管理。主路纵坡宜小于 8%，横坡宜小于 3%。为交通运输方便（如管理、喷洒、生产等活动），主路不宜设梯道。次路、小路宜顺地势而盘旋。山道可“羊肠小径”或“之”字形布列，更能达到“宛转”“自然”的效果。水面“汀步”路，不得设计在深水大湖面，一般在 50 ~ 60cm 的浅水区部分。水面“汀步”和草坪“汀步”宜在较小的园林空间应用。

道路的平面造型有直线、曲线、折线等几种类型，具体形式的应用，因园而异，因景而别。

道路设计往往与建筑、广场两因素不可分开。从某种意义讲，广场就是道路的扩大部分。公园的出入口广场，它的形成和设计依据，可以理解为多股人流，即进出人流的交汇、集散、逗留、等候、服务等功能要求的客观需要。建筑与道路之间，也根据建筑的性质、体量、用途而确定建筑前的广场或地坪的形状、大小。大型、文化娱乐型建筑，如公园中的影院、剧场，观众必须在短时间内集散，上一场观众退场，下一场观众进场的高密度、短时间的更换，要求有足够的容纳空间，就是广场。

除了建筑前广场和公园出入口广场外，园林设计中作为游人共享空间的游憩、观赏型广场，是十分重要的内容。作为园路，主要目的是疏导游人，组织游赏。而作为游园的重要目的不单在游线——园路上观赏，还要停下来，一是室内观赏，二是室外观赏。而观赏广场、共享空间就是要满足游人的赏景要求。这类广场的设计，一般由园林建筑物，园林构筑物，如水池、喷泉，还有植物，园林小品，如假山、雕塑等组成开朗、优美、可聚集一定量游人、开展游赏活动的广场空间。有的设计以植物材料为主题，有的以雕塑物、假山为主要景物，或以观赏水池、喷泉为主要内容。同样一地段，可能创造出各式各样、多彩多姿的不同方案。

近些年，欧美国家盛行“下沉式”广场。在城市广场、机关单位、校园以及各种类型的绿化中，大量应用下沉式广场。该类型广场的优点是便于开展群众性的集会、娱乐等活动，观众四周沿台阶而坐，观赏节目，或促膝谈心、议论、评述等，形式多样、活泼。平时，游人上、下数级台阶，别是一番景象。我国也有应用，如烟台的街心广场，文化宫前就有下沉式广场，并有城市雕塑造景；广西柳州龙潭公园入口处一处自然式下沉广场，在开展群众游园、娱乐活动方面，深受游人的喜爱。

下沉式广场设计，需注意排水设施，不然雨季造成积水，影响公园的正常使用。

道路与建筑、广场的组合，忌“歪门斜道”，要求端正，设计图形为有规律可循的曲线流线形。考虑设计与施工的结合，不宜过分随意。园林的道路和广场设计同时还要考虑其图案、色彩、装饰诸因素的应用，以提高园景的观赏效果。

道路、广场设计要考虑游人的安全，尤其注意雪天、雨天等气候条件下，保证游人的安全。一般主路纵坡上限为 12%；小路纵坡宜小于 18%，主路考虑方便通车等因素，不宜设置台阶、陡坡。

园桥可称为“跨水之路”。它既起到全园交通连接的功能，又兼备赏景、造景的作用。尤其是以水体为主的水景园，如古典园林中的圆明园，现代公园中天津的水上公园、南京的玄武湖公园等，都是多堤桥的园林类型。

由于园桥具有交通连接与造景功能的双重性，在全园规划时，务必首先将园桥所处的环境和所起的作用作为确定园桥的设计依据。如拱桥、亭桥、廊桥、折桥等多以造景为主，平桥以联系交通为主。当然任何一座园桥，都要考虑其交通和景观的因素。一般在园林中架桥，多选择两岸较狭窄处，或湖岸与湖岛之间，或两岛之间。另有旱桥、天桥等类型。同时，园桥的造型、体量、材料、色彩，桥拱是否要通船、设闸等因素都要予以考虑。

园桥的主要形式有拱桥、折桥、板桥、亭桥、廊桥、索桥、浮桥、吊桥、假山桥、风雨桥、闸桥、独木桥等。

（七）植物造景，四时烂漫

园林种植设计是园林设计全过程中十分重要的组成部分之一。

东西方园林具有各自的特点，欧洲的建园布置标准要求体现整理自然、征服自然、改造自然的指导思想。其标准、种植设计是按人的理念出发，呈现出整形化、图案化的特点。当然，西方园林的种植设计不可能脱离全园的总布局，在强烈追求中轴对称、成排成行、方圆规矩规划布局的系统中，也就产生了建筑式的树墙、绿篱，行列式的种植形式，树木修剪成各种造型，或动物形象，构成欧洲式传统的种植设计体系。中国园林的种植方法则另辟蹊径，强调借花木表达思想感情。同时，以中国画画论为理论基础，追求自然山水构图，寻求自然风景。传统的中国园林，不对树木作任何整形，正是这一点，形成了中国园林和西方园林的主要区别之一。

中国园林善于应用植物题材，表达造园意境，或以花木作为造景主题，创造风景点，或建设主题花园。古典园林中，以植物为主景观赏的实例很多，如圆明园有杏花春馆、柳浪闻莺、曲院风荷、碧桐书屋、汇芳书院、菱荷香、万花阵等风景点。承德避暑山庄有万壑松风、松鹤清樾、青枫绿屿、梨花伴月、曲水荷香、金莲映日等景点。苏州古典园林中的拙政园，有枇杷园（金果园）、远香堂、玉兰堂、海棠春坞、听雨轩、柳荫路曲、梧竹幽居等风景点以枇杷、荷花、玉兰、海棠、柳树、竹子、梧桐等植物为素材，创造植物景观。

中国现代公园规划，也沿袭古典园林中的传统手法，创造植物主题景点。北京紫竹院公园有竹院春早、绿茵细浪、曲院秋深、艺苑、新篁初绽、饮紫榭、风荷夏晚、紫竹院等景点。上海长风公园有荷花池、百花亭、百花洲、木香亭、睡莲池、青枫绿屿、松竹梅园等植物景观参观点。

目前，国内已建成的各类公园、风景点中的植物专类园有月季园、牡丹园、竹类园、木兰园、杜鹃园、桂花园、棕榈园、槭树园、香花园、岩生植物园、百草园、中草药园等。上述专类园在公园规划中，可根据当地气候条件、地理位置而灵活应用。

混合式园林融东西方园林于一体，中西合璧。园林种植设计强调传统的艺术手法与现代精神相结合，创造出符合植物生态要求、环境优美、景色迷人、健康卫生的植物空间，满足游人的游赏要求。

第三章 园林景观要素的种类及表现手法

园林景观由植物、山石、水体、建筑、道路、桥梁等要素构成，它们没有统一的尺寸和形状，也不应该有统一的模式，所以很难画出一张“标准图”，也不可能完全使用绘图工具。园林设计图就是要直观地表现这些园林要素的形状、大小、高低和姿态。要达到这一目的就要求设计者不但要有熟练的绘图技艺，还要掌握各种不同要素的特点，只有这样才能正确体现设计者的意图。

园林景观设计图是园林设计者的语言，人们可以形象地从园林设计图中理解到设计者的意图、创作构想和艺术效果，并按照图纸去施工，从而创造优美的环境。因此，园林图纸的识读和绘制是园林设计工作的必不可少的环节。

第一节 园林景观图的种类

一、按园林图用途划分

（一）园林规划图

指在对现场的植物、地形、环境、道路、建筑物等各种因素调查的基础上，进行布局后所作的图（见图 3-1）。

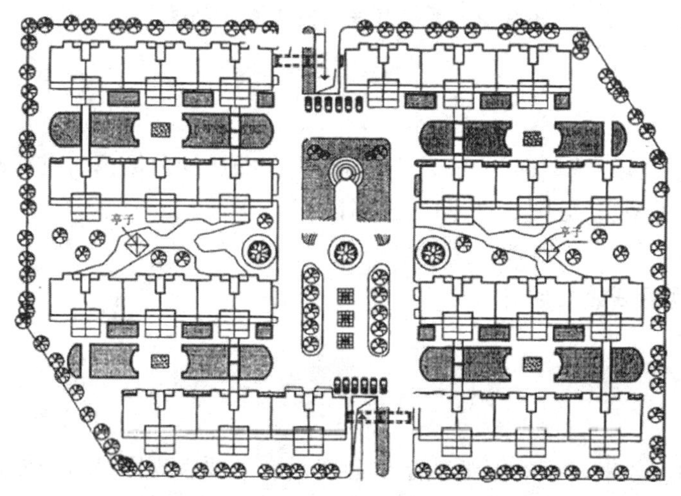

图 3-1 某住宅小区规划总平面图

（二）园林设计图

指在规划图的基础上，进一步详细地作出的分项设计图。

（三）园林施工图

施工图是以设计图为依据，详细标明将来建造时的具体尺寸、材料、施工方式等，以便后续施工用的图纸（见图 3-2）。

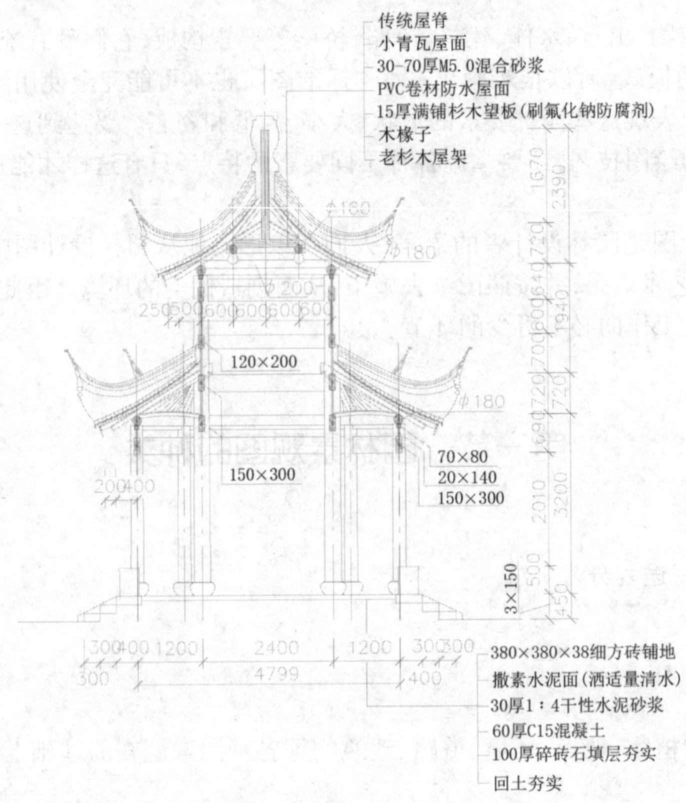

图 3-2　重檐八角亭施工图（剖面）

（四）现状分析图

将已有的现状资料归纳整理，分成若干空间，用园圈或抽象图形将其粗略地表示出来。现状分析常用平面分析图法（见图 3-3、图 3-4、图 3-5）。

二、按园林景观图纸效果划分

（一）平面图

以平面投影的形式来表示的图纸就是平面图。它主要表现园林各要素的位置、形状、大小及相互关系（见图 3-6）。

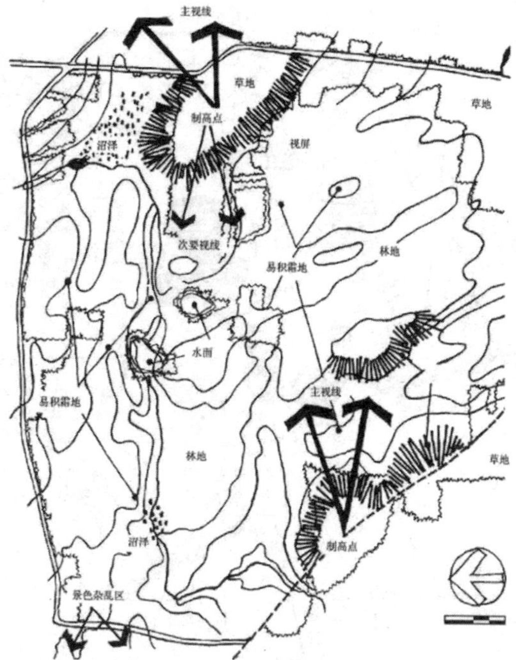

图 3–3　平面分析图示例

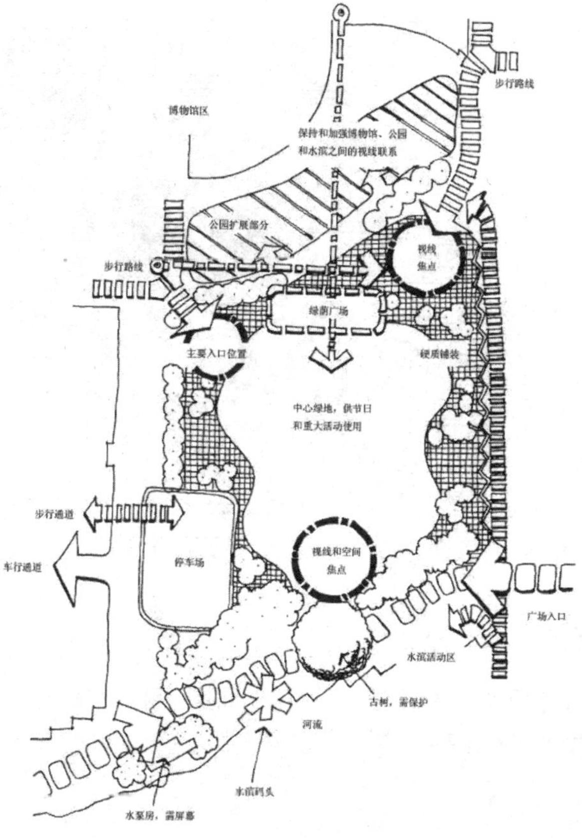

图 3–4　平面分析图示例

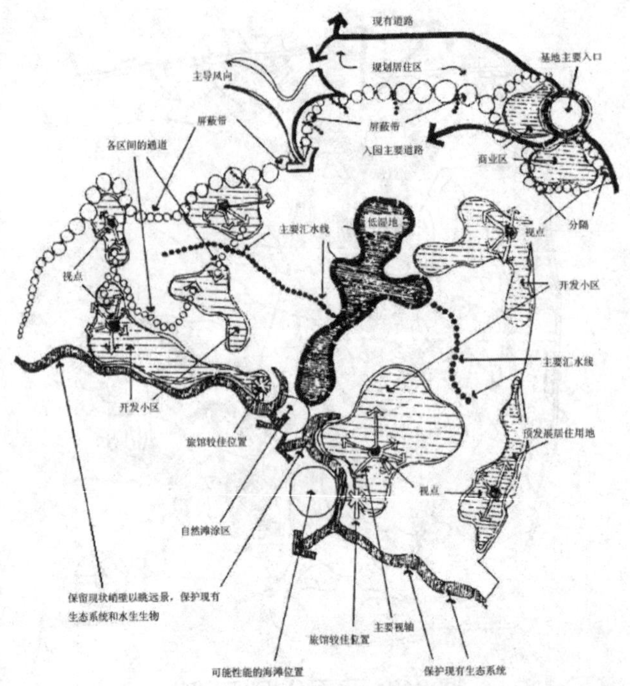

图 3–5　平面分析图示例

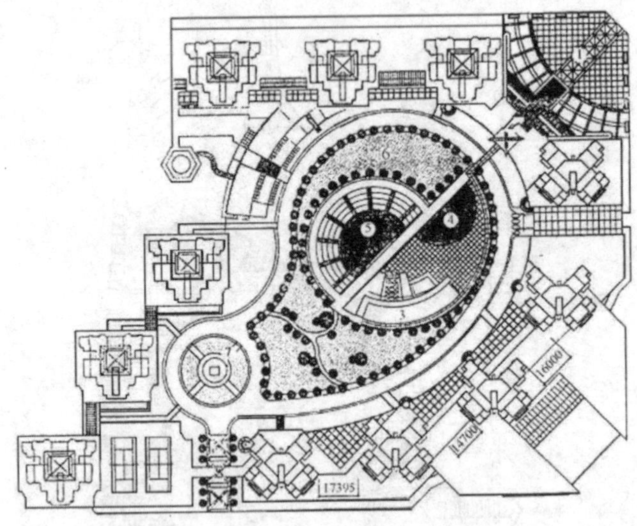

图 3–6　园林设计平面图示例

（二）立面图

指从地面水平方向可看到的景观图，包括正立面图、侧立面图等。它表明了园林景观在水平方向与垂直方向的关系（见图 3–7）。

（三）断面图

指园林要素在切割线平面上的垂直投影图。它表明断面的透视效果（见图 3–8）。

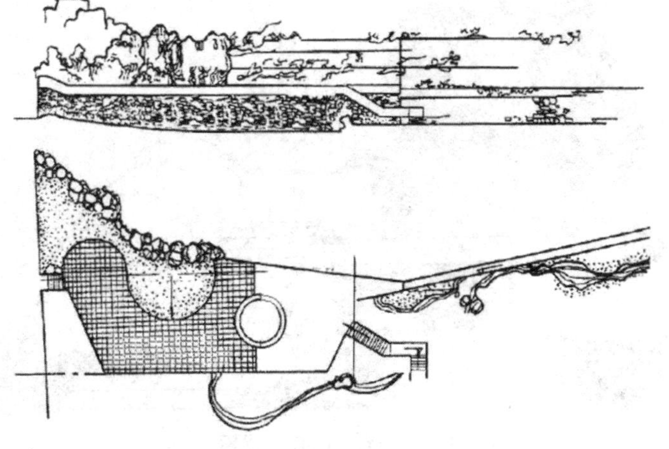

图 3-7　园林设计立面图示例

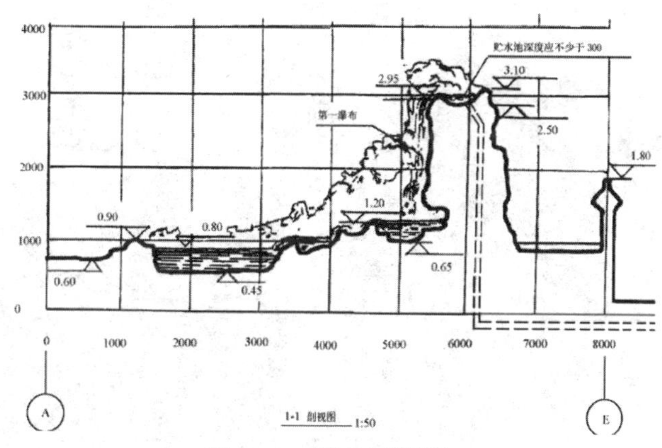

图 3-8　假山剖视图

（四）透视图

也称鸟瞰图或俯视图，是一种具有立体效果的画面（见图 3-9、图 3-10、图 3-11）。

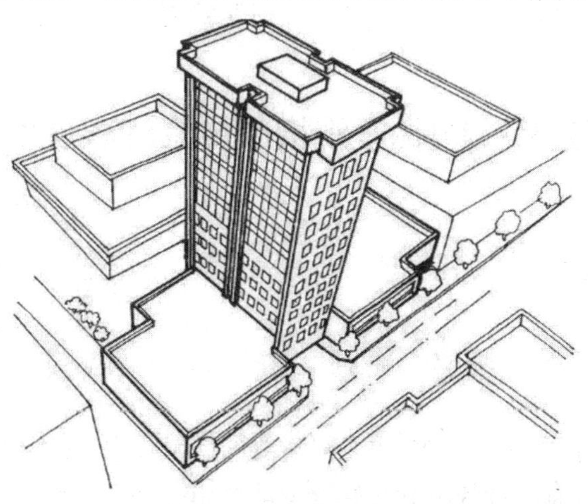

图 3-9　透视图例

图 3-10　平视鸟瞰图

图 3-11　某古镇鸟瞰图

第二节　园林景观构成要素的表现手法

一、植物的表现手法

(一)园林植物的平面表示手法

园林植物是园林设计中应用最多,也是最重要的造园要素。它不仅能创造空间、塑造个性,还能增加环境色彩,并具有装饰环境和改善环境的作用。

园林植物的分类方法较多，根据各自特征，将其分为乔木、灌木、攀援植物、竹类、花卉、绿篱和草地七大类。由于这些园林植物的种类不同，形态各异，因此画法也不相同。但一般都是根据不同的植物特征，抽象其本质，形成“约定俗成”的图例来表现的。其方法为：用圆圈表示树冠的形状和大小，用黑点表示树干的位置及树干粗细。

为了能够更形象地区分不同的植物种类，常以不同的树冠线形来表示（见图 3–12、图 3–13）。

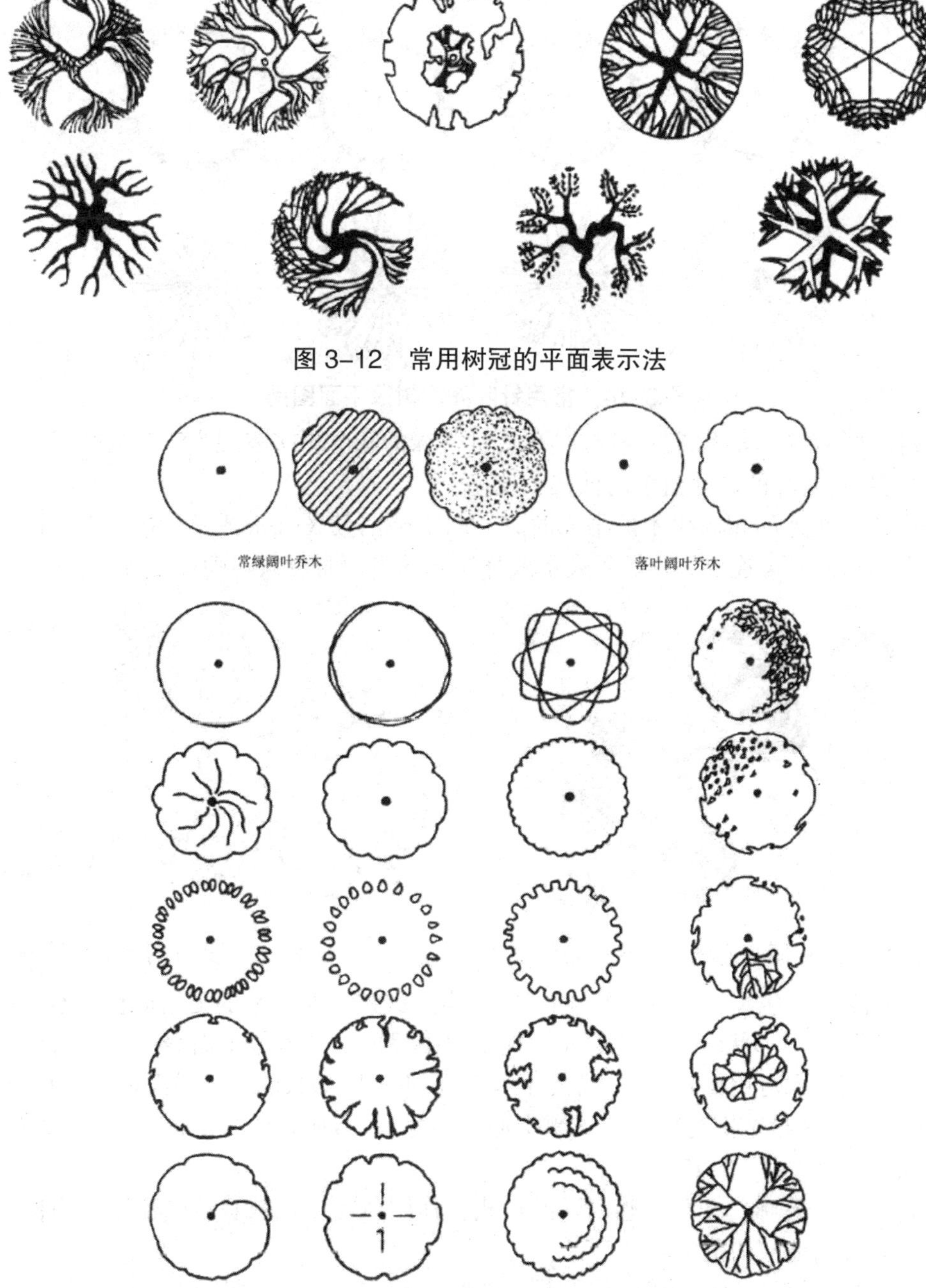

图 3–12 常用树冠的平面表示法

图 3–13 常用阔叶乔木树冠平面表示法

针叶树常以带有针刺状的树冠来表示，若为常绿的针叶树，则在树冠线内加画平行的斜线（见图 3–14）。

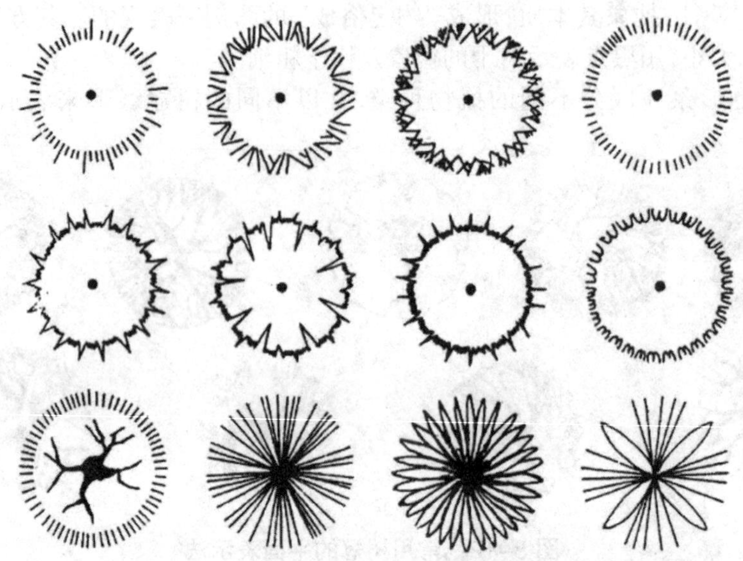

图 3–14　常用针叶乔木树冠平面图例

阔叶树的树冠线一般为圆弧线或波浪线，且常绿的阔叶树多表现为浓密的叶子，或在树冠内加画平行斜线，落叶的阔叶树多用枯枝表现。

当表示几株相连的相同树木的平面时，应互相避让，使图面形成整体(见图 3–15)。当表示成群树木的平面时可连成一片。当表示成林树木的平面时可只勾勒林缘线(见图 3–16)。

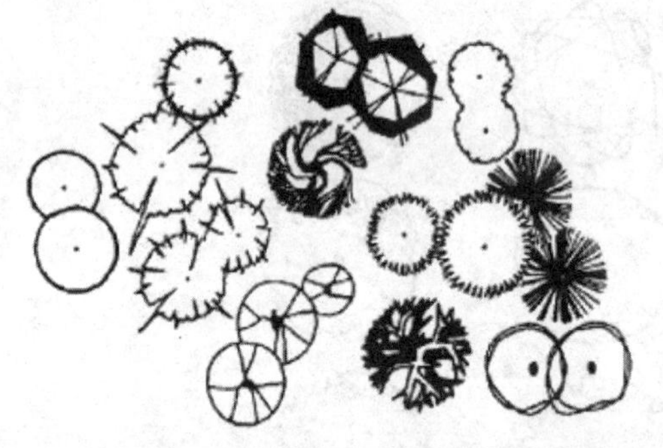

图 3–15　相同相连树木的平面表示法

图 3–16　成林树木的平面表示法

灌木没有明显的主干，平面形状有曲有直。自然式栽植灌木丛的平面形状多不规则，修剪的灌木和绿篱的平面形状多为规则的或不规则但平滑的。灌木的平面表示方法与树木类似，通常修剪的规模灌木可用轮廓、分枝或枝叶形表示，不规则形状的灌木平面宜用轮廓型和质感型表示，表示时以栽植范围为准。由于灌木通常丛生、没有明显的主干，因此灌木平面很少会与树木平面相混淆(见图 3–17)。

地被物宜采用轮廓勾勒和质感表现的形式。作图时应以地被栽植的范围线为依据，用不规则的细线勾勒出地被的范围轮廓。

草坪可以用打点法、小短线法、线段排列法来表示，要求点或线段均匀一致，排列整齐(见图 3–18)。

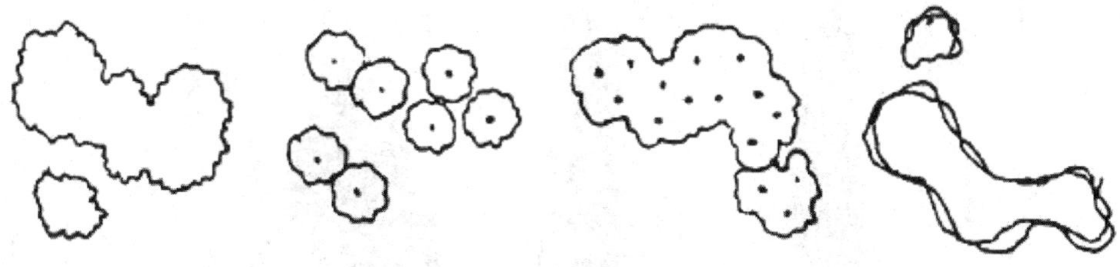

图 3-17　灌木的平面表示法

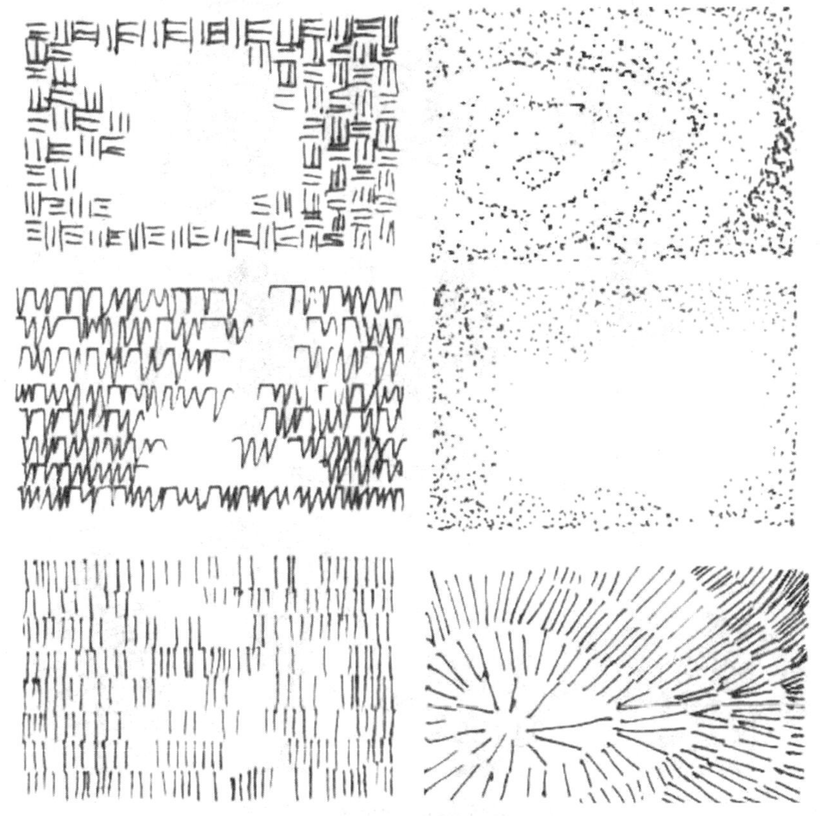

图 3-18　草坪的平面表示法

（二）园林植物的立面表示手法

自然界中的园林植物多种多样，千姿百态，有的颀长秀丽，有的伟岸挺拔，各具特色。其中，草本花卉由于高度较矮，可以用一定高度的点或细的轮廓线表示。藤本植物主要用花廊、花架的大小比例去画，稍加高低起伏的轮廓线即成。下面主要对园林树木的表示法进行介绍。

树木的表现形式有写实的、图案式的和抽象变形的三种形式。写实的表现形式较尊重树木的自然形态和枝干结构，冠叶的质感刻画得也较细致，显得较逼真，即使只用小枝表示树木也应力求其自然错落。图案式的表现形式较重视树木的某些特征，如树形、分枝等，并加以概括以突出图案的效果，因此，有时并不需要参照自然树木的形态而可以很大程度地发挥，而且每种画法的线条组织常常都很程式化。抽象变形的表现形式虽然也较程式化，但它加进了大量抽象、扭曲和变形的手法，使画面别具一格（见图 3-19、图 3-20、图 3-21）。

图 3-19　树木的立面表示法

图 3-20　不同干形树木的立面表示法

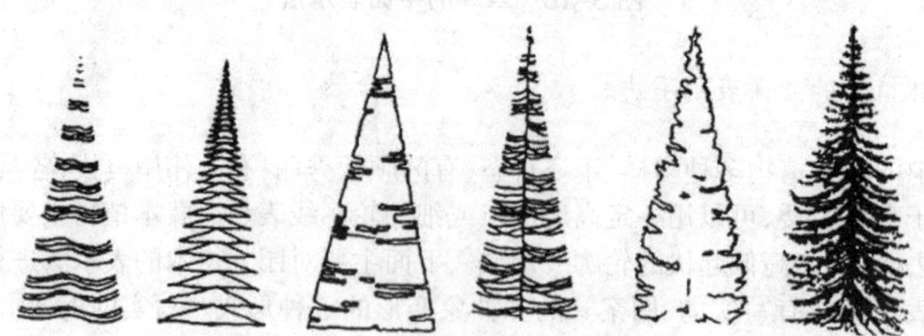

图 3-21　树冠的立面表示法

画树应先画枝干，枝干是构成整株树木的框架。画枝干以冬季落叶乔木为佳，因为其结构和形态较明了。画枝干应注重枝和干的分枝习性。枝的分枝应讲究粗枝的安排、细枝的疏密以及整体的均衡。主干应讲究主次干和粗枝的布局安排，力求重心稳定、开合曲直得当，添加小枝后可使树木的形态栩栩如生（见图 3-22、图 3-23）。

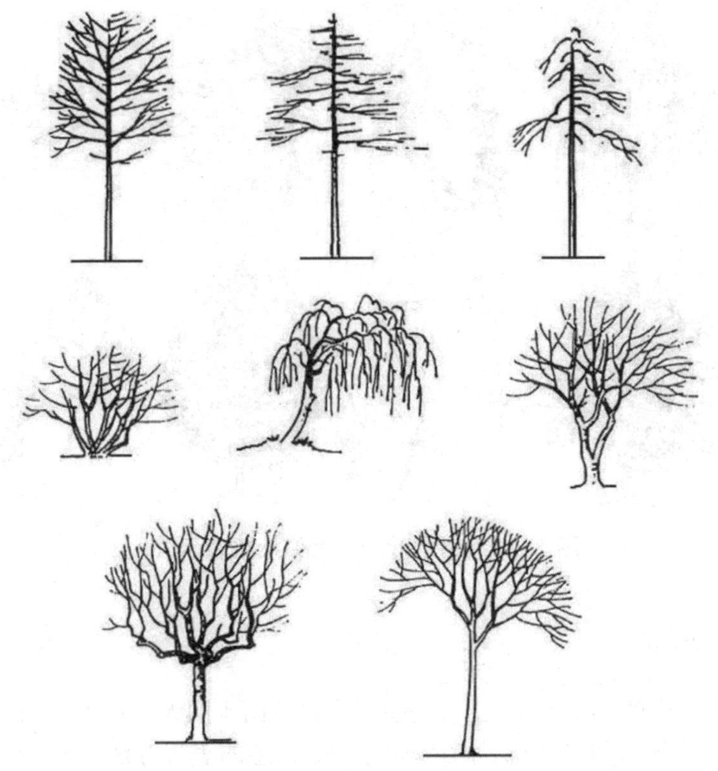

图 3-22 树木的结构表示法

图 3-23 不同树木的结构表示法

树木的分枝性和叶的多少决定了树冠的形状和质感。当小枝稀疏、叶较小时，树冠整体感差；当小枝密集、叶繁茂时，树冠的团块体积感强，小枝通常不易见到。树冠的质感可用短线排列、叶形组合或乱线组合法表现。其中，短线法常用于表现松柏类的针叶树，也可表现近景中叶形相对规整的树木；叶形和乱线组合法常用于表现阔叶树，其适用范围较广，且近景中叶形不规则的树木多用乱线组合法表现。因此应根据树木的种类、远近、叶的特征等选择树木的表现方法。

自然界树木千姿百态，由于树种的不同，其树形、树干纹理、枝叶形状表现出不同的特征。树形可以叶丛的外形和枝干的结构形式为其特征，后者也常见于画面。尤其在建筑物前，为了减少对建筑物的遮挡，常以枝干的表现为主。也可以叶丛的外形为主表现树形（见图 3-24）。

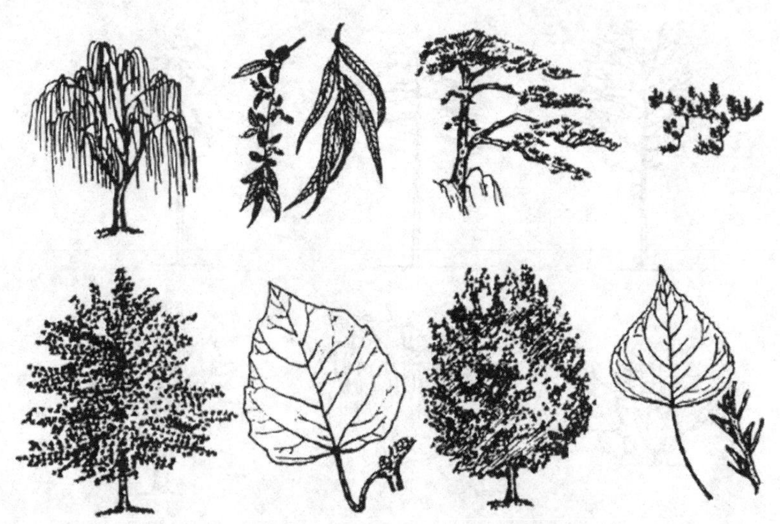

图 3–24　树木叶形的近似抽象表示法

二、山石的表现手法

假山是园林工程中的主要元素之一，是园林中自然山水的人工再现。山石的平面图、立面图中的石块通常只用线条勾勒轮廓，很少采用光线、质感的表现方法，以免零乱感。用线条勾勒时，轮廓线要粗些，石块面、纹理可用较细较浅的线条稍加勾绘，以体现石块的体积感。不同的石块，其纹理不同，有的浑圆，有的棱角分明，在表现时应采用不同的笔触和线条。剖面上的石块，轮廓线应用剖断线，石块剖面上还可加上斜纹线（见图 3–25、图 3–26、图 3–27、图 3–28、图 3–29）。

假山和置石中常用的石材有湖石、黄石、青石、石笋、卵石等。由于山石材料的质地、纹理等不同，其表现方法也不同。

湖石即太湖石，为石灰岩风化溶蚀而成，太湖石面上多有沟、缝、洞、穴等，因而形态玲珑剔透。画湖石时多用曲线表现出其外形的自然曲折，并刻画其内部纹理的起伏变化及洞穴（见图 3–30）。

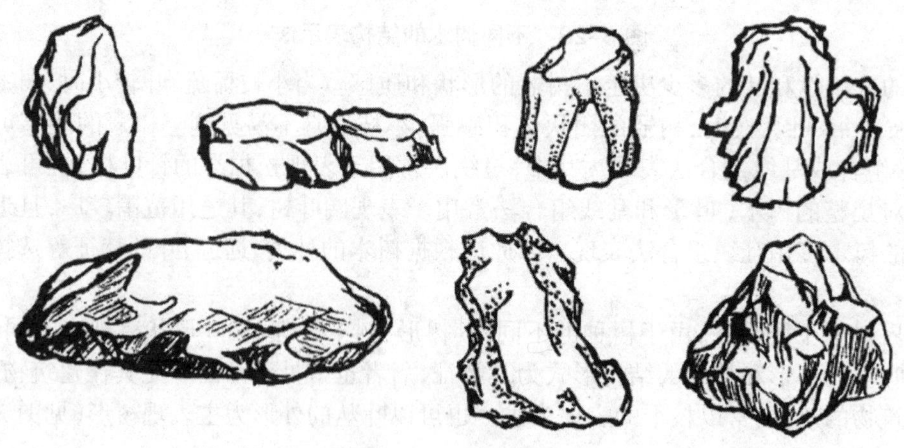

图 3–25　山石的表示法

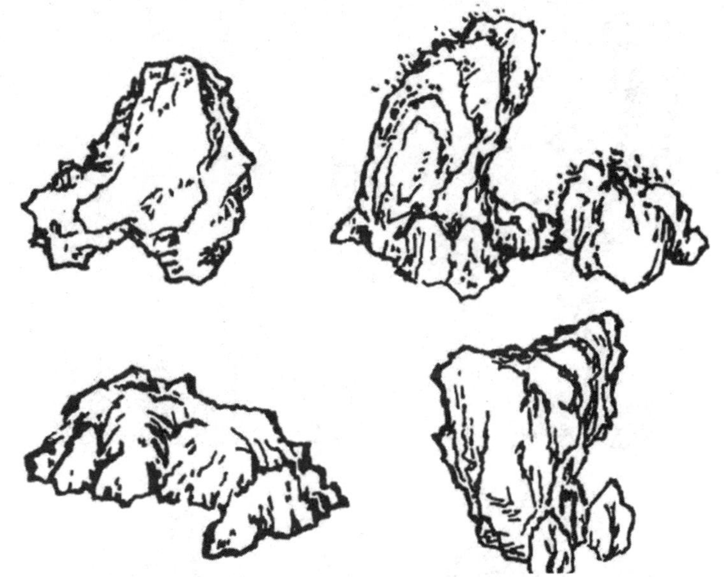

图 3-26　中国绘画中山石的表示法

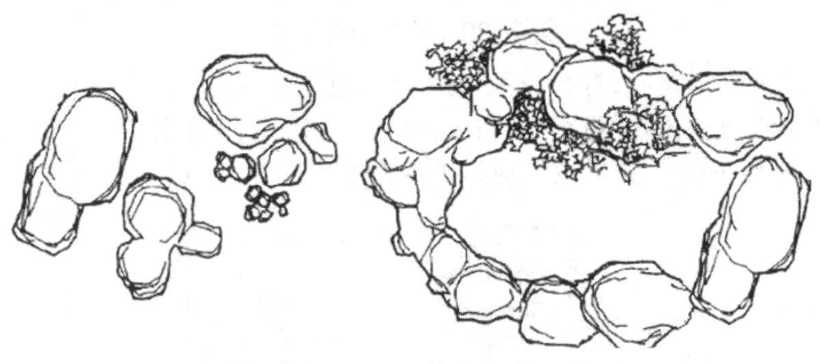

图 3-27　山石的平面表示法

图 3-28　山石的立面表示法

图 3-29　山石的剖面表示法

图 3–30　湖石的表示法

其他山石的表示法如黄石、青石、石笋的表示法见图 3–31。

黄石为细砂岩受气候风化逐渐分裂而成，故其体形敦厚、棱角分明、纹理平直，因此画时多用直线和折线表现其外轮廓，内部纹理应以平直为主。

图 3–31　其他山石的表示法
1、2 为黄石　3、4、5 为石笋　6 为青石

青石是青灰色片状的细砂岩，其纹理多为相互交叉的斜纹。画时多用直线和折线表现。

石笋为外形修长如竹笋的一类山石。画时应以表现其垂直纹理为主，可用直线，也可用曲线。

卵石体态圆润，表面光滑。画时多以曲线表现其外轮廓，再在其内部用少量曲线稍加修饰即可。

叠石常常是大石和小石穿插，以大石间小石或以小石间大石以表现层次，线条的转折要流畅有力。

三、地形、道路、水体的表示手法

（一）地形的表示手法

1. 地形的平面表示法

地形的平面表示主要采用图示和标注的方法。等高线法是地形最基本的图示表示方法，在此基础上可获得地形的其他直观表示法。标注法则主要用来标注地形上某些特殊点的高程。

（1）等高线法。

等高线法是以某个参照水平面为依据，用一系列等距离假想的水平面切割地形后所获得的交线的水平正投影（标高投影）图表示地形的方法（见图 3–32）。两相邻等高线切面 L 之间的垂直距离 h 称为等高距，水平投影图中两相邻等高线之间的垂直距离称为等高线平距，平距与所选位置有关，是个变值。地形等高线图上只有标注比例尺和等高距后才能解释地形。一般的地形图中只用两种等高线，一种是基本等高线，称为首曲线，常用细实线表示。另一种是每隔 4 根首曲线加粗一根并注上高程的等高线，称为计曲线（见图 3–33）。有时为了避免混淆，原地形等高线用虚线，设计等高线用实线。

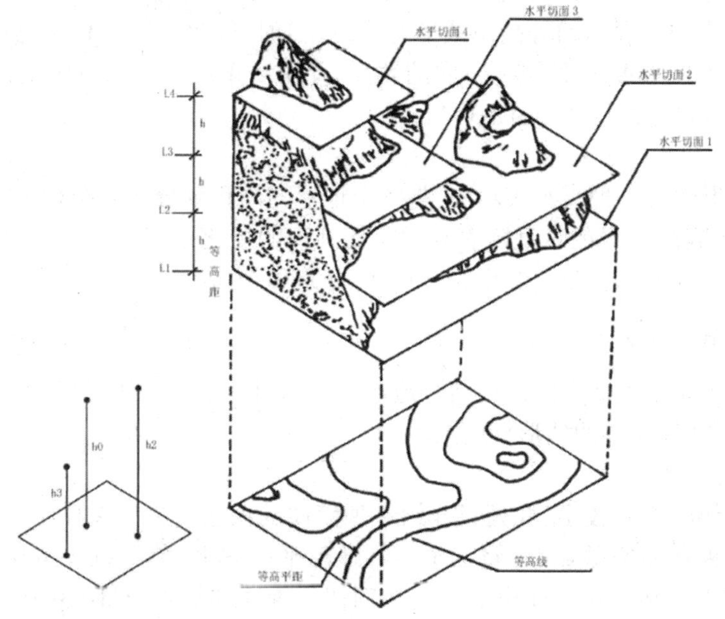

图 3–32 地形等高线示意图

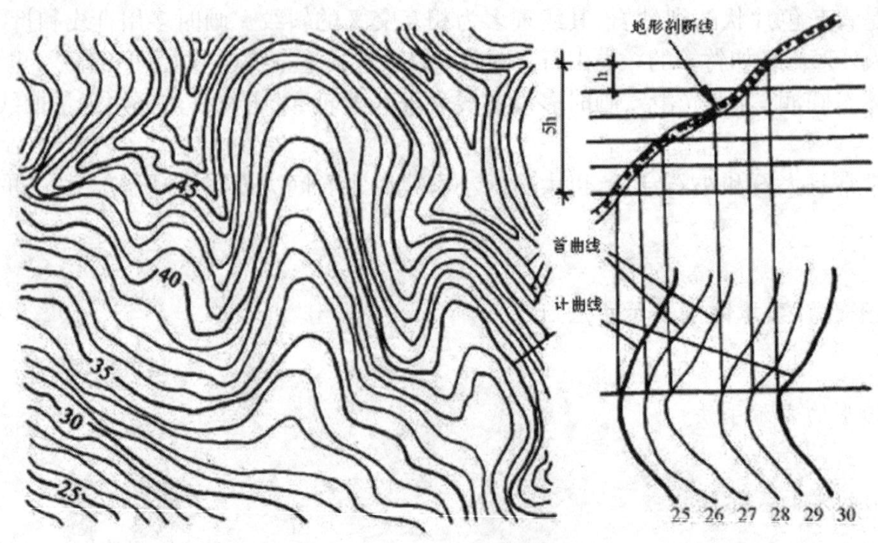

图 3-33 首曲线和计曲线

（2）坡级法。

在地形图上，用坡度等级表示地形的陡缓和分布的方法称作坡级法。这种图式方法较直观，便于了解和分析地形，常用于基地现状和坡度分析图中。坡度等级根据等高距的大小、地形的复杂程度以及各种活动内容对坡度的要求进行划分。地形坡级图的做法可参考下面的步骤（见图 3-34）。

首先定出坡度等级。即根据拟定的坡度值范围，用坡度公式 $\alpha=(h/\iota)\times100\%$，算出临界平距 ι5%、ι10% 和 ι20%，划分出等高线平距范围，见图 3-34（b）。然后，用硬纸片做的标有临界平距的坡度尺，见图 3-34（c）或者用直尺去量找相邻等高线间的所有临界平距位置，量找时，应尽量保证坡度尺或直尺与两根相邻等高线相垂直，见图 3-34（d），当遇到间曲线（见图 3-34 中用虚线表示的等高距减半的等高线）时，临界平距要相应地减半。最后，根据平距范围确定出不同坡度范围（坡级）内的坡面，并用线条或色彩加以区别，常用的区别方法有影线法和单色或复色渲染法，见图 3-34（e）。

（3）分布法。

分布法是地形的另一种直观表示法，将整个地形的高程划分成间距相等的几个等级，并用单色加以渲染，各高度等级的色度随着高程从低到高的变化也逐渐由浅变深。地形分布图主要用于表示基地范围内地形变化的程度、地形的分布和走向（见图 3-35）。

2. 地形剖面图的做法

作地形剖面图先根据选定的比例结合地形平面作出地形剖断线，然后绘出地形轮廓线，并加以表现，便可得到较完整的地形剖面图。

（1）地形剖断线的作法。

作地形剖断线的方法较多，此处只介绍一种简便的做法。首先在描图纸上按比例画出间距等于地形等高距的平行线组，并将其覆盖到地形平面图上，使平行线组与剖切位置线相吻合，然后，借助丁字尺和三角板作出等高线与剖切位置线的交点，见图 3-36（a），再用光滑的曲线将这些点连接起来并加粗加深即得地形剖断线，见图 3-36（b）。

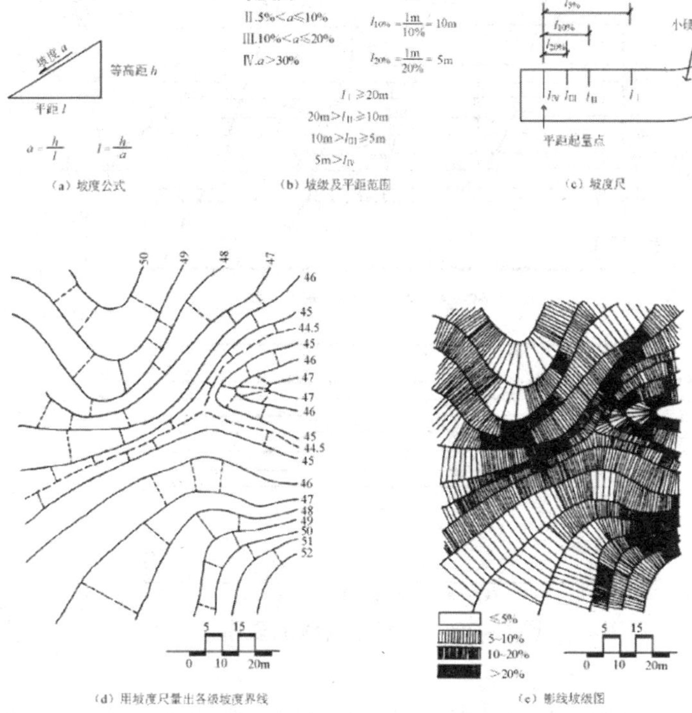

（a）坡度公式　（b）坡级及平距范围　（c）坡度尺

（d）用坡度尺量出各级坡度界线　（e）影线坡级图

图 3–34　地形坡级图表示法

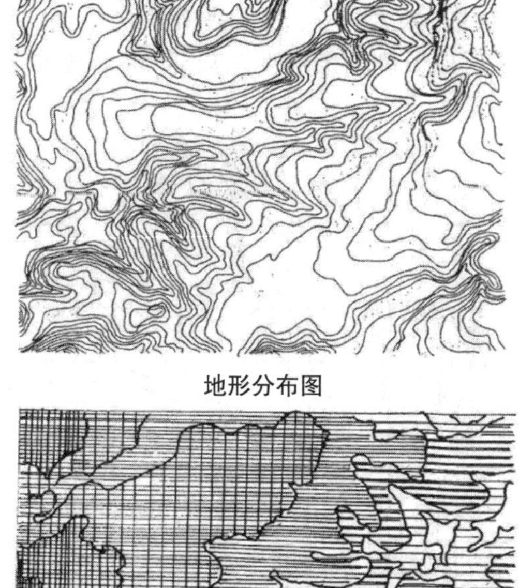

地形分布图

地形等高线图

图 3–35　地形分布图表示法

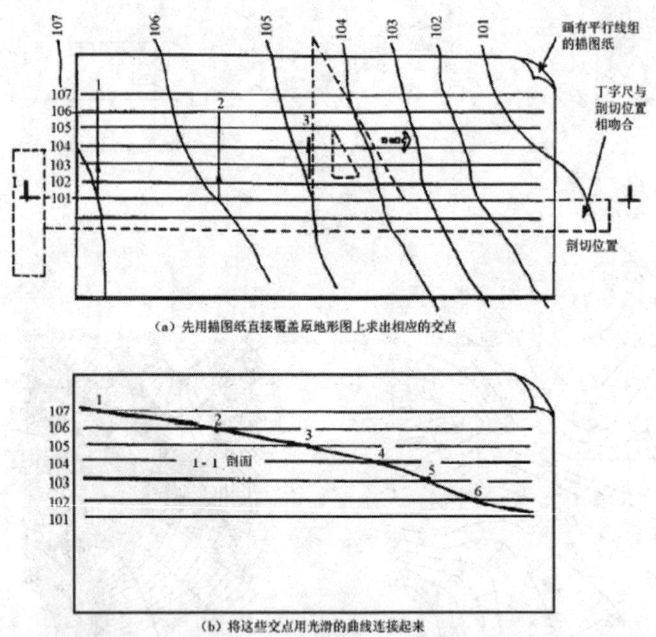

（a）先用描图纸直接覆盖原地形图上求出相应的交点

（b）将这些交点用光滑的曲线连接起来

图 3–36　地形剖断线的表示法

（2）垂直比例。

地形剖面图的水平比例应与原地形平面图的比例一致，垂直比例可根据地形情况适当调整。当原地形平面图的比例过小、地形起伏不明显时，可将垂直比例扩大 5 ~ 20 倍。采用不同的垂直比例所作的地形剖面图的起伏不同，且水平比例与垂直比例不一致时，应在地形剖面图上同时标出这两种比例。当地形剖面图需要缩放时，最好还要分别加上图示比例尺（见图 3–37）。

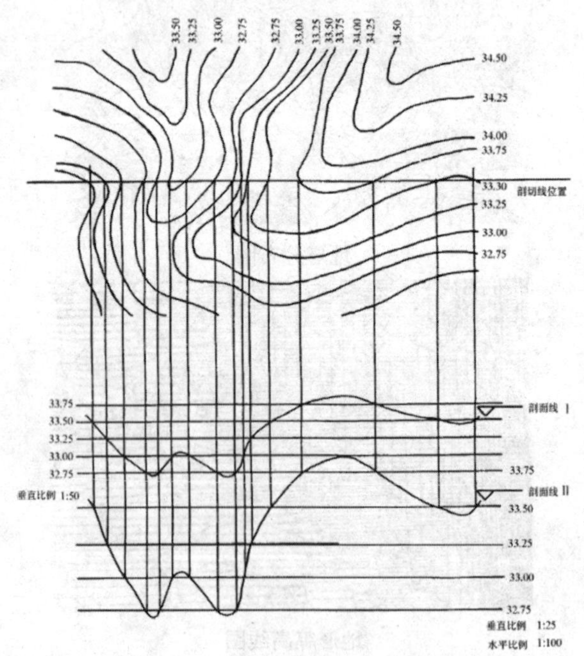

图 3–37　地形剖面的垂直比例

（3）地形轮廓线

在地形剖面图中除需表示地形剖断线外，有时还需表示地形剖断面后没有剖切到但又可见的内容。可见地形用地形轮廓线表示。

作地形轮廓线实际上就是作该地形的地形线和外轮廓线的正投影。如图 3–38（a）所示，图中虚线表示垂直于剖切位置线的地形等高线的切线，将其向下延长与等距平行线组中相应的平行线相交，所得交点的连线即为地形轮廓线。在图 3–38（b）中，树木投影的做法为：将所有树木按其所在的平面位置和所处的高度（高程）定到地面上，然后作出这些树木的立面，并根据前挡后的原则擦除被挡住的图线，描绘出留下的图线即得树木投影。有地形轮廓线的剖面图的做法较复杂，若不考虑地形轮廓线，则做法要相对容易些（见图 3–39）。因此，在平地或地形较平缓的情况下可不作地形轮廓线，当地形较复杂时应作地形轮廓线。

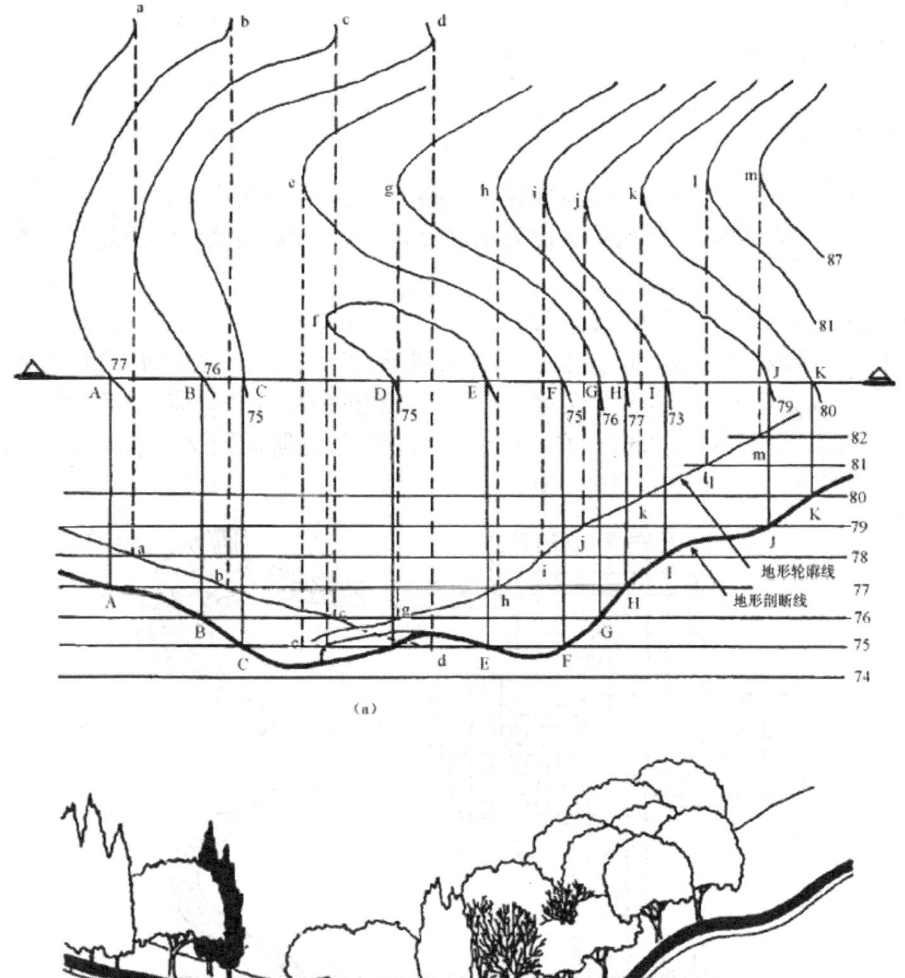

图 3–38 地形轮廓线及剖断面的表示法

图 3-39　不作地形轮廓线的剖面图

（二）园路的表示手法

1. 园路的平面表示法

园林道路平面表示的重点在于道路的线型、路宽、形式及路面式样。

根据设计深度的不同，可将园路平面表示法分为两类，即规划设计阶段的园路平面表示法和施工设计阶段的园路平面表示法。

（1）规划设计阶段的园路平面表示法。

在规划设计阶段，园路设计的主要任务是与地形、水体、植物、建筑物、铺装场地及其他设施合理结合，形成完整的风景构图；连续展示园林景观的空间或欣赏前方景物的透视线，并使路的转折、衔接通顺，符合游人的行为规律。因此，规划设计阶段园路的平面表示以图形表示为主，基本不涉及数据的标注（见图 3-40）。

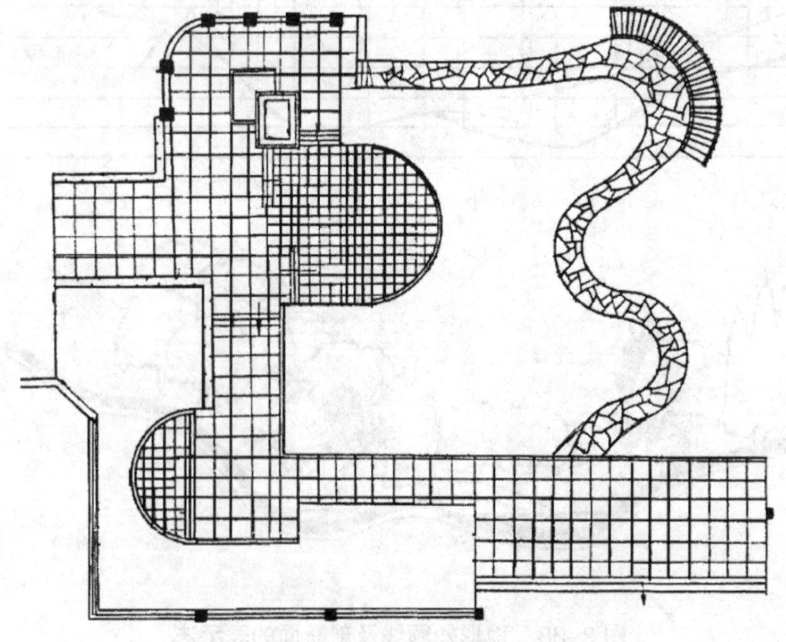

图 3-40　某大学校园广场园路设计图

（2）施工设计阶段的园路平面表示法。

所谓施工设计，简单地讲就是能直接指导施工的设计，它的主要特点是：

1）图、地一一对应：即施工图上的每一个点、每一条线都能在实地上一一对应地准确找到。因此，施工设计阶段的园路平面图必须有准确的方格网和坐标，方格网的基准点必须在实地有准确的固定的位置。

2）标注相应的数据：在施工设计阶段，用比例尺量出数值已不够准确，因此，必须标注尺寸数据（见图3-41）。

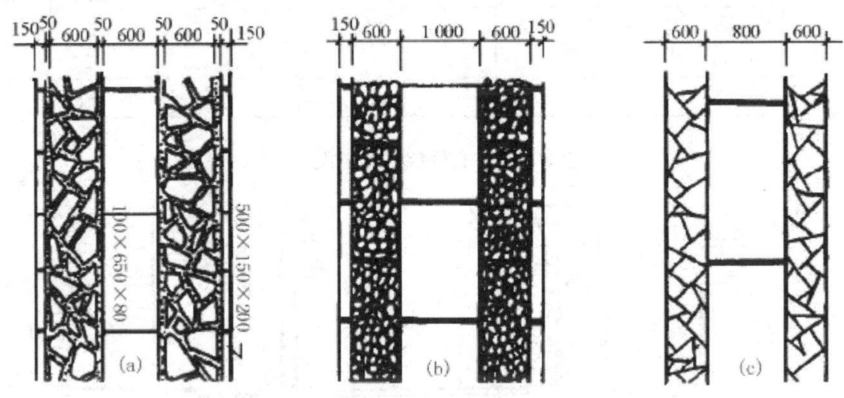

图3-41 园路施工设计平面大样图

2. 园路的断面表示法

园路的断面表示主要用于施工设计阶段，又可分为纵断面图和横断面图。

（1）纵断面图表示法。

园路的纵断面图主要表现道路的竖曲线、设计纵坡以及设计标高与原标高的关系等。

1）绘定设计线的具体步骤：

①标出高程控制点（路线起讫点地面标高点，相交道路中心标高点，相交铁路轨顶标高点，桥梁桥面标高点，特殊路段的路基标高点，填挖合理标高点等）。

②拟定设计线。由行车及有关道路技术准则要求，先行拟定设计线，即进行道路纵向“拉坡”。可用大头针插在转坡点上，并用细棉线代表设计线，在原地面线上下移动。结合道路平面和横断面斟酌填挖工程量的大小，决定转坡点的恰当位置。定好后，可沿细棉线把各段的设计线用笔画定。定设计线时，除注意在纵断面上的填挖平衡，还应结合沿途小区、街坊的竖向规划设计考虑。

③确定设计线。在拟定设计线后，还要进行各项设计指标的调整查验，如道路的最小纵坡、坡度、坡度折减、桥头线形、纵断面和横断面及平面线形的配合协调等。

2）设计竖曲线。根据设计纵坡折角的大小，选用竖曲线半径，并进行有关计算。当外距小于5cm时，可不设竖曲线。有时亦可插入一组不同坡的竖折线来代替竖曲线，以免填挖方过多。

3）标出桥、涵、驳岸、闸门、挡土墙等具体位置与标高，以及桥顶标高和桥下净空及等级。

4）绘制纵断面设计全图，见图3 42。

（2）横断面图表示法。

园路的横断面图主要表现园路的横断面形式及设计横坡（见图3-43）。

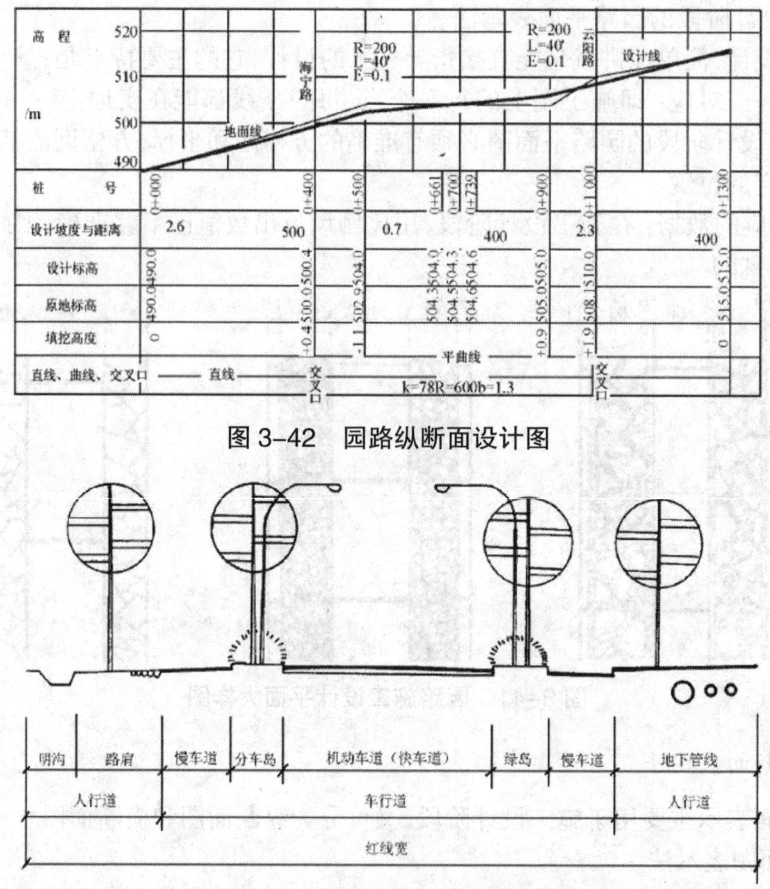

图 3-42　园路纵断面设计图

图 3-43　标准横断面园路图

道路横断面设计，是在风景园林总体规划中所确定的园路路幅或在道路红线范围内进行的。它由下列各部分组成：车行道、人行道或路肩、绿带、地上和地下管线（给水、电力、电讯等）共同敷设带（简称共同沟）、排水（雨水、中水、污水）沟道、电力电讯照明电杆、分车导向岛、交通组织标志、信号和人行横道等。

（3）园路结构断面表示法。

园路的结构断面图主要表现园路各构造层的厚度与材料，通过图例和文字标注两部分表示清楚（见图 3-44）。

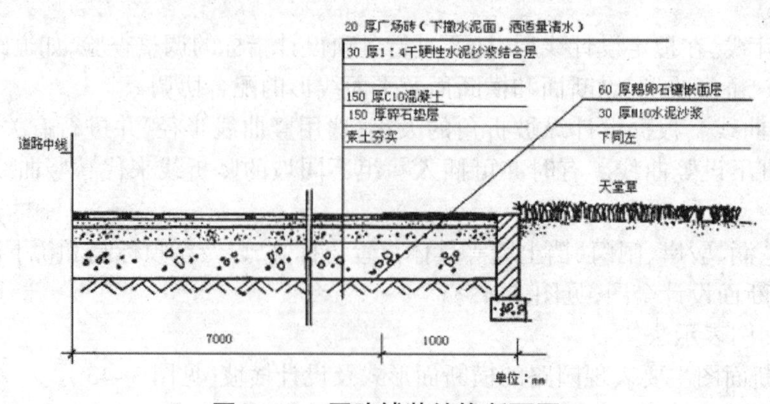

图 3-44　园路铺装结构断面图

（三）水体的表示手法

1. 水面的表示法

水体被称为园林的“生命”，因为水是一个活体，其形态各异，如奔腾的急流、迂回曲折、微波荡漾、喷薄激射等。在平面上，水面表示可采用线条法、等深线法、平涂法和添景物法，前三种为直接的水面表示法，最后一种为间接表示法。

（1）线条法。

用工具或徒手排列的平行线条表示水面的方法称线条法。作图时，既可以将整个水面全部用线条均匀地布满，也可以局部留有空白，或者只局部画些线条。线条可采用波纹线、水纹线、直线或曲线。组织良好的曲线还能表现出水面的波动感。

水面可用平面图和透视图表现。平面图（见图 3-45）和透视图中水面的画法相似，只是为了表示透视图中深远的空间感，对于较近的则表现得要浓密，越远则越稀疏。水面的状态有静、动之分，它的画法如下：

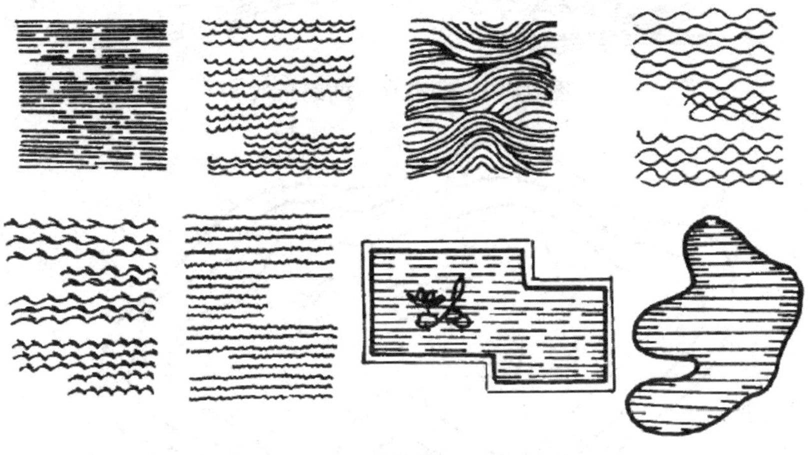

图 3-45　水体的平面表示法

静水面是指宁静或有微波的水面，能反映出倒影，如宁静时的海、湖泊、池潭等。静水面多用水平直线或小波纹线表示。

动水面是指湍急的河流、喷涌的喷泉或瀑布等，给人以欢快、流动的感觉。其画法多用大波纹线、鱼鳞纹线等活泼动态的线表现（见图 3-46）。

（2）等深线法。

在靠近岸线的水面中，依岸线的曲折作二三根曲线，这种类似等高线的闭合曲线称为等深线。通常形状不规则的水面用等深线表示（见图 3-47）。

（3）平涂法。

用水彩或墨水平涂表示水面的方法称平涂法。用水彩平涂时，可将水面渲染成类似等深线的效果。先用淡铅作等深线稿线，等深线之间的间距应比等深线法大些，然后再一层层地渲染，使离岸较远的水面颜色较深。也可以不考虑深浅，均匀涂黑。

（4）添景物法。

添景物法是利用与水面有关的一些内容表示水面的一种方法。与水面有关的内容包括一些水生植物（如荷花、睡莲）、水上活动工具（船只、游艇等）、码头和驳岸、露出水面的石块及其周围的水纹线、石块落入湖中产生的水圈等（见图 3–48、图 3–49）。

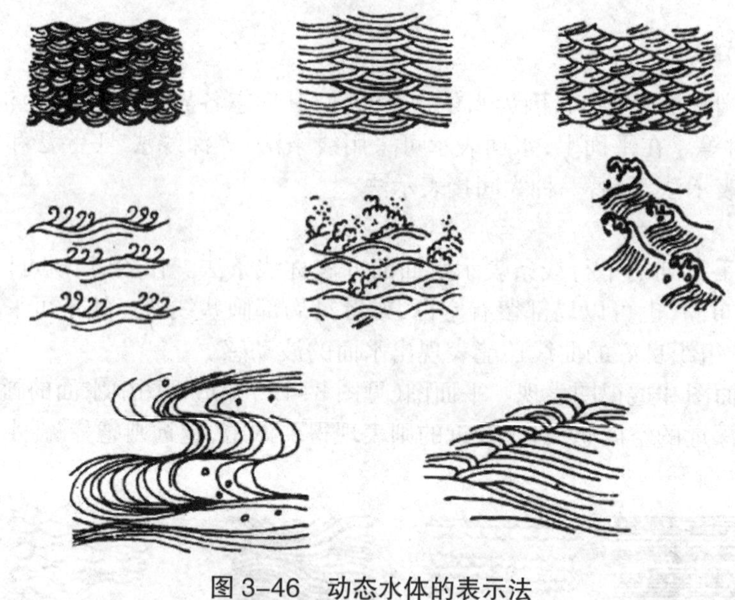

图 3–46　动态水体的表示法

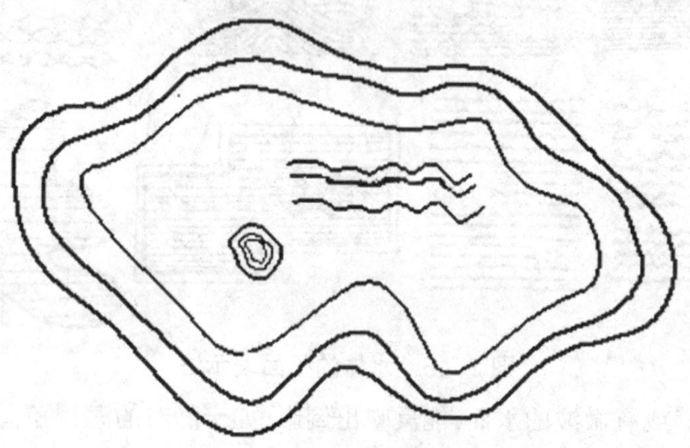

图 3–47　水体的等深线表示法

图 3–48　水体的添景物表示法（苏州拙政园香洲水榭）

图 3–49　颐和园景舫

2. 水体的立面表示法

在立面上，水体可采用线条法、留白法、光影法等表示。

（1）线条法。

线条法是用细实线或虚线勾画出水体造型的一种水体立面表示法。线条法在设计图中使用得最多。用线条法作图时应注意：线条方向与水体流动的方向保持一致。水体造型清晰，但要避免外轮廓线过于呆板生硬（见图 3–50）。跌水、叠泉、瀑布等水体的表现方法一般也用线条法，尤其在立面图上更是常见，它简洁而准确地表达了水体与山石、水池等硬质景观之间的相互关系（见图 3–51、图 3–52）。

图 3–50　河南许昌市双龙湖景区喷泉

用线条法还能表示水体的剖（立）面图（见图 3–53）。

（2）留白法。

留白法就是将水体的背景或配置画暗，从而衬托出水体造型的表示手法。留白法常用于表现所处环境复杂的水体，也可用于表现水体的洁白与光亮（见图 3–54、图 3–55）。

图 3-51 水体的线条表示法（一）

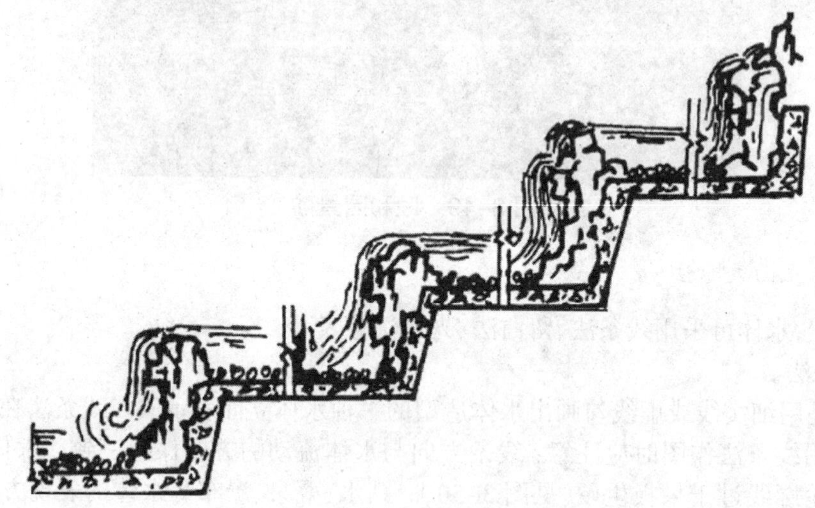

图 3-52 水体的线条表示法（二）

图 3-53 线条法表示水体的立（剖）面图

（3）光影法。

用线条和色块（黑色和深蓝色）综合表现出水体的轮廓和阴影的方法叫水体的光影表现法（见图 3-56）。

四、园林建筑小品的表示手法

园林建筑小品是构成园林的要素之一。园林建筑小品不仅具有遮阳、挡风、避雨、休息、导游等功能，而且园林建筑在园林中可起到划分园林空间、组织人流物流，独立成景的功效，起着画龙点睛的作用。园林建筑的种类很多，从功能来说有厅、堂、轩、馆、楼、阁、台、榭、舫、廊、亭、桥、码头等。从顶式造型来说有悬山式、硬山式、歇山式、攒尖式、穹隆式、四坡式、卷棚式、重檐式、单坡式、扇面顶式、弦顶式、圆顶式、平顶式等。

图 3–54　留白法表示水体的立面效果

图 3–55　济南军区洛阳驻军花园小区壁泉景观

图 3–56　光影法表示水体的效果图

（一）厅、堂

厅与堂是园林中体量较大的主体建筑。它造型典雅端正，室内空间宽敞，一般为 3 ~ 5 间。《园冶》中有："堂者，当也。谓当正向阳之屋，以取堂堂高显之义。"厅、堂多装修精美，陈设富丽，前后开门设窗，以利观景。

古代厅堂是居住建筑中对正房的称呼，为一家之长居住或庆典场所，多位于建筑群中轴线上，一般布置于居室和园林的交界处。既与生活起居部分有便捷的联系，又有极好的观赏条件。厅、堂一般坐北朝南，从厅、堂往北望，是全园最主要的景观面，多是水植和池北叠山组成的山水景观。厅堂一般不用高屋脊，屋顶常采用歇山、硬山的形式。用方料建造者为厅，用圆料建造者为堂。室内常用隔扇、落地罩、博古架分割空间，如室内中间用屏风相隔，一边梁用方料，而另一边梁用圆料者作为人起居或接待宾客的地方来使用，现代作为游客聚会、游览、眺望风景的地方来使用(见图 3–57、图 3–58)。厅、堂这种建筑类型就其构造装饰不同可以分为下列几种形式：扁作厅、圆堂、贡式厅、船厅回顶、卷棚、鸳鸯厅、花篮厅、满轩。

图 3–57　苏州拙政园玉兰堂

图 3–58　苏州拙政园远香堂

厅、堂按其使用功能不同，又可分为茶厅、大厅、女厅、对照厅、书厅和花厅。而由于厅、堂与环境及周围景观的结合，产生了四面敞开的四面厅、临水而建的荷花厅、船厅等形式（见图 3-59、图 3-60、图 3-61）。

图 3-59 北京恭王府萃锦园蝠厅

图 3-60 苏州何园船厅

图 3-61 荷风四面厅

皇家园林中的厅、堂，是帝王在园内生活起居、游憩休息的建筑物。它的布局大致有两种：一种是以厅堂居中，两边配以辅助用房组成的封闭的院落，供帝王在院内活动之用；另一种是以敞开的方式进行布局，厅堂居于构图中心位，周围配以亭廊、山石、花木等，供帝王游园时休息观赏。

现代风景园林中，相当于传统风景园林建筑中的“厅堂”建筑依然存在，只是叫法不同。相反即使叫“某某厅”或“某某堂”也未必是传统园林建筑中厅堂的内容和做法。

（二）轩、馆

轩、馆也属于厅堂类型，但建筑尺度较小。轩、馆是园林中数量最多的建筑物，在个体造型、布局形式、建筑与环境的结合上，都表现出比厅堂更多的灵活性。轩与馆相近似，单体或组成建筑群，比厅、堂轻巧秀丽，园林中常设在明显的位置作为对景使用。轩、馆造型轻巧秀丽，常用卷棚式屋顶，装饰朴素大方，挂落随意设计。常分上下两层屋，上层较矮，为眺望使用，原为主人藏书画或坐客使用，现多为游客休息、赏景、游艺等活动场所。

轩、馆这类建筑物在使用功能上，在我国原是有不同含义的。但自明、清后已无一定的制度，通常是一座建筑物落成后经文人雅士在建筑物匾额上题字而任意称呼。因此，在称谓上已经混用，在使用功能上区别也不十分严格，在其中书画、会友、起居、生活均无不可。

轩，本义有虚敞而高举之意。轩一般高爽精致，并用轩梁架桁，以承屋面，类似于车轩的高昂之势。正如《园冶》所述：“轩式类车，取轩欲举之意，宜置高敞，以助胜则称。”在传统园林中，常常将轩建在高旷处、环境优雅的地方，形式上常以一轩式建筑为主体，周围环绕游廊与花墙。有时也将轩式建筑物成组布置，形成一个独立的小庭院，营造出清幽、恬静的环境（见图 3-62）。

图 3-62 拙政园与谁同坐轩

馆，从食从官，原为官人的游宴处或客舍。《说文》中有：“馆，客舍也”，《园冶》中有：“散居之居，曰馆，可以通别居者。”江南园林中的“馆”一般是一种休憩会客的场所，建筑物尺度一般不大，布置方式也多种多样，常与居住部分及主要厅堂有一定联系（见图 3-63）。

图 3–63　拙政园玲珑馆

（三）楼、阁

楼与阁相近似，属高层建筑，体量较大，在园林中应用广泛，如著名的岳阳楼、滕王阁等。楼、阁为两层或两层以上，在型制上不易区分，但追溯历史渊源，可以看出二者的大致区别。《说文》中有："重屋曰楼"（见图 3–64），《尔雅》："狭而修曲为楼。"（见图 3–65）《园冶》："阁者，四阿开四牖。"即四坡顶而四面皆开窗的建筑物。在古代把一座建筑的底层空着，上层做主要用途的建筑物叫阁。而楼则是一种"重屋"的建筑，上下全住人。阁一般都带有平座，这可能就是楼与阁的主要区别。在用途上，阁常带有贮藏性，可用来藏书、藏画等。楼多用来居住，也有用于贮藏的，同时楼也有瞭望作用。

楼、阁一般为两层以上的建筑，在厅堂之后或园林四周、依山傍水之处，较高耸，常设于建筑群体的中轴线上，起着一种构图中心的作用。有时也可独立设置于园林中的显要位置，成为园林中重要的景点。常与亭、榭、廊组合成高低错落的建筑群体在园林中分隔空间，常为 3 ～ 5 间。平面有矩形、六角形、八角形。屋顶常用歇山或硬山攒尖顶，重檐高台，四面开窗。在园林中可为书、画、茶宴之用，以便游人登高远眺。古代为起居接待或书房、赏景使用，现代为游人观景、休息胜处。

图 3–64　拙政园见山楼

图 3-65　拙政园浮翠阁

在结构形式上，楼一般做得较为精巧，而阔三五间不等，进深也大，半槛挂落变化多端，当楼靠近园林的一侧时，装长窗，外绕栏杆，或挑硬挑头为阳台，其层顶构造多为硬山、歇山式，楼梯高于室内或由假山盘旋而上。阁多重檐双滴，四面辟窗，其平面多为方形或多边形，列柱八至十二，其屋顶之构造，多为歇山式、攒尖式，与亭相仿。楼阁内部时常做成小轩卷棚，以达到高爽明快的效果。

（四）殿与斋

殿是一种体量高大的建筑物，有“释道祀其神灵之室曰殿”之说，即佛教徒供奉神灵的大堂，称为佛殿，如各寺庙里的大雄宝殿。又有“天子之堂曰殿”之说，即古代帝王处理朝政的地方，称金殿，如故宫里的太和殿等。殿一般都是由单开组成：三开间、五开间、七开间、九开间不等。

殿因其体量高大，成为园林内最常见的一种景点建筑，它不仅对丰富园林景观起着重要作用，同时常作为名胜古迹的标志建筑，供人们游览、瞻仰。另外，殿的造型丰富，与假山等园林要素结合彰显园林建筑的雄伟与高大，或单独设置或成组设置，增添了园林的美学价值（见图 3-66、图 3-67）。

图 3-66　故宫保和殿

图 3-67　某寺院大雄宝殿

园林中的斋是指书屋性质的建筑物，是修身养性的地方，一般处于静谧、较封闭的小庭院中，与外界隔绝，相对独立，小院的空间也是斋的一部分，形成完整的统一体。《园冶》中有："斋较堂，惟气藏而致敛，有使人肃然斋敬之义。盖藏修密处之地，故式不宜敞显。"如香山见心斋、北海公园的静心斋（见图 3-68、图 3-69）。

图 3-68　北京香山见心斋

（五）榭

榭是临水建筑，往往建在水边平台上，其结构轻巧，立面开敞，四周有落地门窗，临水部分由部分水中梁柱支撑，是游人休息、观赏的场所（见图 3-70）。

图 3–69　北海静心斋

图 3–70　香州水榭（苏州拙政园）

（六）舫

舫是模仿船形的一种建筑形式，设于水边，另有仿跳板造型与岸相连。常分前舱、中舱、尾舱，前高、中低，尾为两层楼。为客人平眺、赏景使用，使人们有仿佛置身于舟楫之感（见图 3–71）。

图 3–71　舫

（七）廊

廊是园林中的长形建筑，又叫带屋顶的道路。它高低起伏，随地形而造，形状曲折富于变化。一般不高大，宽在 1.2 ~ 1.5m，廊柱距离 3m 左右。常在起点、终点、转折点上与亭、阁、榭等相结合，在园林中既是良好的导游路线，又是可供游人赏景休息的场所，在园林中创造分景。廊的种类很多，有单廊、复廊、半廊、临水廊、爬山廊、房廊、桥廊、画廊、墙廊、敞廊等。在园林中可盘山腰，弯水际，通花渡壑，蜿蜒无尽（见图 3–72、图 3–73）。

图 3–72　拙政园水廊

图 3–73　爬山廊

（八）亭

亭是我国传统的园林建筑之一，也是我国古典园林建筑中的一朵奇葩。亭，在功能上可点缀园林景色，可作为游人休息凭眺之所，可防日晒、避雨淋、消暑纳凉、畅览园林景色，成为园林中休息览胜的好去处。亭的体量较小，大小自立，在园林中既可作园林主景，也可构成园林局部小品。亭的结构简单、造型别致，选址极为灵活，在园林布局中，其位置不受格局限制，几乎处处可用，《园冶》中有“安亭有式，基立无凭”，所以它是园林建筑中运用最为广泛的类型之一，也是园林建筑中最基本的建筑单元。在园林中常设在山上、水边、湖心、路旁、桥头、桥上等处，常常和廊相连。亭的形式多种多样，小巧玲珑，造型活泼，丰富多彩，艺术性高。就亭的顶式而言，有硬山顶、悬山顶、攒尖顶、盝顶、圆顶等。按位置而言，有山亭、半山亭、桥亭、廊亭、水亭、花亭等。就亭的形状而言，有伞亭、三角亭、五角亭、六角亭、八角亭、十字亭、梅花亭、扇亭、蘑菇亭等。亭在园林中的作用是供人们游览、休息、避雨、遮阳、赏景等（见图3–74、图3–75、图 3–76）。

图 3–74　五角亭立面图 1：50

a 攒尖顶四面亭

b 卷棚顶四面亭（苏州环秀山庄问泉亭）

图 3–75　传统亭

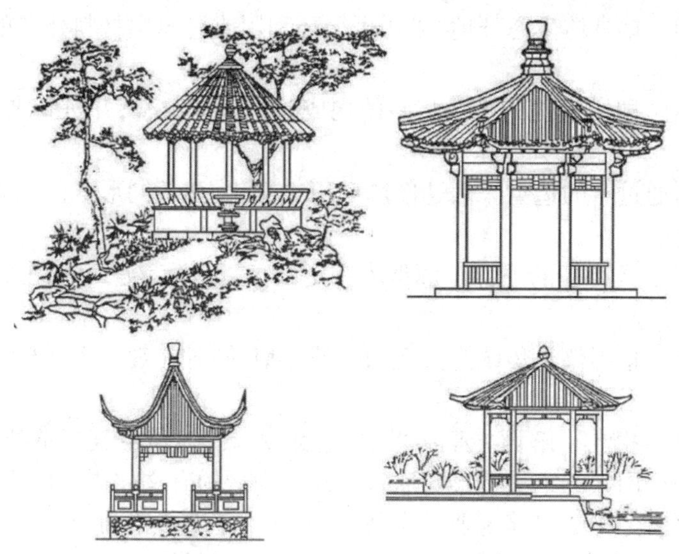

图 3-76 传统亭的立面表示法

另外，还可按亭的型制将亭归纳为以下几类：

（1）现代传统型：即用现代的手法创造的传统亭，在比例和形式上模仿传统亭，在结构上进行简化，在细部上进行创新，使用新技术、新材料，既是对传统亭的继承和发展，同时又显露出时代气息（见图 3-77）。

（2）仿生型：即模拟动物、植物以及其他自然物体的外形而建造的亭，如蘑菇亭等（见图 3-78）。

图 3-77 现代传统型亭

图 3-78 河南许昌市护城河上的莲花亭

（3）生态型：即根据具体生态环境、采用可循环利用或可再生材料建造的亭，如茅草亭、竹亭等。

（4）解构组合型：即用解构的手法将亭的构成元素重新组合，并进行变构形成的亭（见图3-79）。

（5）图腾型：指通过亭的造型来表达图腾和历史文化，如不同形式的帽亭具有文化象征意义和地域文化识别性。

（6）虚实相生型：具有亭的外部轮廓但不一定是亭，以虚代实，可以是漏窗，可以是门洞，也可以仅是亭的一部分。

（7）现代创意型：指不仅是传统意义上的亭的造型，同时在观念上、结构上有新的突破、新的创意。

（8）海派风韵型：指在了解西方亭的思想观念的基础上，借鉴其建造技法和表现形式，并结合中国特色，按照中国人的审美标准与欣赏方式而创造的有文化内涵的亭。

（9）新材料结构型：指随着建筑业的发展，新材料的不断推出而建造的使用新型材料和新型结构的亭。如膜结构亭就是一种集建筑学、结构力学、材料力学与计算机技术为一体的新颖的景观建筑，见图3-80。

图3-79　解构组合型亭

图3-80　新材料结构型亭（张拉膜）

(10)智能型：指亭的形式跳出常规，以各种形式变化构成亭。

(九)园墙

园墙亦称景墙，是园林中的围护建筑物，常设在园的外缘作为边界或分隔园林空间，形成园中园，具有组织导游、造景的作用。其布局能盘山，能过水，可以高低错落，互相穿插。它与山石、修竹、灯具、雕塑、花架结合可形成独特的景观。

(十)门洞、景窗

门洞、景窗为园林小品建筑，在园林中起着分隔空间、组织导游、形成空间渗透的作用，能创造框景、对景，突出主题，引人入胜。有对称形(多角形、长方形、圆形、方形)、不对称形(梅花形、贝叶形、葵花形、桃形等)两类(见图 3-81)。有空窗、花格漏窗、博古窗、玻璃花窗等造型。

图 3-81 园门图例

(十一)园凳、椅

园凳、椅等是园林建筑装饰小品，造型美观、精巧、丰富多彩，有点缀园林景色作用。可供游人在园林中坐息、谈心。它衬托了园林气氛，加深了园林意境，给人以自然亲切之感。

园凳、椅应置于游人最需要坐息、赏景而又环境优美之处，如路的尽头、池畔、花坛旁等，造型要与环境协调一致，常和绿墙、花坛、草坪结合。

(十二)栏杆

栏杆是建筑物的附属部分。园林中的栏杆具有围护、衬托环境、分隔空间、组织人流、划分活动空间等作用，要求造型美观，点缀园林风景，丰富园景。石望柱栏杆，体量沉重，构件粗壮，具有稳重、端庄的气氛；简洁轻巧的栏杆，以构成轻快、明朗的气氛；围护性栏杆，其造型、线条应粗壮；扶手栏杆，一般高为 90cm，坐凳高 45cm，应与建筑物协调；坐凳栏杆，供坐息，高

40 ~ 45cm，体量应重；镶边栏杆，为花坛、树丛、道路绿带的镶边，高 20 ~ 60cm，造型要纤细、轻巧。

（十三）桥

园林中的桥，不仅具有沟通园路、组织导游、分隔水面空间的作用，而且还有构成景观、锦上添花之姿。它也是游人休息游览、凭眺、戏水、观鱼及配置水生花草的好地方。所以，桥的位置和造型好坏与园林规划设计的关系较为密切。园桥一般架在水面较窄处，桥身与岸相垂直，或与亭廊相接。造型大小要服从该园林的功能、交通和造景的需要，与周围的环境相协调统一。在较小的水面上设桥应偏向水体一隅，其造型要轻巧、简洁、尺度宜小，桥面宜接近水面。在较大的水面上架桥，可以局部抬高桥面，避免水面单调，有利于桥下通船。

园桥的类型很多，按材料分有石桥、木桥、钢筋水泥桥，按结构分有梁式、拱式、单跨和多跨，按功用分有平桥、曲桥、亭桥、廊桥、汀步桥等（见图 3-82、图 3-83、图 3-84、图 3-85、图 3-86）。

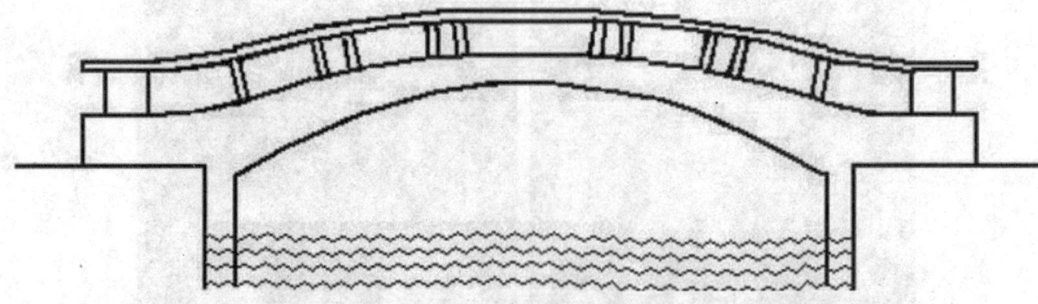

图 3-82 园桥的立面表示法

图 3-83 河南许昌某景区悬索桥

图 3–84　河南许昌灞陵公园小桥

图 3–85　颐和园西堤六桥之一——玉带桥

图 3–86　颐和园十七孔桥

第四章 园林景观现场勘察与设计

前面我们提到园林景观是由地形(包括水体)、植物、建筑、广场道路、园林小品诸要素有机结合,构成一定的特殊形式的人文风景。正确规划与设计园林诸要素直接关系到园林作品的成败与优劣。

地形是构成园林的基础,是园林的骨架。地形的类型复杂多样,有平地、丘陵、山谷、高山、草原等。

一、园林景观地形的功能与造景作用

在景观设计中,地形有很重要的意义,地形是园林设计中组景及构景的主导因素。园林中的其他设计要素如水体、建筑和植物及其在景观中的作用以及风、雨、霜、阳光等气候因素都与地形相关连。地形作为园林的基础,所有要素的功能发挥和景观效果都依赖于地形骨架。地形可以决定园林的形式和风格。中国园林崇尚自然,以对比强烈、地形空间变化多端为主要特点,形成典型的自然山水园林。

地形不仅和众多的环境因素和环境外貌有直接的联系,而且能影响某一区域的美学特征,影响空间的构成和空间感受,也影响景观、排水、小气候、土地的使用,以及影响特定园址中的功能作用。

二、地形及其相关因素与改善相关因素的方法

(一)地形及其相关因素

和地形相关的因素有很多,除了不同的地形类型外,地形还和气候(包括:风向、光照、降雨等)、水体、地貌等因素有关。

众所周知,人类生活的这个地球从气候学的角度可以分为:寒带、寒温带、暖温带、热带、亚热带等几种类型。不同的气候类型对地形的影响各不相同,也就是说不同的气候条件下应有不同的地形设计与规划。因此,要规划一个适宜的园林环境,无论是什么气候还是天气下,都应采用有益的微气候学原理。其指导原则包括:

①消灭酷热、寒冷、潮湿、气流和太阳辐射的极端情况。这可以通过合理地选择场地、规划布局和建筑朝,以及和创造与气候相适应的空间来完成(见图 4-1、图 4-2、图 4-3、图 4-4、图 4-5)。

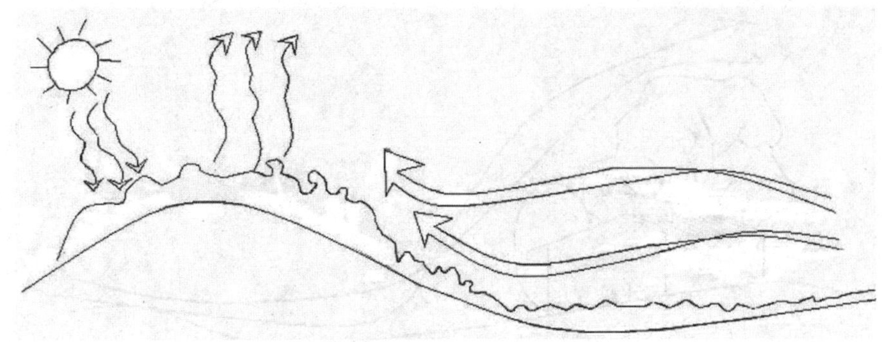

图 4-1　地形与阳光、气流、湿度之间的关系
白天，太阳使地表升温，暖空气上升，附近水体的冷空气向陆地运动

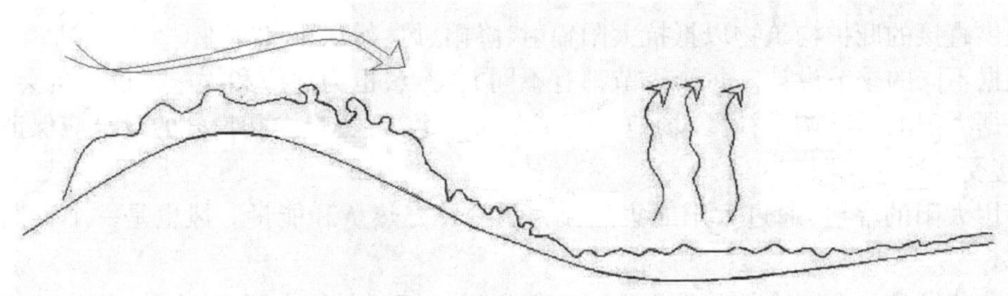

图 4-2　地形与阳光、气流、湿度之间的关系
晚上植被覆盖的陆地上的冷空气流向水体流动

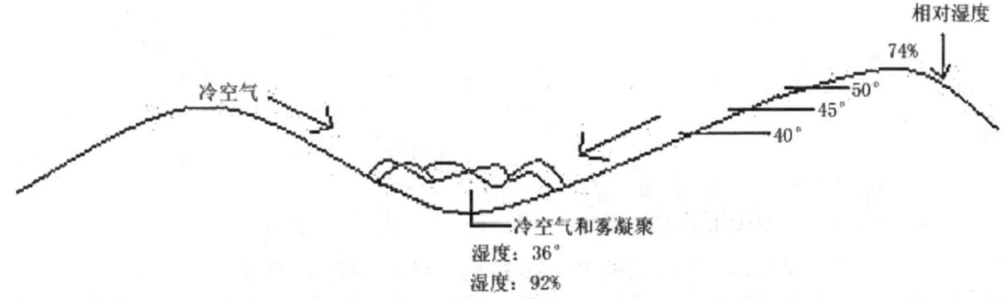

图 4-3　地形与气流、湿度、温度之间的关系
在较寒冷气候区，朝阳坡面的上半部分较为温暖（温、湿度较为适宜）

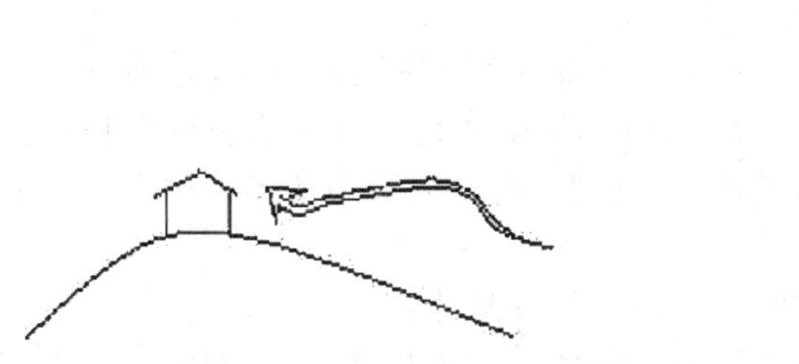

a 山顶上暴露于冷风的地方温度较低

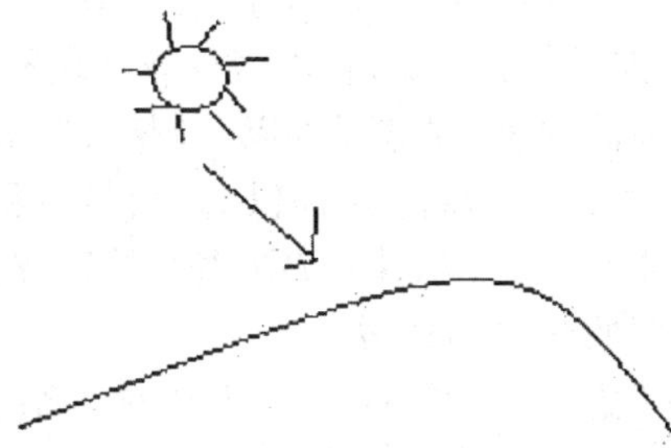

b 南坡每天接受的太阳能较多，相比较来讲温度较高

图 4-4　地形和光照、温度的关系

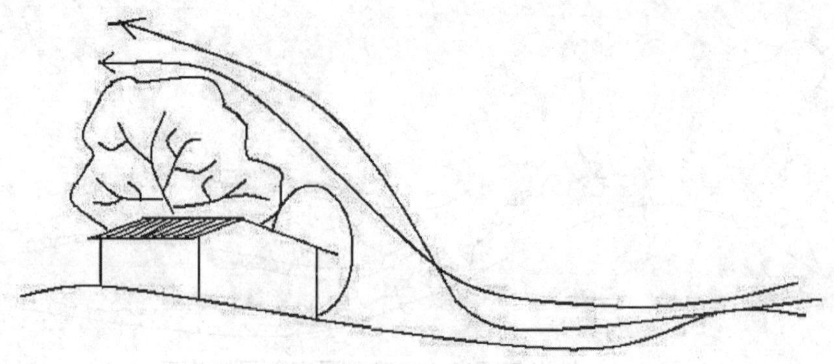

图 4–5　地形与环境的关系
光滑的形体可以使气流平稳运动

②提供直接的庇护构筑物以抵抗太阳辐射、降雨、风、暴风雨和寒冷。

③根据不同的季节设计。每个季节都有不同的特点,也为适应和娱乐提供了机会。

④根据太阳的运动调整社区、场地和建筑布局。生活区、户内和户外的设计应保证在合适的时间,接受合适的光照。

⑤利用太阳的辐射,通过太阳能集热板为制冷补充热量和能量。风也是一个长期行之有效的能源。

⑥水分蒸发是一个制冷的基本方法。空气经过任何潮湿的表面,砖砌的、纤维的或叶子都可因之而变凉(见图 4–6)。

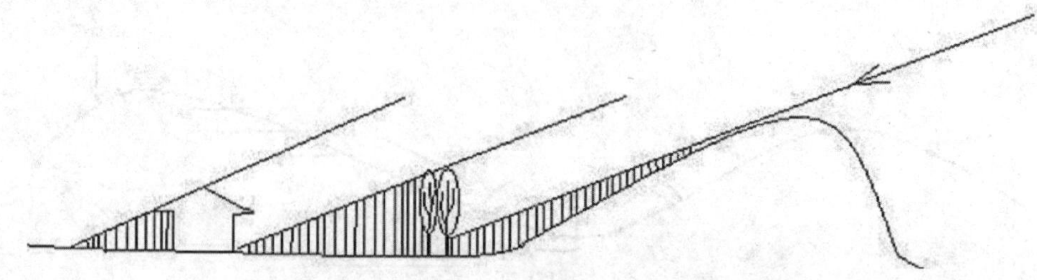

图 4–6　利用地形、建筑物、植被等改善环境
高地、高层建筑物、植被等可以减少太阳辐射强度。根据不同气候条件利用太阳能或减少太阳能辐射

充分利用临近水体的有益影响(见图 4–7)。任何形式的水的存在,从细流到瀑布,无论在生理上还是在心理上都有制冷的效果。

⑦ 护现存的植被,它以多种方式缓和气候问题:

①遮蔽地表,保储降水以利制冷;②保护土壤和环境不受冷风侵袭;③通过蒸腾作用使燥热的空气冷却、清新;④提供遮阳、荫凉和树影;⑤有助于防止地表径流快速散失和重新补充土层含水;⑥抑制风速;⑦在需要的地方引进植被,它们具有气候调节的多种用途,如风屏、林荫树和吸收热量的植被。

⑧考虑高度的影响。(在北半球)高度和纬度越高,气候越冷;

⑨降低湿度。一般来说,人体的舒适感觉与湿度的减少呈正相关关系,湿冷比干冷更令人感觉寒冷,湿热比干热更让人觉得无力。引入空气循环和利用太阳干燥可以降低湿度。

⑩避免空气滞留区和霜区(见图 4–8、图 4–9),避免冬季风、洪水和风暴的通道。在利用消耗能量的机械装置之前,开发和应用自然界所有的制冷和制热形式。

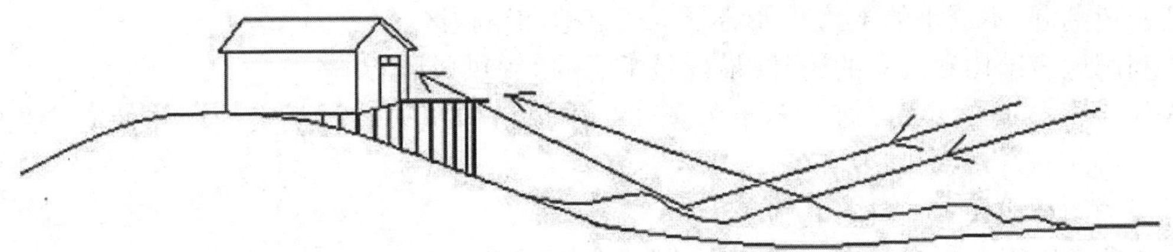

图 4-7　利用地形、水面、沙丘等改善环境
水面、沙丘或其他反射性表面物质反射的强光可以增加热量

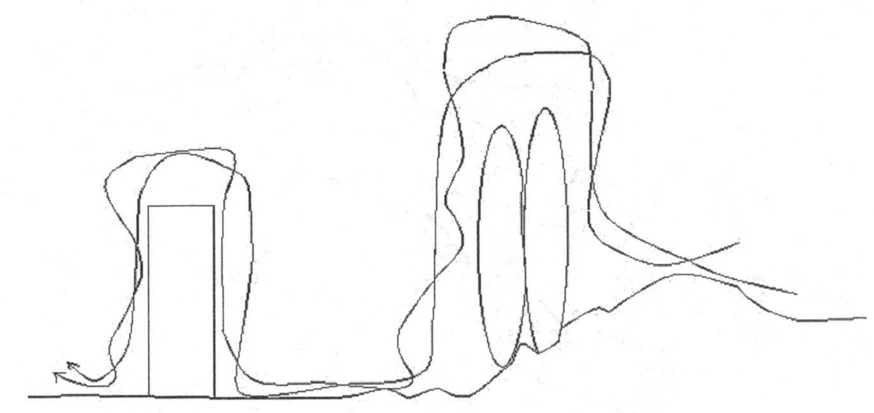

图 4-8　地形与环境的关系
突变的形体会引起令人不快的空气湍流

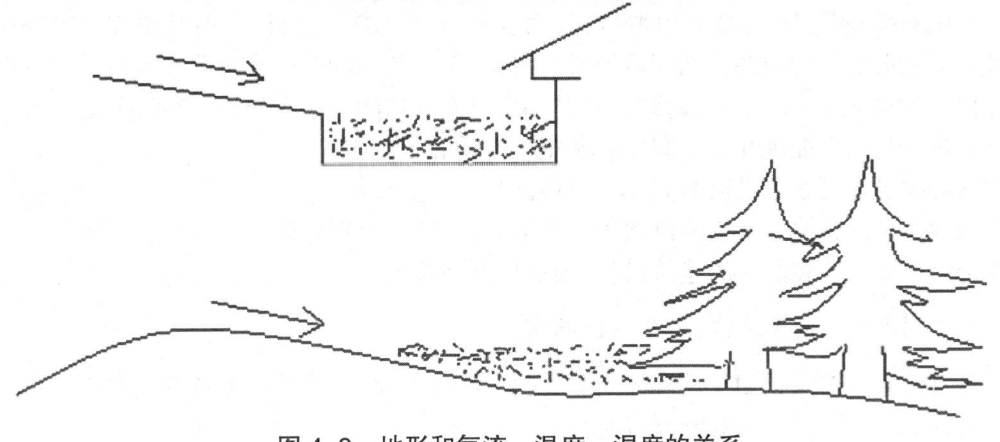

图 4-9　地形和气流、温度、湿度的关系
由于地形的影响，冷空气向山下移动，通常在低洼地区易形成受欢迎的“冷湖”或不受欢迎的霜冻带

(二)改善地形相关因素的方法

1. 减少热量损失的方法(对寒冷地区而言)

①避免暴露于主导风和坡面下泄的冷气流。
②避免地形的最高处。

③避免潮湿、不透水的土壤。如滞凝空气盆地和霜积区。

④利用地表结构和已有的树林(最好是常绿的)提供风屏。

⑤如果不能避免暴露,则紧凑布局。迎冬季风口构筑狭窄而坚实的墙体使之产生冲流效应。

⑥保护园林或住宅入口。

⑦使建筑物面向东南和南,并朝向太阳运动的轨道。

⑧在气候寒冷地区,规划用地和建筑应在防风林的下风向,利用降雪为地面和建筑隔热(见图 4-10)。

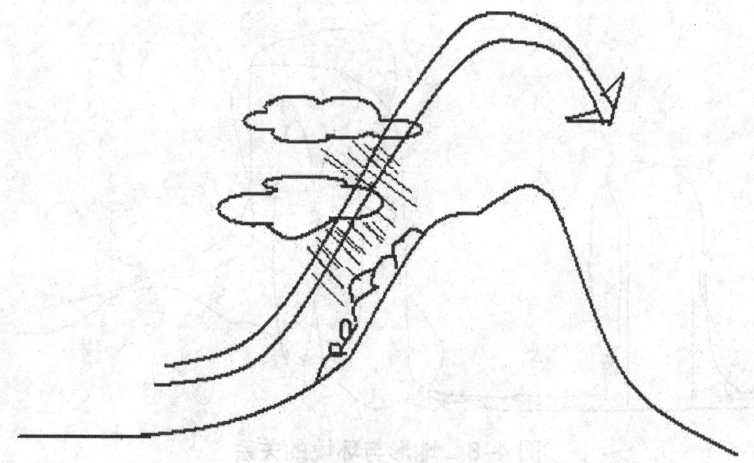

图 4-10 地形与环境的关系

当气团被盛行风吹动,爬上山坡时,气团变冷,经常在到达山顶之前其湿度达到降雨点。迎风坡因此较湿润,植被较密,而背风坡没有降雨,下降气流随着高度下降而变暖,以致变得干热。任何一种地形如一座小山、岛屿或森林都可以有同样的影响,只是程度不同。

⑨在建筑物周围提供开放空间以利于空气流动和冬季阳光照射。

⑩落叶树可在夏季提供树荫而冬季可使阳光进入。

⑪掘地入土。半掩埋结构可以利用土壤绝热,并降低建筑立面。

⑫选择可以吸热和散热的建筑材料、表面处理和颜色。

2. 减少制冷需求的方法(对炎热地区而言)

①将自然气流引入规划用地和建筑物(见图 4-11)。在炎热地区注意开放空气通道(而在寒冷地区,则应注意躲开或遮挡空气通道)。

②提供树荫。

③在炎热气候下,利用太阳遮蔽物、突出的凉台,宽阔的柱廊和凹形入口等结构。

④设计建筑物、地面造型物、墙、护栏和植物时,使夏日的微风穿过内部和外部空间。

⑤规划布局应宽敞而分散。

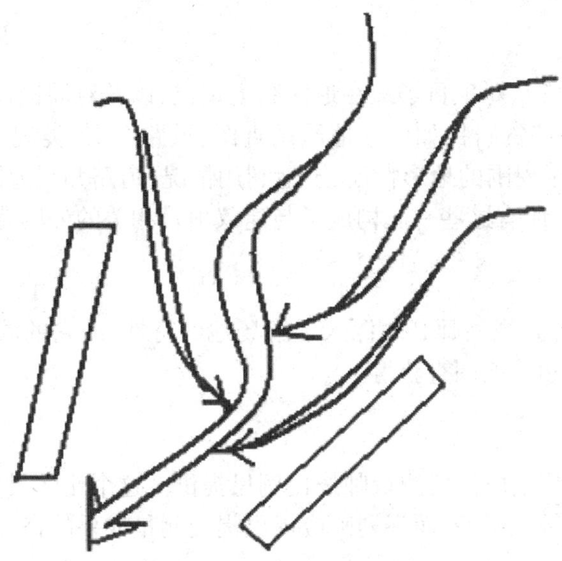

图 4–11　地形与环境的关系

由于狭管效应的作用，温和的夏日微风可以被排列整齐的建筑物、墙、大片植被等放大

⑥开挖地基。选址在良好排水坡面上，冬暖夏凉。

⑦通风。采用开敞式布局，利用眺台和阳台。

⑧利用风道、遮荫的天井、通透性墙和风扇通风。

⑨利用疏松的土壤、地表植被和灌溉，提高蒸发作用。

⑩利用反射热量的材料、粗质地和冷色材料。

3. 利用自然热力学

①考虑风能、水能和太阳能。

②使太阳的加热效果和荫凉、气流、湿度的制冷效果最大化。

③节约能源的场地规划，包括上述各种可能性。

三、地形的规划与设计

（一）综合土地规划

传统的土地规划和景观规划大都是在有限的尺度和有限的目标内进行的。按照一个既定的项目要求，规划师被期待着按照最有利于业主的原则，将项目安置到既定的场地之上。有时候，会考虑到邻接土地和水体的影响，有时候则没有。随着环境和土地利用的伦理观念的形成与深入，相信这种影响因素应该也必须受到重视。

综合土地规划通常从对项目场地周围区域的调查入手，对紧挨着的邻接区及其与待开发场地的相互联系应作更深入的研究；最后将对项目场地本身进行分析，从而获得一个完整的理解，这对景观规划来说是至关重要的。

以下因素应作为系统的场地分析首先考虑的因素。

1. 区域影响

场地分析的程序通常从对项目场地在地区图上定位，以及对周边地区、邻近地区规划因素的粗略调查开始。从一些资料比如国家地质调查图、道路图、各类规划报告以及互联网中可以得到许多有用的东西：周围的地形特征、土地利用情况、道路和交通网络、休闲资源，以及就业、商贸和文化中心等。所有这些一起构成了与建议项目相关的外围背景。

2. 项目场地

在设计研究开始之前，规划师必须深入了解场地的特性，即它的限制因素及其潜力，这种认识主要借助地形测绘和场地调查获得。

3. 地形测量

基础的地形测量常规上由注册测量师按比例尺提供。这个比例尺根据最适于规划工作而预定。测量师应提出测量说明书，而规划师应提出提交测量成果的格式要求。

4. 场地分析图

在对场地及其本性进行深刻评价中，场地分析图的制备不失为最有效的途径之一。测量师提供的地形测量图纸将被带到现场，规划师以自己的符号记下实地观测中得到的补充信息，从而丰富了测量的记录内容，描述了在规划中涉及的各种场地状况。这些补充信息可以记录：

①引人注目的自然特征，例如泉水、池塘、溪流、岩墙、造型树、有用的灌丛以及已有地被，所有这些都应尽量保留。设计标准的最佳来源是实地观察。

②勾划出 PCD（保护地，保全地及发展用地）的初步边界。

③消极的场地特征或危险，比如，荒废的建筑物、有毒的废弃物、已经死亡或有病害的植被、蔓延的杂草、表土侵蚀，以及塌方、沉降、洪涝灾害的迹象。

④连接道路的车辆流动方向和相对容量；人行步道、自行车道、车行道的连结点。

⑤场地进出口的合理地点。

⑥潜在的建筑物位置，用途分区，以及活动路线。居高临下的观察点、俯瞰区以及较好的视区。

⑦最佳景致，值得特写的；以及欠佳的景致，需要屏蔽的。两者都需给以简短描述。

⑧冬季盛行风向及夏季微风方向。

⑨风的暴露区域以及被附近地形、树林或建筑庇护的区域。

⑩场地外的引人之处，以及招人讨厌之处。

⑪对场地及其环境的生态和小气候分析。

⑫在项目规划中其他的具有特别意义的因素。

⑬除了这些现场观察的信息，从调研中收集到的进一步数据也有可能记录在场地分析图上或单独包含在测量文件中。这些信息可能包括：

⑭邻接地块的所有权。

⑮（场地中）已显示的管线、设施所属的市政公司的名称、地址、电话号码和工程师名字。

⑯市政设施管线的设计线路和数据。

⑰进入场地的现状道路、车行道及步行道路的格局。

⑱邻近道路的交通量。

⑲区划限制、建筑条例以及建筑红线、退线。

⑳矿产权、煤层深度、挖空区域。

㉑水质及供给。

㉒地质勘探资料。

5. 底图

在规划阶段的早期准备好底图是很有裨益的。它将为以后的所有图纸提供一个版式。在制图膜或结实的透明纸上描绘得到清楚的复制本，它带有边框以及标题区，里面填写项目名称及地点、业主和规划师的身份证明、指北针、比例尺以及日期栏，除了产权边界和坐标外，底图只显示那些后续图纸需要保留的信息。大多数场地及建筑物研究、概念规划以及方案草图都将在此底图的透明图纸上进行。

6. 规划汇总和参考文件

随着测量图、底图、叠加图、场地分析图以及其他背景资料被获得，它们就汇总成一个相互联系的参考文档——连同辅助规划、报告以及书信，它们在整个规划过程中保持完整并不断更新。计算机技术的应用使得参考文档的准备、保持以及获取得以畅通和加速。

参考文档的材料因项目不同而不同，取决于项目的大小和复杂度。对于涉及面更广的规划——例如医院、体育馆，或者新社区——文档可能包括如下的背景数据：

①区域的、本地的总体规划。

②区划和分区的规范。

③规划中的公路网络。

④地区水管理计划。

⑤机场和起落区。

⑥通信线路及站点。

⑦市政设施体系。

⑧火警以及救护设施。

⑨洪水和暴雨记录。

⑩大气和水的污染源及控制。

⑪人口统计数据以及使用者分析材料。

⑫学校。

⑬体闲设施。

⑭文化设施。

⑮经济统计和走势

⑯税率及估计。

⑰政府管理情况。

7. 规划构思

如果同时考虑建筑与景观的建设，那么脱离一方去构思另一方是不可能的。因为正是建筑——场地之间的这种联系才赋予双方各自和共同的意义。

在这一点上，也许会产生一个问题：在规划队伍中由谁——建筑师、景观设计师、工程师抑或其他人来作“构思”工作？奇怪的是，这个问题，看起来会引起激烈的争论，实际却很少发生，因为一种卓有成效的合作把不同知识领域的专家集合到一起，大家在自由的思想交流中，创造一种感悟和充满启迪的气氛。

8. 场地—构筑物图

当规划一个与一定场地相关的工程或建筑时，我们首先考虑场地需要提供的、将被组织在一起的各种功能。以一所中学为例，我们会确定大概的建筑规划的区域以及它们的形状——对需要的服务设施、停车场、户外教室、花园、体育场、足球场、田径场、露天看台，兴许还有对将来的学校扩展用地进行总体用地规划。在地形测量图（或场地分析图）的复制底图上，我们就可以用手工线条表示出合理尺度和形态的用地范围。它们彼此之间的关系以及它们与自然和人工景观特征的关系都是经过精心研究的。经过这样一番对场地用地范围的粗加工后，我们终于可以加入项目的建筑要素。这个最终成果就是场地—构筑物图。

9. 场地概念规划

规划过程的平衡就是对细节的比较分析和改进——一个创造性的综合过程。一个优秀的规划本质上不过是一个逻辑思辨过程的记录；一个蹩脚的规划则是毫无思考或者考虑失当的产物。杰出的规划对所有场地因素都给以充分考虑，明确认识各种需要和关系，精心处理所有相互作用的局部。

10. 规划的创新性

规划师们能利用材料、形式、专业符号创作出他们相信会给使用者带来某种可预见体验的物体、空间以及构筑物。实际上，使用者会根据他们自己对规划元素的感受来进行“再创新”，从而产生令人满意的体验。因为我们感知的过程其实是通过我们的感官进行形体再造的过程。对这种现象的理解使我们清楚地认识到设计的创新功能。

11. 规划态度

在备受推崇的论著《论日本绘画原则》中，亨利 · P. 博维（Henry P. Bowie）写到：“日本绘画艺术一个最重要的原则——的的确确，一个根本的、非常显著的特征——就是那活生生的动感，可以说，那正是渗入到作品里去的艺术家对被画对象的感受。无论绘画主题是什么——花鸟鱼兽、水木山石——艺术家在绘画的时候必须感受到它们的本性，这种本性，通过艺术的魅力，将传达进作品中去并保存至永远，而创作时画家的体会通过作品也会感染着所有欣赏作品的观众。”

“确实，没有什么比这个基本的原则更能持久地促进画家的精力，在艺术中表达感受不到的东西实在是不可能的。”

规划也是这样。我们只有首先投入情感去理解才能创造作品。就说一座购物广场吧，作为设计师，我们要感受场所中加速的节拍、吸引和诱惑、喧嚣以及热闹的场面；得注意到小商店别致的陈设、烤饼店那令人垂涎欲滴的视觉和嗅觉刺激；要感受到阳光照射到人行道上的刺目明亮，感受到入口及拱廊处的荫凉和庇护；要感受到拥挤的人群和交通，感受到长椅、树木，甚至一两处喷泉的闪烁和泼溅等。然后，我们就可以开始进行规划了。

12. 影响评价

如果所有因素都考虑过，结果弊大于利，则建议开发项目不应进行：

①考虑建议开发的项目如可能带来重大的负面影响，那么规划师对它们进行的可行性补救措施是什么。

②考虑所有由项目创造的积极价值，以及它们在规划过程中得到加强的措施。

③考虑进行建设的理由。除非长远来看，益处大于负面因素，否则获准建设的可能性很小。

这些环境考虑如果早一些确定和进行，它们就不仅是有用的检验，还成了进行研究及决定最终规划方案的坚实基础。这样，项目的消极影响就可以通过规划加以克服，而项目的优良属性也可以大大增强。这种系统方法的许多优点绝不能忽视。

13. 主要的景观特征

很多自然景观格局、特征、力量是人工难以改变的，我们必须接受它、适应它，依自然而规划。不可改变的要素包括山脉、河谷、海岸平原；另外还有降水、冰冻、雾、地下水位、季节温度、风、潮汐、海洋、空气流动、生长过程、太阳辐射和重力。

我们通过正确评估这些要素的影响和作用，然后，根据限制和可行性进行规划修改。在城市选址、社区建设、高速路设计、工业区选址，以及独家住宅、花园的定向和布局前，首先要考虑这些要素的影响。

任何时代的著名设计项目都以建筑物或活动场地和自然要素之间互相补充来适应景观。在这些项目中，规划师不但设计人工建筑，而且在某种意义上的确可以设计自然要素，因为在总体规划时所有的要素因为互相联系而都被考虑进去。

14. 次要的景观特征

以小山为例，它的景观特征也许在变化过程中得到很好的保护，从而实现它的最大利用价值。在未受干扰的地区，木材、槭树糖浆、坚果或水果等的产量将会更大。在美国，可以找到许多保护区、公园、森林、区域开放空间等处于自然状态的大片土地。日本的许多村庄和城镇坐落在山上或岛上，为了社区的长远利益，他们通过法令使之几个世纪都未曾受到破坏。

一个小山丘也许逐渐被削平，或被高速公路切断，或被建筑物代替。一旦采取上述行动，除了对它带来的一些工程问题进行考虑外，小山的原始景观特征就没有必要再考虑。

（1）自然形态的改变。

通过建筑或其他形式的开发改变山体的形状将彻底改变一个小山的自然面貌。这些变化也许是有害的，它将导致水土流失；另外，它也许是有利的，例如在芝加哥植物园，由水土流失的农庄和污水坑变成有低山缓坡、湖水纯净、细水常流的新景观。

（2）自然形态的强调。

小山的内在自然特征可以被强化。其高度和坡度的改变，可以使小山丘显得陡峻。对于任何场地来讲，任何形式的改变都会产生不同的结果（见图 4-12）。

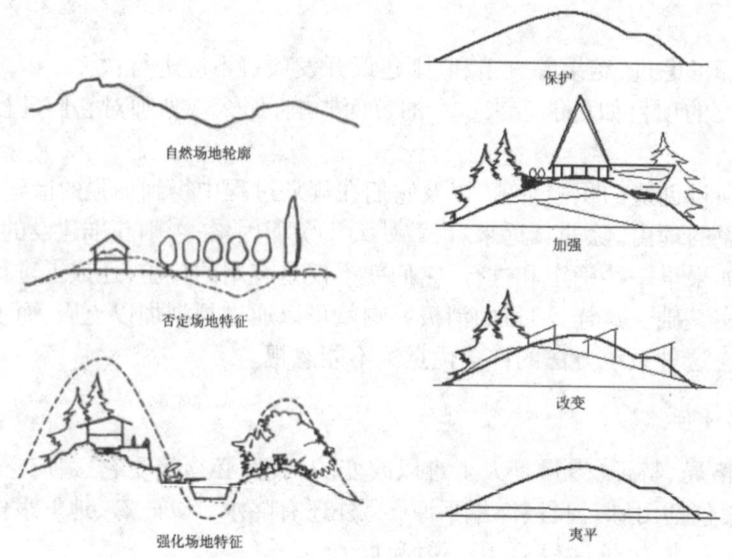

图 4-12 地形的几种改变方法及后果

（二）地形规划的类型

1. 对称性规划

对称性规划是指具有明显轴线的规划形式。对称性规划的要素是相同的，且围绕中心点或在轴线两侧对应面形成平衡。中心点可以是物体或地域，譬如水池或包含水池的广场。

对称轴可以是有功用的一条线或一个平面，如小路、宽阔林荫道或商场。还可以是强有力的视觉或运动的引导线，就像穿越一系列庄严的拱门或大门，或穿行于间隔而有韵律的成行的树木或塔门，或朝向一个兴趣点的物体或空间运动一样。对称轴可由视线或运动强有力地引导着。其每一侧的物体似乎是对等平衡的。

通过对称，两个看起来截然分离的对立要素或构成物间会产生明显的吸引力和张力。二者连同共享空间和其内部所容纳的一切，在对立要素合而为一之处紧密联系。

对称性规划具有稳定性。每一极点都产生自己的势力范围，两个范围之间就是具有动态张力的场所。场所中的每一个要素都处于紧张与平静交融的状态。通过限定，每一个对称的组成部分都必须达到平衡，从而保持平静。但对称中的这种平静却更让人信服，因为它意味着一种使无数对抗力量达到均衡的解决方法。

对称性规划中的每一个事物都有对圆满的需求一种只有通过对立面才能获得的圆满。当从对称安排中移走甚至是最微小的要素时，这一点就会变得很明显：均衡立刻消失了，整体结构似乎在缺口处变得极其紧张。

在一个规划中，人们见到的是具有韵律的物体和间隙，这样就会对下一步的事物和间隙产生一种设想。一旦这种设想不够令人满意，人们就会觉得惊奇。如果节奏的间歇是毫无用处的，人们就会觉得规划不尽完美，相应的反应就是失望。然而如果惊奇的过程恰好是发现有趣而恰到好处的规划特征，那人们的反应就会是愉快，而规划的特征也会得以强化。对称性规划使规划要素服从于一种僵硬或公式化的平面布局。相关对称框架中的事物的意义主要源于它们与整体构图的关系。由始至终的每一个要素都必须一直视为大组合中的一个单元。

有时对称性规划可给事物以附加的强调。譬如可作为主轴或次轴终结点的事物。物体也可通过一个逐步行进的演化过程,或通过它与附加或补充特征的关系而增强重要性。通常可以说总体规划越具震撼力,个体规划单元就越缺乏说服力。

对称性规划控制着景观。它使景观系统化,且将其组织成刻板的图案。对规划结构而言,自然环境则变成了场景或背景。

对称性规划要求人服从于规划的一致性。不仅景观和所有规划特征要服从于一种有组织的规划,人也是如此。模式化的图解使我们变得麻木不仁,运动路线被限制在规划的线路上,规划形式控制着我们的视线。我们有意识地为变化的节奏、平衡的重复和所有事物对一种思想的屈服所刺激或安抚,下意识地与事物的对称秩序相协调,且在尽量与规划秩序保持完全一致。这种一致产生了和谐感,但如果过分一致,则常会导致单调和乏味。

经过巧妙处理的对称平面形式可用于渲染某种观念或引发一种纪律感、高度秩序感甚至还有无可挑剔的完美感。

大多情况下,对称规划被视为一种设计的权宜之计,一种涂抹而成的几何形状。这种规划重复多见且令人感到乏味,当几何布局确实很得体时,我们会发现这种对称作为功能最高最佳的表达方式,是通过有意识地将所有规划形式综合到对称性规划的安排中而产生的。在有限的区域内,恰如其分地、明智地运用对称,它会成为一种令人信服的规划形式。

2. 非对称性规划

自然界中,我们很少能发现景观要素在视线两侧是对称平衡的。然而对一切受人青睐的组合和艺术而言,视觉平衡是最基本的。人们普遍都承认,任何设计、图画、视景或透景,如果缺少这种平衡,就会令人不安和不愉快。因为我们通常认为自然景观是怡人悦目的,所以我们可得出这样的结论:不知何故,视觉平衡一定是天生的。

在自然界中,我们所看到的组合极少在视觉轴线两侧是对称性平衡的,但由于所有视觉形象都要求均衡,所以两边非对称的或隐含的平衡是可能存在的。事实确实如此。这种非对称或隐含的平衡是不可见的。除了因为某些原因而有意设计两侧对称的情况,我们都是通过隐含的平衡来组织和理解周围世界的。

非对称规划使我们和大自然更加和谐统一。脱离了对称性规划布局的呆板,每个地域都可在更为周全地考虑了其自然的景观特征后,再行发展。路线更为自由,风景变化无穷。我们可看到并欣赏景观中的每个事物本身或它与其他景观要素的关系,而不是它与画好的规划图间的关系。这种非对称的规划形式更微妙、更随意、更令人放松、更有趣也更人道。我们不是一步步沿着呆板的组合行走或穿越它们。相反,我们可更加自由地探索,从景观中发掘那些我们认为美丽、愉快或有用的东西。

非对称规划对自然或已建成的景观干扰较少,通常需要较少的台阶、屏蔽和建筑,所以也更经济。

(三)地形规划设计的任务

在造园过程中,原地形一般都不能完全符合造园的要求,所以在充分利用原有地形的情况下必须进行适当的改造。地形设计的任务就是以最大限度地发挥园林的综合功能为宗旨,统筹安排园内各种景点、设施和地貌景观,使地上设施和地下设施之间、山水之间、园内与园外之间在立面上有合理的联系。

(四)地形规划设计的主要内容

地形设计主要指地貌及地物景观的高程设计。

1. 地貌设计

以总体设计为依据,合理确定地表起伏变化的形态,如峰、峦、坡、谷、河、湖、泉、瀑等地貌小品的设置,以及它们之间的相对位置、形状、大小、比例高程关系。

一般山体的坡度不宜超过土壤的自然安息角,充分利用土壤本身提供的自然稳定坡度,节省投资,有利于水土保持和植被的保护。

2. 水体设计

确定水体的水位,解决水的来源与去向问题。

3. 园路设计

主要确定道路(或广场)的纵向坡度及变坡点高程。

在寒冷地区,因冬季冰冻、多积雪,为安全起见,广场的纵坡应小于3%,停车场的最大坡度不大于2.5%;一般园路的坡度不宜超过8%。

4. 建筑设计

地形设计中,对于建筑其及小品应标明其地坪与周围环境的高程关系,确保排水通畅。

5. 排水设计

在地形设计的同时,要充分考虑如何排除地面水的问题。合理划分汇水区域,正确确定径流走向。一般不能出现积水的洼地。一般规定,无铺装地面的最小排水坡度为1%;铺装地面为0.5%。但这只是参考限值,具体排水坡度要根据场地的现状,包括土壤性质、汇水区大小、植被情况等因素而定。

6. 植物种植在高程上的要求

在地形的利用和改造过程中,应在图纸上标明原址上有保留价值的名木古树,其周围地面的标高及保护范围。

植物种类不同,其生活习性不同。有的耐水湿、有的不耐水湿;有的耐干旱,有的不耐干旱。地形设计应为不同的植物创造出适合各自特点的环境条件。

（五）地形设计的指导原则

根据土地的自然属性决定地形的利用方式，通过规划、利用和管理，让每一处景观都能发挥出它的特性和潜力。基本原则是：改造得越少越好（见图 4-13 ~图 4-16）。

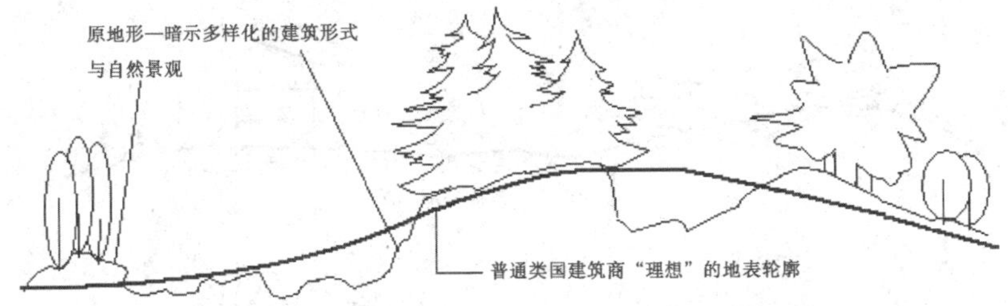

图 4-13　美国地产开发商和住宅建筑商的规则

公理 1 清理土地

公理 2 剥离表土（或者，要省事就掩埋它或拉来新土）

公理 3 提供一个可供操作的地形（要求尽可能平整）

公理 4 引导所有的水进入下水道（或者位于地块的边缘）

公理 5 修建一条宽阔的大道

公理 6 使房屋后撤，前面设置大前院

公理 7 建筑物前面保持平整

公理 8 拥有一个小侧院

公理 9 种上草坪

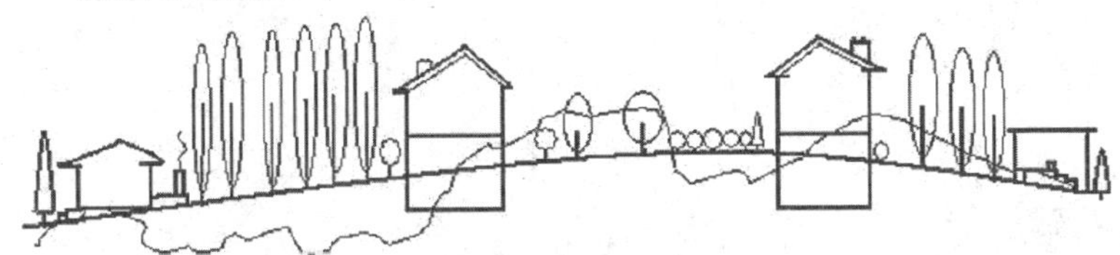

图 4-14　美国近郊区居民的理想

通过推土机修整地形，埋掉石头，铲掉植被，将小河变成下水道或阴沟，重新分配表土，用新土覆盖沙子、垃圾或石头，外来新的人工植被在这儿生长

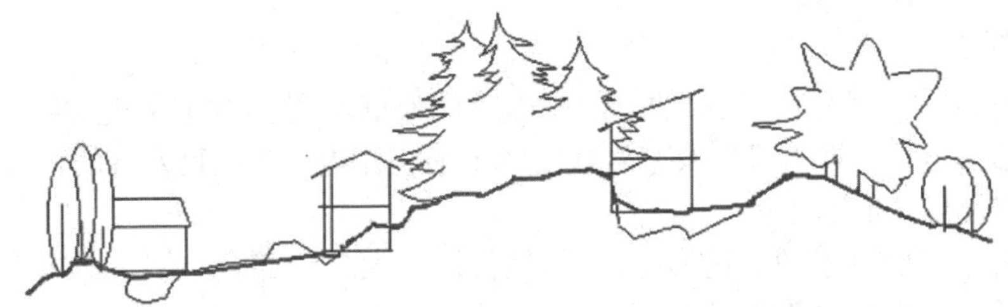

图 4-15　应当提倡的地形设计

依自然地形而建筑并得以升华，它可以提供古老文化中人的尺度和魅力，它的物质和空间的经济学法则使建筑和景观紧密相连

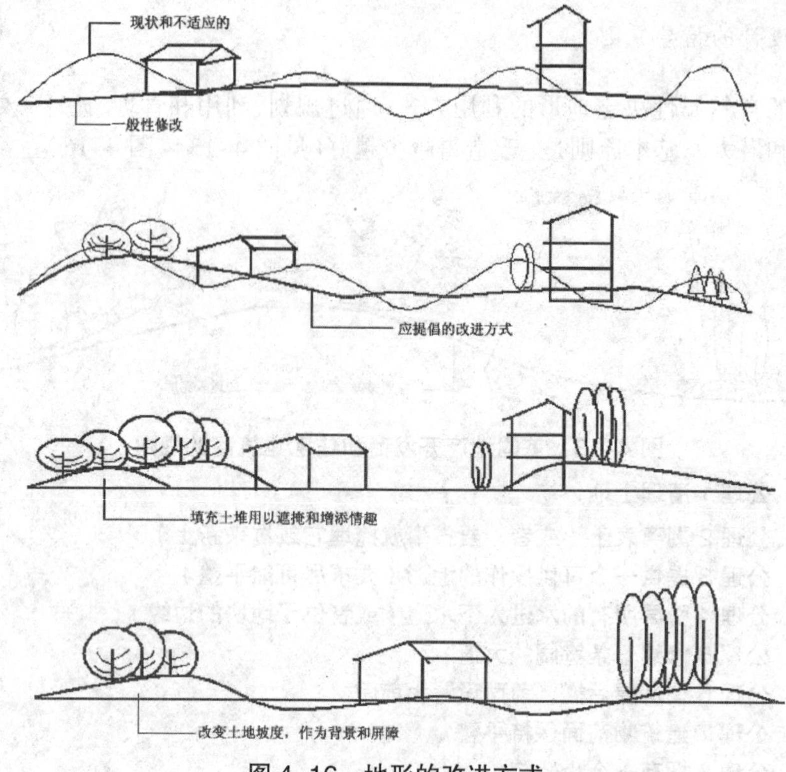

图 4–16　地形的改进方式

具体包括以下内容：

1. 适应地形

减少景观干扰；
减少土木工程花费；
防止表土流失；
避免土壤侵蚀控制和再绿化的需要；
充分利用现有的排水道；
融合自然风景。

2. 合理利用地形

通过场地调查和土壤测量，最肥沃的土地应被设计为草坪、花园或庄稼地，或者保护其自然状态。而贫瘠、排水道过少或过多以及基岩裸露的土地应作为工程项目发展的首选地。家园、道路和城市用地应使用贫瘠的土地。

自然地形是大自然所赋予的最适形态，它们是长期与大自然磨合的结果。适应它们就是要与适应这种地形的自然力和条件相和谐。

（六）各类园林用地的设计

园林地形设计是园林总体设计的一个组成部分，是在总体设计的指导下进行的。因此，地形设计必须满足总体设计的要求。

地形设计的原则是,第一,满足使用功能,发挥造景功能。不同类型、不同使用功能的园林绿地,地表特点不同。如传统的自然山水园和安静休息区地形比较复杂、富于变化,而规则式园林和儿童游乐区则地形比较简单、少变化。第二,因地制宜,进行合理的改造。原地形的状况,直接影响园林景观的塑造。"高可筑台,低可凿池",恰恰说明了巧妙地利用原地形的有利条件,稍加整理,便可成型,取得事半功倍的效果。第三,就地就近,维持土方量的平衡。即在地形设计时,尽量缩短土方运距,就地填挖,并保持土方平衡,以节省资金。

各类园林用地的设计要点:

1. 平地(坡度在3%以下)

由于排水的需要,园林中基本上不存在完全水平的平地,园林中的平地是具有一定坡度的相对平整的地面。为避免水土流失及提高景观效果,单一坡度的地面不宜延续过长,应有小的起伏或设计成多面坡。平地坡度的大小,可视植被和铺装情况以及排水要求而定。

(1)用于种植的平地。

如游人散步草坪的坡度可大些,介于1%~3%较理想,以求快速排水,便于安排各项活动和设施。

(2)铺装平地。

坡度可小些,宜在0.3%~1.0%,但排水坡面应尽可能多向,以加快地表排水速度。如广场、建筑物周围、平台等。

2. 坡地

坡地一般与山地、丘陵或水体并存。其坡向和坡度大小视土壤、植被、铺装、工程措施、使用性质以及其他地形地物因素而定。坡地的高程变化和明显的方向性(朝向)使其在造园用地中具有广泛的用途和设计灵活性。当坡地坡角超过土壤的自然安息角时,应当采取砌挡土墙,种植地被植物及堆叠自然山石等护坡措施。

坡地根据坡度的大小可分为缓坡地、中坡地、陡坡地、急坡地和悬崖陡坎等。

(1)缓坡地。

坡度在3%~10%(坡角为2°~6°),在地形中属陡坡与平地或水体间的过渡类型。道路、建筑布置均不受地形约束,可作为活动场地和种植用地,如作为篮球场(3%~5%)、疏林草地(3%~6%)等。

(2)中坡地。

坡度在10%~25%(坡角为6°~14°)。在建筑区需设台阶,建筑群布置受限制,通车道路不宜垂直于等高线布置。坡道过长时,可通过台阶与平台的交替转换,以增加舒适性和平立面变化。

(3)陡坡地。

坡度在25%~50%(坡角为14°~26°)。道路与等高线应斜交,建筑群布置受较大限制。陡坡多位于山地处,作活动场地比较困难,一般作为种植用地。25%~30%的坡度可种植草皮,25%~50%的坡度可种植树木。

(4)急坡地。

坡度在50%~100%(坡角为26°~45°)。是土壤自然安息角的极值范围。急坡地多位于土石结合的山地,一般用作种植林坡。道路一般需曲折盘旋而上,梯道需与等高线成斜角布置，建筑需作特殊处理。

（5）悬崖、陡坎。

坡度大于100%（坡角在45°以上，已超出土壤的自然安息角）。一般位于土石中的石山，种植需采取特殊措施（如挖鱼鳞坑、修树池等）。道路及梯道布置均困难，可采用悬索桥，隧道布置交通，但一般工程措施投资大。

3. 山地

山地是地貌设计的核心，它直接影响到空间的组织、景点的安排、林冠线的变化和土方工程量等。园林山地多为土山，山地主要指土山。

园林中的土山地按其在组景中的功能不同分为以下几种：

（1）主景山。

体量大，位置突出，山形变化丰富，构成同林主要景观点，多用于主景式园林，高10m以上。

（2）背景山。

用于衬托前景，使前景更加突出，用于纪念性园林，高8～10m。

（3）障景山。

阻挡视线，用于分隔和围合空间形成不同景区，增加空间层次，呈蜿蜒起伏丘陵状，高1.5m以上。

（4）配景山。

用于丰富园景，增加景观的层次及立面的变化，一般园林中普遍运用，多为主山高度的1/3～2/3。

山地的设计要点：

①未山先麓，陡缓相间：山脚应缓慢升高，坡度要陡缓相间，山体宜变化自然。

②歪走斜伸，逶迤连绵：山脊线呈“之”字形走向，曲折有致，起伏有度，逶迤连绵，合自然之理，忌对称均衡。

③主客分明，互相呼应：主山宜高耸、厚实，体量较大，变化较多；客山则奔趋、拱伏，呈余脉延伸之势。先立主位，后布辅从，比例应协调，整体要组合，关系要相互呼应。忌孤山一座。

④左急右缓，勒放自如：山体坡面应有急有缓，等高线有疏密变化，一般朝阳和面向园内的坡面较缓，地形较为复杂；朝阴和面向园外的坡面较陡，地形较为简单。

⑤丘壑相伴，虚实相间：山脚轮廓线应曲折圆润，顺乎自然。山臃必虚其腹，谷壑最宜幽深，虚实相间，空间丰富。

4. 丘陵

丘陵的坡度一般在10%～25%，高度也多在1～3m变化，在人的视平线高度上下浮动。在土壤的自然安息角以内不需工程措施，丘陵在地形设计中可视作土山的余脉，主山的配景、平地的外缘。

5. 水体

理水是地形设计的主要内容，水体设计应因地制宜，因势利导，山水结合，相映成趣。在自然山水园中，应呈山环水抱之势，动静结合，相得益彰。配合运用园桥、汀步、堤、岛等建筑工程，使水体有聚散、开合、曲直、断续等变化。水体的进水口、排水口、溢水口及闸门的标高，应满足功能的要求并与市政工程相一致。满足汀步安全、游人亲水性和防止岸体冲刷等要求。

第五章　景观植物的配置与造景

完美的植物景观设计必须具备科学性与艺术性两个方面的高度统一。即既满足植物与环境在生态适应性上的统一，又要通过艺术构图原理，体现出植物个体及群体的形式美及人们在欣赏时所产生的意境美。植物景观中艺术性的创造极为细腻又十分复杂。诗情画意的体现需借鉴于绘画艺术原理及古典文学的运用，巧妙地充分利用植物的形体、线条、色彩、质地进行构图，并通过植物的季相及生命周期的变化，使之成为一幅活的动态构图。

第一节　植物造景原则与手法

植物景观设计同样遵循着绘画艺术和造园艺术的基本原则。即统一、调和、均衡和韵律节奏四大原则。

一、统一的原则

也称变化与统一或多样与统一的原则。植物景观设计时，树形、色彩、线条、质地及比例都要有一定的差异和变化，显示多样性，但又要使它们之间保持一定相似性，引起统一感。这样既生动活泼，又和谐统一。变化太多，整体就会显得杂乱无章，甚至一些局部使人感到支离破碎，失去美感。过于繁杂的色彩会引起心烦意乱、无所适从。但平铺直叙，没有变化，又会单调呆板。因此要掌握在统一中求变化、在变化中求统一的原则。

运用重复的方法最能体现植物景观的统一感。如街道绿带中行道树绿带，用等距离配置同种、同龄乔木树种，或在乔木下配置同种、同龄花灌木，这种精确的重复最具统一感。一座城市中树种规划时，分基调树种、骨干树种和一般树种。基调树种种类少，但数量大，形成该城市的基调及特色，起到统一作用；而一般树种，则种类多，每种量少，五彩缤纷，起到变化的作用。长江以南，盛产各种竹类，在竹园的景观设计中，众多的竹种均统一在相似的竹叶及竹竿的形状及线条中，但是丛生竹与散生竹有聚有散；高大的毛竹、钓鱼慈竹或麻竹等与低矮的箬竹配置则高低错落；龟甲竹、人面竹、方竹、佛肚竹则节间形状各异；粉单竹、白杆竹、紫竹、黄金间碧玉竹、碧玉间黄金竹、金竹、黄槽竹、菲白竹等则色彩多变。这些竹种经巧妙配置，很能说明统一中求变化的原则。

裸子植物区或俗称松柏园的景观保持冬天常绿的景观是统一的一面。松属植物都是松针、球果，但黑松针叶质地粗硬、浓绿，而华山松、乔松针叶质地细柔、淡绿。油松、黑松树皮褐色粗糙；华山松树皮灰绿细腻；白皮松树皮白色、斑驳，富有变化；美人松树皮棕红若美人皮肤。柏科中都具鳞叶、刺叶或钻叶，但尖峭的台湾桧、塔柏、蜀桧、铅笔柏；圆锥形的花柏、凤尾柏；球形、倒卵形的球桧、千头柏；低矮而匍匐的匍地柏、砂地柏、鹿角桧体现出不同种的姿态万千。

二、调和的原则

即协调和对比的原则。植物景观设计时要注意相互联系与配合，体现调和的原则，使人具有柔和、平静、舒适和愉悦的美感。找出近似性和一致性，配植在一起才能产生协调感。相反地，用差异和变化可产生对比的效果，具有强烈的刺激感，形成兴奋、热烈和奔放的感受。因此，在植物景观设计中常用对比的手法来突出主题或引人注目。

当植物与建筑物配植时要注意体量、重量等比例的协调。如广州中山纪念堂主建筑两旁各用一棵冠径达25m的庞大的白兰花与之相协调；南京中山陵两侧用高大的雪松与雄伟庄严的陵墓相协调；英国勃莱汉姆公园大桥两端各用由九棵椴树和九棵欧洲七叶树组成似一棵完整大树与之相协调，高大的主建筑前用九棵大柏树紧密地丛植在一起，成为外观犹如一棵巨大的柏树与之相协调。一些粗糙质地的建筑墙面可用粗壮的紫藤等植物来美化，但对于质地细腻的瓷砖、马赛克及较精细的耐火砖墙，则应选择纤细的攀缘植物来美化。南方一些与建筑廊柱相邻的小庭院中，宜栽植竹类，竹竿与廊柱在线条上极为协调。一些小比例的岩石园及空间中的植物配置则要选用矮小植物或低矮的园艺变种。反之，庞大的立交桥附近的植物景观宜采用大片色彩鲜艳的花灌木或花卉组成大色块，方能与之在气魄上相协调。

色彩构图中红、黄、蓝三原色中任何一原色同其他两原色混合成的间色组成互补色，从而产生一明一暗、一冷一热的对比色。它们并列时相互排斥，对比强烈，呈现跳跃新鲜的效果。用得好，可以突出主题，烘托气氛。如红色与绿色为互补色，黄色与紫色为互补色，蓝色和橙色为互补色。我国造园艺术中常用万绿丛中一点红来进行强调就是一例。英国谢菲尔德公园，路旁草地深处一株红枫，鲜红的色彩把游人吸引过去欣赏，改变了游人的路线，成为主题。梓树金黄的秋色叶与浓绿的栲树，在色彩上形成了鲜明的一明一暗的对比。而远处玉龙雪山尖峭的山峰与近处侧柏的树形非常协调。这种处理手法在北欧及美国也常采用。上海西郊公园大草坪上一株榉树与一株银杏相配植。秋季榉树叶色紫红，枝条细柔斜出，而银杏秋叶金黄，枝条粗壮斜上，二者对比鲜明。浙江自然风景林中常以阔叶常绿树为骨架，其中很多是栲属中叶片质地硬且具光泽的彩叶树种，与红、紫、黄三色均有的枫香、乌桕配植在一起具有强烈的对比感，致使秋色极为突出。公园的入口及主要景点常采用色彩对比进行强调。恰到好处地运用色彩的感染作用，可使景色增色不少。黄色最为明亮，象征太阳的光源。幽深浓密的风景林，使人产生神秘和胆怯感，不敢深入。如配植一株或一丛秋色或春色为黄色的乔木或灌木，诸如桦木、无患子、银杏、黄刺玫、棣棠或金丝桃等，将其植于林中空地或林缘，即可使林中顿时明亮起来，而且在空间感中能起到小中见大的作用。红色是热烈、喜庆、奔放，为火和血的颜色。刺激性强，为好动的年轻人所偏爱。园林植物中如火的石榴、映红天的火焰花、开花似一片红云的凤凰木都可应用。蓝色是天空和海洋的颜色，有深远、清凉、宁静的感觉。紫色使人具有庄严和高贵的感受。园林中除常用紫藤、紫丁香、蓝紫丁香、紫花泡桐、草绣球等外，很多高山具有蓝色的野生花卉急待开发利用。如乌头、高山紫菀、耧斗菜、水苦荬、大瓣铁线莲、大叶铁线莲、牛舌草、勿忘我、蓝靛果忍冬、野葡萄、白檀等。白色悠闲淡雅，为纯洁的象征，有柔和感，使鲜艳的色彩柔和。园林中常以白墙为纸,墙前配植姿色俱佳的植物为画,效果奇佳。绿地中如有白色的教师雕像,则在周围配以紫叶桃、红叶李,在色彩上红白相映,而桃李满天下的主题也极为突出。将开白花及叶片具有银灰色毛的植物种类,诸如雪叶菊等配置在一起可组成白色园。园内气氛雅静,夏日更感凉意,最受中老年人及性格内向的年轻人欢迎。园林中植物种类繁多、色彩缤纷,使用灰叶植物常能达到统一各种不同色彩的效果。

三、均衡的原则

这是植物配置时的一种布局方法。将体量、质地各异的植物种类按均衡的原则配置,景观就显得稳定、顺眼。如色彩浓重、体量庞大、数量繁多、质地粗厚、枝叶茂密的植物种类,给人以重的感觉;相反,色彩素淡、体量小巧、数量简少、质地细柔、枝叶疏朗的植物种类,则给人以轻盈的感觉;根据周围环境,在配置时有规则式均衡(对称式)和自然式均衡(不对称式)。规则式均衡常用于规则式建筑及庄严的陵园或雄伟的皇家园林中。如门前两旁配置对称的两株桂花;楼前配置等距离、左右对称的南洋杉、龙爪槐等;陵墓前、主路两侧配置对称的松或柏等。自然式均衡常用于花园、公园、植物园、风景区等较自然的环境中。一条蜿蜒曲折的园路两旁,路右若种植一棵高大的雪松,则邻近的左侧须植以数量较多,单株体量较小,成丛的花灌木,以求均衡。

四、韵律节奏的原则

配置中有规律的变化,就会产生韵律感。杭州白堤上间棵桃树间棵柳树就是一例。云栖竹径,两旁为参天的毛竹林,如相隔 50m 或 100m 就配置一棵高大的枫香,则沿径游赏时就不会感到单调,而有韵律感的变化。

第二节 园林植物的景观特性

园林植物姿态各异。常见的木本、乔灌木的树形有柱形、塔形、圆锥形、伞形、圆球形、半圆形、卵形、倒卵形、匍匐形等。特殊的有垂枝形、曲枝形、拱枝形、棕榈形、芭蕉形等。不同姿态的树种给人以不同的感觉:高耸入云或波涛起伏,平和悠然或苍虬飞舞。与不同地形、建筑、溪石相配植,则景色万千。之所以形成不同姿态,与植物本身的分枝习性及年龄有关。

单轴式分枝:顶芽发达,主干明显而粗壮。侧枝从属于主干。如主干延续生长大于侧枝生长时,则形成柱形、塔形的树冠。如箭杆杨、新疆杨、钻天杨、台湾桧、意大利丝柏、柱状欧洲紫杉等。如果侧枝的延长生长与主干的高生长接近时,则形成圆锥形的树冠。如雪松、冷杉、云杉等。

假二叉分枝:枝端顶芽自然枯死或被抑制,造成了侧枝的优势,主干不明显,因此形成网状的分枝形式。如果高生长稍强于侧向的横生长,树冠成椭圆形,相接近时则成圆形。如丁香、馒头柳、千头椿、罗幌伞、冻绿等。横向生长强于高生长时,则成扁圆形。如板栗、青皮槭等。

合轴式分枝:枝端无顶芽,由最高位的侧芽代替顶芽作延续的高生长,主干仍较明显,但多弯曲。由于代替主干的侧枝开张角度的不同,较直立的就接近于单轴式的树冠,较开展的就接近于假二叉式的树冠。因此合轴式的树种,树冠形状变化较大,多数成伞形或不规则树形。如悬铃木、柳、柿等。

分枝习性中枝条的角度和长短也会影响树形。大多数树种的发枝角度以直立和斜出者为多,但有些树种分枝平展,如曲枝柏。有的枝条纤长柔软而下垂,如垂柳。有的枝条贴地平展生长,如匍地柏等。

乔灌木枝干也具重要的观赏特性,可以成为冬园的主要观赏树种。如酒瓶椰树干如酒瓶,佛肚竹、佛肚树,干如佛肚。白桦、白桉、粉枝柳、二色莓、考氏悬钩子等枝干发白。红瑞木、沙株、青藏悬钩子、紫竹等枝干红紫。棣棠、竹、梧桐、青榨槭及树龄不大的青杨、河北杨、毛白杨枝干呈绿色或灰绿色。山桃、华中樱、稠李的枝干呈古铜色。黄金间碧玉竹、金镶玉竹、金竹的竿呈黄色。干皮斑驳呈杂色的有白皮松、榔榆、斑皮柚水树、豺皮樟、天目木姜子、悬铃木、天目紫茎、木瓜等。

花为最重要的观赏特性。暖温带及亚热带的树种,多集中于春季开花,因此夏、秋、冬季及四季开花的树种极为珍贵。如合欢、栾树、木槿、紫薇、凌霄、美国凌霄、夹竹桃、石榴、栀子、广玉兰、醉鱼草、木本香薷、糯米条、海州常山、红花羊蹄甲、扶桑、蜡梅、梅花、金缕梅、云南山茶、冬樱花、月季等。一些花形奇特的种类很吸引人,如鹤望兰、兜兰、飘带兰、旅人蕉等。赏花时更喜闻香,所以如木香、月季、菊花、桂花、梅花、白兰花、含笑、夜合、米兰、九里香、木本夜来香、紫丁香、茉莉、鹰爪花、柑橘类备受欢迎。不同花色组成的绚丽色块、色斑、色带及图案在配植中极为重要,有色有香则更是上品。根据上述特点,在景观设计时,可配植成色彩园、芳香园、季节园等。

很多植物的叶片颇具特色。巨大的叶片如桄榔,可长达 8m,宽 4m,直上云霄,非常壮观。其他如董棕、鱼尾葵、巴西棕、高山蒲葵、油棕等都具巨叶。浮在水面巨大的王莲叶犹如一大圆盘,可承载幼童,吸引众多游客。奇特的叶片如轴榈、山杨、羊蹄甲、马褂木、蜂腰洒金榕、旅人蕉、含羞草等。彩叶树种更是不计其数,如紫叶李、红叶桃、紫叶小檗、变叶榕、红桑、红背桂、金叶桧、浓红朱蕉、菲白竹、红枫、新疆杨、银白杨等。此外,还有众多的彩叶园艺栽培变种。

园林植物的果实也极富观赏价值。奇特的如象耳豆、眼睛豆、秤锤树、腊肠树、神秘果等。巨大的果实如木菠萝、柚、番木瓜等。很多果实色彩鲜艳,如紫色的紫珠、葡萄;红色的天目琼花、欧洲荚迷、平枝栒子、小果冬青、南天竹等;蓝色的白檀、十大功劳等;白色的珠兰、红瑞木、玉果南天竹、毛核木等。

第三节　景观植物的意境

中国历史悠久,文化灿烂。很多古代诗词及民众习俗中都留下了赋予植物人格化的优美篇章。从欣赏植物景观形态美到意境美是欣赏水平的升华。不但含意深邃,而且达到了天人合一的境界。

传统的松、竹、梅配植形式,谓之“岁寒三友”,人们将这三种植物视作具有共同的品格。松苍劲古雅,不畏霜雪风寒的恶劣环境,能在严寒中挺立于高山之巅,具有坚贞不屈、高风亮节的品格。因此在园林中常用于烈士陵园,纪念革命先烈。如上海龙华公园入口处红岩上配植了黑松。松针细长而密，在大风中发出犹如波涛汹涌的声响。故园景中有万壑松风、松涛别院、松风亭等。竹是中国文人最喜爱的植物。“未曾出土先有节，纵凌云处也虚心”“群居不乱独立自峙，振风发屋不为之倾，大旱干物不为之瘁，坚可以配松柏，劲可以凌霜雪，密可以泊晴烟，疏可以漏宵月，婵娟可玩，劲挺不回”。因此竹被视作最有气节的君子。难怪苏东坡“宁可食无肉，不可居无竹”。园林景点中如“竹径通幽”最为常用。松竹绕屋更是古代文人喜爱之处。梅更是广大中国人民喜爱的植物。元·杨维桢赞其“万花敢向雪中出，一树独先天下春”。毛主席诗词中“俏也不争春，只把春来报”。陆游词中“无意苦争春，一任群芳妒”，赞赏梅花不畏强暴的素质及虚心奉献的精神。陆游词中的“零落成泥碾作尘，只有香如故”表示其自尊自爱、高洁清雅的情操。陈毅诗中“隆冬到来时，百花迹已绝，红梅不屈服，树树立风雪”，象征其坚贞不屈的品格。成片的梅花林具有香雪海的景观，以梅命名的景点极多。有梅花山、梅岭、梅岗、梅坞、香雪云蔚亭等。北宋林和靖诗中“疏影横斜水清浅，暗香浮动月黄昏”是最雅致的配植方式之一。此外梅兰竹菊四君子中，兰被认为最雅。“清香而色不艳”。明张羽诗中“能白更兼黄，无人亦自芳，寸心原不大，容得许多香”。清郑燮诗曰：“兰草已成行，山中意味长。坚贞还自抱，何事斗群芳？”。陈毅诗曰“幽兰在山谷，本自无人识，不为馨香重，求者遍山隅”。兰被认为绿叶幽茂，柔条独秀，无矫柔之态，无媚俗之意；香味纯正，幽香清远，馥郁袭衣，堪称清香淡雅。菊花耐寒霜，晚秋独吐幽芳。我国有数千菊花品种，目前除用于盆栽欣赏外，已发展成大立菊、悬崖菊、切花菊、地被菊，应用广泛。宋陆游诗曰：“菊花如端人，独立凌冰霜……高情守幽贞，大节凛介刚”，可谓“幽贞高雅”。东晋陶渊明诗曰“芳菊开林耀，青松冠岩列。怀此贞秀姿，卓为霜下杰。”陈毅诗曰“秋菊能傲霜，风霜重重恶，本性能耐寒，风霜奈其何”。都赞赏菊花不畏风霜恶劣环境的君子品格。荷花被视作“出污泥而不染，濯清莲而不妖”。桂花在李清照心目中更为高雅。“暗淡轻黄体性柔，情疏迹远只香留，何须浅碧轻红色，自是花中第一流。梅定妒，菊应羞，画阑开处冠中秋，骚人可煞无情思，何事当年不见收”。连千古高雅绝冠的梅花也为之生妒，隐逸高姿的菊花也为它含羞，可见桂花有多高贵。此外，桃花在民间象征幸福、交好运；翠柳依依，表示惜别及报春；桑和梓表示家乡；皇家园林中常用玉兰、海棠、迎春、牡丹、芍药、桂花象征“玉堂春富贵”；等等。凡此种种，不胜枚举，为我国植物景观留下了宝贵的文化遗产，也可以说独具特色。

第四节　园林植物造景

一、园林植物配置原则

园林植物是园林工程建设中最重要的材料。植物配置的优劣直接影响到园林工程的质量及园林功能的发挥。园林植物配置不仅要遵循科学性，而且要讲究艺术性，力求科学合理的配置，创造出优美的景观效果，从而使生态、经济、社会三者效益并举。

园林植物是园林的灵魂，在不同的地区、不同场合，由于不同目的要求会有各种各样的植物配置方式。同时，园林植物是有生命的有机体，在不断地生长变化，所以能产生各种各样的效果。植物配置水平的高低直接影响到园林的景观效果。因此在植物配置时要考虑多方面的因素，真正体现园林植物的生态功能和美化功能，即美学同生态学的兼顾。植物配置要遵循以下原则。

（一）适地适树、合理搭配

各种园林植物在生长发育过程中对温度、光照、水分、空气等环境因子都有不同的要求。在植物配置时首先要满足植物的生态要求，使之正常生长，并保持一定的稳定性。适地适树，即根据立地条件选择合适树种，或者通过引种驯化，或者改变立地条件达到适地适树的目的。

在平面上要有合理的种植密度，使植物有足够的营养和生长空间，从而形成较多稳定的群体结构。在立面上也要考虑植物的生物学特性，注意将喜光与耐阴、速生与慢生、深根性与浅根性等不同类型植物合理搭配，在满足生长条件的情况下创造稳定的植物景观。

近几年由于西部开发需要，鄢陵当地适宜北方盐碱地种植的树木有杜梨（耐寒，耐干旱瘠薄，能在含盐量 0.5% 的土壤中正常生长，且耐涝性也较强）、香椿（对土壤条件要求不严，有较强的耐盐碱力）、火炬（耐盐碱力强，也是较好的秋季观叶树种）、白蜡（耐盐碱力较强）、合欢（耐盐碱力较强，但不耐水涝）、臭椿（性强健、抗性强，生长快，耐盐碱力强）、杏树（耐盐碱力强，不耐水涝）、构树（对各种有毒气体有很强的抗性，既耐水湿又耐干旱，对土壤条件要求不严，在酸性、中性及盐碱土中均能正常生长）、桑树（在酸性、中性及盐碱土中均能正常生长）、栾树（耐盐碱力较强，但不耐积水）、苦楝（在轻盐碱土上能正常生长）、泡桐（适应性较强，耐旱，不耐积水，耐盐碱力强）、枣树（耐干旱、耐涝、耐盐碱力较强）、国槐（较耐盐碱，但怕水湿）。

（二）因地制宜，经济适用

植物的配置应考虑到绿地的功能，不同的绿地有不同的功能要求。如高速公路中央隔离带绿化，应起到阻挡光线、防眩晕的作用，植物选择上应考虑桧柏、蜀桧等常绿、无侧枝、树冠匀称的树种；重工业工厂、化工厂绿化应以抗污染能力强、防风遮荫效果好并能降低噪声的速生乔木为主，同时选用树冠矮、分枝低、枝叶茂密的灌木丛和乔木，形成疏松的树群或数行林带，多种一些能吸收有害物质的地被植物，从而减轻对人体的损害；行道树宜选择树冠高大、叶密荫浓、生长健壮、抗性强的树种，来达到遮阳、吸尘、隔音、美化功能的目的；对于儿童乐园、小游园绿地可选用姿态优美、花繁叶茂、无毒无刺的花灌木，采用自然配置方式，显得生动活泼。

不同的绿地、景点、建筑物性质不同、功能不同，在植物配置时要体现不同的风格。公园、风景区要求四季美观、繁花似锦、活泼明快、树种多样、色彩丰富。居民小区花木搭配应简洁明快，树种选择应按三季有花、四季常青来设计，北方地区常绿树种应不少于 2/5，北方冬春风大，夏季烈日炎炎，绿化设计应以乔、灌、草复层混交为基本形式，不宜以开阔的草坪为主。而轻快的廊、亭、榭、轩，则宜点缀姿态优美、绚丽多彩的花木，使景色明丽动人。

随着绿化水平的不断提高，园林植物的配置要求也相应提高，同时造成绿化费用上涨。解决该矛盾，一方面尽量选用乡土树种，适应性强，苗木易得，又可突出地方特色。另一方面在重要的景点和建筑物的迎面处可配置些名贵树种，充分发挥其观赏价值。还可种植一些观果观叶经济林类使观赏性与经济效益有机地结合起来。

（三）因材制宜，自然美观

园林绿地不仅有实用功能而且能形成不同的景观，给人以视觉、嗅觉、听觉上的美感，属于艺术美的范畴，在植物配置上也要符合艺术美规律，合理搭配，以最大限度地发挥园林植物“美”的魅力。

园林绿化观赏效果和艺术水平的高低，在很大程度上取决于园林植物的选择和配置。如果花色、花期、叶色、树型搭配不当或者随意栽上几株，则会显得杂乱无章，使风景大为逊色。另外，园林植物花色丰富，有的花卉品种在一年中仅一次特别有观赏价值，或者是花期或者是结果期。如紫荆在春季不仅枝条而且连树干在叶芽开放前为紫色花所覆盖，给人留下深刻的印象；银杏仅在秋季橙黄叶子显得十分显眼。还有的种类一年中产生多次观赏效果。如七叶树的春花和秋季黄色的树冠均富观赏性。二度红花槐（香花槐）一年中有两次花期；忍冬初夏的大量黄花，秋季橙红色果；火棘球春夏观叶观形，冬季观红果。因此，从不同园林植物特有的观赏性考虑园林植物配置，才能达到理想的艺术效果。

在园林植物的配置过程中，叶色多变的植物（如红叶李、红枫、槭树类、银杏）和观花植物组合可延长观赏期。同样，不同花期的种类分层配置，可使观赏期延长。

草本花卉可弥补木本花卉的不足。在园林植物的色泽、花型、树冠形态和高度，植物寿命和生长势方面相互协调的同时，调整每个组合内部植物的构成比例及各组合间的关系可达到尽可能理想的艺术效果。如枇杷树前美人蕉，樱花树下万寿菊，可达到三季有花、四季常青的效果。

随着时间的推移，植物形态不断发生变化，并随季节改变而引起园林景观的改变。因此，在植物配置时，既要保持景观的相对稳定性，又要利用其季相变化的特点，创造四季有景可赏的园林景观。在树种的选择上要充分考虑其今后可能形成的景观效果，如采用速生树种与慢生树种结合种植的方法，形成春季繁花似锦、夏季绿树成荫、秋季叶色多变、冬季银装素裹，四季景观各异、近似自然风光，使游人感到大自然的生机及其变化，有一种身临其境的感觉。按季节变化可选择的植物有早春开花的迎春、桃花、榆叶梅、连翘、丁香等；晚春开花的月季、玫瑰、棕榈等；初夏开花的木槿、紫薇和各种草花等；秋季观叶的枫香、红枫、三角枫、银杏和观果的海棠、山里红等；冬季观花的蜡梅、观叶的南天竹、观果的火棘、观枝的红瑞木、翠绿的油松、桧柏、龙柏等。总的配置效果是四季有花、四季有绿。

利用植物的观赏特性，创造园林意境，是我国古典园林中常用的传统手法。园林植物观赏特性千差万别，给人感受亦有区别。配置时可利用植物的姿态、色彩、芳香、声响方面的观赏特性，根据功能需求，合理布置，构成观形、赏色、闻香、听声的景观。如把松、竹、梅喻为“岁寒三友”，把梅、兰、竹、菊比为“四君子”，这都是运用园林植物的姿态、气质、特性给人的不同感受而产生的比拟联想，从而在有限的园林空间中创造出无限的意境。

二、园林树木的配置

（一）规则式配置

1. 对植

将乔木或灌木以相互呼应之势种植于构图中轴线两侧，以主体景物中轴线为基线，取得景观的均衡关系，这种种植方式称为对植，有对称和非对称之分。

对称对植：一般指中轴线两侧种植的树木在数量、品种规格上要求对称一致。常用在房屋和建筑物前及广场入口处，街道上的行道树是这种栽植方式的延续和发展。

非对称对植：只强调一种均衡的协调关系，当采用同一树种时，其规格、树形反而要求不一致；与中轴线的垂直距离为规格大的要近些，规格小的要远些。这种对植方式也可采用株数不同，一侧为一株大树，另一侧为同一树种的两株小树，也可以两侧是相似而不同种的植株或树丛。

2. 行植

植物按一定的株距成行种植，甚至是多行排列，这种方式称为行植或列植。多用于行道树、林带、河边与绿篱的栽植。

一行的行植，一般要求树种单一。长度太长可用不同的树种分段栽植。两行以上行植，行距可以相等，也可以不相等，可以成纵列，也可以成梅花状、品字形。当行植的线形由直线变为圆时可称之为环植，环植可以是单环植也可多环植。

株行距应视树木种类和所需遮阳的郁闭程度而定。一般大乔木行距为 5 ~ 8m，中、小乔木为 3 ~ 5m；大灌木为 2 ~ 3m，小灌木为 1 ~ 2m，成行的绿篱株距一般为 30 ~ 50cm。

（二）自然式配置

自然式的植物配置方法，多选树形或树体其他部分美观或奇特的品种，或有生产、经济价值，或有其他功能的树种以不规则的株行距进行配置。

1. 孤植

在一个开旷的空间，如一片草地，一个水面附近，远离其他景物，种植一株姿态优美的乔木或灌木称为孤植。孤植树应具备优美的姿态树形，如挺拔雄伟、浑厚端庄、展枝优雅、线条宜人等；或具有美丽的花朵与果实。适合作孤植的树种有雪松、华山松、白皮松、油松、云杉、冷杉、广玉兰、白玉兰、蜡梅、马褂木、七叶树、樱花、榕树等。

2. 丛植（树丛）

三株以上同种或几种树木组合在一起的种植方法称为丛植，多布置于庭园绿地中的路边，草坪上或建筑物前的某个中心。

一种植物成丛栽植要求姿态各异，相互趋承；几种植物组合丛植则需要多种搭配。如常绿树与阔叶树、观花树与观叶树、乔木与灌木、喜阳树与喜阴树、针叶树与阔叶树搭配等，都有十分广阔的选择范围和灵活多样的艺术效果。

3. 群植（树群）

以一两种乔木为主体，和数种乔木灌木相搭配，组成较大的树木群体，称为群植或树群。群植在功能上能防止强风的吹袭，供夏季游人纳凉、歇荫、遮蔽园中不美观的部分。

4. 片植（纯林或混交林）

单一树种或两个以上树种大量成片种植，前者为纯林，后者为混交林。多用于自然风景区或大中型公园及绿地中。

（三）花卉的配置

艳丽多姿的露地花卉，可使园林和街景更加丰富多彩。其独特的艳丽色彩、婀娜多姿的形态可供人们欣赏；群体栽植还可组成变换无穷的图案和多种艺术造型。群体栽植的形式可分为花坛、花境、花丛、花池、花台等。

1. 花坛

花坛是在植床内对观赏花卉作规则式种植的植物配置方式及其花卉群体的总称。花坛内种植的花卉一般都有两种以上，具有浓厚的人工风味，属于另一种艺术风格，在园林绿地中往往起到画龙点睛的作用，应用十分普遍。花坛大多布置在道路交叉点、广场、庭园、大门前的重点地区。花坛以其植床的形态可分为：圆形、方形、多边形。以其种植花卉所要表现的主体可分为：单色花坛、模纹花坛、标题式花坛等。通常按其在园林绿地中的地位来区分。

①独立花坛：一般处于绿地的中心地位，是作为园林绿地的局部构图而设置的。它的平面形态是对称的几何图形，可以是圆形、方形或多边形。

②组群花坛：由多个花坛组成一个统一整体布局的花坛群称为组群花坛。其布局是规则对称的，中心部分可以是独立花坛、水池、喷泉、纪念碑、雕塑，但其基底平面形态总是对称的。组群花坛适宜于大面积广场的中央、大型公共建筑前的场地之中或是规则式园林构图的中心部位。

③带状花坛：长度为宽度 3 倍以上的长形花坛称为带状花坛。常设置于人行道两侧、建筑墙垣、广场边界、草地边缘，既用来装饰，又用以限定边界区域。

④连续花坛：由许多个各自分设的圆形、正方形、长方形、菱形、多边形花坛成直线或规则弧线排列成一段，有规则的整体时就称为连续花坛。连续花坛除在林荫道和广场周边或草地边缘布置外，还设置在两侧有台阶的斜坡中央，其各个花坛可以是斜面的，也可以是各自株高不等的阶梯状。

2. 花境、花丛

①花境：花境是园林绿地中一种较特殊的种植形式，花境布置一般以树丛、绿篱、矮墙或建筑物等作为背景，根据组景的不同特点形成宽窄不一的曲线或直线花带。花境内的植物配置为自然式，主要欣赏其本身特有的自然美以及植物组合的群体美。

花境的基本功能是美化，是点缀装饰。其设计首先是确定平面，要讲究构图完整，高低错落，一年四季季相变化丰富又看不到明显的空秃。配置在一起的各种花卉不仅彼此间色彩、姿态、体量、数量应协调，而且相邻花卉的生长强弱、繁衍速度也应大体相近，植株之间能共生而不能排斥。花境中的各种花卉呈斑状混交时斑块的面积可大可小，但不宜过于零碎和杂乱。几乎所有的露地花卉都能作为花境的材料，但以多年生的宿根、球根花卉为宜。因为这些花卉能多年生长，不需要经常更换，养护起来比较省工，还能使花卉的特色发挥得更充分。设计者要了解花卉的不同生长习性，尤其是开花时的株高及花后生长景观情况，选择不同种类合理搭配，使花境具有持久和良好的观赏效果。

②花丛：花丛是园林绿地中花卉的自然式种植形式，是园林绿地中花卉种植的最小单元或组合。每丛花卉由三至十几株组成，按自然式分布组合。

花丛可以布置在一切自然式园林绿地或混合式园林布置的适宜地点，也起点缀的作用。花丛一般种植于自然式园林之中，不能多加修饰和精心管理，因此常用多年生花卉或能自行繁衍的花卉。

3. 花池、花台

花池，指边缘用砖石围护起来的种植床内，灵活自然地种上花卉或灌木、乔木，往往还配置有山石配景，以供观赏，这一花木配置方式与其植床通称花池。当花池高度达 40cm，甚至脱离地面为其他物体所支撑就称为花台。花池和花台是两种中国式庭园中常见的栽植形式。一般设于门旁、墙前、墙角，其本身也可成为欣赏的景物。

（四）草坪的配置

在园林绿化布局中有一个很重要的原则就是要有开有合，即在园林环境中既要有封闭的空间，又要有一定的开阔空间。获取开阔风景的主要因素就是草坪。

依据草坪的功能将草坪分为：游憩草坪、体育场草坪、飞机场草坪、观赏草坪、放牧草坪；依据生物因子区分为：纯种草坪（由一种草本植物组成）、混合草坪（混交草地草坪）、缀花草地；依据草坪与树木的关系分为：空旷草坪（草地）、稀树草地（草坪）、疏林草地（草坪）、林下草地（草坪）；依据园林布局和立意区分：自然式草地（草坪）、规则式草地（草坪）、闭锁草地（草坪）、开阔草地（草坪）。

常用的草坪植物分冷地型草种和暖地型草种。冷地型草种又叫寒季型或冬绿型草坪植物，耐寒冷，喜湿润冷凉气候，抗热性差，春秋两季生长旺盛，夏季生长缓慢，呈半休眠状态。主要有匍茎剪股颖、草地早熟禾、小羊胡子草。暖地型草坪又称夏绿型草种，生长最适温度 26 ~ 32℃，早春开始返青复苏，入夏后生长旺盛，性喜温暖湿润的气候，耐寒能力差。主要有结缕草、马尼拉草、天鹅绒草、野牛草、狗牙根。

草坪植物应选择易繁殖、生长快，能迅速形成草皮并布满地面，耐践踏、耐修剪、绿色期长、适应性强的品种，因地制宜并注意在园林绿化上草坪植物的配置，应掌握以下基本原则：

（1）注意草坪植物各种功能的有机配合：草坪植物属多功能性植物，在考虑环境保护功能的同时，还要兼顾其供人欣赏、休息、满足儿童游戏活动，开展各种球类比赛、固土护坡、水土保持等功能。只有充分发挥在绿地中的各种不同功能，才能充分发挥它在绿地中所起的作用。

（2）充分发挥草坪植物本身的艺术效果：草坪是园林造景的主要材料之一，不仅具有独特的色彩表现，而且有极丰富的地形起伏、空间划分等不同变化，这些都会给人以不同的艺术感受。草坪植物自身具有不同的季节变化，如暖季型草坪初春逐渐由浅黄变为嫩绿，这会让人感到春回大地。夏日夕阳西下，绿毯随风翻波，让人身心愉快。深秋绿草渐黄，平坦的草坪，让人感觉秋高气爽。冬日一片金黄，为冬游提供活动场地。另外，草坪的开朗、宽阔，林缘线的曲折变化，都能产生不同的艺术效果。

（3）根据植物的生长习性合理搭配草坪植物：各种草坪植物均具有不同的生长习性，如有的喜光，有的耐阴，有的耐干旱，有的耐严寒，有的极具再生能力等。因此在选择时，必须根据不同的立地条件，选择生长习性适合的草坪植物，必要时还需做到草种的合理混合搭配。如需四季常绿供人欣赏的，就必须对冷季型草种进行合理搭配，使各种草的生长特性互补，必要时还必须混合一些暖季型草种。

（4）注意与山石、树木等其他材料的协调关系：在草坪上配置其他植物和山石等物，不仅能增添和影响整个草坪的空间变化，而且能丰富草坪景观内容。如不少的庭院绿化，都能较好地利用地形和石块等变化来丰富草坪景观，使草坪的空间出现较多的曲折变化，大大提高了绿地的艺术效果。

在草坪上配置孤植树和树丛时，树木的叶色变化，如红枫的红叶、紫叶李的紫色、金丝柳的金色等，都能给草坪锦上添花。在一些街头绿地，设计者常喜欢在草坪边缘配置各种绿篱、草花类、球根类等作为草坪的镶边植物，或用石块、鹅卵石来装饰草坪，增加草坪的色泽，提高草坪的装饰性。

（五）攀缘植物的配置

攀缘植物能遮蔽景观不佳的建筑物，既是一种装饰，还具有防日晒、降低气温、吸附尘埃、增加绿视率等作用。它占地少，能充分利用空间，在人口众多、建筑密度大、绿化用地不足的城市中尤显其优越性。

1. 攀缘植物的应用形式

①垂挂式：常用凌霄、中华常春藤、地锦等垂挂于景点入口、高架立交桥、人行天桥、楼顶（或平台）边缘等处，形成独特的垂直绿化景观。

②立柱式：常用凌霄、金银花、五叶地锦等，栽植于专设的支柱或墙柱旁，攀缘植物靠卷须沿立柱上的牵引铁丝生长，形成立体绿化景观。

③蔓靠式（凭栏式）：常用蔷薇等，靠近围墙、栅栏、角隅栽植，这些带钩刺的攀缘植物便靠着围墙、栅栏生长，目前多用于围墙的建造上。

④附壁式：以爬山虎、中华常春藤、地锦等附着建筑物或陡坡，形成绿墙、绿坡。

⑤凉廊式：以紫藤、凌霄、葡萄、木香、藤本月季等攀缘植物覆盖廊顶，形成绿廊与花廊，增加绿色景观。

⑥篱垣式：在篱架、矮墙、铁丝网旁栽植，常用攀缘植物有牵牛花、金银花、五叶地锦、茑萝松等。

2. 垂直绿化的基本方法

选择攀缘植物的依据主要有三个方面：一是生态要求，要考虑立地条件；二是功能要求，根据不同形式正确选用植物；三是注意与建筑物色彩、风格相协调，如红砖墙不宜选用秋叶变红的攀缘植物，而灰色、白色墙面，则可选用秋叶红艳的攀缘植物。

①庭院垂直绿化：一般与棚架、网架、廊、山石配置，栽植花色丰富的爬蔓月季、紫藤等，以及有经济效益的葡萄等，创造幽静而美丽的小环境。

②墙面垂直绿化：包括楼房、平房和围墙，选用具有吸盘或吸附根容易攀附的植物，如中华常春藤、爬山虎、蔷薇等，注意与门窗的位置和间距。

③住宅垂直绿化：包括阳台、天井、晒台、墙面，选用牵牛花、常春藤等。或设支架，或使攀缘植物沿栅栏生长。

三、园林植物其他配置

园林植物的应用,不仅涉及园林植物的栽植、养护与管理,不同用途园林植物的选择及养护:管理这些基本的必要内容,更涉及园林植物与景观要素的关系。园林中的景观因素一般有水体、山石、道路、园林小品及园内建筑,园林植物与其他园林要素的配置也相当重要。

(一)水体的园林植物配置

1. 园林植物与水体的景观关系

园林水体给人以明净、清澈、近人、开怀的感受。古人称水为园林中的“血液”“灵魂”,古今中外的园林,对于水体的运用是非常重视的。宋朝的郭熙在《山泉高致·山水训》中有这样一段对水的描写:“水,活物也,其形欲深静,欲柔滑,欲汪洋,欲回环,欲肥腻,欲喷薄,欲激射,欲多泉,欲远流,欲瀑布插天,欲溅扑入池,欲渔钓怡怡,欲草木欣欣,欲挟烟而秀媚,欲照溪谷而光辉,此水之活体也。”堪称对水体绝妙的刻画。

众所周知,水是构成景观的重要因素。因此,在各种风格的园林中,水体均有其不可替代的作用。古人论风景必曰山水。李清照称:“山光水色与人亲”,描述了人有亲水的欲望。故我国南、北古典园林中,几乎无园不水。西方规则式园林中同样重视水体。凡尔赛园林中令人叹为观止的运河及无数喷泉就是一例。园林水体可赏、可游。大水体有助空气流通,即使是一斗碧水映着蓝天,也可起到使游客的视线无限延伸的作用,在感觉上扩大了空间。淡绿透明的水色、简洁平淌的水面是各种园林景物的底色,与绿叶相调和,与艳丽的鲜花相对比,相映成趣。园林中各类水体,无论其在园林中是主景、配景或小景,无一不借助植物来丰富水体的景观。水中、水旁园林植物的姿态、色彩、所形成的倒影,均加强了水体的美感。有的绚丽夺目、五彩缤纷,有的则幽静含蓄、色调柔和。如英国谢菲尔德公园四个湖面植物配置取得截然不同的景色效果(见图 5-1)。第一、二湖面倒影及湖边植物色彩绚丽夺目,五彩缤纷。以松、柏、云杉的绿色为背景,春季突出红色杜鹃花,白色的北美唐棣花,水边粉红色的落新妇、黄花鸢尾及具黄色佛焰苞的观音莲,夏季欣赏水中红、白睡莲;秋季湖边各种色叶树种,如北美紫树、卫矛、落叶杜鹃、北美唐棣、佛塞纪木,还有落羽杉、水杉等,红、棕、黄等色竞相争艳。此外,还有四季都呈金黄色的金黄叶美洲花柏;春、夏、秋都为红色的红枫。沿湖游览,目不暇接,绚丽的色彩使人兴奋、刺激性强,非常适合年轻人活泼的性格。相反,在第三、四湖面周围都种植了不同绿色度的树种作为基调,稍点缀几株秋色叶树种,形成了宁静、幽雅的水面,同时不失万绿丛中一点红的景观,非常适合中、老年游人,以及一些性格内向、喜静的年轻人游憩。

2. 园林中各类水体的植物配置

综观园林水体,不外乎湖、池等静态水景及河、溪、涧、瀑、泉等动态水景。

(1)湖。

湖是园林中最常见的水体景观。如杭州西湖、武汉东湖、北京颐和园昆明湖、南宁的南湖、济南大明湖,还有广州华南植物园、越秀公园、流花湖公园等都有大小不等的湖面。

杭州西湖,湖面辽阔,视野宽广。沿湖景点突出季节景观,如苏堤春晓、曲院风荷、平湖秋月等。春季，桃红柳绿，垂柳、悬铃木、枫香、水杉、池杉新叶一片嫩绿；碧桃、东京樱花、日本晚樱、垂丝海棠、溲疏、迎春先后吐艳，与嫩绿叶色相映，春色明媚，确似一袭红妆笼罩在西湖沿岸。西湖的秋色更是绚丽多彩。红、黄、紫色具备，彩叶树种丰富。有无患子、悬铃木、银杏、鸡爪槭、红佩、枫香、乌桕、三角枫、油柿、重阳木、紫叶李、水杉等。华南植物园内湖岸有几处很优美的植物景观，采用群植的方式，大片的落羽杉林、假槟榔林、散尾葵群；鹿湖四周探向水面的紫花羊蹄甲；西双版纳植物园内湖边的大王椰子及丛生竹等都是湖边植物配植引人入胜的景观，见图 5-2。

图 5-1　英国谢菲尔德公园湖面植物配置

图 5-2　西双版纳植物园湖边植物配置

（2）池。

在较小的园林中，水体的形式常以池为主。为了获得“小中见大”的效果，植物配置常突出个体姿态或利用植物分割水面空间、增加层次，同时也可创造活泼和宁静的景观。如苏州网师园，池面才 410m^2，水面集中。池边植以柳、碧桃、玉兰、黑松、侧柏、白皮松等，疏密有致，既不挡视线，又增加了植物层次。池边一株苍劲、古拙的黑松，树冠及虬枝探向水面，倒影生动，颇具画意。在叠石驳岸上配植了南迎春、紫藤、络石、薜荔、地锦等，使得高于水面的驳岸略显悬崖野趣。

无锡寄畅园的绵汇池，面积1667m^2。池中部的石矶上两株枫杨斜探水面，将水面空间划分成南北有收有放的两大层次，似隔非隔，有透有漏，使连绵的流水似有不尽之意。

杭州植物园百草园中的水池四周，植以高大乔木，如麻栎、水杉、枫香。岸边的鱼腥草、蝴蝶花、石菖蒲、鸢尾、萱草等作为地被。在面积仅168m^{2}的水面上布满树木的倒影，因此水面空间的意境非常幽静。

（3）溪涧与峡。

《画论》中曰："峪中水日溪，山夹水日涧。"由此可见溪涧与峡谷最能体现山林野趣。自然界这种景观非常丰富。如北京百花山的"三叉垅"，就是三条溪涧。溪涧流水琤琮，山石高低形成不同落差，并冲出深浅、大小各异的水池，造成各种水声。溪涧石隙旁长着野生的华北耧斗菜、升麻、落新妇、独活、草乌以及各种禾草。溪涧上方或有东陵八仙花的花枝下垂，或有天目琼花、北京丁香遮挡。最为迷人的是山葡萄在溪涧两旁架起天然的葡萄棚，串串紫色的葡萄似水晶般地垂下。

贵州花溪公园一条长形河道中有长条洲滩。原先据说在上种满木芙蓉。如恢复原貌，收集全国优良的木芙蓉品种植于洲上，成为名符其实的芙蓉洲，再沿水边植以奇花异卉，花溪公园名副其实成为花溪了。

杭州玉泉溪位于玉泉观鱼东侧，为一条人工开凿的弯曲小溪涧。引玉泉水东流入植物园的山水园，溪长60余米，宽仅1m左右，两旁散植樱花、玉兰、女贞、南迎春、杜鹃、山茶、贴梗海棠等花草树木，溪边砌以湖石，铺以草皮，溪流从矮树丛中涓涓流出，每到春季，花影堆叠婆娑，成为一条蜿蜒美丽的花溪。

英国皇家园艺协会的威斯里公园，在岩石园下有两条花溪，溪边种满了万紫千红的奇花异卉。鸢尾属的燕子花、金脉鸢尾、溪荪、道格拉氏鸢尾等；报春属的喜马拉雅报春、琥珀报春、高穗报春等；蓼属的拳参；各种落新妇栽培品种；牻牛儿苗属、岩白菜属、玉簪属、毛茛属等花卉，更是妩媚动人。

北京颐和园中谐趣园的玉琴峡长近20m，宽1m左右，两岸巨石夹峙，其间植有数株挺拔的乔木，岸边岩石缝隙间生有荆条、酸枣、蛇葡萄等藤、灌，形成了一种朴素、自然的清凉环境，保持了自然山林的基本情调。峡口配植了紫藤、竹丛，颇有江南风光。可惜紫藤旁架设的钢架十分人工气，宜拆除。

（4）泉。

由于泉水喷吐跳跃，吸引了人们的视线，可作为景点的主题。再配置合适的植物加以烘托、陪衬，效果更佳。以泉城著称的济南，更是家家泉水，户户垂柳。趵突泉、珍珠泉等各名泉的水底摇曳着晶莹碧绿的各种水草，更显泉水清澈，见图5-3。广州矿泉别墅以泉为题，以水为景，种植榕树一株，辅以棕竹、蕨类植物，高低参差配植，构成颇具岭南风光的"榕荫甘泉"庭园。杭州西冷印社的"印泉"，面积仅1m^2，水深不过1m。池边叠石间隙夹以沿阶草，边上种植孝顺竹一丛，梅花一株探向水面，形成疏影横斜、暗香浮动、雅静的景观。

日本明治神宫的花园布置既艳丽，又雅致，是皇后常来游憩玩赏之处。花园中有一天然泉眼，并以此为起点，挖成一条蜿蜒曲折的花溪，种满由全国各地收集来的花菖蒲。开花时节，游客蜂拥而至，赏花饮泉，十分舒畅。

英国塞翁公园中在小地形高处设置人工泉，泉水顺着曲折小溪流下，溪涧、溪旁布石，石隙、溪旁种植各种矮生匍地的彩叶裸子植物以及各种宿根、球根花卉，与缀花草坪相接，谓之花地，景观宜人。

图 5–3　济南趵突泉景观一角

（5）河。

在园林中，直接运用河的形式不常见。颐和园的后湖实为六收六放的河流。两岸种植高大乔木，形成“两岸夹青山，一江流碧玉”的意境。在全长 1000 余米的河道上，以夹峙两岸的峡口、石矶，形成高低起伏的岸路，同时也把河道障隔、收放成六个段落，在收窄的河边植上庞大的槲树，分隔的效果尤为显著。沿岸的柳树、白蜡；山坡上的油松、栾树、元宝枫、侧柏，加之散植的榆树、刺槐，形成一条绿色长廊，山桃、山杏点缀其间，益显明媚，见图 5–4。行舟慢游，最得山重水复、柳暗花明之趣。站在后湖桥凭栏而望，两岸古树参天，清新秀丽，一带河水映倒影，正是“两岸青山夹碧水”的写照。

图 5–4　颐和园后湖植物配置

西欧各国一些古典规则式园林中，常有规则式的运河，两岸常植以高大的椴树等乔木。18世纪英国伟大的造园大师布朗一人就改造掉200余个规则式园林，使其成为自然式园林。取消了直线条，代之以曲线条，使规则式的河道改为曲折有致、有收有放、有河湾有岛屿的自然式河道。两岸配置自然式的树丛、孤立木和花灌木。一些朽木也不清除，任其横向水面，倒显得自然。

3. 堤、岛的植物配置

水体中设置堤、岛是划分水面空间的主要手段。而堤、岛上的植物配置，不仅增添了水面空间的层次，而且丰富了水面空间的色彩，倒影成为主要的景观。

（1）堤。

堤在园林中虽不多见，但杭州的苏堤、白堤，北京颐和园的西堤，广州流花湖公园及南宁南湖公园都有长短不同的堤。堤常与桥相连，故也是重要的游览路线之一。苏堤、白堤除桃红柳绿、碧草的景色外，各桥头配植不同植物。苏堤上还设置有花坛。北京颐和园西堤以杨、柳为主，玉带桥以浓郁的树林为背景，更衬出桥身洁白，见图5–5。广州流花湖公园湖堤两旁，各植二排蒲葵，由于水中反射光强，蒲葵的趋光性，导致朝向水面倾斜生长颇具动势。远处望去，游客往往疑为椰林。南湖公园堤上各处架桥，最佳的植物配置是在桥的二端很简洁地种植数株假槟榔，潇洒秀丽。水中三孔桥与假槟榔的倒影清晰可见。

（2）岛。

岛的类型众多，大小各异。有可游的半岛及湖中岛，也有仅供远眺、观赏的湖中岛。前者在植物配置时还要考虑导游路线，不能有碍交通，后者不考虑导游，植物配置密度较大，要求四面皆有景可赏。

北京北海公园琼华岛面积5.9hm^2。孤悬水面东南隅。古人以“堆云”“叠翠”来概括琼华岛的景色。其中“叠翠”，就是形容岛上青翠欲滴的古松柏犹如珠矶翡翠的汇集。全岛植物种类丰富，环岛以柳为主，间植刺槐、侧柏、合欢、紫藤等植物。四季常青的松柏不但将岛上的亭、台、楼、阁掩映其间，并以其浓重的色彩烘托出岛顶白塔的洁白，见图5–6。

图5–5　颐和园西堤玉带桥景观

图 5-6 北海公园琼华岛景观

杭州三潭印月可谓是湖岛的绝例。全岛面积约 7hm^2。岛内由东西、南北两条堤将岛划成田字形的四个水面空间。堤上植大叶柳、香樟、水芙蓉、紫藤、紫薇等乔灌木，疏密有致，高低有序，增加了湖岛的层次、景深和丰富的林冠线。构成了整个西湖的湖中有岛、岛中套湖的奇景。而这种虚实对比、交替变化的园林空间在巧妙的植物配置下，表现得淋漓尽致。综观三潭印月这一庞大的湖岛，在比例上与西湖极为相称。

公园中不乏小岛屿，组成园中景观。北京什刹海的小岛上遍植柳树。长江以南各公园或动物园中的水禽湖、天鹅湖中，岛上常植以池柏，林下遍种较耐阴的二月蓝、玉簪，岛边配置十姐妹等开花藤灌，探向水面，浅水中种植黄花鸢尾等。既供游客赏景，也是水禽良好的栖息地。英国的邱园及屈来斯哥教堂花园中的湖岛，突出杜鹃，盛开时，湖中倒影一片鲜红，白天鹅自由自在地游戏在湖中，非常自然。也有故意疏于管理，使岛上植物群落颇具野趣。广东的小鸟天堂，就是独木成林的榕树，引来了大批飞鸟。不受干扰的绿岛，具有良好的引鸟功能。

4. 水边的植物配置

（1）水边植物配置的艺术构图。

1）色彩构图

淡绿透明的水色，是调和各种园林景物色彩的底色，如水边碧草、绿叶，水中蓝天、白云。但对绚丽的开花乔灌木及草本花卉，或秋色却具衬托的作用。英国某苗圃办公室临近水面，办公室建筑为白色墙面，与近旁湖面间铺以碧草，水边配植一棵樱花、一株杜鹃。水中映着蓝天、白云、白房、粉红的樱花、鲜红的杜鹃。色彩运用非常简练，倒影清晰，景观活泼又醒目。南京白鹭洲公园水池旁种植的落羽杉和蔷薇。春季落羽杉嫩绿色的枝叶像一片绿色屏障衬托出粉红色的十姐妹，绿水与其倒影的色彩非常调和；秋季棕褐色的秋色叶丰富了水中色彩。上海动物园天鹅湖畔及杭州植物园山水园湖边的香樟春色叶色彩丰富，有的呈红棕色，也有嫩绿、黄绿等不同的绿色，丰富了水中春季色彩，并可以维持数周效果。如再植以乌桕、苦楝等耐水湿树种，则秋季水中倒影又可增添红、黄、紫等色彩。

2)线条构图

平直的水面通过配置具有各种树形及线条的植物,可丰富线条构图。英国勃莱汉姆公园湖边配置钻天杨、杂种柳、欧洲七叶树及北非雪松。高耸的钻天杨与低垂水面的柳条与平直的水面形成强烈的对比,而水中浑圆的欧洲七叶树树冠倒影及北非雪松圆锥形树冠轮廓线的对比也非常鲜明。我国园林中自古水边也主张植以垂柳,造成柔条拂水、湖上新春的景色。此外,在水边种植落羽杉、池杉、水杉及具有下垂气根的小叶榕均能起到线条构图的作用。另外,水边植物栽植的方式,探向水面的枝条,或平伸,或斜展,或拱曲,在水面上都可形成优美的线条,见图 5-7。

图 5-7 许昌市护城河水面一角景观

3)透景与借景

水边植物配置切忌等距种植及整形式修剪,以免失去画意。栽植片林时,留出透景线,利用树干、树冠框以对岸景点。如颐和园昆明湖边利用侧柏林的透景线,框万寿山佛香阁这组景观。英国谢菲尔德公园第一个湖面,也利用湖边片林中留出的透景线及倾向湖面的地形,引导游客很自然地走向水边欣赏对岸的红枫、卫矛及北美紫树的秋叶。

一些姿态优美的树种,其倾向水面的枝、干可被用作框架,以远处的景色为画,构成一幅自然的画面。如南宁南湖公园水边植有很多枝、干斜向水面、弯曲有致的台湾相思,透过其枝、干,正好框住远处的多孔桥,画面优美而自然。

探向水面的枝、干,尤其似倒未倒的水边大乔木,在构图上可起到增加水面层次的作用,并且富颇野趣。如三潭印月倒向水面的大叶柳。

园内外互为借景也常通过植物配置来完成。颐和园借西山峰峦和玉泉塔为景,是通过在昆明湖西堤种植柳树和丛生的芦苇,形成一堵封闭的绿墙,遮挡了西部的园墙,使园内外界线无形中消失了。西堤上六座亭桥起到空间的通透作用,使园林空间有扩大感。当游人站在东岸,越过西堤,从柳树组成的树冠线望去——玉泉塔,在西山群峰背景下,似为园内的景点。

(2)驳岸的植物配置。

岸边植物配置很重要,既能使山和水融成一体,又对水面空间的景观起着主导的作用。驳岸有土岸、石岸、混凝土岸等,分为自然式或规则式。自然式的土驳岸常在岸边打入树桩加固。

我国园林中采用石驳岸及混凝土驳岸居多。

1)土岸

自然式土岸边的植物配置最忌等距离,用同一树种、同样大小,甚至整形式修剪,绕岸栽植一圈。应结合地形、道路、岸线配置,有近有远,有疏有密,有断有续,曲曲弯弯,自然有趣。英国园林中自然式土岸边的植物配置,多半以草坪为底色,为引导游人到水边赏花。常种植大批宿根、球根花卉。如落新妇、围裙水仙、雪钟花、绵枣儿、报春属以及蓼科、天南星科、鸢尾属、毛茛属植物。红、白、蓝、黄等色五彩缤纷,犹如我国青海湖边、新疆哈纳斯湖边的五花草甸。为引导游人临水观倒影,则在岸边植以大量花灌木、树丛及姿态优美的孤立树。尤其是变色叶树种,一年四季具有色彩。土岸常少许高出最高水面,站在岸边伸手可及水面,便于游人亲水、嬉水。我国上海龙柏饭店内的花园设计属英国风格。起伏的草坪延伸到自然式的土岸、水边。岸边自然式配置了鲜红的杜鹃花和红枫,衬出嫩绿的垂柳,以雪松、龙柏为背景,水中倒影清晰。杭州植物园山水园的土岸边,一组树丛配置具有四个层次。高低错落,延伸到水面上的合欢枝条,以及水中倒影颇具自然之趣。早春有红色的山茶、红佩,黄色的南迎春、黄菖蒲,白色的毛白杜鹃及芳香的含笑;夏有合欢;秋有桂花、枫香、鸡爪槭;冬有马尾松、杜英。四季常青,色香俱备。

2)石岸

规则式的石岸线条生硬、枯燥。柔软多变的植物枝条可补其拙。自然式的石岸线条丰富,优美的植物线条及色彩可增添景色与趣味。苏州拙政园规则式的石岸边种植垂柳和南迎春,细长柔和的柳枝下垂至水面,圆拱形的南迎春枝条沿着笔直的石岸壁下垂至水面,遮挡了石岸的丑陋。一些大水面规则式石岸很难被全部遮挡,只能用些花灌木和藤本植物,诸如夹竹桃、南迎春、地锦、薜荔等来局部遮挡,稍加改善,增加些活泼气氛。

自然式石岸的岸石,有美,有丑。植物配置时要露美,遮丑。

(3)水边绿化树种选择。

水边绿化树种首先要具备一定耐水湿的能力,另外还要符合设计意图中美化的要求。我国从南到北常见应用的树种有:水松、蒲桃、小叶榕、高山榕、水翁、水石梓、紫花羊蹄甲、木麻黄、椰子、蒲葵、落羽杉、池杉、水杉、大叶柳、垂柳、旱柳、水冬瓜、乌桕、苦楝、悬铃木、枫香、枫杨、三角枫、重阳木、柿、榔榆、桑、柘、梨属、白蜡属、柽柳、海棠、香樟、棕榈、无患子、蔷薇、紫藤、南迎春、连翘、棣棠、夹竹桃、桧柏、丝棉木等。英国园林中水边常见的树种中观赏树姿的有:垂枝柳叶梨、巨杉、北美红杉、北美黑松、钻天杨、杂种柳、七叶树、北非雪松等;色叶树种有红栎、水杉、中华石楠、鸡爪槭、英国栎、北美紫树、连香树、落羽杉、池杉、卫矛、金钱松、日光槭、血皮槭、糖槭、圆叶槭、佛塞纪木、银杏、北美枫香、枫香、金松、花楸属、北美唐棣等;变叶树种有灰绿北非雪松、灰绿北美云杉、金黄挪威槭、金黄美洲花柏、金黄大果柏、紫叶山毛榉、金黄叶刺槐、紫叶榛、紫叶小檗、金黄叶山梅花、金黄叶接骨木等;常见的花灌木有多花四照花、杜鹃属、欧石楠、红脉吊钟花、花楸属、八仙花、圆锥八仙花、北美唐棣、山楂属等。

5. 水面植物配置

水面景观低于人的视线,与水边景观呼应,加上水中倒影,最宜游人观赏。

杭州植物园裸子植物区旁的湖中,可见水面上有控制地种植了 片萍蓬,金黄色的花朵挺立水面,与水中水杉倒影相映,犹如一幅优美的水面画。西双版纳植物园湖中种植的王莲、睡莲太拥挤,岸边优美的大王椰子的树姿以及蓝天、白云的倒影却无法展望,甚是可惜。北京北海公园东南部的一片湖面,遍植荷花,倒是体现了“接天莲叶无穷碧,映日荷花别样红”的意境,每当游人环湖漫步在柳林下,阵阵清香袭来,非常惬意。当朵朵莲蓬挺立水面时,又是一番水面庄稼丰硕景象。遗憾的是水面看不到白塔美丽的倒影。因此,在岸边若有亭、台、楼、阁、榭、塔等园林建筑,或种植有优美树姿、色彩艳丽的观花、观叶树种,则水中的植物配置切忌拥塞,必须予以控制,留出足够空旷的水面来展示倒影。对待一些污染严重,具有臭味的水面,则宜配置抗污染能力强的凤眼蓝以及浮萍等,布满水面,隔臭防污,使水面犹如一片绿毯或花地。西方某些国家的园林中开始提倡野趣园。野趣最宜以水面植物配置来体现。通过种植野生的水生植物,如芦苇、蒲草、香蒲、慈姑、荇菜、浮萍、槐叶萍,水底种植些眼子菜、玻璃藻、黑藻等,则此水景野趣横生。

(二)山石的园林植物配置

假山一般以表现石的形态、质地为主,不宜过多地配置植物。有时可在石旁配置一二株小乔木或灌木。在需要遮掩时,可种攀缘植物。半埋于地面的石块旁,则常常以树带草或低矮花卉相配。溪涧旁石块,常植以各类水草,以助自然之趣。

1. 土山

土山土层浓厚,面积较大,适宜种植落叶树种,既可单种成片,又可杂树混种。

2. 石山

假山全部用石,体形较小,既可下洞上亭,亦可下洞上台,或如屏如峰置于庭院内,走廊旁,或依墙而建,兼作登楼蹬道。由于山无土,植物配于山脚显示了山之峭拔,树木既要少又要形体低矮,姿态虬曲的松、朴和紫薇等是较合适的树种。

(三)建筑的园林植物配置

应用园林建筑是园林中景观明显、位置和体形固定的主要要素。园林植物与建筑的配置是自然美与人工美的结合。园林植物使园林主体显得更加突出,在丰富建筑艺术构图的同时,协调建筑周围的环境,赋予建筑物以时间和空间的季相感。随着社会的发展,人们对园林植物的美化功能的认识,发展到了室内装饰和屋顶绿化。

1. 古建筑园林植物配置

首先要符合建筑物的性质和所要表现的主题。如在杭州“平湖秋月”碑亭旁,栽植一株树冠如盖的较大的秋色树;“闻木樨香轩”旁,以桂花树环绕等。其次,要使建筑物与周围环境协调。如建筑物体量过大,建筑形式呆板,或位置不当等,均可利用植物遮挡或弥补。再次,要加强建筑物的基础种植,墙基种花草或灌木,使建筑物与地面之间有一个过渡空间,或起稳定基础的作用。屋角点缀一株花木,可克服建筑物外形单调的感觉。墙面可配置攀缘植物,雕像旁宜密植有适当高度的常绿树作背景。座椅旁宜种庇荫的、有香味的花木等。

还要根据不同的园林风格对植物有不同的造景要求。皇家园林建筑大多体量庞大、色彩浓重、布局严整,故常选用油松、白皮松、侧柏、桧柏等四季常青的高大乔木以示皇族的兴旺不衰。私家园林尤其是江南私家园林建筑色彩淡雅,在建筑围合的空间中布置园林,要求小中见大,体现“咫尺山林”的自然景色,植物配置以少胜多,如诗如画。寺庙园林多建于自然山林,突出宗教肃穆庄严的气氛，往往轴线对称地布置建筑。

2. 屋顶园林植物配置

随着建筑及人口密度的不断增长，而城内绿地面积有限，屋顶花园就会在可能的范围内相继蓬勃发展，这将使建筑与植物更紧密地融成一体，丰富了建筑的美感，也便于居民就地游憩，减少市内大公园的压力。当然屋顶花园对建筑的结构在解决承重、漏水方面提出了要求。在江南一带气候温暖、空气湿度较大，所以浅根性，树姿轻盈、秀美，花、叶美丽的植物种类都很适宜配置于屋顶花园中。尤其在屋顶铺以草皮，其上再植以花卉和花灌木，效果更佳。在北方营造屋顶花园困难较多，冬天严寒，屋顶薄薄的土层很易冻透，而早春的旱风在冻土层解冻前易将植物吹干，故宜选用抗旱、耐寒的草种、宿根、球根花卉以及乡土花灌木，也可采用盆栽、桶栽，冬天便于移至室内过冬。但有些做法并不高明，如花架上爬着用塑料做的假丝瓜，用有色水泥做成的假树干，舍真取假并不可取。

3. 室内园植物景观配置

室内植物景观设计首先要服从室内空间的性质、用途，再根据其尺度、形状、色泽、质地，充分利用墙面、天花板、地面来选择植物材料，加以构思与设计，达到组织空间、改善和渲染空间气氛的目的。

（1）组织空间。大小不同空间通过植物配置，达到突出该空间的主题，并能用植物对空间进行分隔、限定与疏导。

1）组织游赏。近年来许多大、中型公共建筑的底层或层间常开辟有高大宽敞、具有一定自然光照及有一定温度、湿度控制的“共享空间”，用来布置大型的室内植物景观，并辅以山石、水池、瀑布、小桥、曲径，形成一组室内游赏中心。广州白天鹅宾馆充分考虑到旅游特点，采用我国传统的写意自然山水园小中见大的布置手法，在底层大厅中贴壁建成一座假山，山顶有亭，山壁瀑布直泻而下，壁上除种植各种耐阴湿的蕨类植物、沿阶草、龟背竹外，还根据华侨思乡的旅游心理，刻上了“故乡水”三个大字。瀑布下连曲折的水池，池中有鱼，池上架桥，并引导游客欣赏珠江风光。池边种植旱伞草、艳山姜、棕竹等植物，高空悬吊巢蕨。优美的园林景观及点题使游客流连忘返，见图 5-8。

图 5-8　广州市白天鹅宾馆室内景观植物配置

西欧各国有很多超级市场的室内绿化设计非常成功,进而还建设了全气候、室内化的商业街,成为多功能的购物中心。为提高营业额,商场都很重视植物景观的设计,使顾客犹如置身露天商场。不但有绿萝、常春藤等垂吊植物,还有垂叶榕大树、应时花卉及各种观叶植物。日本妇女善插花,一般超级市场及大百货商店常举行插花展览,吸引女顾客光临参观并购物。也常设置鲜花柜台,既营业又美化商业环境。底层或层间常设置大型树台,宽大的周边可供顾客坐下略事休息。更有的在高大的垂叶榕下设置桌椅,供饮食、休息。

大型室内游泳池为使环境更为优美自然,在池边摆置硕大真实的卵石,墙边种植大型树木及椰子等棕榈科植物,墙上画上沙漠及热带景观,真真假假,以假乱真,使游泳者犹如置身在热带河、湖中畅游。为使植物生长茁壮,屋顶常用透光的玻璃纤维或玻璃制成。

2)分隔与限定。某些有私密性要求的环境,为了交谈、看书、独乐等,都可用植物来分隔和限定空间,形成一种局部的小环境。某些商业街内部,甚至动物园鸣禽馆中也有用植物进行分隔的。

分隔:可运用花墙、花池、桶栽、盆栽等方法来划定界线,分隔成有一定透漏,又略有隐蔽的小空间。要达到似隔非隔、相互交融的效果。但布置时一定要考虑到人行走及坐下时的视觉高度。

限定:花台、树木、水池、叠石等均可成为局部空间中的核心,形成相对独立的空间,供人们休息、停留、欣赏。英国斯蒂林超级市场电梯底层有一半圆形大鱼池,池中游着锦鲤鱼,池边植满各种观叶植物,吸引很多儿童及顾客停留池边欣赏。近旁就被分隔成另一种功能截然不同的空间,在数株高大的垂叶榕下设置餐桌、坐椅,供顾客休息和饮食,在这熙攘的商业环境中辟出一块幽静的场所。而这两个邻近的空间,通过植物组织空间,互不干扰。

3)提示与导向。在一些建筑空间灵活而复杂的公共娱乐场所,通过植物的景观设计可起到组织路线、疏导的作用。主要出入口的导向可以用观赏性强的或体量较大的植物引起人们的注意,也可用植物做屏障来阻止错误的导向,使其不自觉地随着植物布置的路线疏导。

(2)改善空间感。室内植物景观设计主要是创造优美的视觉形象,也可通过人们的嗅觉、听觉及触觉等生理及心理反应,使其感觉到空间的完美。

1)连接与渗透。建筑物入口及门厅的植物景观可以起到人们从外部空间进入建筑内部空间的一种自然过渡和延伸的作用,有室内、外动态的不间断感。这样就达到了连接的效果。室内的餐厅、客厅等大空间也常透过落地玻璃窗,使外部的植物景观渗透进来,作为室内的借鉴,并扩大了室内的空间感,给枯燥的室内空间带来一派生机。日本、欧美很多大宾馆及我国北京香山饭店都采用此法。

植物景观不仅能使室内、外空间互相渗透,也有助于其相互连接,融为一体。如上海龙柏饭店用一泓池水将室内外三个空间连成一体。前边门厅部分池水仅仅露出很小部分,大部为中间有自然光的水体,池中布置自然山石砌成的栽植池,栽植南迎春、菖蒲、水生鸢尾等观赏植物,后边很大部分水体是在室外。一个水体连接三个空间,而中间一个空间又为二堵玻璃墙分隔,因此渗透和连接的效果均佳。

2)丰富与点缀。室内的视觉中心也是最具有观赏价值的焦点,通常以植物为主体,以其绚丽的色彩和优美的姿态吸引游人的视线。除植物外,也可用大型的鲜切花或干花的插花作品。有时用多种植物布置成一组植物群体,或花台,或花池。也有更大的视觉中心,用植物、水、石,再借光影效果加强变化,组成有声有色的景观。墙面也常被利用布置成视觉中心,最简单的方式是在墙前放置大型优美的盆栽植物或盆景,也有在墙前辟栽植池,栽上观赏植物,或将山墙有意凹入呈壁龛状，前面配置粉单竹、黄金间碧玉竹或其他植物，犹如一幅壁画。也有在墙上贴挂山石盆景、盆栽植物等。

3）衬托与对比。室内植物景观无论在色彩、体量上都要与家具陈设有所联系，有协调，也要有衬托及对比。苏州园林常以窗格框以室外植物为景，在室内观赏，为了增添情趣，在室内窗框两边挂上两幅画面，或山水，或植物，与窗外活植物的画面对比，相映成趣。北方隆冬天气，室外白雪皑皑，室内暖气洋洋，再用观赏植物布置在窗台、角隅、桌面、家具顶部，显得室内春意盎然，对比强烈。一些微型盆栽植物，如微型月季、微型盆景，摆置在书桌、几案上，衬托主人的雅致。

4）遮挡、控制视线。室内某些有碍观瞻的局部，如家具侧面，夏日闲置不用的暖气管道、壁炉、角隅等都可用植物来遮挡。

（3）渲染气氛。不同室内空间的用途不一，植物景观的合理设计可给人以不同的感受。现举例如下：

1）入口。公共建筑的入口及门厅是人们必经之处，逗留时间短，交通量大。植物景观应具有简洁鲜明的欢迎气氛，可选用较大型、姿态挺拔、叶片直上，不阻挡人们出入视线的盆栽植物。如棕榈、椰子、棕竹、苏铁、南洋杉等。也可用色彩艳丽、明快的盆花。盆器宜厚重、朴实，与入口体量相称，并在突出的门廊上可沿柱种植木香、凌霄等藤本观花植物。室内各入口，一般光线较暗，场地较窄，宜选用修长耐阴的植物。如棕竹、旱伞草等，给人以线条活泼和明朗的感觉。

2）客厅。是接待客人或家人会聚之处，讲究柔和、谦逊的环境气氛。植物配植时应力求朴素、美观大方，不宜复杂。色彩要求明快，晦暗会影响客人情绪。在客厅的角落及沙发旁，宜放置大型的观叶植物，如南洋杉、垂叶榕、龟背竹、棕榈科植物等，也可利用花架来布置盆花，或垂吊或直上。如绿萝、吊兰、蟆叶海棠、四季海棠等，使客厅一角多姿多态，生机勃勃。角橱、茶几上可置小盆的兰花、彩叶草、球兰、万年青、旱伞草、仙客来等，或配以插花。橱顶、墙上配以垂吊植物，可增添室内装饰空间画面，更具立体感，又不占客厅的面积，常用吊竹梅、白粉藤类、蕨类、常春藤、绿萝等植物。如适当配上字画或壁画，环境则更为素雅。

3）居室。居室为休息及安睡之用，要求具有令人感觉轻松、能松弛紧张情绪的气氛，但对不同性格者可有差异。对于喜欢宁静者，只需少许观叶植物，体态宜轻盈、纤细，如吊兰、文竹、波士顿蕨、茸茸椰子等。选择应时花卉也不宜花色鲜艳，可选非洲紫罗兰等。角隅可布置巴西铁树、袖珍椰子等。对性格活泼开朗、充满青春活力者，除观叶植物外，还可增加些花色艳丽的火鹤花、天竺葵、仙客来等盆花，但不宜选择大型或浓香的植物。儿童居室要特别注意安全性。以小型观叶植物为主，并可根据儿童好奇心强的特点，选择一些有趣的植物，如三色堇、荷包花、变叶木、捕虫草、含羞草等，再配上有一定动物造型的容器，既利于儿童思维能力的启迪，又可使环境增添欢乐的气氛。

4）书房。作为研读、著述的书房，应创造清静雅致的气氛，以利聚精会神钻研攻读。室内布置宜简洁大方，用棕榈科等观叶植物较好。书架上可置垂蔓植物，案头上放置小型观叶植物，外套竹制容器，倍增书房雅致气氛。可选凤尾竹等。

5）楼梯。每座建筑都有楼梯，常形成一阴暗、不舒服的死角。配置植物既可遮住死角，又可增添美化的气氛。一些大型宾馆、饭店，为提高环境质量，对楼梯部分的植物配置极为重视。较宽的楼梯，每隔数级置一盆花或观叶植物。在宽阔的转角平台上，可配置些较大型的植物，如橡皮树、龟背竹、龙血树、棕竹等。扶手的栏杆也可用蔓性的常春藤、薜荔、绿宝石、菱叶白粉藤等，任其缠绕，使周围环境的自然气氛倍增。

（四）城市道路的植物配置

城市道路的植物配置首先要服从交通安全的需要，能有效地协助组织车流、人流的集散。同时也起到改善城市生态环境及美化的作用。现代化城市中除必备的人行道、慢车道、快车道、立交桥、高速公路外，有时还有林荫道、滨河路、滨海路等。由这些道路的植物配置，组成了车行道分隔绿带、行道树绿带、人行道绿带等。

1. 高速公路及立交桥的植物配置

随着我国第一条沈阳到大连的高速公路通车，京津塘高速公路也随即通车，证明我国到了高速公路建设的时代。沈大高速公路符合国际高速公路的标准，具有上、下行4条以上的车道，中间3m的分隔带虽然稍窄些，但仍然可以种植低矮的花灌木、草皮及宿根花卉。一般较宽的分隔带可种植自然式的树丛。路肩外侧及高速公路两旁则视环境进行专门的植物配置。

英国高速公路的线路常先由园林设计师来选定。忌讳长距离笔直的线路，以免使驾驶员感到单调而易疲劳，在保证交通安全的前提下，公路线路的平面设计曲折流畅，左转右拐时，前方时时出现优美的景观，达到车移景异的效果。公路两旁的植物配置在有条件的情况下喜欢配置宽20m以上乔、灌、草复层混交的绿带，认为这种绿带具有自然保护的意义，至少可以成为当地野生动、植物最好的庇护所。树种视土壤条件而定。在酸性土上常用桦木、花楸、荚蒾等种类，有花有果，秋色迷人。另外也有用单纯的乔木植在大片草地上，管理容易，费用不大。在坡度较大处，大片草地易遭雨水冲刷破坏，改植大片平枝栒子，匍匐地面，一到秋季，红果红叶构成大片火红的色块，非常壮观。因此驾车在高速公路上，欣赏着前方不断变换的景色，实在是一种美好的享受。

高速公路及一般公路立体交叉处的植物配置，在弯道外侧常植数行乔木，以利引导行车方向，使驾驶员有安全感。在二条道交会到一条道上的交接处及中央隔离带上，只能种植低矮的灌木及草坪，便于驾驶员看清周围行车，减少交通事故。立体交叉较大的面积，可按街心花园进行植物配置，见图5–9。

2. 车行道分隔绿带

指车行道之间的绿带。具有快、慢车道共三块路面者有二条分隔绿带；具有上、下行车道二块路面者有一条分隔绿带。绿带的宽度国内外很不一致。窄者仅1m，宽可10m余。在分隔绿带上的植物配置除考虑到增添街景外，首先要满足交通安全的要求，不能妨碍司机及行人的视线。一般窄的分隔绿带上仅种低矮的灌木及草皮，或枝下高较高的乔木。如日本大阪选择低矮的石楠。春、秋二季叶色红艳，低矮、修剪整齐的杜鹃花篱，早春开花如火如荼，衬在嫩绿的草坪上，既不妨碍视线，又增添景色。随着宽度的增加，分隔绿带上的植物配置形式多样，可规则式，也可自然式。最简单的规则式配置为等距离的一层乔木。也可在乔木下配置耐荫的灌木及草坪。自然式的植物配置则极为丰富。利用植物不同的树姿、线条、色彩，将常绿、落叶的乔、灌木，花卉及草坪地被配置成高低错落、层次参差的树丛、树冠饱满或色彩艳丽的孤立树、花地、岩石小品等各种植物景观，以达到四季有景，富于变化的水平。在暖温带、温带地区，冬天寒冷，为增添街景色彩，可多选用些常绿乔木，如雪松、华山松、白皮松、油松、樟子松、云杉、桧柏、杜松。地面可用砂地柏、匍地柏及耐阴的藤本地被植物地锦、五叶地锦、扶芳藤、金银花等。为增加层次，可选用耐荫的丁香、珍珠梅、金银木、连翘、天目琼花、海仙花、枸杞等作为下木。北方宿根、球根花卉资源丰富，气候凉爽，生长茁壮。鸢尾类、百合类、萱草、地被菊、金鸡菊、荷包牡丹、野棉花等，以及自播繁衍能力强的诸葛菜、孔雀草、波斯菊等可配置成缀花草地。还有很多双色叶树种如银白杨、新疆杨以及秋色叶树种如银杏、紫叶李、紫叶小檗、栾树、黄连木、黄栌、五角枫、红瑞木、火炬树等都可配置在分隔绿带上。我国亚热带地区地域辽阔，城市集中，树种更为丰富，可配置出更为迷人的街景。落叶乔木如枫香、无患子、鹅掌楸等作为上层乔木，下面可配置常绿低矮的灌木及常绿草本地被。对于一些土质瘠薄，不宜种植乔木处，可配置草坪、花卉或抗性强的灌木，如平枝枸子、金老梅等。无论何种植物配置形式，都需处理好交通与植物景观的关系。如在道路尽头、人行横道、车辆拐弯处不宜配置妨碍视线的乔灌木，只能种植草坪、花卉及低矮灌木。

图 5–9　京珠高速河南许昌段许昌站上道景观设计

3. 行道树绿带

是指车行道与人行道之间种植行道树的绿带。其功能主要为行人庇荫，同时美化街景，见图 5–10。我国从南到北，夏季炎热，深知“大树底下好乘凉”。南京、武汉、重庆三大火炉城市都喜欢用冠大荫浓的悬铃木、小叶榕等。吐鲁番某些地段在人行道上搭起了葡萄棚。夏威夷喜欢用花大色艳的凤凰木、火烧花、大花紫薇等，树冠下为蕨类地被，一派热带风光。青海西宁用落叶松及宿根花卉地被，呈现温带、高山景观。目前行道树的配置已逐渐向乔、灌、草复层混交发展，大大提高了环境效益。但应注意的是，在较窄的，没有车行道分隔绿带的道路两旁的行道树下，不宜配置较高的常绿灌木或小乔木，一旦高空树冠郁闭，汽车尾气扩散不掉，会使道路空间变成一条废气污染严重的“绿色烟筒”。

图 5-10　河南许昌市许由路道路植物配置

行道树绿带的立地条件是城市中最差的。由于土地面积受到限制，故绿带宽度往往很窄，常在 1 ~ 1.5m。行道树上方常与各种架空电线产生矛盾，地下又有各种电缆、上下水管、煤气、热力管道，真可谓“天罗地网”。更由于土质差，人流践踏频繁，故根系不深，容易造成风倒。种植时，在行道树四周常设置树池，以便养护管理及少被践踏，在有条件的情况下，可在树池内盖上用铸铁或钢筋混凝土制作的树池篦子。除了尽量避开“天罗地网”外，应选择耐修剪、抗瘠薄、根系较浅的行道树种。

4. 人行道绿带

指车行道边缘至建筑红线之间的绿化带，包括行道树绿带、步行道绿带及建筑基础绿带。此绿带既起到与嘈杂的车行道的分隔作用，也为行人提供安静、优美、蔽荫的环境。由于绿带宽度不一，因此，植物配置各异。基础绿带国内常见用地锦等藤本植物作墙面垂直绿化，用直立的桧柏、珊瑚树或女贞等植于墙前作为分隔。如绿带宽些，则以此绿色屏障作为背景，前面配置花灌木、宿根花卉及草坪，但在外缘常用绿篱分隔，以防行人践踏破坏。国外极为注意基础绿带，尤其是一些夏日气候凉爽，无须行道树庇荫的城市，则以各式各样的基础栽植来构成街景。

墙面上除有藤本植物外，在墙上还挂上栽有很多应时花卉的花篮，外窗台上长方形的塑料盒中栽满鲜花，墙基配置多种矮生、匍地的裸子植物、平枝栒子、阴绣球以及宿根、球根花卉，甚至还有配置成微型的岩石园。绿带宽度超过 10m 者，可用规则的林带式配置或配置成花园林荫道。

（五）园路的园林植物配置

园林道路是园林的骨架和脉络，不仅起导游的作用，而且人行道中产生的动态连续构图，配以适当的园林植物则可达到“曲径通幽”的效果。园路分主路、径路和小路。植物各有相应的配置方法。要注意创造不同的园路景观，如山道、竹径、花径、野趣之路等。在自然式园路中，应打破一般行道树的栽植格局，两侧不一定栽植同一树种，但必须取得均衡效果。株行距应与路旁景物结合，留出透景线，为“步移景异”创造条件。路口可种植色彩鲜明的孤植树或树丛，或作对景，或作标志，起导游作用。在次要园路或小路路面，可镶嵌草皮，丰富园路景观。规则式的园路，亦宜有二至三种乔木或灌木相间搭配，形成起伏节奏感。

1. 主路

指以园林入口通往全园各景区的中心、各主要广场建筑、主要景点及管理区的路。因园林功能及景观需要，道路两旁应充分绿化，形成树木交冠的庇荫效果，对平坦笔直的路常采用规则式配置便于设置对景，构成一点透视。对曲折的路则宜自然式配置，使之疏密有致，利用道路的曲折、树干的姿态、树冠的高度将远景拉至道路上来。单个树种配置要按某一树种的特性营造具有个性的园林绿化风格，表现某一季节的特色。两个树种的配置，利用在形态色彩等方面变化的差异，或高大低矮错落，或针叶阔叶对比，产生丰富生动、相映成趣的艺术效果。多个树种的配置则不同路段配以不同树种，使之丰富变化，但不宜过杂，要在丰富多彩中保持统一和谐。

2. 径路

是指主路的辅助道路。可运用丰富多彩的植物产生不同趣味的园林意境。常用的径路有山道、竹径、花径。在人流稀少幽静的自然环境中，园路配树姿自然、体形高大的树种；山道在林间穿过，宁静幽深，极富山林之趣；花径是在一定的道路空间里，全部以花的姿色营造气氛，鲜花簇拥，艳丽强烈。

3. 小路

小路主要供散步、休憩、引人深入。在人造的山石园林中常有石级坡道，饰以灌木等低矮植物，增加趣味。对园路的主要部位能起到界定范围、标志园路的重要作用。

（六）园林小品与园林植物的配置

园林小品主要有亭、廊、榭、舫、石桌、石凳、花架、秋千等，园林植物与其搭配可增添不少情趣和景观效果。如亭可以放于大片丛林之中若隐若现，也可在亭旁孤植少数大乔木做为陪衬，同时配以矮灌木加以衬托，常能造出出乎意料的效果。而石桌石凳的布置要与植物栽植结合起来，理想的效果是夏季可遮荫，冬季可晒暖，应考虑与落叶乔木搭配布置。其他的园林小品加之相应植物配置效果亦有不同。在多种不同园林绿地中，园林小品与园林植物的合理配置应用，会使园林成为一个有机的组合。

1. 花架与园林植物配置

花架对藤本植物的生长起到支撑作用，是将植物与建筑进行有机结合的造景素材。花架可以设置在亭、门、廊处供休息之用，还可以对空间进行划分。同时也可以给攀缘植物提供生长条件，通过植物的枝叶将自然生态之美展现给人们。花架是立体绿化生态形式，如果能够合理地配置植物，这就会成为人们夏季庇荫的场所。可以在花架上生长的植物有很多，但是它们的生长方式不同，所以在对其进行配置时，要综合考虑花架的具体形态、光照环境、花架大小、土壤质量等因素。

2. 园林中的凳、椅与园林植物配置

园林设计中一定不能缺少园凳与园椅，它们可以为游人提供休息的场所，同时还可以对风景进行点缀，在对植物进行配置时应保证夏天能够遮挡阳光，冬天能够使阳光直射，不会撞击大树，又不践踏根部土，因此可以将园椅和园凳设置成多边形或圆形的，有机地将植物、座椅与花架进行结合，体现出生态优美的景观特点。

3. 园墙、漏窗与园林植物配置

园墙的主要功能就是分隔空间，将丰富的景观有层次地展现在游客面前，指引游客进行游览。园墙和植物进行配置时，就是将墙面用攀缘植物进行搭配，植物攀缘或是垂挂在墙面上，不但可以将生硬的墙面遮挡住，还可以向人们展现植物的生态美感，增添自然气氛。在园墙设置过程中经常应用到的攀缘与垂挂的植物有木香、金银花、迎春等。墙面的另一种绿化形式是还可以在前墙种植树木，使树木的光影投在墙上，这样植物就可以以墙为纸画出形态各异的景观图。

4. 园林雕塑与园林植物配置

园林雕塑小品不但具有较强的观赏价值，还具有深刻的寓意，其题材种类不限，体形大小均可，形象抽象、具体都可以，可以表达自然的主题，也可以表达浪漫的主题，其艺术感染力非常的强，有助于在园林艺术设计时体现园林主题，精美的雕塑小品在一定程度上又是园林局部环境的中心。其中在对园林雕塑小品与植物进行配置时，必须重视渲染环境气氛和背景的处理，经常采用的处理方法有：浅色雕塑应用浓绿植物做背景，针对每种雕塑主题采取相应的种植方法，例如，可以在纪念碑周边围上绿篱，还可以设置花坛，最适宜的就是种植常绿树。而对于主题较为灵活的雕塑小品，种植的方式不应该死板，种植的树姿、色彩、树形等宜采用自由的种植形式。

第六章　景观园路与广场的设计

园路是园林的重要组成部分和主要景观之一，包括道路、广场、游憩场地等一切硬质铺装。它不仅担负交通、导游、组织空间、划分景区的功能，还具有造景作用，是园林工程设计与施工的重要组成部分。现代城市广场的发展呈现出多元化形式、多功能复合、多层次空间，并注重地方特色、历史文脉的继承和发扬，塑造出多种多样的广场风格。本章内容针对景观园路与城市广场的设计进行论述。

第一节　园　路

一、园路的功能与分类

道路的修建铺地在我国历史悠久。如战国时代、秦、东汉、唐代、西夏的花纹铺地砖，西汉遗址中的卵石路面，明清时的雕砖卵石嵌花路及江南庭园中的各种花街铺地等。材料多是砖、瓦、卵石、碎石片等，施工精细，紧凑稳健，风格雅致、朴素，成为我国园林艺术的成就之一。近代以来，随着科技、建材工业及旅游事业的发展，园林铺地中又陆续出现了水泥混凝土、沥青混凝土以及彩色水泥混凝土、彩色沥青混凝土、透水透气性路面等，这些新材料、新工艺的应用，使园路更富于时代感，为现代园林增添了新光彩。

（一）园路的功能

园路是贯穿全园的交通网路，是联系若干个景区和景点的纽带，是园林景观的要素之一。园路的走向对园林的通信、光照、环境保护也有一定的影响。园路与其他要素一样，具有多方面的实用功能和美学功能。

1. 划分、组织空间

园林功能分区的划分多是利用地形、建筑、植物、水体或道路。对于地形起伏不大、建筑比重小的现代园林绿地，用道路围合、划分则是主要方式。同时，借助道路面貌（线形、轮廓、图案等）的变化可以暗示空间性质、景观特点的转换以及活动形式的改变，从而起到组织空间的作用。

2. 交通和导游

首先，经过铺装的园路能耐践踏、辗压和磨损，可满足各种园务运输的要求，并为游人提供舒适、安全、方便的交通条件；其次，园林景点间的联系是依托园路进行的，为动态序列的展开指明了前进的方向，引导游人从一个景区进入另一个景区；最后，园路还为欣赏园景提供了连续的不同的视点，可以取得移步换景的效果。

3. 提供活动场地和休息场所

在建筑小品周围、花间、水旁、树下等处，园路可扩展为广场(可结合材料、质地和图案的变化)，为游人提供活动和休息的场所。

4. 构成园景

作为园林景观界面之一，园路与山、水、植物、建筑等共同组成空间画面，构成园林艺术的统一体。优美的园路曲线、精美的铺装图案、多变的铺地材料，有助于园林空间的塑造，丰富游人的观赏趣味。同时，通过和其他造园要素的密切配合，可深化园林意境的创造。不仅可以“因景设路”，而且能“因路得景”，使路景浑然一体。

5. 组织排水

道路可以借助其路缘或边沟组织排水。一般园林绿地都高于路面，方能实现以地形排水为主的原则。道路汇集两侧绿地径流之后，利用其纵向坡度即可按预定方向将雨水排除。

(二)园路的分类

1. 根据构造形式划分

①路堑型(也称街道式)：立道牙位于道路边缘，路面低于两侧地面，道路排水。构造如图6-1所示。

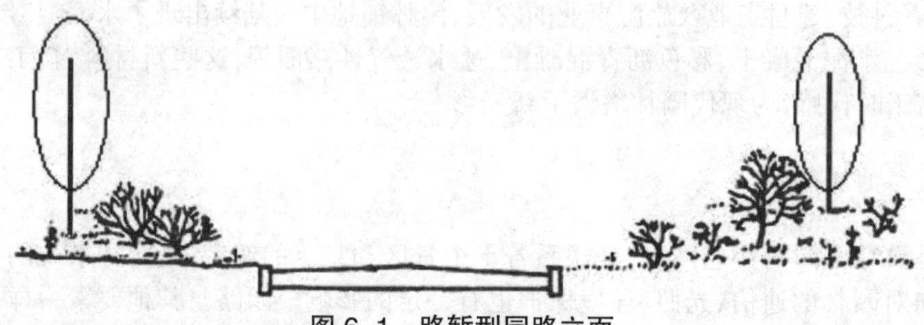

图 6-1　路堑型园路立面

②路堤型(也称公路式)：平道牙位于道路靠近边缘处，路面高于两侧地面(明沟)，利用明沟排水。构造如图6-2所示。

图 6-2　路堤型园路立面

③特殊型：包括步石、汀步、磴道、攀梯等。

2. 按面层材料划分

①整体路面：包括现浇水泥混凝土路面和沥青混凝土路面。整体路面平整、耐压、耐磨，适用于公园主路和出入口。

②块料路面：包括各种天然块石、陶瓷砖及各种预制水泥混凝土块料路面等。块料路面坚固、平稳，图案纹样和色彩丰富，适用于广场、游步道和通行轻型车辆的地段。

③碎料路面：用各种石片、砖瓦片、卵石等碎料拼成的路面，图案精美，表现内容丰富，主要用于庭园和各种游步小路。

此外，还有由砂石、三合土（石灰、黏土、砂）等组成的简易路面，多用于临时性或过渡性路面。

3. 按使用功能划分

①主路主干道：联系公园主要出入口、园内各功能分区（景区）主要建筑物和主要广场，成为全园道路系统的骨架，多呈环形布置。其宽度视公园性质和游人容量而定，一般为3.5 ~ 6.0m。

②次路次干道：为主干道的分支，是贯穿各功能分区、联系重要景点和活动场所的道路。宽度一般为2.0 ~ 3.5m，能单向通行轻型机动车辆。

③小路（游步道）：各景区内连接各个景点、深入各个角落的游览小道。宽度在1.5m左右，考虑二人并行。

④小径：用于深入细部，做细致观察的小路，多布置在各种专类园中，如花卉专类园。宽度一般为0.6 ~ 1.0m，主要考虑单人行走。

二、园路的线形与结构

园路的结构与线形是园路工程设计的主要内容，对于维护交通和保证正常使用有直接的关系。

（一）园路的线形

园路的线形包括平面线形与纵断面线形。线形合理与否，直接关系到园林景观组合、园路的交通和排水功能。

1. 平面线形

即园路中心线的水平投影形态。线形种类有：

①直线：在规则式园林绿地中，多采用直线形园路。其线形平直、规则，方便交通。

②圆弧曲线：道路转弯或交会时，考虑行驶机动车的要求，弯道部分应取圆弧曲线连接，并具有相应的转弯半径，降低因急转弯可能带来的交通事故。

③自由曲线：在以自然式布局为主的园林游步道中多采用此种线形，可随地形、景物的变化而自然弯曲，柔顺流畅和协调。

园路的设计要求有：

①总体规划时确定的园路平面位置应做到主次分明。在满足交通要求的情况下，道路宽度应趋于下限值，以扩大绿地面积的比例。游人及各种车辆的最小运动宽度，见表6-1。

表 6-1 游人及各种车辆的最小运动宽度表

交通工具种类	最小宽度（m）	交通工具种类	最小宽度（m）
单人	≥ 0.75	小轿车	2.0
自行车	0.60	消防车	2.06
三轮车	1.24	卡车	2.50
手扶拖拉机	0.84 ~ 1.50	大轿车	2.66

②行车道路转弯半径在满足机动车最小转弯半径条件下,可根据实际情况灵活布置。

③园路的曲折迂回应有目的性。一方面曲折应是为了满足地形地物及功能上的要求,另一方面应避免无艺术性、功能性和目的性的过多弯曲。

平曲线最小半径：

当车辆在弯道上行驶时,为了使车体顺利转弯,保证行车安全,要求弯道上部分应为圆弧曲线,该曲线称为平曲线,其半径称为平曲线半径,平曲线最小半径一般不小于 6m。见图 6-3（1）。

当汽车在弯道上行驶时,由于前轮的轮迹较大,后轮的轮迹较小,出现轮迹内移现象,同时,车身所占宽度也较直线行驶时为大,弯道半径越小,这一现象越严重。为了防止后轮驶出路外(掉道),车道内侧(尤其是小半径弯道)需适当加宽,称为曲线加宽。见图 6-3（2）。

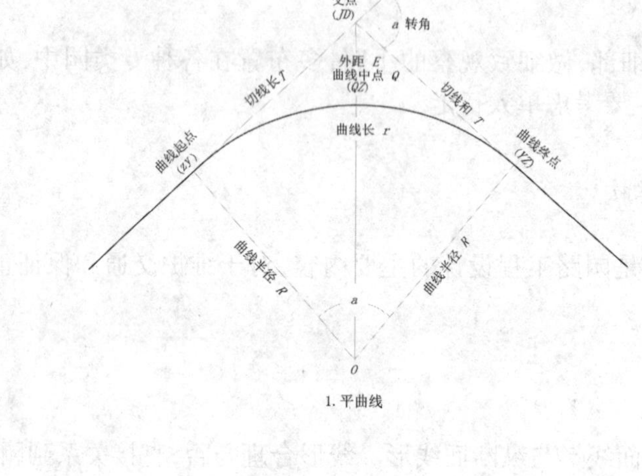

1. 平曲线

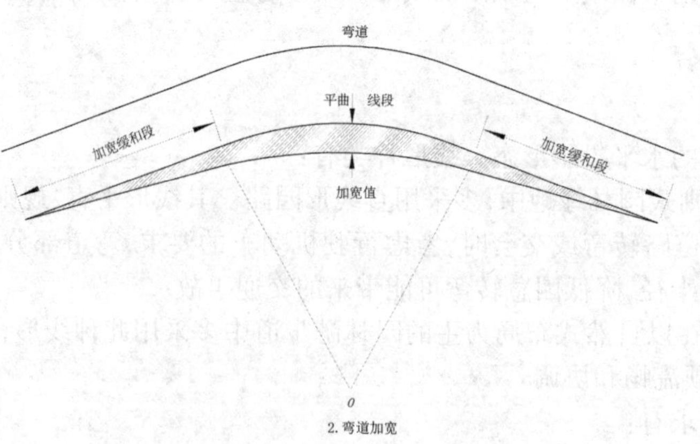

2. 弯道加宽

图 6-3 平面线图与弯道加宽图

曲线加宽值与车体长度的平方成正比，与弯道半径成反比。

当弯道中心线平曲线半径 R>200m 时可不必加宽。

为使直线路段上的宽度逐渐过渡到弯道上的加宽值，需设置加宽缓和段。

园路的分支和交会处，应加宽其曲线部分，使其线形圆润、流畅，形成优美的视觉效应。

2. 纵断面线形

即道路中心线在其竖向剖面上的投影形态。它随地形坡度的变化而呈连续的折线。在折线交点处，为使行车平顺，需设置一段竖曲线。

线形种类有：

①直线：表示路段中坡度均匀一致，坡向和坡度保持不变。

②曲线：两条不同坡度的路段相交时，必然存在一个变坡点。为使车辆安全平稳通过变坡点，须用一条圆弧曲线把相邻两个不同坡度线连接，这条曲线因位于竖直面内，故称竖曲线。当圆心位于竖曲线下方时，称凸形竖曲线。当圆心位于竖曲线上方时，则称凹形竖曲线。如图 6-4 所示。

设计要求有：

①园路要根据造景的需要，随形就势，一般随地形的起伏而起伏。

②在满足造景艺术要求的情况下，尽量利用原地形，以保证路基稳定，减少土方量。行车路段应避免过大的纵坡和过多的折点，使线形平顺。

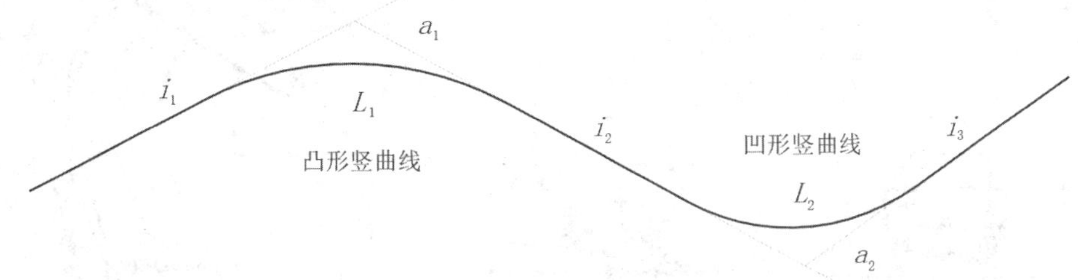

图 6-4　竖曲线图

③园路应与相连的广场、建筑物和城市道路在高程上有合理的衔接。

④园路应配合组织地面排水，同时注意与地下管线的位置关系。

⑤纵断面控制点应与平面控制点一并考虑，使平曲线、竖曲线尽量错开。

⑥行车道路的竖曲线应满足车辆通行的基本要求，应考虑常见机动车辆外形尺寸对竖曲线半径及会车安全的要求。

纵横向坡度：

①纵向坡度：即道路沿其中心线方向的坡度。园路中，行车道的纵坡一般为 0.3% ~ 8%，以保证路面水的排除与行车的安全；游步道，特殊路段应不大于 12%。

②横向坡度：即道路垂直于其中心线方向的坡度。为了方便排水，园路横坡一般在 1% ~ 4%，呈两面坡。不同材料路面的排水能力不同，其所要求的纵横坡度也不同。见表 6-2。

表 6–2　各种类型路面的纵横坡度表

路面类型	纵坡（‰）				横坡（%）	
	最小	最大		特殊	最小	最大
		游览大道	园路			
水泥混凝土路面	3	60	70	100	1.5	2.5
沥青混凝土路面	3	50	60	100	1.5	2.5
块石、砾石路面	4	60	80	110	2	3
拳石、卵石路面	5	70	80	70	3	4
粒料路面	5	60	80	80	2.5	3.5
改善土路面	5	60	60	80	2.5	4
游览小道	3		80		1.5	3
自行车道	3	30			1.5	2
广场、停车场	3	60	70	100	1.5	2.5
特别停车场	3	60	70	100	0.5	1

③弯道超高：当汽车在弯道上行驶时，产生横向推力即离心力。这种离心力的大小，与行车速度的平方成正比，与平曲线半径成反比。为了防止车辆向外侧滑移及倾覆，抵消离心力的作用，就需将路的外侧抬高，即为弯道超高。设置超高的弯道部分（从平曲线起点至终点）形成了单一向内侧倾斜的横坡。为了便于直线路段的双向横坡与弯道超高部分的单一横坡有平顺衔接，应设置超高缓和段。见图 6–5 和图 6–6。

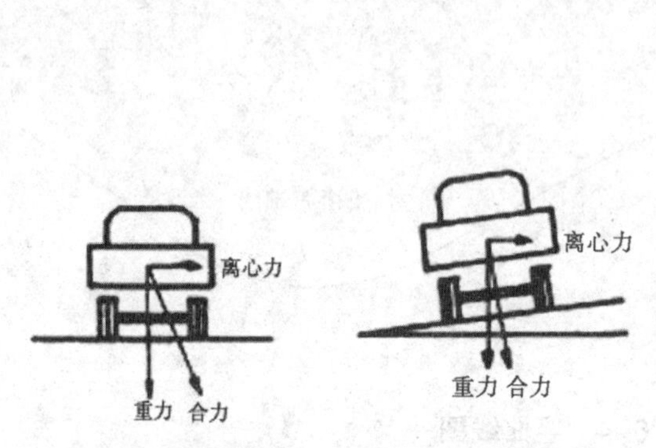

图 6–5　汽车在弯道上行驶受力分析图

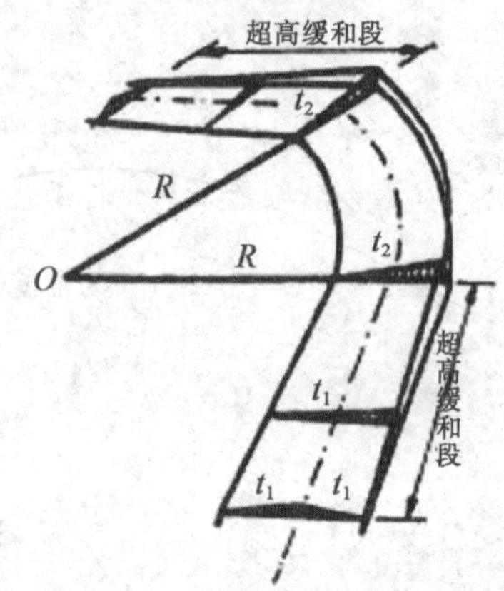

图 6–6　弯道超高缓和段示意图

（二）园路的结构

园路一般由路面、路基和道牙（附属工程）3 部分组成。路面又分为面层、基层、结合层和垫层等。

园路路面的结构形式具有多样性。但其路面结构都比城市道路简单，其典型的路面结构图式如图 6–7 所示。

路面各层的作用和设计要求：

（1）面层：是路面最上面的一层。它直接承受人流、车辆和大气因素的作用及破坏性影响。面层要求坚固、平稳、耐磨损、反光小，具有一定的粗糙度和少尘性，便于清扫。

图 6-7　园路结构示意图

（2）基层：位于结合层之下，路基之上，是路面结构中主要承重部分，可增加面层的抵抗能力。能承上启下，将荷载扩散、传递给路基。因此对材料的要求比面层低，通常采用碎（砾）石，灰土或各种工业废碴作为基层。

（3）结合层：位于面层与基层之间，为了黏结和找平而设置的一层。结合层材料一般采用 3 ~ 5cm 厚粗砂、水泥石灰混合砂浆或石灰砂浆。

（4）垫层：在路基排水不良或有冻胀、翻浆的路段上，为了排水、隔温、防冻的需要，用道碴、煤碴、石灰土等水稳定性好的材料作为垫层，设于基层之下。园林中也可用加强基层的办法，而不另设此层。

（5）路基：即土基，是路面的基础，它不仅为路面提供一个平整的基面，还承受路面传来的荷载，是保证路面强度和稳定性的重要条件。对于一般土壤，开挖后经过夯实，即可作为路基。在严寒地区，严重的过湿冻胀土或湿软土，宜采用 1∶9 或 2∶8 灰土加固路基，其厚度一般为 15cm。

（6）道牙：也称侧石、缘石，一般分两种形式：立道牙和平道牙。

道牙安置在路面两侧，使路面与路肩在高程上起衔接作用，并能保护路面，也便于路面排水。在园林中，道牙的材料多种多样，砖、石、瓦以及混凝土预制块均可。

园林中有些场合也可不设道牙，如作游步道的石板路，以表现自然情趣。此时，边缘石块可稍大些，以求稳固。

园路结构设计的原则：

园路建设投资较大，为节省资金，在园路结构设计时应尽量使用当地材料，并遵循薄面、强基、稳基土的设计原则。

路基强度是影响道路强度的主要因素。当路基不够坚实时，应考虑增加基层或垫层的厚度，可减少造价较高面层的厚度，以达到经济安全的目的。

总之，应充分考虑当地土壤、水文、气候条件，材料供应情况以及使用性质，满足经济、实用、美观的要求。

常用园路结构图（见图 6-8、图 6-9）。

三、常见园路类型

由于面层材料及其铺砌形式的不同，形成了不同类型的园路。不同类型的园路因其色彩、质感和纹样的不同，所适应的环境和场合亦不同。为了达到经济、合理和美观的目的，我们必须掌握常见园路的类型，因地制宜、合理选用。

路面设计的综合要求是：满足功能要求，有一定的观赏价值；具有装饰性；应有柔和色彩以减少反光；与地形、植物山石配合，注意与环境相协调。

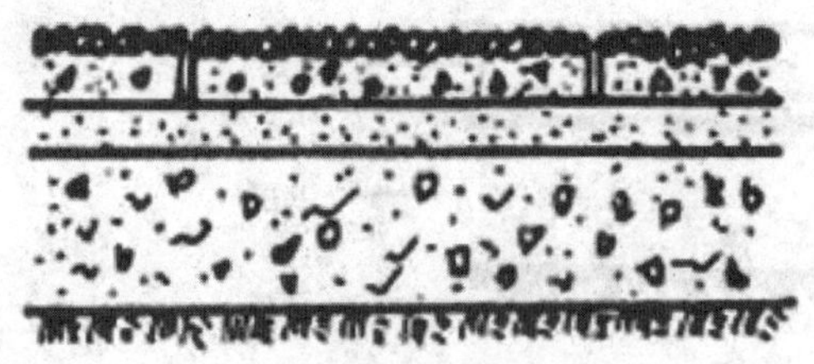

(1) 卵石嵌花路

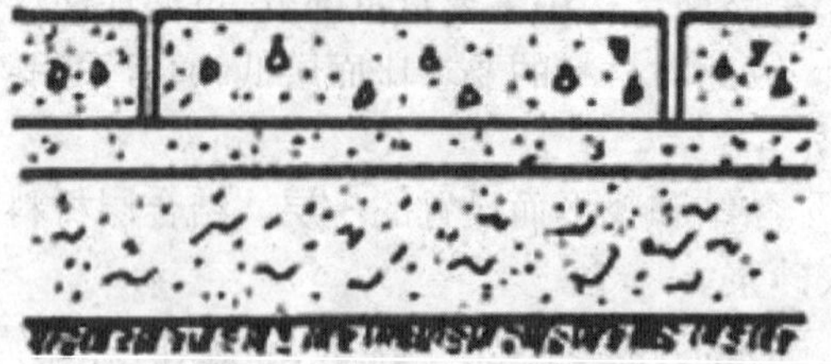

(2) 预制混凝土方砖路

(3) 现浇混凝土路

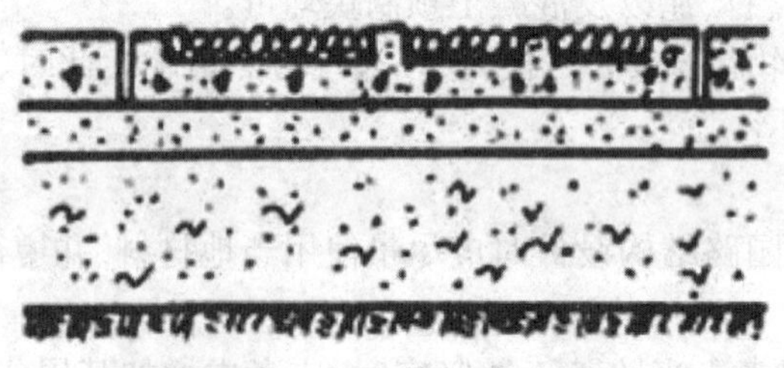

(4) 卵石路

图 6-8 常用园路结构示意图

(一)整体路面

指用水泥混凝土或沥青混凝土现场浇筑进行统铺的地面。

1. 水泥混凝土路面

用水泥、粗细骨料(碎石、卵石、砂等)、水按一定的配比拌匀后现场浇筑的路面。整体性好，耐压强度高，养护简单，便于清扫。在园林中，多用作主干道。为增加色彩变化也可添加不溶于水的无机矿物颜料。

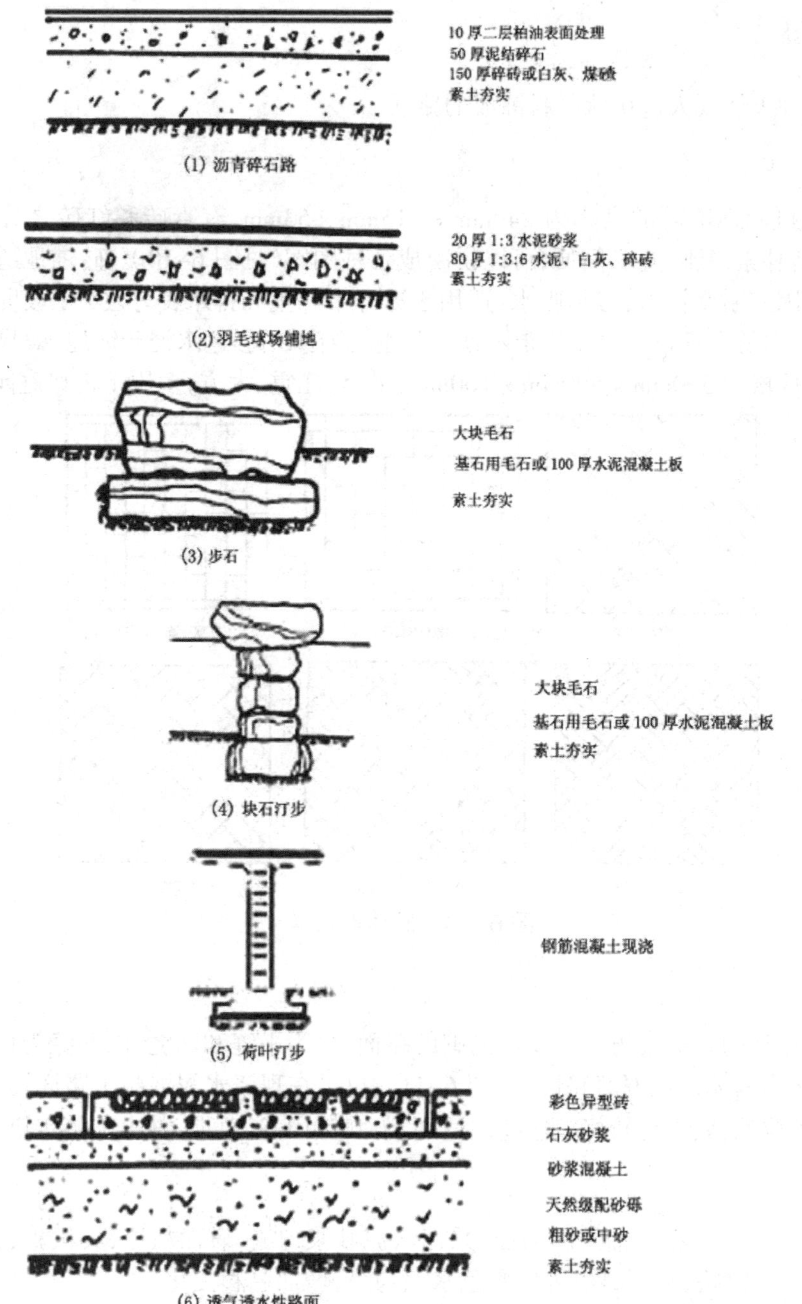

图 6–9 常用园路结构示意图

2. 沥青混凝土路面

用热沥青、碎石和砂的拌和物现场铺筑的路面。颜色深，反光小，易于与深色的植被协调，但耐压强度和使用寿命均低于水泥混凝土路面，且夏季沥青有软化现象。在园林中，多用于主干道。

（二）块料路面

面层由各种天然或人造块状材料铺成的路面。

1. 砖铺地

目前我国机制标准砖的大小为240mm × 115mm × 53mm，有青砖和红砖之分。园林铺地多用青砖，风格朴素淡雅，施工简便，可以拼凑成各种图案（见图6-10）。砖铺地适于庭院和古建筑物附近。因其耐磨性差，容易吸水，适用于冰冻不严重和排水良好之处；坡度较大和阴湿地段不宜采用，因易生青苔而致使行走不便。目前已有采用彩色水泥砖铺地，效果较好。

大青方砖规格为500mm × 500mm × 100mm，平整、庄重、大方，多用于古典庭园。

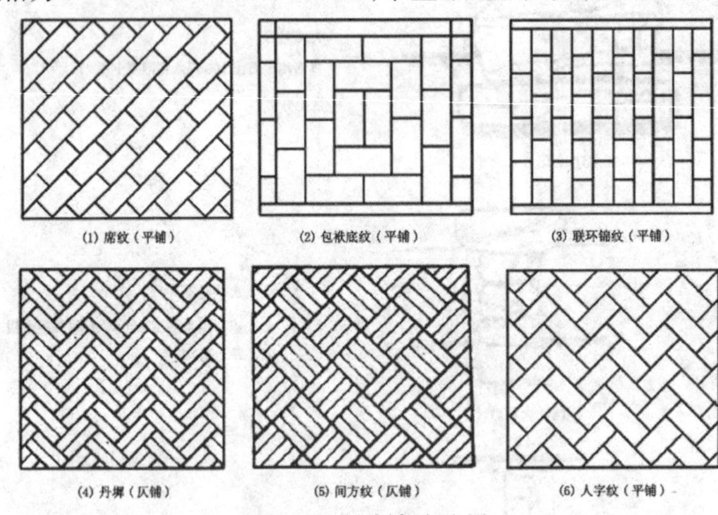

图6-10　砖铺地纹样

2. 冰纹路

是用边缘挺括的石板模仿冰裂纹样铺砌的路面，多为平缝和凹缝，以凹缝为佳。也可不勾缝，便于草皮长出成冰裂纹嵌草路面，见图6-11。也可在现浇水泥混凝土路面初凝时，模印冰裂纹图案，表面拉毛，效果也较好。冰纹路适用于池畔、山谷、草地、林中之游步道。

3. 乱石路

是用天然块石大小相间铺筑的路面，采用水泥砂浆勾缝，表面粗糙，具粗犷、朴素、自然之感，见图6-12。冰纹路、乱石路也可用彩色水泥勾缝，增加色彩变化。

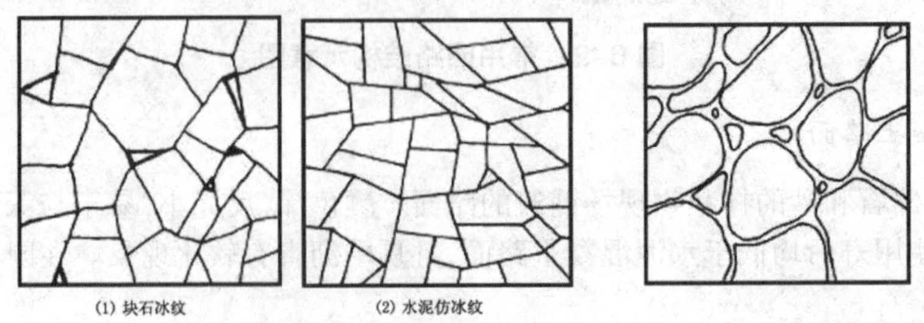

图6-11　冰裂纹路面　　　　6-12　乱石路面

4. 条石路

是用经过加工的长方体石料铺筑的路面，平整规则，庄重大方，坚固耐久，多用于广场、殿堂和纪念性建筑物周围。

5. 预制水泥混凝土方砖路

用预先模制成的水泥混凝土方砖铺砌的路面，形状多变，图案丰富（如各种几何图形、花卉、木纹、仿生图案等）。也可添加无机矿物颜料制成彩色混凝土砖，色彩艳丽。路面平整、坚固、耐久。适用于园林中的广场和规则式路段上。也可做成半铺装留缝嵌草路面（见图 6-13）。

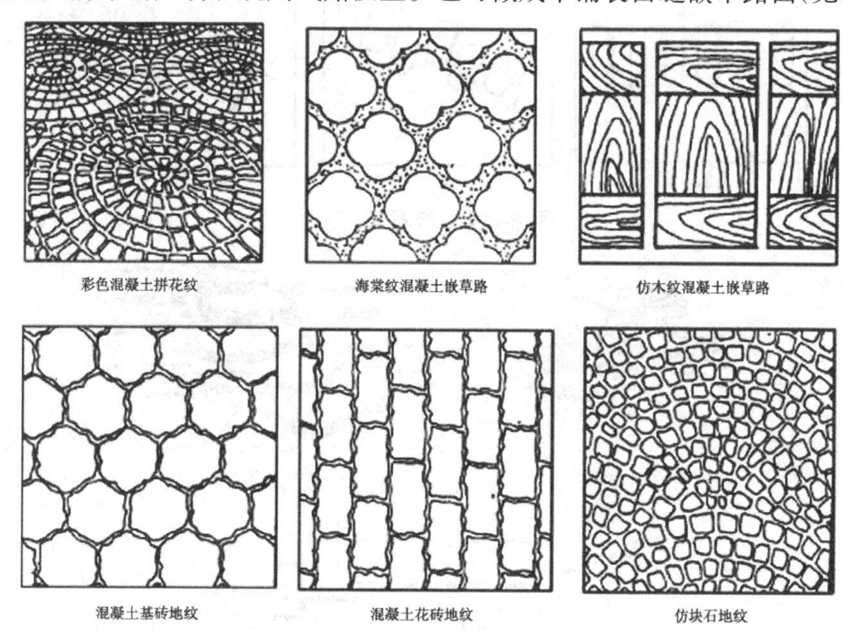

图 6-13 预制混凝土方砖路

6. 步石、汀步

步石是置于陆地上的天然或人工整形块石，多用于草坪、林间、岸边或庭院等处。汀步是设在水中的步石，可自由地布置在溪涧、滩地和浅池中。块石间距离按游人步距放置（一般净距为 200 ~ 300mm）。

步石、汀步块料可大可小，形状不同，高低不等，间距也可灵活变化，路线可直可曲，最宜自然弯曲，轻松、活泼、自然，极富野趣，见图 6-14。

7. 台阶与磴道

当道路坡度大时（一般超过 12%时），需台隙或踏步，以满足交通功能。室外台阶一般用砖、石、混凝土筑成，形式可根据环境条件而定。一般每级台阶的踏面、举步高、休息平台间隔及宽度的尺寸要求，见图 6-15。台阶也用于建筑物的出入口及有高差变化的广场（如下沉式广场）。台阶能增加立面上变化，丰富空间层次，表现出强烈的节奏感。

当台阶路段的坡度超过 70%（坡角 35°，坡值 1：1.4）时，台阶两侧需设扶手栏杆，以保证安全。

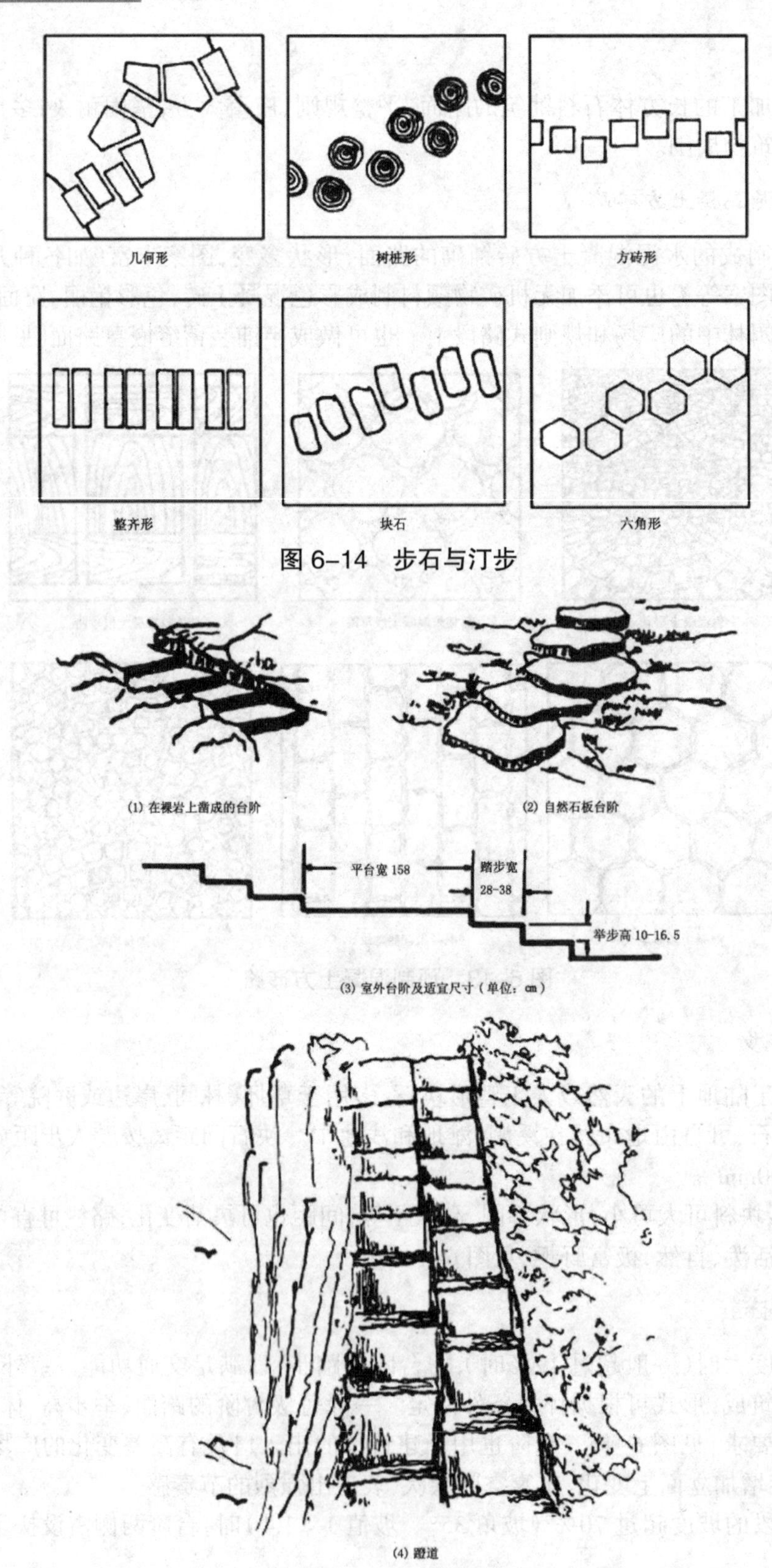

图 6-14　步石与汀步

图 6-15　台阶与蹬道

风景名胜区的爬山游览步道，当路段坡度超过173%（坡角60%，坡值1∶0.58）时，需在山石上开凿坑穴形成台阶，并于两侧加高栏杆铁索，以利于攀登，确保游人安全，这种特殊台阶即称磴道。磴道可错开成左右台级，便于游人相互搀扶。

（三）碎料路面

1. 花街铺地

是指用碎石、卵石、瓦片、碎瓷等碎料拼成的路面。图案精美丰富，色彩艳丽，风格或圆润细腻或朴素粗犷，具有很好装饰作用和较高的观赏性，有助于强化园林意境，具有浓厚的民族特色和情调，多见于古典园林中，见图6-16。

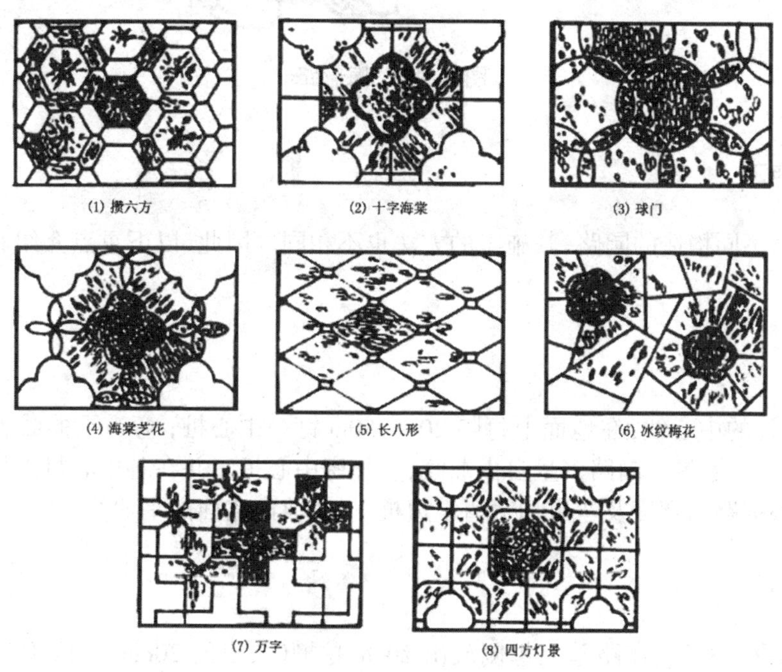

图6-16　花街铺地

2. 卵石路

是以各色卵石为主嵌成的路面。具有很强的装饰性，能起到增强景区特色、深化意境的作用。这种路面耐磨性好，防滑，富有江南园路的传统特点，但清扫困难，且卵石容易脱落。多用于花间小径、水旁亭榭周围，见图6-17。

3. 雕砖卵石路面

又被誉为"石子画"，它是选用精雕的砖、细磨的瓦和经过严格挑选的各色卵石拼凑成的路面。图案内容丰富，如以寓言、故事、盆景、花鸟虫鱼、传统民间图案等为题材进行铺砌加以表现。多见于古典园林中的道路，如故宫御花园甬路，精雕细刻，精美绝伦，不失为我国传统园林艺术的杰作。

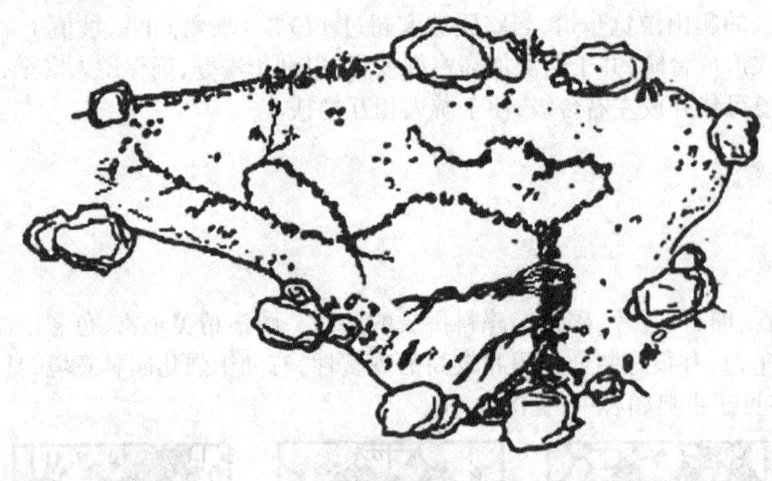

图 6-17　梅影路

四、园路施工

不同类型、不同构造的园路，其施工的方法也不相同。因此，以下重点介绍其施工程序、方法及要点。

（一）放线

按路面设计的中心线，在地面上每隔 20 ～ 50m 钉一中心桩；弯道平曲线上应在曲头、曲中和曲尾各钉一中心桩。园路多呈自由曲线，应加密中心桩。并在各中心桩上标明桩号，再以中心桩为准，根据路面宽度及弯道加宽值定边桩，最后放出路面的平曲线。

（二）挖路槽

按路面的设计宽度，在路基上每侧放出 20cm 挖槽（放出的 20cm 用于填筑路肩），路槽深度等于路面各层的厚度，槽底的横坡应与路面设计横坡一致。路槽挖好后，在槽底上洒水湿润，然后夯实。园路一般用蛙式夯夯压 2 ～ 3 遍即可，路槽整平度允许误差不大于 2cm。

（三）铺筑基层

根据设计要求准备基层材料并掌握其可松性。对于灰土基层，一般实厚为 15cm（即一步灰土），其虚铺厚度为 21 ～ 24cm。炉灰土虚铺厚度为 24cm，压实厚度即为 15cm。严寒冻胀地区基层厚度可适当增加，分层压实。

（四）结合层的铺筑

当园路采用块料路面时，需设置此层与基层结合。结合层一般用 M2.5 混合砂浆、M5 水泥砂浆或 1∶3 白灰砂浆。砂浆摊铺宽度应大于铺装面 5 ～ 10cm，砂浆厚度为 2 ～ 3cm，便于结合和找平。也可采用 3 ～ 5cm 厚的粗砂做为结合层，施工更为方便。

（五）面层的铺筑

块料面层铺筑时应安平放稳，注意保护边角。发现不平时，应重新拿起用砂浆找平，防止中空折断。接缝应平顺正直，遇有图案时应更加仔细。最后用1∶10干水泥砂扫缝，再泼水沉实。

卵石路面一般分预制与现浇两种。现场浇筑方法是：在基层上先铺M7.5水泥砂浆3cm厚，再铺水泥素浆2㎝厚，待素浆稍凝，即用备好的卵石，一一插入素浆内，用抹子拍平。待水泥凝固后，用清水将石子表面的水泥轻轻刷洗干净。第二天再用浓度30%的草酸溶液，洗刷石子表面，可使石子颜色清新鲜明。

（六）道牙的安装

有道牙的路面，道牙的基础应与路床同时挖填辗压，以保证密度均匀，具有整体性。弯道处的道牙最好事先预制成弧形。道牙的结合层常用M5水泥砂浆2cm厚，应安装平稳牢固。道牙间缝隙为1cm，用M10水泥砂浆勾缝。道牙背后路肩用夯实白灰土10cm厚、15cm宽保护，亦可用自然土夯实代替。

（七）附属工程：雨水口及排水明沟

对于先期的雨水口，园路施工（尤其是机具压实或车辆通行）时应注意保护。若有破坏，应及时修筑。一般雨水口进水蓖子的上表面低于周围路面2～5cm。

土质明沟按设计挖好后，应对沟底及边坡适当夯压。

砖（或块石）砌明沟，按设计将沟槽挖好后，充分夯实。通常以MU7.5砖（或80～100厚块石）用M2.5水泥砂浆砌筑，砂浆应饱满，表面平整、光洁。

第二节 广场设计

一、城市广场的定义

中西方的广场随着历史的步伐不断前进，其内涵、功能、形式都在不断丰富。对于广场的定义，也就出现了多种说法。

美国学者Paul Zucker认为：广场是使社区成为社区的场所，而不仅仅是众多单个人的集聚……使人们聚会的场所。克莱尔在《人性场所》一书中定义：广场是一个为硬质铺装的、汽车不得进入的户外公共空间。人文景观学者Jackson指出：广场是当地社会秩序的显示，是人与人、市民与当权者之间关系的反映。日本的芦原义信在《街道的美学》中则认为：广场是强调城市中由各类建筑围成的城市空间。

我国《城市规划原理》一书提出：城市广场通常是城市居民社会活动的中心。李泽民在《城市道路广场规划与设计》一书中把城市广场定义为：与城市道路相连接的社会公共用地部分。王柯在《城市广场设计》一书中认为：城市广场是为满足城市多种社会生活需要而建设的，以建筑、道路、山水、地形等围合，由多种软、硬质景观构成的，采用步行交通手段，具有一定的主题思想和规模的节点型城市户外公共活动空间。

上述学者分别从广场的社会学意义、政治含义、广场与建筑和道路的关系等方面定义广场，并都注重广场的公共属性。去掉烦琐晦涩的语言，斟酌其本质内涵，可将广场定义为：广场是指由建筑物、道路、山水、绿化等围合或限定形成的开阔的公共活动空间。

二、现代城市广场的类型

（一）按照广场性质分类

1. 市政广场

市政广场是提供广大市民集会、交流与公共信息发布的场所，多修建在市政府和城市行政中心所在地，属于城市核心，周围通常围绕各级政府行政机关、文化体育建筑及公共服务型建筑。广场平面形式规整，多呈几何中轴对称，标志性建筑位于轴线上，形成明显的主从关系。在市政广场，经常会聚大量的人群，所以应特别注意周边道路交通组织，形成车流、人流的独立系统，并且把握好人流活动路线、视线、景观三者的关系，见图 6-18。

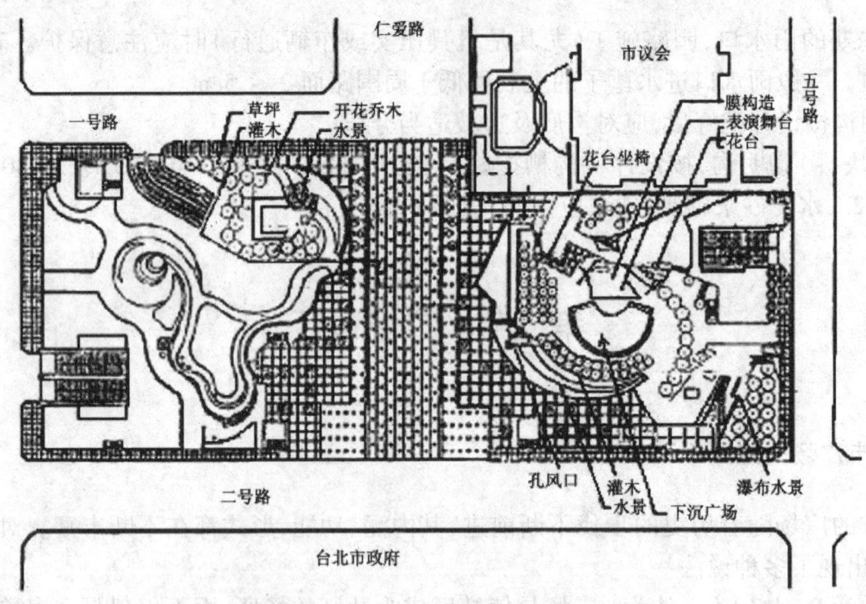

图 6-18　台北市政府广场平面图

2. 纪念广场

纪念广场是为了缅怀有历史意义的事件和人物，常在城市中修建主要用于纪念某些人物或某一事件，并可用于城市举行庆典活动和纪念仪式的场所。广场中心或侧面以纪念雕塑、纪念碑、纪念物或纪念性建筑作为标志物。广场平面构图严谨，具有纪念性的标志物往往放置在构图中心。如华盛顿越站纪念碑广场、北京天安门广场，见图 6-19。

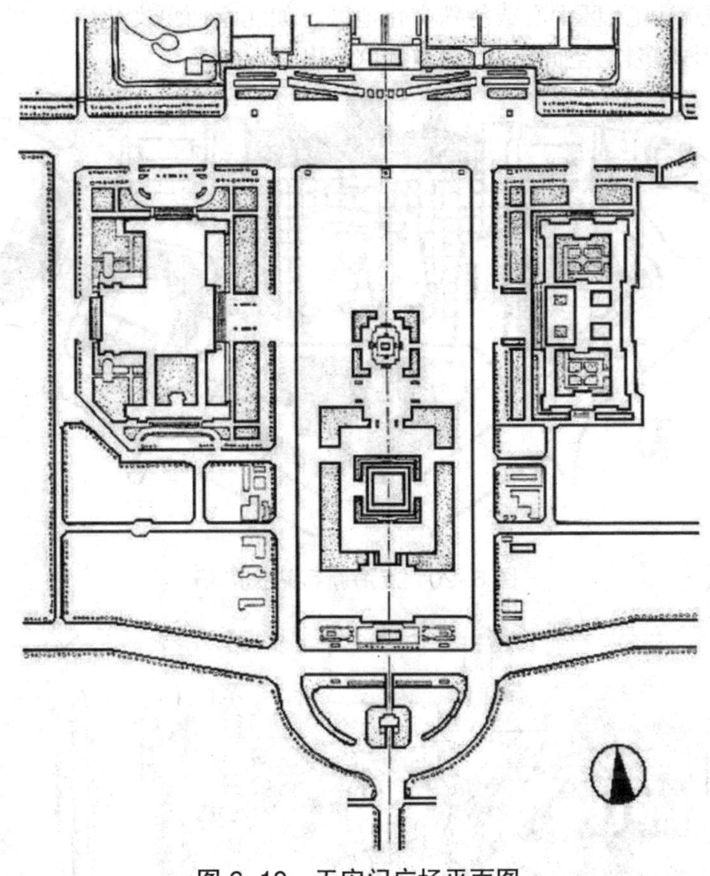

图 6-19　天安门广场平面图

3. 交通广场

交通广场是起到交通、集散、联系、过渡及停车作用的场所，是城市交通系统的重要组成部分，常见于城市道路的交叉口处或交通转换口处。另外，在街道两侧设置的广场，由于其主要承担人流疏散、过渡的功能，也属于交通广场的一种。如北京站前广场、上海新客站主广场，见图 6-20。这种广场平面形式由周边道路围合而成，广场的铺装面积很大，要注意合理地组织车流、人流、货流，尽量避免交叉；景观处理上要体现地方的"标志性"特点，无论是在城市道路的交叉口还是在车站出口，都是城市印象的重要节点，应设置具有特色的构筑物。

4. 商业广场

商业广场是为人们进行购物、餐饮、休闲娱乐或者商业贸易活动往来而形成的集散广场，主要位于城市商业区，这里人群集中，为了疏散人流和满足建筑的要求而设置广场，以步行环境为主，内外建筑空间相互渗透，商业活动区应相对集中。如南京的夫子庙广场、英国的考文垂市广场。商业广场中平面形式在建筑和道路的围合下灵活多样，有规则方正的，也有不规则多变的，如上海大拇指广场等。

5. 文化广场

文化广场可代表城市文化传统与风貌，体现城市特殊文化氛围，为市民提供良好的户外活动空间,多位于城市中心、区中心或特殊文化地区。如北京西单文化广场(见图 6-21)、法国戴高乐广场。平面形式多样、空间灵活,地方特色突出。

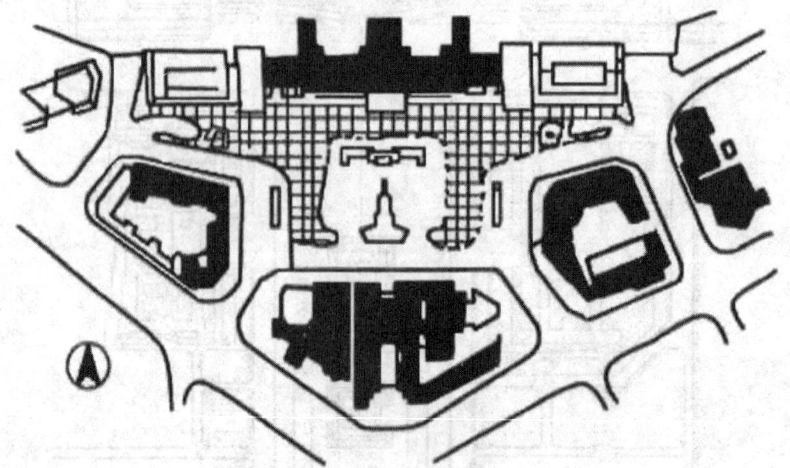

图 6-20　上海新客站主广场

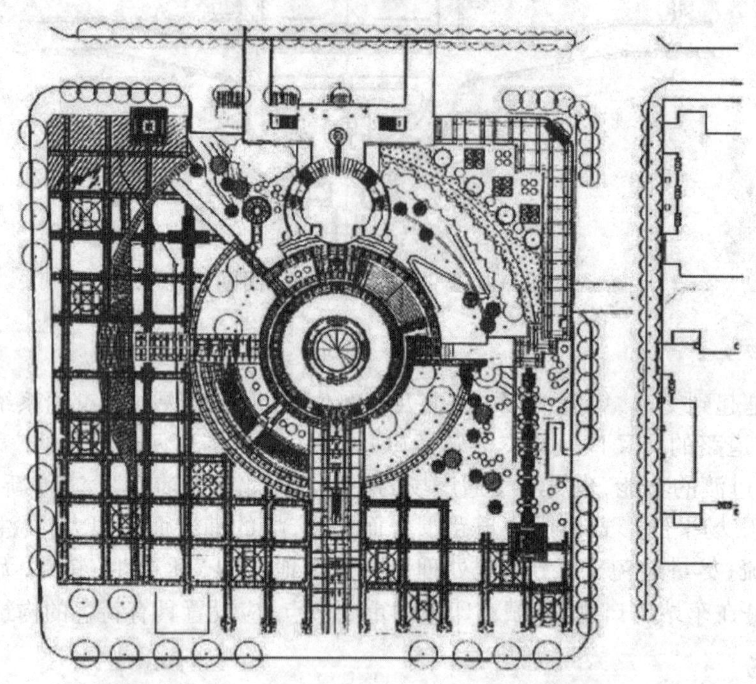

图 6-21　北京西单文化广场绿化工程平面图

6. 休闲娱乐广场

休闲娱乐广场是与市民日常生活密切相关的活动广场,提供近距离的休息、锻炼身体、娱乐等,一般设置在居住区。广场面积相对较小,内设有健身器材、儿童活动场地、老人休息座椅、花坛、树木等,见图 6-22。

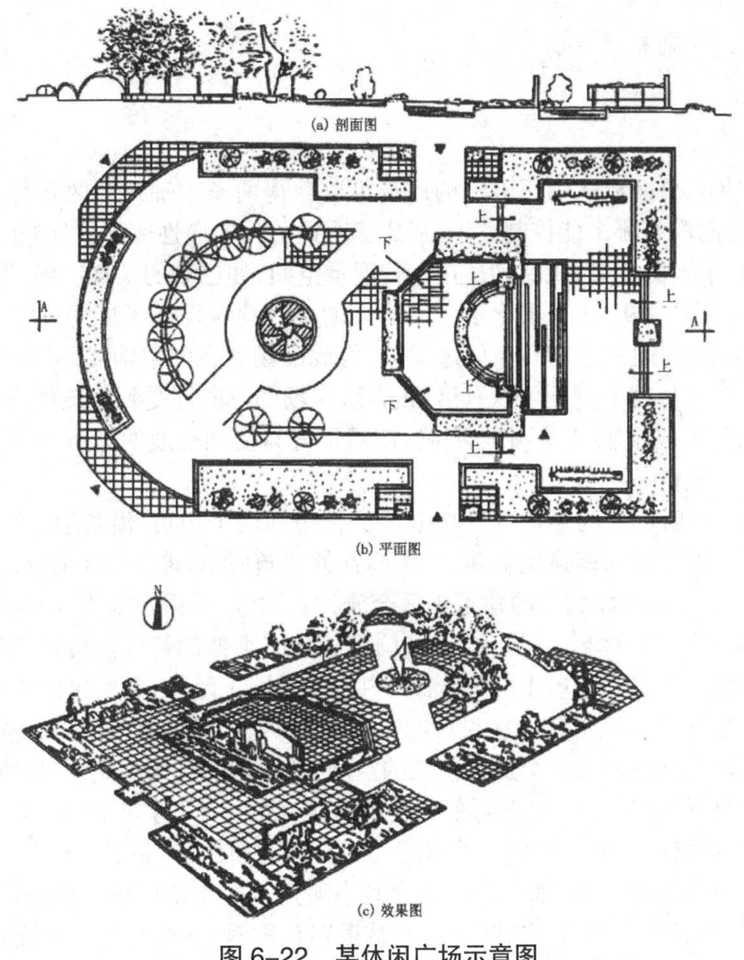

图 6-22　某休闲广场示意图

（二）按照广场发展形态分类

1. 有机型广场

广场发展过程是在与建筑、道路等空间要素相互渗透、融合中逐渐形成外部空间，强调尊重事物的客观发展规律。比如中世纪圣基米利亚诺广场。

2. 内生型广场

广场引导建筑的生成，城市设计中城市轴线预先设定后，在城市轴线交点核心处先设计广场的形态，继而围绕广场设置建筑，再用建筑围合构成广场空间。在古罗马时期、文艺复兴时期和古典主义时期，这种形式的广场较多。如罗马圣彼得广场。

3. 外生型广场

广场是建筑建成以后剩余的空间，经过后期配合建筑风格、道路交通等因素的设计，而形成的广场。城市改造过程中经常会形成这类广场，如巴黎卢浮宫广场。

（三）按照广场平面形式分类

1. 规则形广场

①正方形广场：平面形式为正方形的广场可以获得两条中轴线和两条对角线，形成四个方向，而这四个方向没有哪个能控制整体，形成了明显的无方向性或交点处的向心性。此类广场空间稳定、有利于人的聚集，也特别适用于作展示空间，如巴黎的沃日广场，平面是严整的正方形，边长 140m，面积 1.96hm^2；围合了三层半高的连续建筑保证了广场的完整性，只在东南角开口；在广场南侧的国王楼略高于周边建筑，构成广场潜在的中轴线；广场中心放置雕像，具有明显的中心性。从这个例子可以看出，正方形广场的方向性受到建筑物的影响，主要建筑所在的轴线往往会形成中轴，广场中心明确，四周很容易受到交通的影响，如有明显的道路穿过会破坏广场的完整性。

②矩形广场：平面形式为矩形的广场有两个长边和两个短边，沿长边会形成明显的轴向性；建筑与广场之间可以互相强化空间，如将高耸的建筑（如教堂）放置于短边可以加强纵深感，强化中轴效果；对应的面阔型的建筑更适合放在长边，能显得建筑更加开阔、雄伟，如市政厅放置在长边更显庄重、典雅。实际上，天安门广场也有类似的特征。另外，巴黎协和广场拥有完美的比例尺度关系，不仅应用了长短轴的中心设置国王雕像，并引出两个次中心，同时强化长轴方向的主导地位。矩形广场在设计时虽然轴向明显，但不能为了扩大轴向感而无限地增大长轴，当长短轴之比过大时，会形成狭长的空间，从而削弱广场稳定性，形成街道。

③圆形和椭圆形广场：平面是圆形的广场拥有绝对的中心，方向永远指向中心目标，中央适合设置纪念物，能突出主体。它标志着封闭、完美、内向和稳定，非常适合人们的聚集。尤其是广场空间由建筑围合的广场，如中世纪意大利小城卢卡的集市广场。此种广场被建筑围合紧密时，也会产生某种声学混乱；当圆形广场被道路包围时，就会完全变成交通孤岛，缺乏整体性，如巴黎星形广场。

④三角形广场：平面是三角形的广场由三条中轴汇聚于一点，也有较强的向心性，但由于三个角比较锋利，视线朝向一个角，透视效果都会改变，拥有较强的动势。在历史上三角形的广场很少，其中巴黎的多菲尔广场则显得严密和完整。

⑤梯形广场：平面是梯形的广场拥有两条平行边和两条斜边，与平行边垂直的方向形成明显的中轴，如果主体建筑放在平行边中较短的一边、入口在较长的一边，会有欢迎之势、显得建筑更加雄伟；反之，建筑在长边、入口在短边，会从视觉上缩短入口与建筑的距离。这在文艺复兴时期的意大利有很多实例，如罗马市政广场、罗马圣彼得广场中西侧的列塔广场。

2. 不规则广场

由于在城市发展过程中，受到生活、宗教等各种因素的影响，造成城市广场具有不同形态，有很多广场平面形式自由，如佛罗伦萨西格诺利亚、锡耶纳坎坡广场等。

（四）按照广场剖面形式分类

传统的广场在剖面上的地形变化较小，主要是为了满足集聚、展示、庆典等活动的需要，但随着现代生活中越来越尊重人的尺度、心理、场所感等因素，利用剖面的上升、下降分割出多种空间，继而满足各类人群的不同需求，已经成为这个时代的特征。

根据广场剖面的形式分为：平面式广场，即广场基底面平整，竖向高差无变化或少变化，呈水平状态的广场；立体式广场，即广场基底变化较大，既有水平的广场面，又可利用周围低层建筑顶部或中部设置上升广场，还可向下形成安静的下沉广场，如西单文化广场。

西单文化广场基本是一个正方形，由方、圆两种几何要素构成广场。南北向中轴贯穿了圆形地下商场入口、下沉广场、中心圆锥形标志性建筑、叠水、二层平台、中友百货；东西向还有一条较弱的轴线，也跨越了一层平面、下沉广场、中心圆锥形标志性建筑、弧形坡道画廊、台阶、二层平台。广场以正方形的绿块为基底，充满了现代感，整体形态、层次丰富；但是四边由道路围合，建筑与广场的联系只在广场北的二层平台以天桥的形式连接了中友百货二层，广场的围合性弱；道路的全面围合也使得西单广场的功能被削弱，人们在广场上的停留时间有限，除了交通外，休闲、娱乐性差，多数人只会把它作为一种景观标志和必须穿越的广场而已。

（五）广场类型复合性

广场的多种分类情况，让人真正认识到广场发展的多样化，甚至如果再从广场的构成要素分类，还可分为建筑广场、雕塑广场、滨水广场、绿化广场等。但无论用何种分类都无法准确地定义某一个广场，如天安门广场既可定义为市政广场，也可列为纪念广场；西单文化广场既可定义为文化广场，也可列为商业广场；巴黎星形广场既可定义为交通广场，也可列为文化广场。

三、现代城市广场规划设计的基本原则

（一）系统性原则

城市广场是城市公共空间的重要组成部分，它与公园、道路等共同组成城市中的开敞空间，并被称为城市的“客厅”，客观地反映了一个城市的精神面貌。因此城市广场的规划设计必须要考虑到整个城市的政治、经济、历史文化、空间形态等，系统地进行设计。例如上海在城市设计中，将人民广场建设为市政广场，静安寺广场为休闲娱乐性广场，淮海广场和大拇指广场为商业广场等，根据不同地区、不同文化设计主体功能不同的广场，系统地构建城市广场，以满足市民的多种需求。

城市设计过程中的广场建设，经常作为城市的标志性空间，然而这种标志性不是孤立存在的，必然要与城市的原有历史文化、空间结构相融合，起到强化城市印象、构成城市系统景观的作用。巴黎的德方斯新区规划中成功地运用系统原则，在德方斯广场上建设大拱门，它是一个边长 106m、高 110m 的巨型中空立方体，体型是星形广场上凯旋门的 20 倍，两者从形态上形成了“传统”与“现代”的对话。城市道路形成明显的轴线，由西向东分别贯穿标志性建筑：德方斯广场大拱门——凯旋门——卢浮宫，对应构成一系列的广场空间：商业休闲广场——交通广场——市政广场，与南面的埃菲尔铁塔相呼应，规划系统完整有序。

（二）完整性原则

传统的城市广场多是由建筑围合形成的开敞空间，现代城市广场则多是以道路围合广场，

共同构成开敞空间,使得通透性增加,但广场的完整性逐渐丧失。现代广场完整性的表达主要包括功能的完整性、空间的完整性和环境的完整性。

西安的大雁塔广场的规划设计中功能的完整性和环境的完整性都有较好的表现。大雁塔广场是一个集纪念、商业、市民休闲、公园游赏、文化传播等多种功能为一体的综合型广场。广场设计尊重原有环境,整体以盛唐文化、佛教文化、丝路文化为主轴设计;以慈恩寺(大雁塔)为中心,建筑风格统一;以唐风建筑为主体,透过建筑元素与形式的解析,以及现代构造技术与材料的结合,将唐风建筑转化成具现代质感与文化特质的样式。大雁塔广场整体由北广场、慈恩寺(大雁塔)、南广场三部分组成,北广场为该广场的主体,东西宽 218m,南北长 346m,建设有亚洲最大的音乐喷泉。

大雁塔北广场营造出由水体和绿化组成的宏伟而又宁静的空间,前设有山门、佛经列柱及万佛灯柱,向南在大雁塔前面配备能够倒映出大雁塔宏伟身姿的宽阔水面,东西两侧配置古文物街及人行走廊,以形成围合式广场,构成较完整的空间效果。广场由北向南逐步拾级而上有9个不同高度平台的空间序列,在每一平台的水体底部绘制以佛教文化为题材的内容,表现佛教的特色;东西分为三等份,中央为主景水道,两侧分置唐诗园林区、莲花池区、禅区、禅修林树区等造景设计。南广场位于慈恩寺南侧,是主要以休闲娱乐和文化表演为主的一个文化广场。

(三)生态原则

生态学是探讨生命系统(包括人类)与环境相互作用规律的科学。生态城市是以现代生态学的科学理论为指导,以生态系统的科学调控为手段建立起来的人类聚集地。城市生态学强调城市区域内的生态平衡和生态循环。建设生态城市是通过人类活动,在城市自然生态系统基础上改造和营建结构完善、功能明确的城市生态系统。城市开放空间是城市地域内人与环境协调共处的空间,是改善城市结构和功能的空间调节器,也是城市建设体现生态思想、促使城市可持续状态的重要空间载体。应用城市生态学原理在开放空间的重要组成——城市广场的建设,主要是针对广场环境中人类的活动与自然环境中的光、温、风、水、绿的相互协调,以及与社会环境中当地的历史文化、传统风俗之间的互相尊重。

城市广场作为城市开敞空间的重要组成部分,有助于空气流动、舒缓城市节奏等,尤其在绿地率逐渐增多的很多现代广场中,其生态效果逐渐增强。但仅仅是绿地率的提高并不能等同于其广场生态环境就好,要建设有良好生态效应的广场应充分考虑到自然和社会因素,全面创造宜人的大环境和小环境。

1. 广场自然环境生态原则

不同地域、不同气候环境的广场带给人们的体验有显著的差别,广场的设计就要随之应用不同的手法。分析人体室外环境舒适性的自然气候要素,主要包括光照、温度、风、湿度、热辐射等。城市广场中活动的人们往往趋向于光照充足却不炙热、温度适宜不高温不寒冷、风速小而平稳忌大风、水分充足却湿度适中的环境。其中,光照与风是起到决定性作用的两个因素。

彼得·波赛尔曼在旧金山所作的一项舒适度与气候条件的研究表明,在大多数时间,户外活动的人都要有直接的阳光照射并避开风吹才感觉舒适。除了最热的暑天,在所有其他的日子里,风大或阴处的公园和广场实际上都无人光顾,而那些阳光充沛又能避风的地方则大受欢迎。伊娃·利伯曼开展了一项使用者对八个开放空间反应的研究,发现使用者在选择地点时,最关心的是能照到阳光（25%）、工作场所（19%）、美学和舒适（13%）、社会影响（11%）等。广场空间中遮挡阳光的主要问题是建筑物，旧金山的广场调查表明47%的城市广场空间在秋季的午间时分处于建筑的阴影中。1984年，旧金山市投票表决并通过了一项法律，禁止新建那些在公共开放空间“日出后一小时至日落前一小时投下大片新的阴影”的建筑物，保证公共空间环境阳光充足，促进更多的户外活动；也为广场内植物的生长提供良好的环境。

人们户外活动受“风”的影响是不容忽视的，过大的风速会使人不愿停留，尤其在广场的开阔空间中会夸大这种感受。数据表明：风速<1.78m/s，行人没有明显感觉；风速为1.78 ~ 3.57m/s，脸上感到有风吹过；风速为3.75 ~ 5.81m/s，风吹动头发、撩起衣服、展开旗帜；风速为5.81 ~ 8.49m/s，风扬起灰尘、干土和纸张，吹乱头发；风速为8.49 ~ 11.62m/s，身体能够感觉到风的力度；风速为11.62 ~ 15.20m/s，撑伞困难、头发被吹直、行人无法走稳。

根据上述风速调查，旧金山市在1984年的设计中提出：主要供步行的区域内舒适的风速是4.90m/s，公共休息区域是3.12m/s。同时，当广场遇到高层建筑时，又会发生反折风进一步降低环境的舒适性。例如城市盛行风的方向与街道走向一致，则会由于“狭管效应”，使风速加大。

自然环境中除上述“阳光”和“风”对广场环境有很大的影响外，“温度”也起到重要作用。人们经常根据温度的差异，将北方的广场称为寒地城市广场，是指冬季漫长、气候严酷的寒温带和中温带（即最热月的平均气温在摄氏10℃以上，最冷月的平均气温在摄氏0℃以下的地区）的广场。寒地型城市人们的户外活动多为半年，有的甚至还要低于半年，所以要比温暖地区的广场要求更多的阳光和避风。瑞典的一项研究表明，在避风和有充足日照的条件下，人的舒适温度底限是11℃，而在阴影下则是20℃。

各种适宜的自然环境给广场带来了活动的条件，作为广场要素的“绿地”因自然条件中光照、温度、风、湿度等条件配合，植物的生长将更加茂盛，将净化环境、调节温度、创造良好的小气候等作用发挥得更为突出。克莱尔·库珀·马库斯在《人性场所中》定义广场是一个主要为硬质铺装的、汽车不能进人的户外公共空间，绿化区面积不能超过硬质铺装面积，否则该空间应称为公园；绿地面积成为了广场与公园区分标准，虽然此种定义模糊并具有一定的局限性，但却客观地反映了绿地在开放空间中重要的作用。广场的本质在于它的公共性、开敞性，不能用绿地面积与铺装面积的大小来决定。从现代广场的很多例子发现，绿地面积的提高并没有削弱广场的活动，反而有助于人们的停留、休息，如设计手法中“树阵广场”，既提高了绿地率、创造了适宜的环境，又满足了集会、休闲的功能。中关村广场设计中就应用了“银杏”形成广场空间。

2. 广场社会环境生态原则

广场建设过程中的社会环境主要是指本地区的民俗文化、居民的人文素养和精神面貌状态等，对社会起到良好的、积极的引导作用。城市广场上举办的各种展览、民俗庆典表演等有助于本地社会环境生态的建立，如北京天门广场的国庆摆花以每年的重大事件为主体设计的花坛，不仅吸引了大量的游客，也让市民感受到欣欣向荣的新气象，增强了民族自豪感。

（四）尺度适配原则

城市广场的尺度在发展中起伏变化，西方古希腊的广场注重尊重人的尺度，广场规模较小；到了古罗马广场为了体现君权加大了广场的规模，注重构图；中世纪的广场形式自由，规模小、形式多样；文艺复兴时期、古典主义时期，专制色彩浓重，广场严格遵循平面形式、注重透视，规模区域宏大。现代的广场形式更加丰富多彩，在城市中出现了小规模、广分布的现象，提供了更广泛的市民需求；与此同时，在我国某些地区也出现了很多以“人民广场”为题，具有强烈政治展示功能的、超大规模的、不符合人的尺度的广场，出现了大量空旷无人的广场，夏季的炎热和冬季的寒冷在这原本开放的空间被夸大。对比国内外广场的规模可以看出，西欧各国家的广场面积多在 $5hm^2$ 以下，而我国部分广场面积要超过 $10hm^2$，空间感被削弱，人的活动显得无力。根据历史进程中城市广场的规模，有些学者认为广场用地一般都应在 $5hm^2$ 以下，规模适当，尺度宜人。

以城市的角度看广场，广场的功能、形式、数量、规模等要有一个综合的定位，其中广场的规模要与其服务的人群数量相对应。很多学者应用城市人口来确定广场规模，常用的标准为：城市广场用地的总规模按城市人口人均 0.07 ~ $0.62m^2$ 进行控制；单个广场的用地规模按市级 2 ~ $15hm^2$、区级 1.5 ~ $10hm^2$ 控制。

从理论上讲，单个广场的规模和尺度应结合围合广场的建筑物尺度、形体、功能以及结合人的尺度来考虑。广场过大有排斥感、广场过小有压抑感，尺度要适中。据专家研究，人的视觉所能看清的最大距离为 1200m，广场空间的控制性尺度不宜超过这一数值，以避免空旷感，最好是小于建筑高度的两倍；最小尺度不宜小于周边建筑物的高度，避免压抑感。《城市设计学——理论框架应用纲要》一书指出，除绿化休闲广场外，城市广场最佳视点距离应小于 300m（可理解为广场规模控制在 $9hm^2$ 以内），可以产生均衡，空间感较好；绿化休闲广场可控制在 600m 以内，广场越开阔越好。而适宜的广场规模，克里斯托弗·亚历山大认为，为使活动保持集中，广场尺度要小些。他认为一个大约 14m × 18m 的广场可以使公众生活的正常节奏保持稳定。

从广场内部空间的设计来看，可以有主空间、亚空间的分类。日本芦原义信提出外部空间设计中采用 20 ~ 25m 的模数，他认为：“关于外部空间，实际走走看就清楚，每 20 ~ 25m，或是又重复节奏，或是材质的变化，或是地面高差有变化，那么即使在大空间也会打破其单调……”很多调查也表明 20m 左右是一个舒适的人性尺度。规模超大不符合需求的广场，通过小尺度的改造也会获得宜人的效果。

（五）人本原则

城市文明的发展使得人们越来越尊重环境、生命等客观事物，以及尊重他人和自我尊重。“以人为本”的设计原则是人类探索生命价值的集中表现。以人为主体感受一个聚居地是否适宜，主要是指公共空间和当时的城市机理是否与其居民的行为习惯相符，即是否与市民在行为空间和行为轨迹中的活动和形式相符，即以行为心理学为依据，进行广场设计实践。

根据著名心理学家亚伯拉罕·马斯洛关于人的需求层次的解释，可以把人在广场上的行为归纳为四个层次的需求。

1. 生理需求

即最基本的需求，要求广场舒适、方便。人在空间中向往自然的需求是无法改变的，城市中密集的人口，使得人们的心理渴望更多的蓝天、绿树，甚至自然界中的各种动物，所以现代广场设计已不再固守传统的完全大量的硬质空间，而出现了大量的“公园式广场”。另外，广场中设置舒适、多样、大量的座椅是非常重要的，研究表明，一个广场的利用率与广场座椅的数量多少成正比。

2. 安全需求

要求广场能为自身的“个体领域”提供防卫的心理保证，防止外界对身体、精神等的潜在威胁，使人的行为不受周围的影响而保证个人行动的自由，这也是人们在选择座椅时常会选择后背有所依靠的座位。其心理的安全需求主要表现为“个人空间”“领域性”“私密性”。

3. 交往需求

交往需求是人作为社会中一员的基本需求，也是社会生活的组成部分。每个人都有与他人交往的愿望，如在困难时希望能在与人交往中得到帮助，在孤独、悲痛时希望能与人在交往中得到安慰与分担，在快乐时希望能在交往中与人分享。每个人的选择都有可能不同，不能想当然，一定要认真地调查研究；公共空间需要多种设施，从而满足不同的需求；人们的社会属性决定了交往需求的必要性。

4. 实现自我价值的需求

人们在公共场合中，总希望能引人注目，引起他人的重视与尊重，甚至产生想表现自己的即时创造欲望，这是人的一种高级精神要求。

城市广场中存在“人看人”和“边界效应”现象。所谓“人看人”是指广场中流动的人群成为一种景观，纳入休闲者的广场活动内容；“边界效应”则是由心理学家德克·德·琼治提出来的，他指出森林、海滩、树丛、林中空地等的边缘都是人们喜爱逗留的区域，开敞的旷野或滩涂则无人光顾，边界线越是曲折变化多，作用就越是明显。

（六）多样性原则

现代广场的发展趋向于多元化，展现出一种全方位的多样性。在设计中经常会涉及的有空间层次、植物造景、审美标准三方面的多样性。

广场分类中，从剖面的形势将其分为平面型和立体型（上升型和下沉型）广场，从而将规模较大的广场进行分割，创建宜人的尺度和多层次的景观。北京西单文化广场的三层广场空间、重庆人民广场下沉剧场、上海静安寺希腊式露天剧场等都应用了立体式设计。

广场立体空间的多样性也促进了植物造景的多样化。早期广场设计中多是不应用植物元素的，以集聚为中心功能的广场硬质空间占据了所有的空间。随着人们对生态环境的重视、对自然的需求本性、对景观丰富度的提升等情况，植物在广场中的应用日趋广泛。从植物类型上，设计应用包括草坪、花境、灌木丛、疏林草地、密林等；从配置形式上，设计有散点式、行列式、密集式等。丰富的植物创造了广场中多样的小空间，能充分地满足人们休闲的需求。

另外，广场的多元化还表现在人们审美标准的多样性和多变性。北京大学叶朗先生在现代美学体系中，将审美形态分为崇高、优美、荒诞、悲剧、滑稽等几个类型。所谓“崇高”，美学家康德对“崇高”进行了深入的研究，认为崇高对象的特征是无形式，即对象形式无规律、无限制，具体表现为体积和数量无限大（数量的崇高），以及力量的无比强大（力的崇高）。在广场的表达中可以看出，市政广场多为这一类型，如天安门广场、罗马圣彼得广场。所谓“优美”，古希腊的毕达哥拉斯学派认为图形中最美的是球形和圆形，中世纪意大利的托马斯·阿奎则认为优美的形象需要具有完整、和谐、鲜明三要素，法国作家雨果说美是一种和谐完整的形式，中国的姚鼐将美分为阳刚之美和阴柔之美两种风格。综合各国文化对优美的共同理解，发现完整与和谐是优美的基本表现。威尼斯圣马可广场以其悠远的海上意境、变换的复合空间、精美的广场建筑群和标志性钟塔，被后人誉为欧洲中世纪最美的城市客厅。所谓“荒诞”，现代城市广场中也有一些广场为了刺激视觉、引起注意或有特殊的纪念意义，而建成怪异的、离奇的空间。

（七）文化原则

世界各国经过几千年历史的发展与变革，都形成了有异于别国的文化，甚至在同一国家也会在不同地域有不同的风俗传统。城市广场的建设是立足于本地文化、体现地区特色、服务于本地居民的空间，广场的设计就应易于被市民接受，并可以引起共鸣、为此自豪或感到舒适、有归属感。

南阳卧龙文化广场是国家一级文物保护单位，广场设计采用“三国地图”，“南阳”位于核心，设立一华表立柱，其上摹刻《前出师表》；还利用河流“黄河”和“长江”做成“曲水流觞”和“入海口”处的音乐喷泉、南阳西峡恐龙蛋昭示“龙的故乡”“诸葛亮为卧龙”——取“卧虎藏龙”之意等，充分体现本地深厚的文化底蕴。此外，西安的大雁塔广场采用了唐文化；广东新会市冈州广场营造的是侨乡建筑文化。

（八）特色性原则

城市广场的地方特色既包括自然特色也包括其社会特色。

自然特色是指不同的自然环境形成设计的基底，如寒地广场的“冰雪”特色、滨水城市的“水”特色或各地区的“地方性植物”特色等，都塑造了城市广场独特的景观，如济南泉城广场以齐鲁文化为背景，体现的是“山、泉、湖、河”的泉城特色。

社会特色主要是指地方社会特色，即人文特性和历史特性，具体设计应用时可包括地域性特色和时代性特色。法国卢浮宫广场鲜明的历史与现代对比协调特色，令人震惊。它位于 $2.57hm^2$ 的拿破仑庭院中，长 227m、宽 113m。卢浮宫的建设先后经历近六百年，跨越了中世纪到近现代的漫长路程，成为由不同建筑风格组成的艺术精品。1983 年法国总统密特朗委派贝聿铭进行卢浮宫的改扩建设计，他在广场中间设计了“金字塔形”、透明玻璃的构筑物，实体上形成了与传统建筑的极大反差；但从精神角度来看，既尊重了历史文化，又充分表达了新建筑的时代特征。从与城市融合的角度设计，卢浮宫广场向西自然融合成了一个“U”形的广场，沿轴线有节奏地出现玻璃金字塔、交通转盘、小凯旋门，形成了城市的轴线。

四、城市广场空间设计

城市广场空间设计是其总体设计的核心内容。功能主义认为城市广场的存在是为了满足城市生活需要而形成的具有展示功能、集散功能、交通功能、休闲功能的空间；从美学角度来看，城市广场作为“城市的客厅”一定要有相当的审美标准；从生态学角度来看，城市广场肩负着开放空间促进空气流通、增加绿色生态等任务；从人类行为角度来看，城市广场要满足城市居民的多种行为需求、各类空间需求等。多重需求使得城市广场的品质较难定论，通过很多学者对人类活动和一系列的广场研究，提出共同的空间标准：良好的空间围合性和方向性能够让人获得良好的感受。

（一）广场的规模

在尺度适配原则中已详尽地描述了广场规模尺度的标准，可以总结如下。

（1）城市广场用地的总规模按城市人口人均 0.07 ~ 0.62m^2 进行控制；单个广场的用地规模按市级 2 ~ 15hm^2、区级 1.5 ~ 10hm^2 控制。

（2）广场最大距离为 1200m。

（3）最佳视点距离应小于 300m，休闲广场规模控制在 9hm^2 以内。

（4）最小尺度不宜小于周边建筑物的高度，以避免压抑感。

（5）居住区周边广场 14m × 18m，可以使公众生活的正常节奏保持稳定。

（6）广场内部空间 20m 左右要有所变化，保证空间丰富、多样、有趣等。

（二）广场的空间形态

城市广场从空间形态上根据基面（广场底面）的变化，分为平面广场、立体广场。立体广场常有上升广场、下沉广场两种表达，从而获得不同的空间感受。平面广场舒展、开阔，有扩大空间的效果；上升广场空间高、视野开阔、利于形成纪念空间；下沉广场空间围合性好，形成独立、安逸、休闲的场所。

广场的平面形式有规则、不规则两种。正方形、矩形、圆形、椭圆形、梯形、三角形广场都属于规则型广场。不规则的形式则多种多样，常因周边建筑、道路等要素以确定遗留下的不规则空间。

规则型广场空间比较容易形成稳定的构图、明确的平面归属感，人们容易了解掌控，如苏州工业园区世纪广场由规则的方形和椭圆形组成，但此类型广场会让人觉得单调乏味。

不规则型广场空间灵活性较大，可由多种图形共同组成广场群，常给人以不同的感受，比较容易引起人们的兴趣，如北海市北部湾广场；但过于夸张的形式变化也会引起焦躁不安的情绪。

无论是规则型还是不规则型，在现代城市广场中出现了“直线”与“曲线”形态的表达。研究表明由直线构成的规则型广场缺乏亲人的感受；曲线的变化更容易令以休闲为主的人群接受，给人一种自由随意、轻松愉快的感受。

从广场的立面形式上来看，组合则是多种多样的空间，多数的立体广场既包含上升广场，又包括下沉广场。在表面是平面广场的基础上，还可以附加中心下沉广场、周边下沉广场、中心上升广场、周边上升广场和复合型立体广场。如北京西单文化广场则属于复合型立体广场，包括中心下沉广场、平面广场、周边上升广场三大部分。

（三）广场的空间围合与开口

良好的空间围合可提高空间的品质，在广场空间的营造中利用道路、建筑和植物等都能够构成围合空间。与广场空间的围合相对应的是开口,广场的开口越少则围合性越好;反之则会缺少良好的围合。

1. 广场与道路

传统的城市广场是以建筑围合为主,少有道路直接包围、穿过广场,既便有道路通过,也常以骑楼式建筑保护空间的完整性。现代广场则由于现代交通的需要,广场被道路分割、围合,甚至出现了专门的交通广场。

当道路围合广场(道路指向广场),广场的围合会大于或等于开口,空间基本稳定,此种情况广场一定要注意设计上层和下层交通,即要设计天桥和地下通道,保证人流交通顺畅、舒适。当道路穿越广场,广场的围合小于开口,空间不稳定,此时广场只能做交通广场或暂时的停留空间,更应该注意交通组织,保证人流安全,不适合作为人流聚集场所。当广场位于道路一侧,此时广场空间最为稳定,与建筑的关系更稳定、密切,围合性较好,人们进行聚会、休闲等活动能获得舒适无干扰的空间。

2. 广场与建筑

广场的空间构成最主要的要素就是建筑。建筑所在的位置、建筑的高度、建筑到广场中心的距离等都要仔细考虑,才能够获得围合性和方向性好、空间品质优秀的广场。

建筑所在的位置可以成为广场的主体,控制广场;可以形成广场主体雕塑的背景,强化主题;可以居中帮助空间创建方向性;可以围合形成空间基底;可以介入成为主体,分割空间;可以纵深强化轴线,引人探究;可以在建筑前加长廊退隐,形成黑白灰明确的三层空间;建筑创造的空间形式丰富多样、特色各异。

建筑的高度和观赏的距离还可以用观赏角度来表达,研究表明:建筑的高度与广场的空间关系密切,当建筑实体的高度(H):观赏距离(D)在1:2～1:3时,视点的垂直角度为18°～20°是最好的观赏实体角度,高于或低于这个范围,人们的感受就变得复杂多样了,见表6-3。

表6-3　广场空间尺度表

H:D	垂直视角	视觉实体	广场空间	建筑观赏	人的感受
<1:1	<45°	清晰的细节观赏	空间封闭	无法观看建筑全貌	有压抑的感觉
1:1	45°	看清实体细部	全封闭广场最小宽度	观看建筑单体的极限角	有内聚、安定、不压抑的感觉
1:2	27°	看清实体整体	空间界线封闭,广场宽度最大	完整地观赏周围建筑	有内聚、向心感,无排斥、离散感
1:3	18°	看清实体的整体和背景	最小的封闭空间	观看群体全貌的基本视角	有空间排斥、离散的感觉
1:4	14°	实体的整体和背景等分景观	无封闭感,空间开放	观看建筑轮廓	有空间排斥、离散、空旷的感觉
1:6	9°	背景天空为主要景观	空间非常开放	观看建筑轮廓,建筑渺小	有明显的空间排斥、离散、空旷感,有无法穿越、疲劳之感

3. 广场与绿化

城市广场的设计中，植物也是塑造空间的重要要素。现代城市广场边界由于道路带来的干扰，完全可以用植物来缓解、阻挡。

从宏观角度来研究，绿化植物所形成的空间可以分为两种：其一，植物周边围合，形成基本完整的广场空间；其二，植物局部围合，形成良好的私人空间。

从微观的角度来看，所指的具有围合作用的植物多是应用了乔木、灌木，很少用单纯的草坪或花坛。不同植物的组合则可以达到更好的效果，乔木、草坪形成的疏林草地围合，既可以消除交通噪声，又有良好的通透性；乔灌草组合，则可以完全隔断与外界的联系，空间安静、私密。如苏州金鸡湖广场中用灌木围合小尺度空间，满足了人们不同的休闲需求，既可以观赏周围景观，又可以不受干扰。

（四）广场的空间方向性

广场空间如果缺乏围合性，就应该增强其方向性，使广场空间有归属感。广场的方向性主要是指广场所具有的向心性和轴向性。具体的设计手法有两种。其一，应用正方形、圆形、椭圆形、三角形等具有明显向心性的广场平面形式，或者应用矩形、梯形等具有轴向性的广场平面形式。其二，应用具有意义的标志物，即应用建筑、雕塑小品、铺装、水体等要素以体量、色彩、造型等形成空间的三维中心，从而主导方向；在复合型广场中，每个亚空间都有可能有自己的三维中心。

标志物所形成的三维中心位置是多样的，主要可以分为如下几种。

1. 中心标志物

位于广场的中心，可应用建筑、雕塑小品、水体等要素，也可将各要素组合成一体，有庄严、肃穆之感。如以商业楼为中心的榕城广场。

2. 中轴标志物

位于广场轴线上，使组合形成序列，引导轴线，强化中轴。

3. 偏心标志物

偏离广场中心，可应用建筑、雕塑小品、水体、灯、标示牌等要素，形式活泼多样。如剑桥屋顶广场上白色建筑小品的设计，使空间形成轻松舒适的休闲环境。

4. 底面标志物

在广场平面上应用各种铺装图案强化向心性，或应用标志图案强调主题。如日本筑波科学城中心广场应用椭圆图形配合下沉广场形成广场的三维中心。

五、城市广场绿地规划设计

城市广场发展从早期开阔的空地，到包括建筑物、道路、山水、绿地等要素组成的开阔的公共活动空间，广场的内涵在不断地丰富。其中，绿地要素是在城市生态环境的逐渐恶化过程中被城市建设者作为解救城市环境的关键而备受重视的。城市广场中绿地所占比例增加的趋势明显，形成了很多公园式广场（绿地率占广场面积的50%以上），使得广场绿地规划设计和公园绿地规划设计的相通之处越来越多，然而由于其特定的功能和服务项目，广场绿地规划设计还有着自身的设计要求。

（一）城市广场绿地设计原则

城市广场绿地设计需要明确绿地在广场中所发挥的重要作用。其一，绿地发挥着生活必需品的作用，它是生活在广场周围混凝土空间中的人们的自然、氧气补给室。其二，绿地是帮助划分广场空间、满足人行为需求的生态分隔材料。其三，绿地所贡献的氧气、湿度、温度等生态元素，帮助改善着周围的环境。其中，前两者是广场绿地的核心作用，后一者则是起辅助作用，它在公园绿地设计中的作用则更为显著些。设计原则要以充分发挥绿地的作用为目标，在城市广场设计的总原则基础上总结如下。

1. 和谐统一原则

广场绿地布局应与城市广场总体布局统一，成为广场的有机组成。

2. 优势配合原则

绿地的功能与广场内各功能区相配合，加强该区功能的发挥。如在设计有微地形的场地上种植不同的植物类型，使高度空间感受不同；阴坡、阳坡适合不同的植物生长，可增加植物的多样性；在休闲活动区，尤其是在设置有座椅等休息设施的地方，选用以落叶乔木为主，冬季的阳光、夏季的遮阳有助于户外活动的开展。

3. 多元空间原则

不同的绿地组合形式可以帮助组成不同的空间，较典型的是：广场周围种植乔灌草复合结构，可以帮助更好地隔离广场周围的喧嚣，创造安静、围合的空间；周围种植疏林草地则可以部分地阻挡噪声，在乔木树干部空间虚隔周围环境等。

4. 突出特色原则

在城市绿地中植物的选择应多为乡土树种，选取抗性和耐性强、树姿优美、色彩艳丽的树种，应用于城市建设中。广场绿地树种的选择也应有此原则，但广场多位于城市的中心区或区中心等焦点地区，要求有更强的展示性，除了乡土树种的应用外，还要注意多种姿态优美的园林树种的配合应用。

5. 生态发挥原则

城市广场是城市公共空间的重要组成，除了作为“城市的客厅”外，还承担着帮助空气流通、创造良好小气候的功能。

6. 保护优先原则

对于广场原址上的树木应尽量保留，尤其是大树、古树，它们将成为广场空间的重要组成部分，表达着对自然、人文、历史的尊重。

（二）城市广场绿地种植设计形式

城市广场绿地的植物搭配多种多样，种植形势分为规则式和自然式。

规则式主要是指将植物整行、整列或按照几何图形均匀种植在土地或是花坛、花盆中，可以是同一树种，也可以应用多种植物进行种植，如广场中常用的树阵广场植物配置。

自然式主要包括两种种植情况，其一是将植物按照自然生态形式进行模拟自然种植；其二是以景观美学为标准，进行树木造境的配置。

通常在广场的绿地规划设计中，规则式和自然式的设计形式经常配合应用，常用的设计手法如下。

（1）以自然式的种植包围广场、以规则式的种植配合广场中心、道路边缘等。

（2）以规则式的植物种植配合草坪包围广场，以自然式种植加以点缀。

（3）单独应用规则式或自然式种植植物。

（三）城市广场树种选择原则

城市广场中绿色植物的生命力给广场增添了无限生机，也成为广场设计、养护中重要的对象，植物的生长要注意场所的土壤、光照、温度、空气等自然条件，植物的选择与环境的配合非常重要。

广场环境中，土壤常因被碾压造成了结构破坏或者土壤中掺杂了很多的建筑垃圾；空气中掺杂了烟尘、汽车尾气等有害气体，其中包括二氧化硫、一氧化碳、氟化氢、氯气、氮气、氧化物、光化学气体、烟尘、粉尘等，植物要有较强抗性和较好的吸附能力；光照条件在高大建筑的围合下不利于植物的生长等。考虑到诸多的不利条件，植物选择时要应用生长健壮、无病虫害并抗病害、无机械损伤、冠幅大、枝叶密、耐旱、耐瘠薄、耐修剪、具有深根性、少落果和飞毛、发芽早、落叶晚、寿命长的植物；同时设计时还要注意避免使用一些有害的植物。

第七章 园林建筑及小品设计

园林建筑的种类很多,如堂与厅、楼与阁、轩与馆等。涉及的内容也很多,有古建筑学的、民俗学的、社会学的、美学的等,由于本书篇幅的限制,这里不一一详述,重点将建筑小品设计加以述说。

第一节 园 亭

亭是我国传统的园林建筑之一,也是我国古典园林建筑中的一朵奇葩。亭的历史悠久,造型独特,是极具魅力的一种园林建筑,历来被广泛地使用在多种园林绿地中。不论在自然风景区或城市园林绿地,还是在古典或新建公园中,都可看到各种各样的亭子悠然伫立,为自然山川增色,为园林添彩,起到其他园林建筑无法替代的作用。

一、亭的特点

(一)功能

在功能上适于满足园林游赏的要求,可点缀园林景色,可作为游人休息凭眺之所,可防日晒、避雨淋、消暑纳凉、畅览园林景色,成为园林中休息览胜的好地方。

(二)造型

亭的形态丰富多姿、轻巧活泼,集中地反映了我国古典建筑的优美独特的造型,亭的造型丰富,在园林中更增加了园林景致的诗情画意,丰富了园林景物的内涵,亭成为园林中风景构图的重要内容。

(三)体量

亭的体量随意,大小自立,亭在园林中既可作园林主景,也可构成园林局部小品,如北京景山公园五亭(辑芳亭、富览亭、万春亭、周赏亭、观妙亭)气势雄伟,构成该园主景;又如北京颐和园的廓如亭,为八角形平面、三排柱的重檐亭,面积约 $250m^2$,高约 20m,其体量之大是国内罕见的;而苏州怡园的螺亭,面积仅为 $2.5m^2$,高约 3.5m,设在小假山之巅,其体量虽小,却与所处的环境十分协调,成为园林局部的构图中心。因而亭的体量大小随意,可因地制宜,适于各种造景之需。

（四）布局

亭在园林布局中的位置的选择极其灵活，不受格局所限，可独立设置，也可依附于其他建筑物而组成群体，更可结合山石、水体、大树等，得其天然之趣，充分利用各种奇特的地形基址创造出优美的园林意境，正是“花间隐榭，水际安亭”“惟榭只隐花间，亭胡拘水际。通泉竹里，按景山颠，或翠筠茂密之阿，苍松蟠郁之麓；或借濠濮之上，……亭安有式，基立无凭”。

亭不仅适于城市园林，即使在自然界的高山大川，也能极尽其妙。如庐山的含鄱亭，岳麓山的爱晚亭，云南石林的望峰亭，都达到画龙点睛之妙。

（五）装饰

亭在装饰上繁简皆宜，可精雕细琢，构成花团锦簇之亭，也可不施任何装饰构成简洁质朴之亭，如北京中山公园的松柏交翠亭，斗拱彩画全身装饰，可谓富丽堂皇也；而成都杜甫草堂中的茅草亭，不施装饰，朴素大方，别具一格。近年来，新建的钢筋混凝土亭，外形仿自然树皮、仿竹皮等，更具有淡雅之调，故亭在装饰风格上，可谓“淡妆浓抹总相宜”。

（六）结构材料

亭的结构繁简不一，但一般而言是比较简单的。即使传统的木结构亭，施工上较繁杂些，但其各部分构件仍可按形预制而成，使亭的结构及施工均较为简便，造型经济。尤其是亭的建造，适于采用各种地方材料，如木材、竹材、石材、钢材以及玻璃钢等。

二、亭的构造

亭的平面形状和屋顶形式决定了亭子的造型。亭的构造变化多样，自由灵活，绚丽多彩。现以攒尖顶亭为例介绍亭的一般构造。

亭子的立面构成分为屋顶、柱身、台基三个部分。台基，随境而异；柱身，一般空灵；屋顶，形式丰富，结构独特，而特种屋面曲线及其起翘手法——发戗，更是中华民族魂的建筑语言符号的象征模式，是亭子外形表达上较为复杂的部分。如图 7–1 所示的攒尖顶亭，由于屋顶无正脊，只有无数条垂脊交合于顶部，再覆以宝顶；其屋面曲线复杂，由纵向曲线与横向曲线相结合，构成一双曲屋面。

亭子的屋面曲线，由于力学与功能上的需要，由凹曲的屋面、向上耸起的出檐发戗和屋脊有机配合而成。且角柱以外的屋顶面积比角柱以内的面积几乎大三倍，为此在屋角外设置专用的角梁来悬挑，并在角梁之上的两个屋面相交处形成的阳角缝隙上筑脊。脊的曲线必与屋面交角的曲线形状相吻合。如图 7–2 所示，为传统屋顶坡度设计参考曲线。

亭子的屋面构造，除桁椽等之外一般铺瓦作脊。多用小青瓦，也有用筒瓦及琉璃瓦，并在瓦底下檐口处置下垂的尖圆形滴水瓦，使亭子的檐口部位形成了细致的花边。如图 7–3（1）所示。现在，亭的屋面也有利用钢筋混凝土现浇或预制结构作成几块薄壳组成，再用水泥作成瓦垄，并将各种局部构件按传统形象作简化处理。如图 7–3（2）所示。

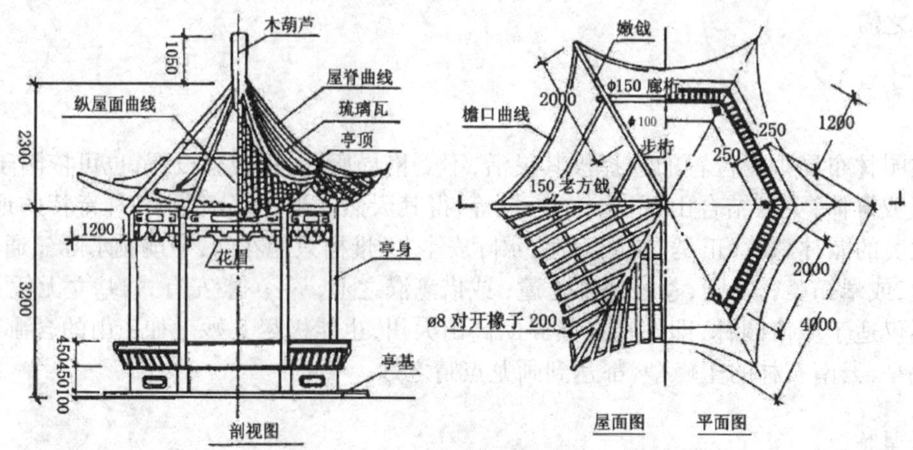

图 7-1　亭的基本构造

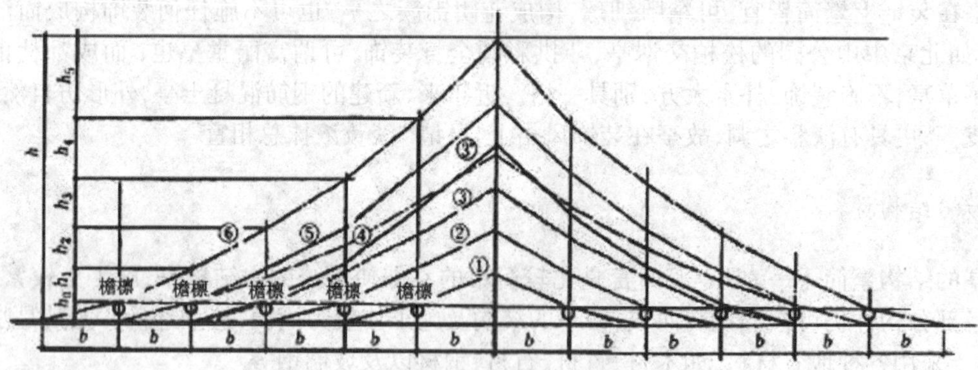

图 7-2　传统屋面坡度设计参考曲线

亭的屋面坡度主要由屋面曲线决定,并与屋面所选用的覆盖材料有关。如图 7-3(1)所示,由于小青瓦做屋面使用的单块材料面积小,孔隙和搭接缝多,故坡度要大些。而如图 7-3(2)所示,由于是采用现浇钢筋混凝土,其抗渗性较好,因此坡度可小些。

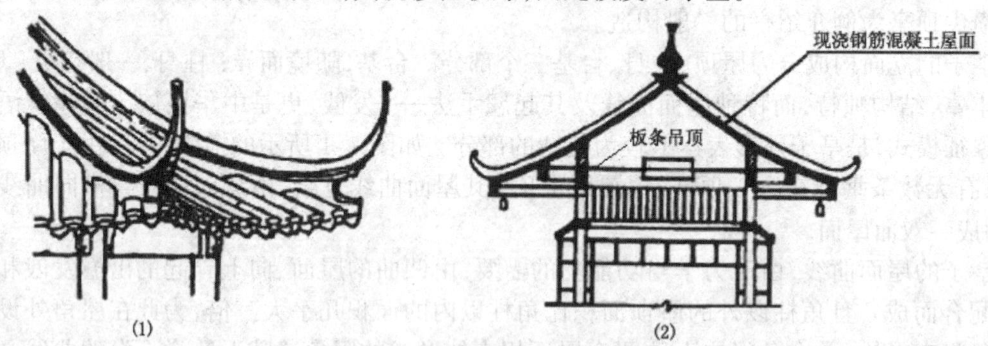

图 7-3　攒尖顶亭的屋面

屋顶曲线包括:檐口曲线、屋脊曲线和屋面曲线。如图 7-4 所示为攒尖顶亭屋顶曲线示意图。现将具体表示方法简述于下。

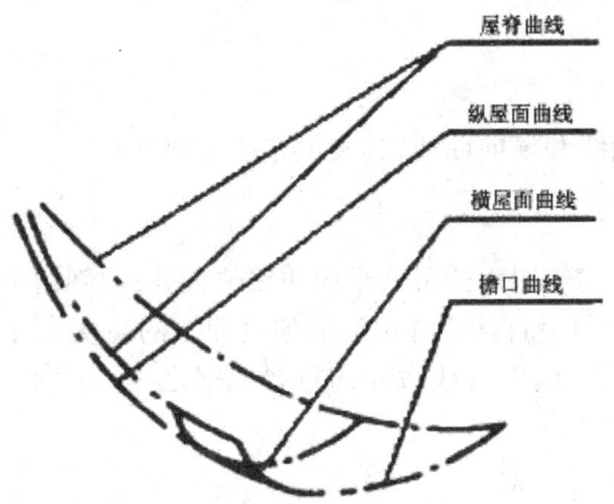

图 7-4　攒尖顶亭屋面曲线示意图

（一）檐口曲线

檐口曲线是由于檐柱逐渐升起和屋角起翘形成的。檐口曲线的立面形状直接取决于屋脊曲线和屋面曲线，而该曲线的平面投影形状，则只须在实际放样时，以建筑角部檐口和屋面最低纵向曲线位置处檐口的尺寸为极限，适当调整就可得到。故对檐口曲线一般不需单独绘出详图表示。

（二）屋脊曲线

屋脊曲线，一般通过屋脊对称面取剖切平面进行剖切、绘出剖面详图表示。并在图上水平距离等分段注出屋脊坡度曲线的高度尺寸和等分段尺寸（以坐标形式标注），以作为屋脊坡度放线大样的依据。如图 7-5（1-1 剖视详图）所示。

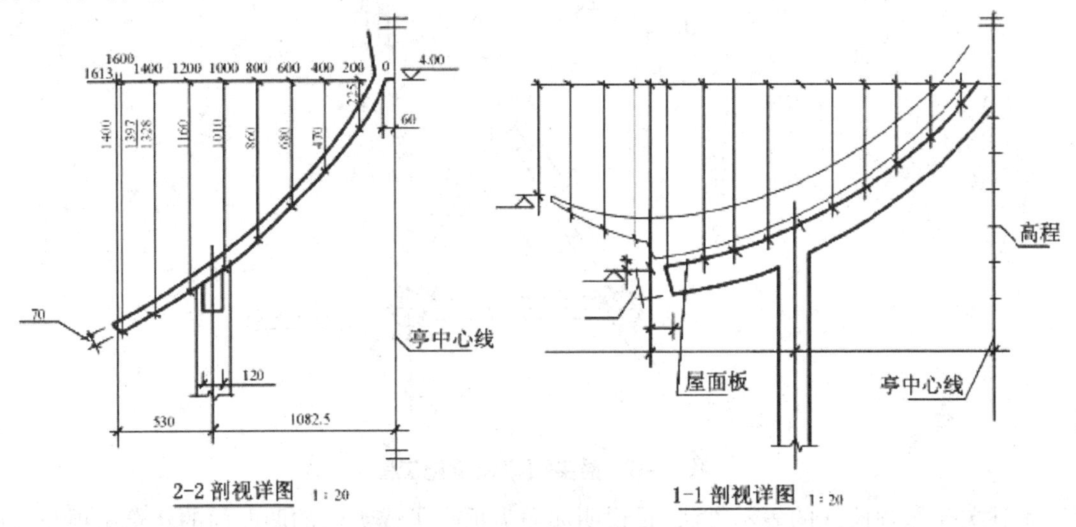

图 7-5　攒尖顶亭建筑施工图

（三）屋面曲线

屋面曲线包括纵向曲线和横向曲线，其表示方法分别是：

1. 纵向曲线

纵向曲线是直接通过建筑屋面的最低纵向曲线位置处，取剖切平面进行剖切，绘出屋面坡度剖面详图表示。并在详图上直接标注出屋面坡度曲线的高度尺寸和水平分段尺寸（以坐标形式标注），以作为屋面纵向坡度放线大样的重要依据之一。具体如图 7–5（2–2 剖视详图）所示。

2. 横向曲线

横向曲线一般可用支承屋面板（或椽子）的桁条的高度曲线来表示。如图 7–6 中的 5– 木桁详图所示。在该详图中，通过“7–7 剖视图”表示出桁条高度曲线的最高、最低极限位置高度尺寸，（见图中分别表示出了桁条的前后两面的曲线最高、最低极限位置尺寸，因为桁条的曲面是由横向曲线和纵向曲线结合组成的曲面）。然后在立面图中，用文字说明该桁条的高度曲线的高度变化按实际放样适当调整，以此来说明和制约该曲线的形成。若屋面不是由屋面板，而是由椽子直接承受屋面载荷，则最好在桁条上搁椽子的每一位置的中线处都标注出高度尺寸及中线间的间距尺寸（即以坐标形式标注），以便直接作为放样的依据。

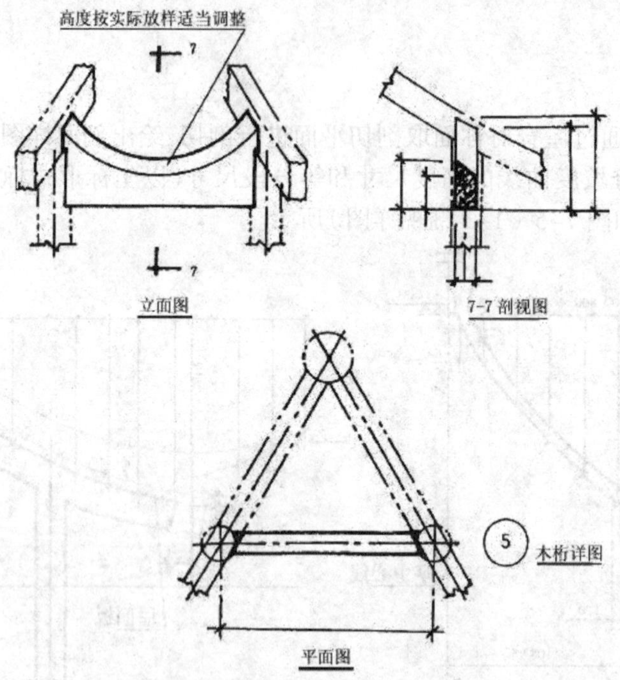

图 7–6　攒尖顶亭建筑施工图

上述关于屋顶曲线的表示方法，是说明如攒尖顶亭子或类似的凹曲面的建筑屋顶与其他建筑物的表示方法不大相同。除上述外，还要注意到亭子结构和构造上的对称，对选择各种投影图的影响，以及其他细部结构。如图 7–7 所示的屋面斜梁断面、花眉、栏杆、座椅等应该画出详图清晰表示。

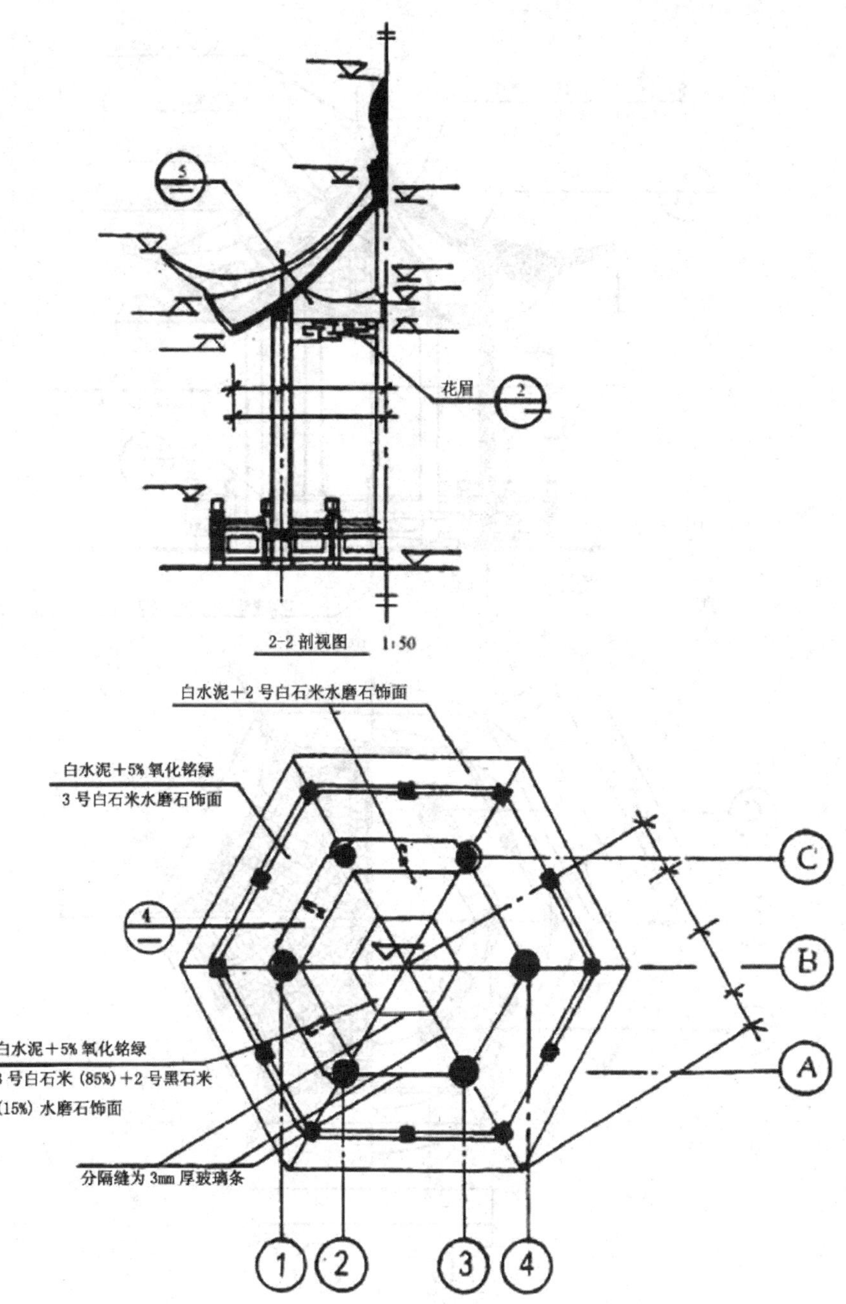

图 7-7　攒尖顶亭建筑施工图

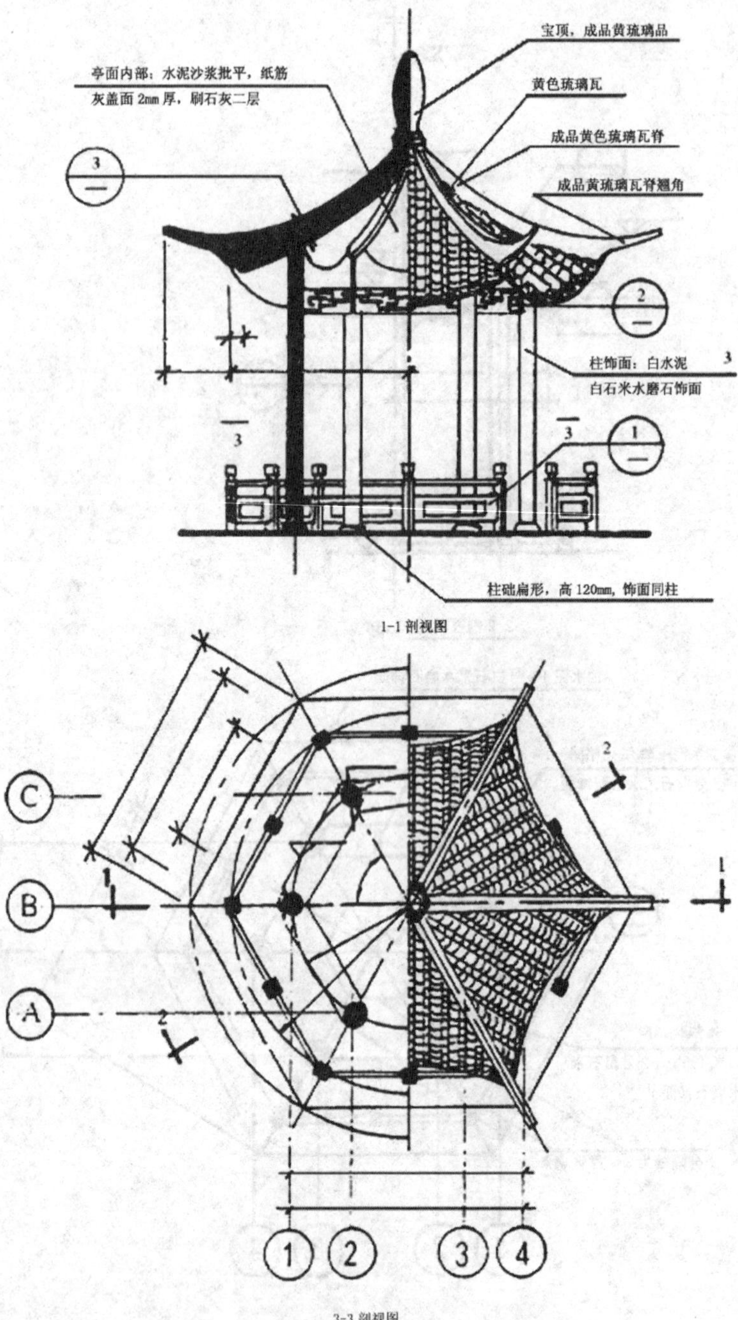

图 7-8 攒尖顶亭建筑施工图

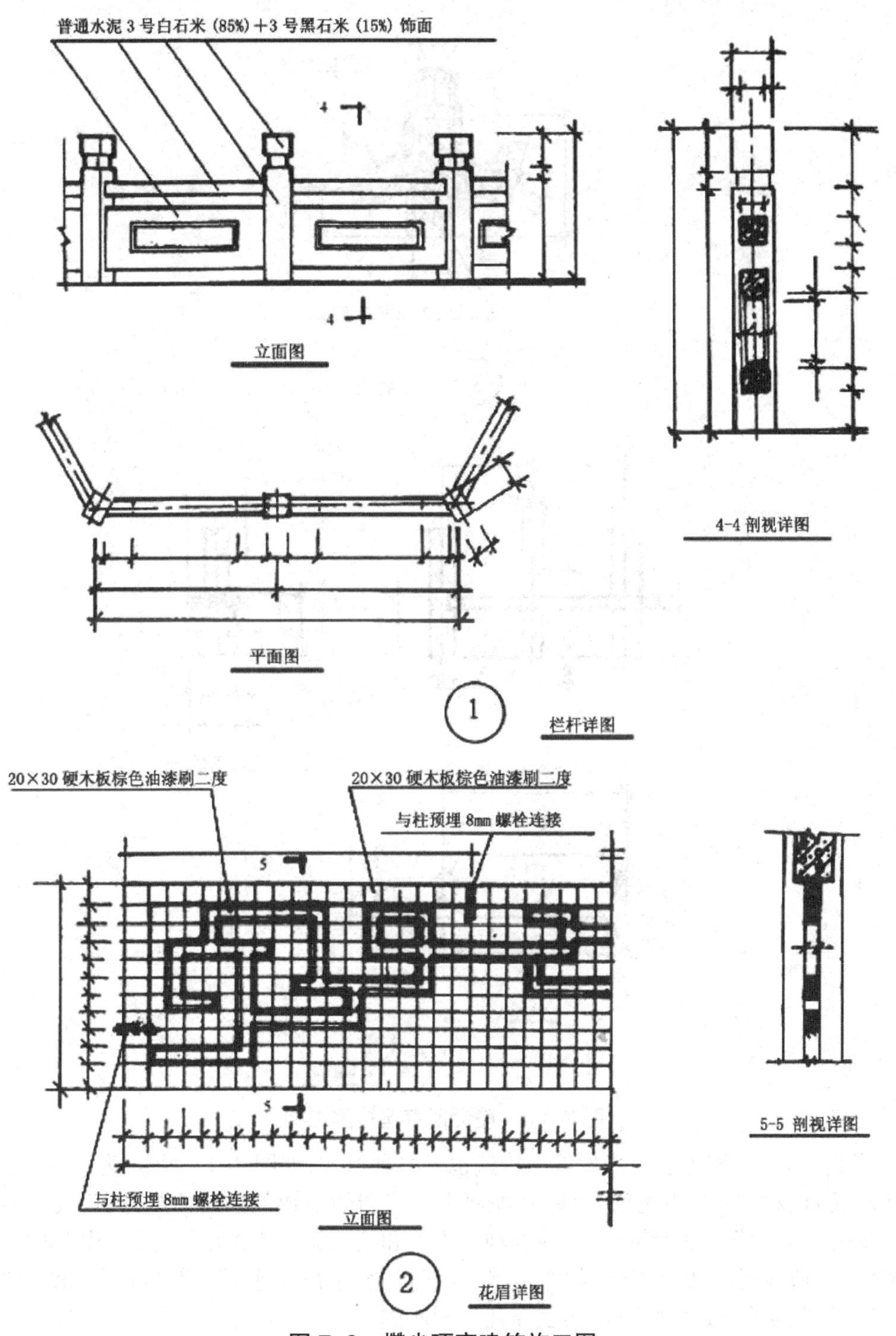

图 7–9 攒尖顶亭建筑施工图

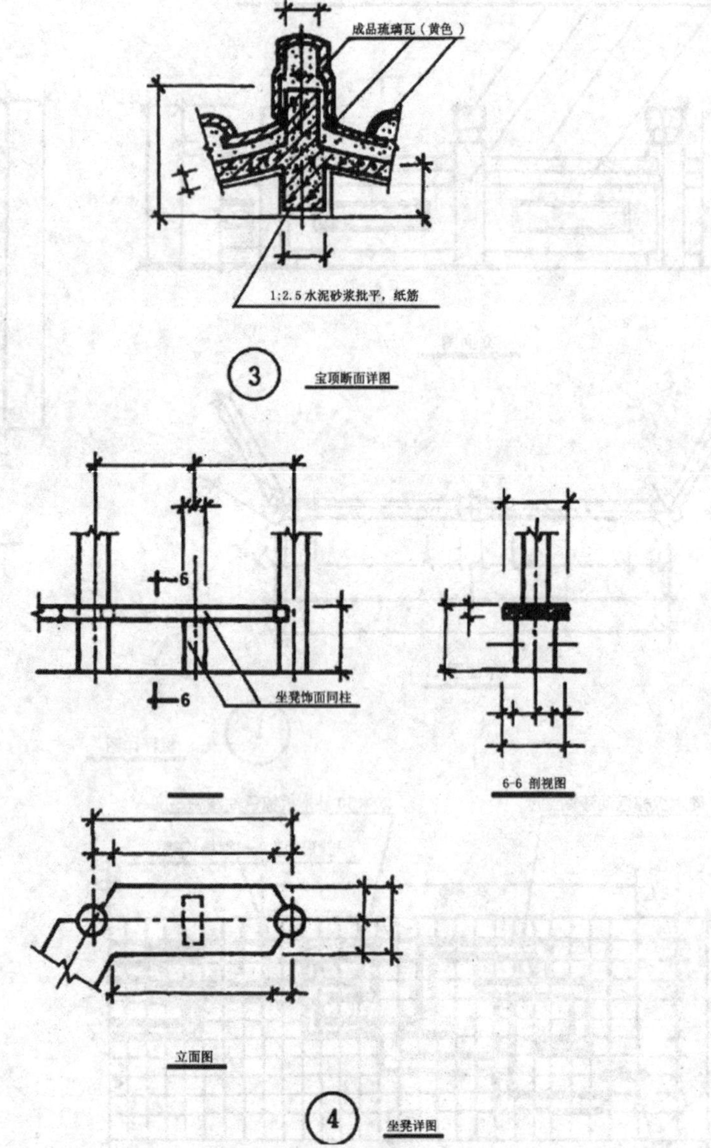

图 7-10　攒尖顶亭建筑施工图

而屋面曲线的起翘方法——发戗的构造也有多种形式，如图 7-11 所示，为水戗发戗（也称做嫩戗发戗）的构造：它由老戗，有时外加斜坐于戗端的小嫩戗插接而成，夹角较大为 160°左右。并在屋面戗脊端部上筑小脊，该脊利用铁板和筒瓦泥灰等做成假脊状，其势随戗脊的曲度而变化，戗端逐渐起翘上弯，形如弯弓状，曲线优美，但屋檐平直。其构造如图 7-12 所示，下为戗座，上为滚筒，做两路出线，再盖筒瓦粉刷而成。

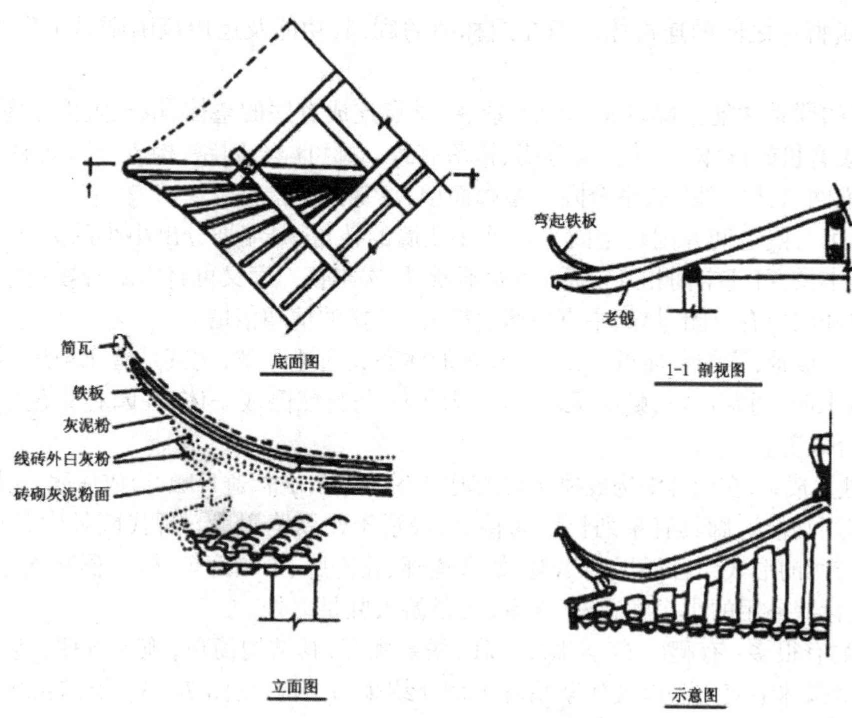

图 7-11　水戗发戗构造

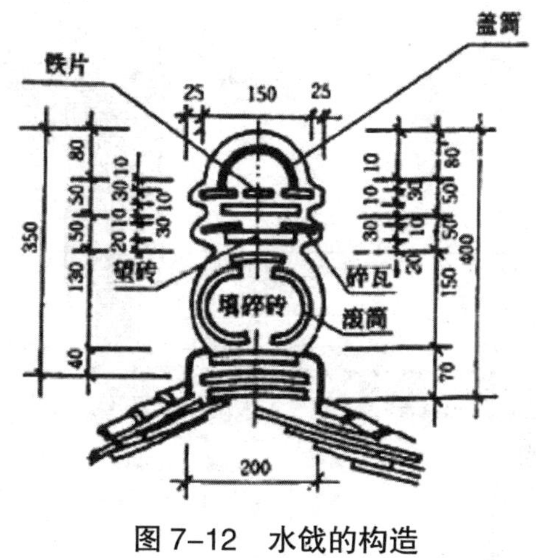

图 7-12　水戗的构造

第二节　园　廊

一、园廊的功能

廊本是适应我国木结构建筑需要，附属于建筑周围，作为防雨的室内外过渡空间，以及作为联系建筑群体之间的连接体。而在园林中的廊，其功能及运用范围则是丰富多彩、变换无穷的。

其一，廊的联系功能。廊将园林中各景区、景点连成有序的整体，虽散置但不零乱。廊将单体建筑联成有机的群体，使其主次分明、错落有致。廊可配合园路，构成全园交通、游览及各种活动的通道网络，以“线”联系全园。循廊而望，尽赏全园景色。

其二，廊可分隔空间并围合空间。常见在花墙的转角、尽端划分出小小的天井，以种植竹石、花草构成小景，可使空间相互渗透、隔而不断、层次丰富。廊又可将空旷开敞的空间围成封闭的空间，在开阔中有封闭，热闹中有静谧，使空间变换的情趣倍增。

其三，组廊成景，廊的平面可自由组合，廊的体态又通透开敞，尤其是善于与地形结合，“或盘山腰，或穷水际，通花度壑，蜿蜒无尽”（《园冶》），与自然融成一体，在园林景色中体现出自然与人工结合之美。

廊也可独立成景，在园林中构成独立的景观中心。可防雨淋、避日晒，形成休憩、赏景的佳境。

其四，实用功能。廊具有系列长度的特点，最适于作展览用房。现代园林中各种展览廊，其展出内容与廊的形式结合得尽善尽美，如金鱼廊、花卉廊、书画廊等，极受群众欢迎。

此外，饮食服务用的小卖廊、茶水廊等，更是游人驻足之处。

廊的种类有很多：有爬山廊、水廊、亭廊、联系廊等，其结构简单，施工方便，造型经济，更适于各种类型园林中使用。以现代联系廊为例介绍廊的结构，见图 7-13 ~图 7-20。

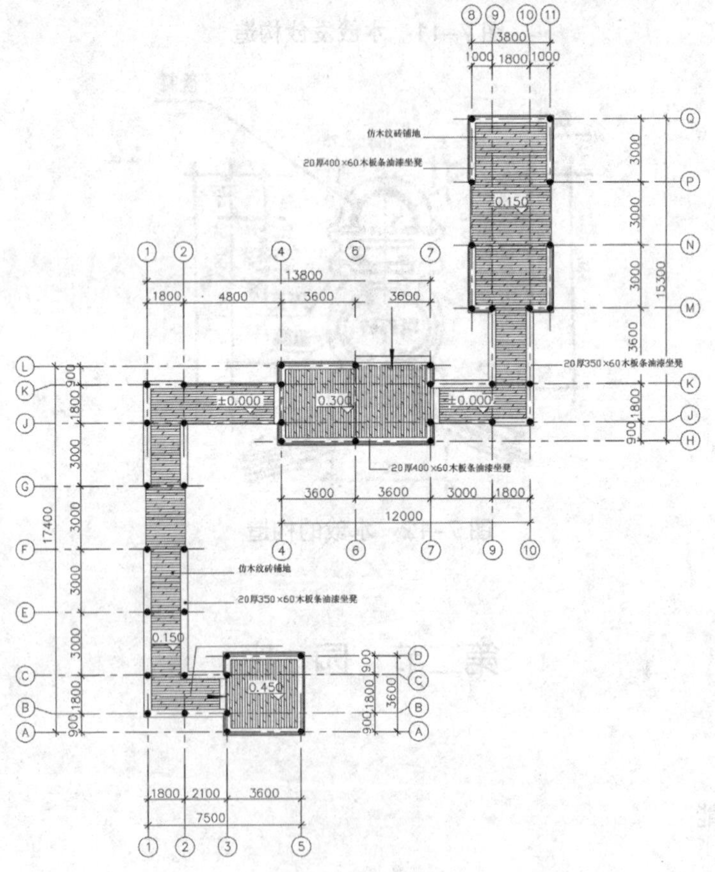

图 7-13 联系长廊平面图 1∶100

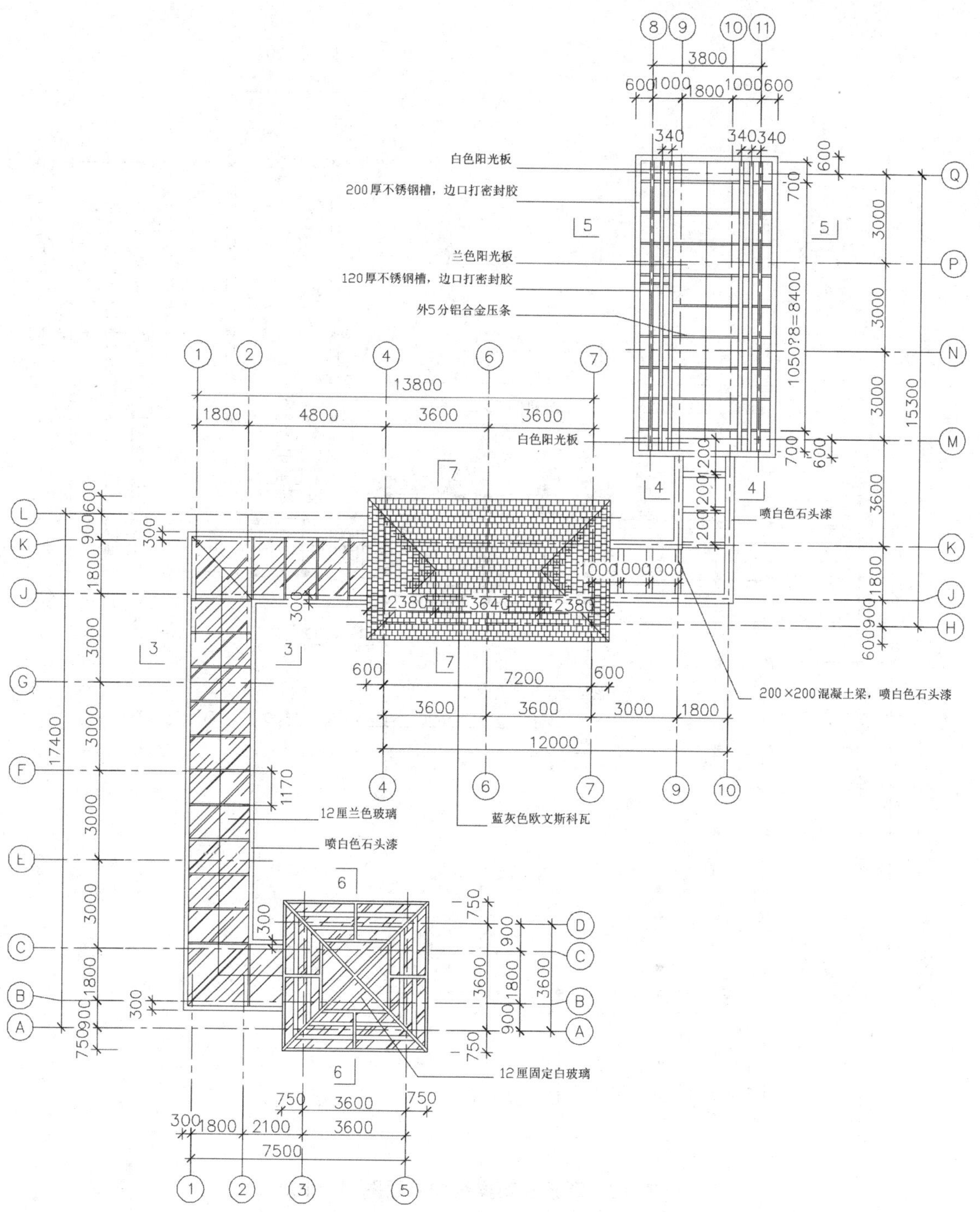

图 7-14　联系长廊顶平面图　1 : 100

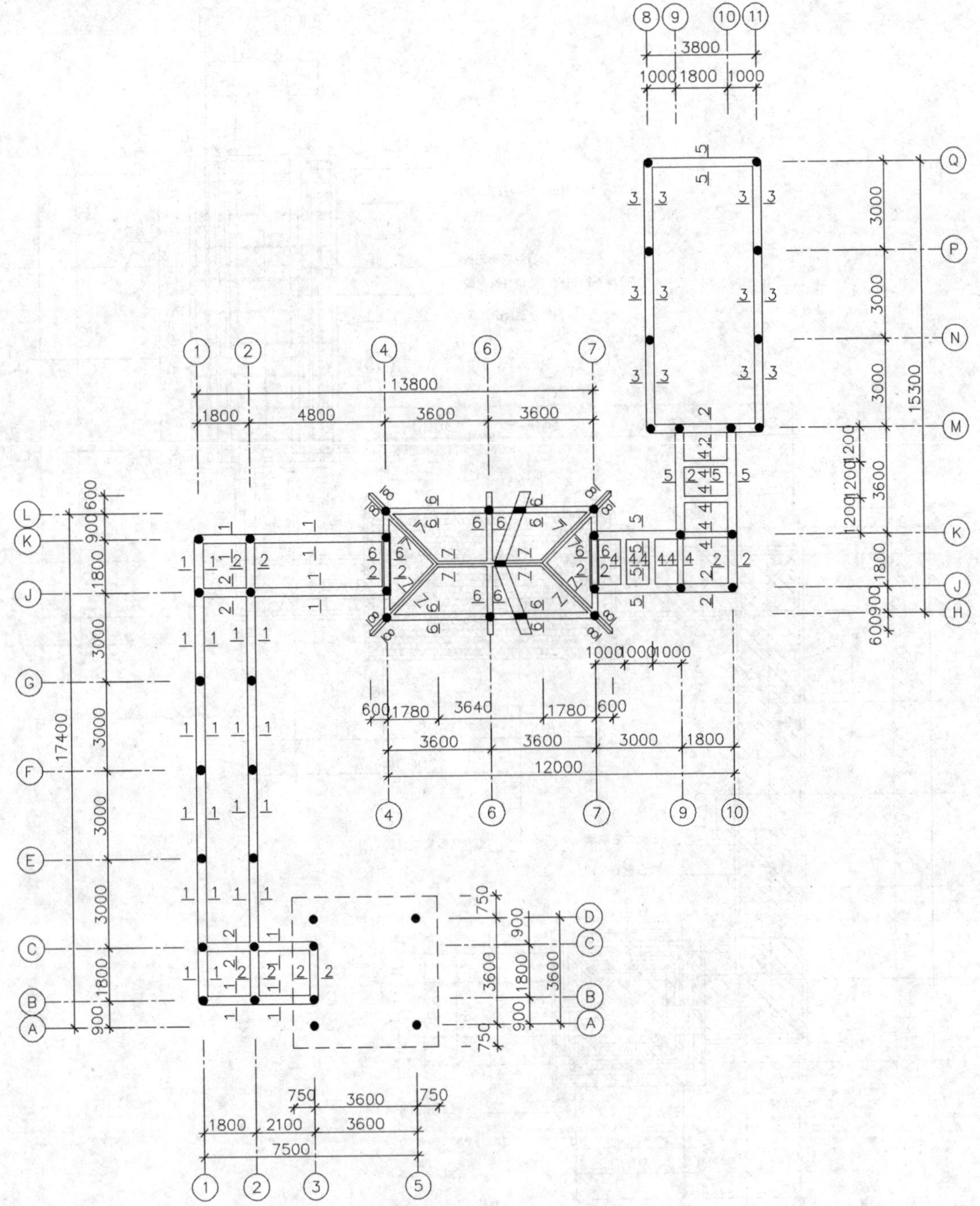

图 7-15 联系长廊梁结构平面图 1：100

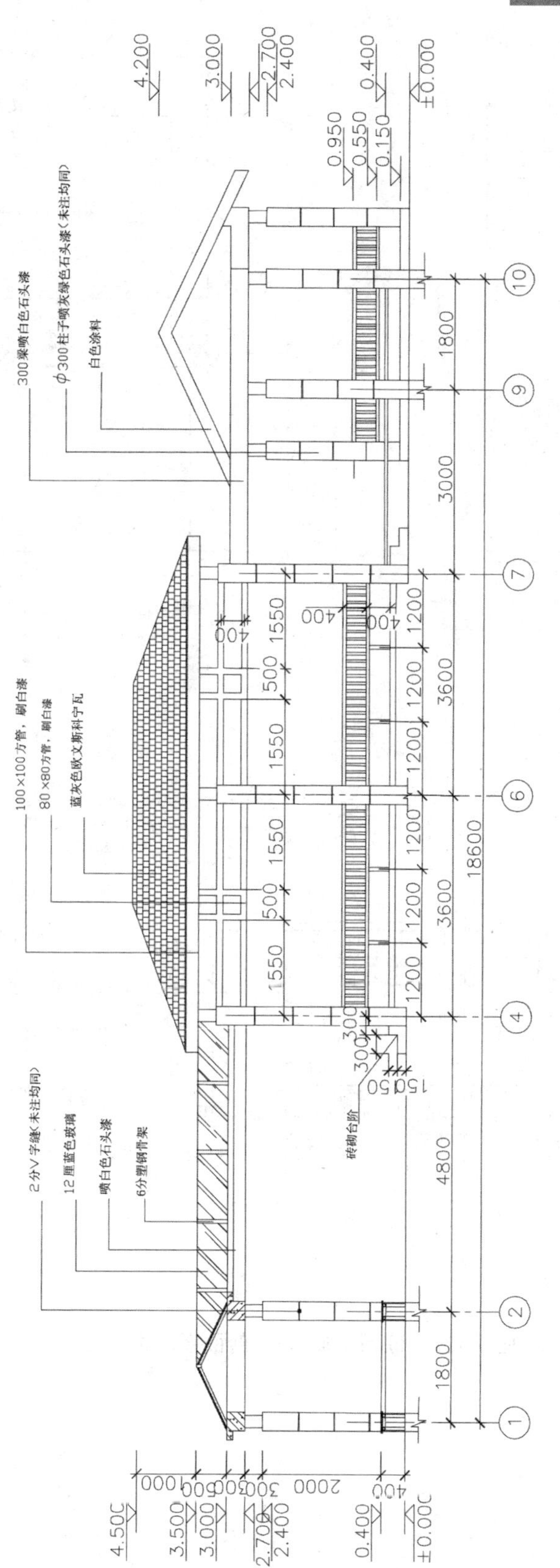

图 7-16 联系长廊 3-3 剖面图 1：100

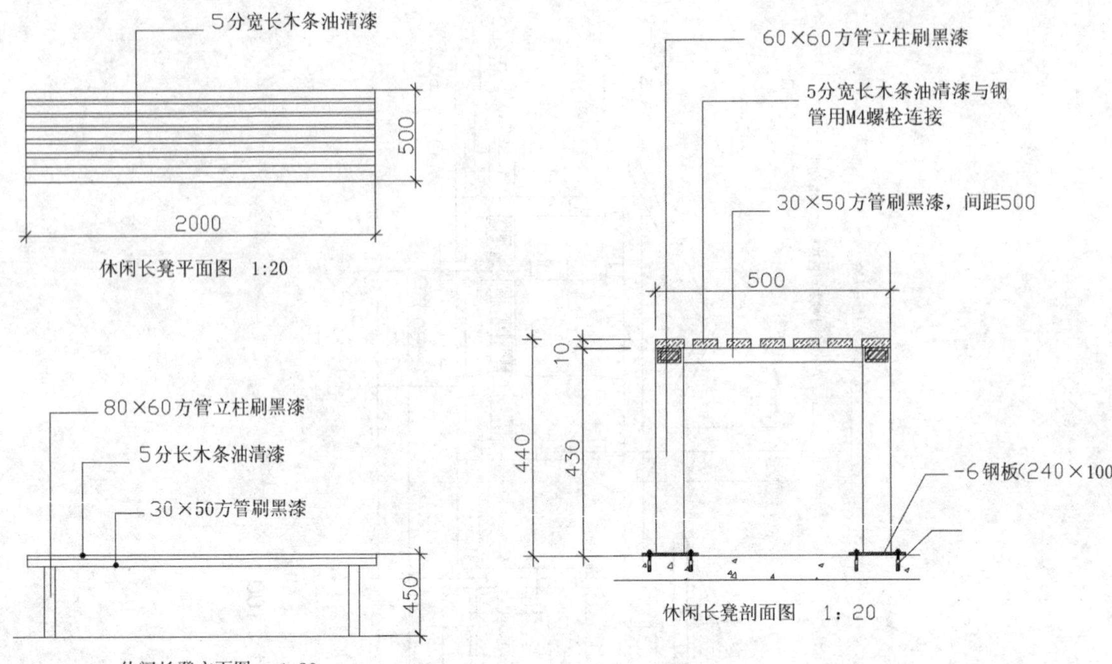

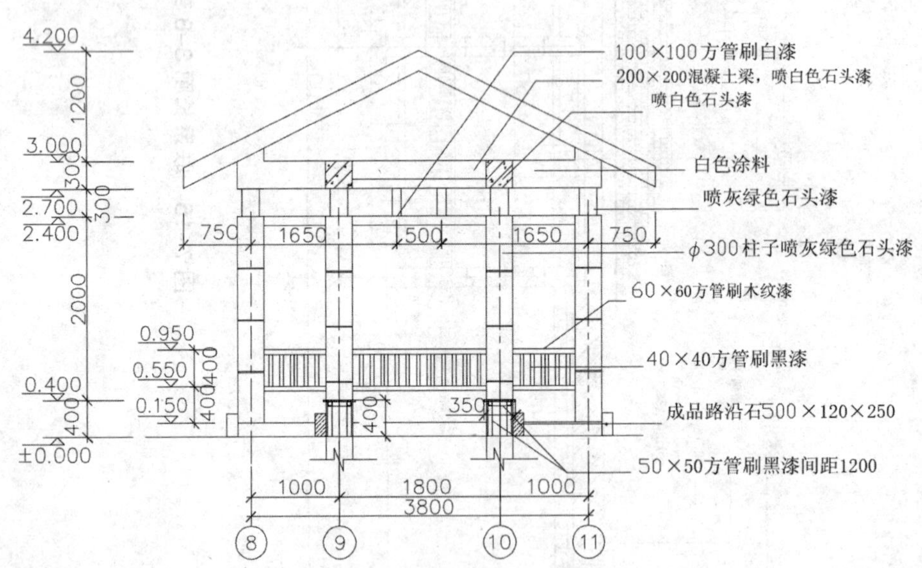

图 7-17　联系长廊 4-4 剖面图　1：25

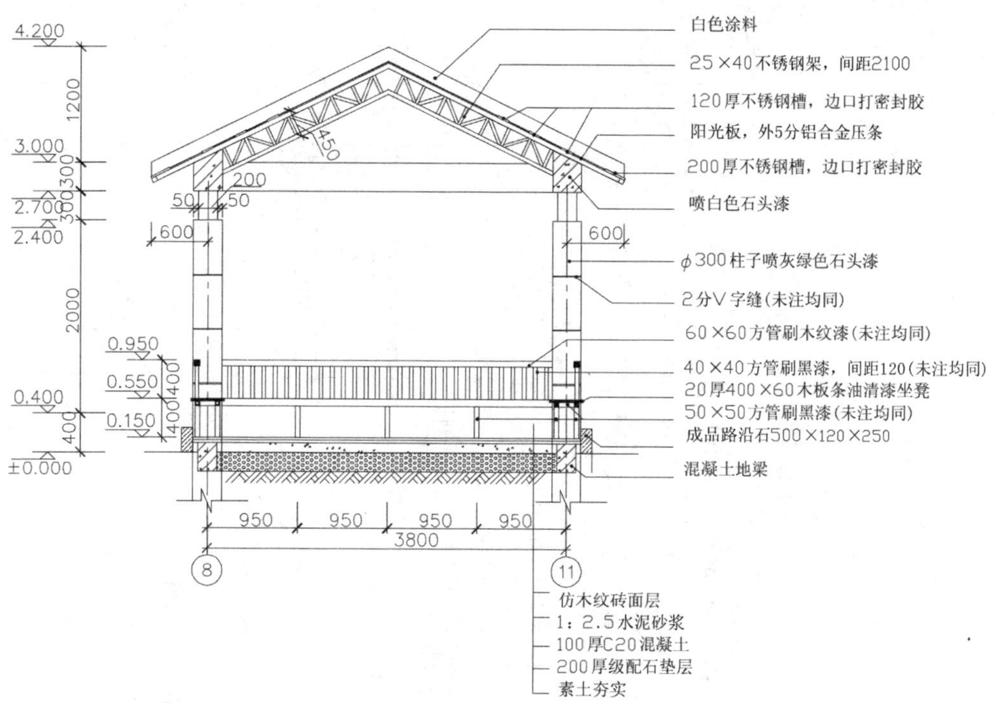

图 7-18 联系长廊 5-5 剖面图　1：25

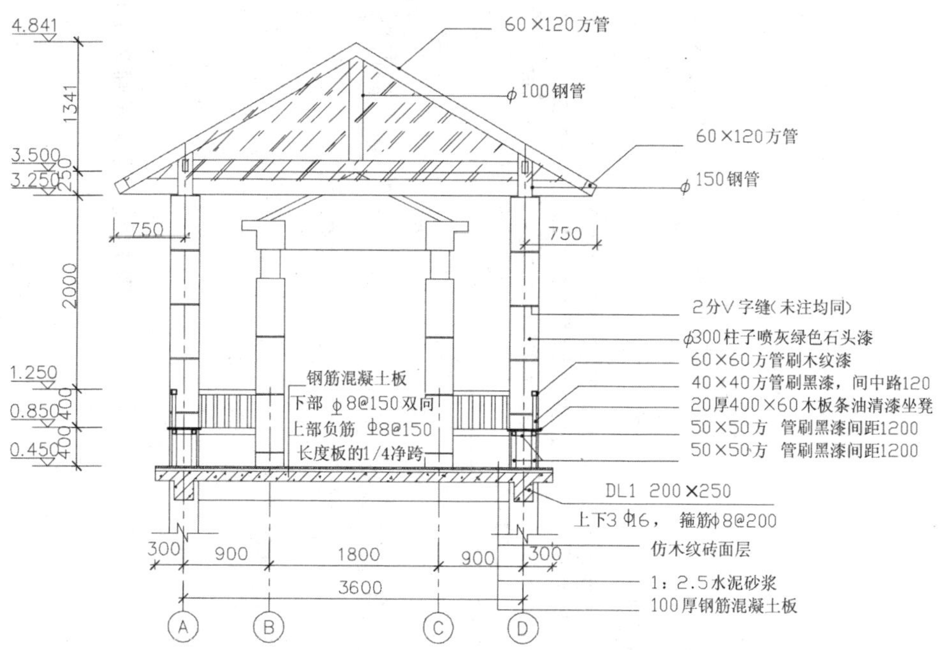

图 7-19　联系长廊 6-6 剖面图　1：15

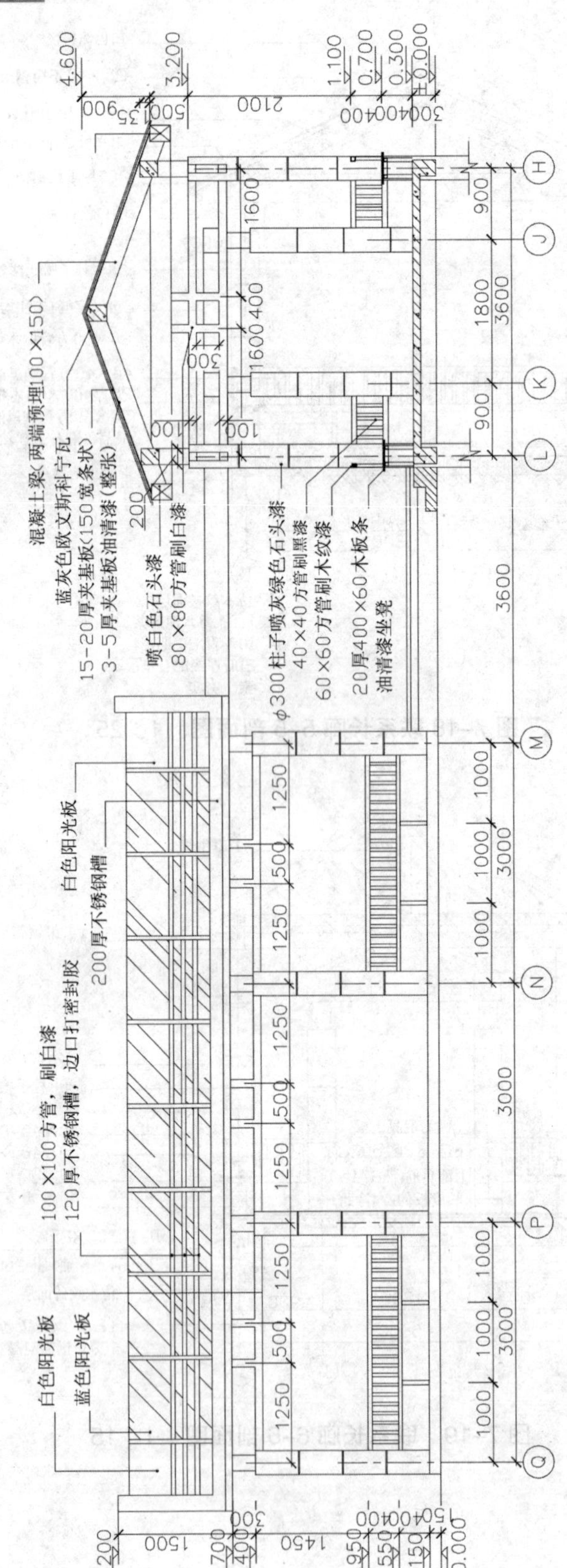

图 7-20 联系长廊 7-7 剖面图 1 ： 25

二、廊的位置选择

（一）平地

平地廊常设在：草坪一角、休息广场之中、大门出入口附近、园路边沿或覆盖园路或与建筑物相连。

（二）水体

常设在沿水边、涉水面、水陆相连处。

（三）山地

常设在沿山坡、盘山腰、踞山顶、跨山谷、高差错落地段。

第三节 榭、舫

榭、舫都是园林中的临水建筑，作游憩、赏景、饮宴小聚用。

榭，建于水边。“榭者借也，借景而成者也，或水边，或花畔，制亦随态”（《园治》）。说明榭是一种借助于周围景色而见长的园林游憩建筑，基本特点是临水，尤其着重于借取水面景色，除满足游人的休息需要外，还可起观景、点缀风景的作用。

最常见的水榭形式是：在水边建一平台，在平台周边以低栏杆围绕，在湖岸通向水面处作敞口，在平台上建起一单体建筑，建筑平面通常是长方形，建筑空间开敞通透，或四面有落地长窗。

水榭与水结合的方式有多种。从平面上看，有一面临水及多面临水等，四面均临水者，以桥与湖岸相连，从剖面上看平台形式有：实心土台及由梁柱结构支撑的平台等，后者水流可流入建筑底部，形成驾临碧波之上的效果。近年来，由于钢筋混凝土结构的运用常采用伸入水面的挑台取代平台，使建筑更加轻盈，低临水面，参见沿山河水榭图 7-21 ～图 7-50。

舫，原意是船。一般指小船，建筑上的舫是指水边的一种建筑，在园林湖泊的水面建造起来的一种船形建筑。舫的下部为船体，通常用石砌成，上部为船舱多用木构建筑，其形似船，近年来，新建舫也常用钢筋混凝土结构的仿船形建筑形式。

船舱一般由三部分组成，即船头、中舱及尾舱等。船头常作敞棚，供赏景用，屋顶常作歇山式，船头前部为挑台，似甲板。中舱是主要空间，是休息、饮宴的场所，其地面一般略低 1 ～ 2 步，有入舱之感，中舱两侧常作长窗，以便坐着休息时也具有通畅的赏景视线。其屋顶常做成船棚式或卷棚顶。尾舱一般为两层建筑，下层设置楼梯，上层是休息眺望空间，尾舱立面常做成下实上虚，形成对比，其屋顶常做成歇山顶，轻盈舒展。

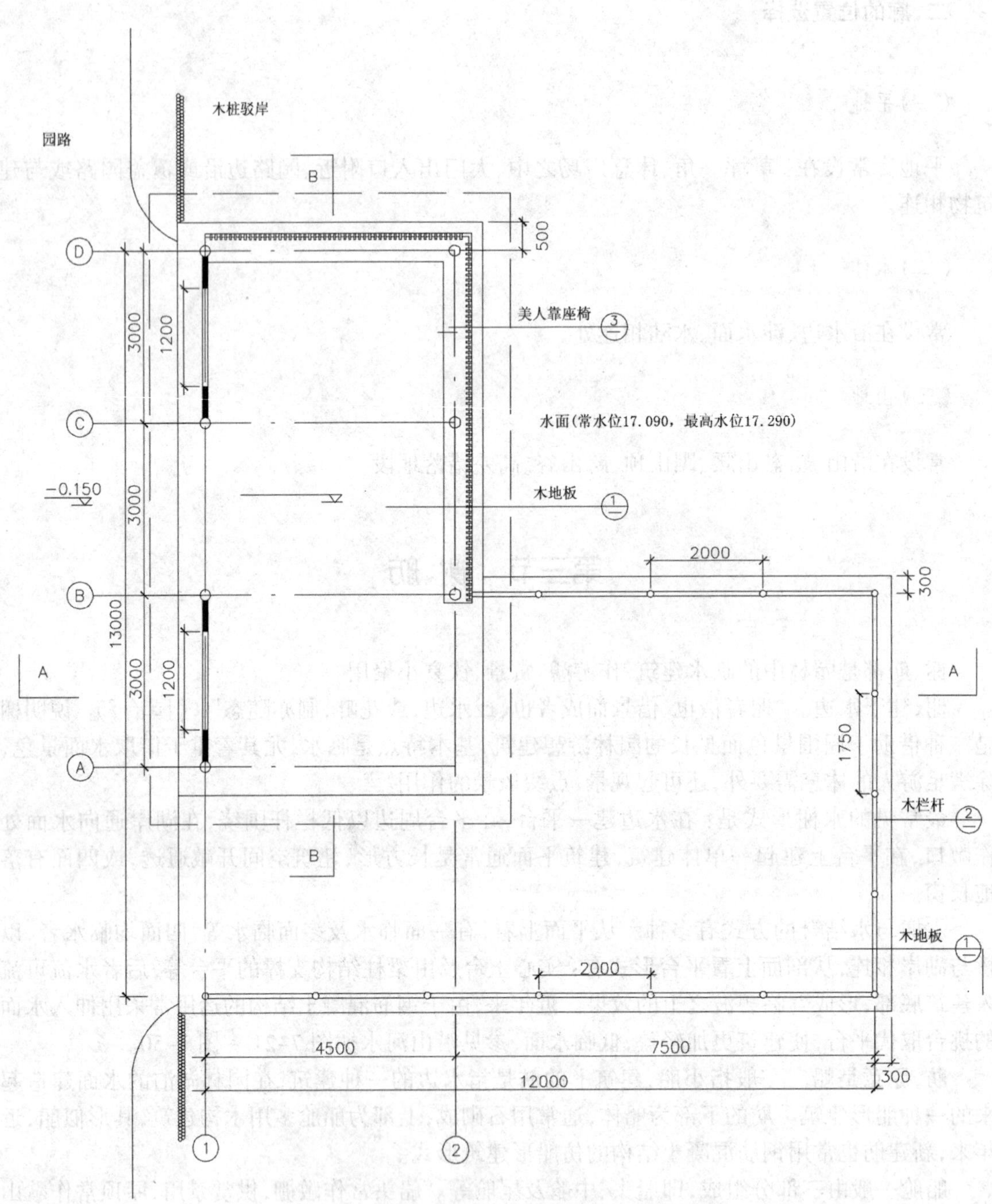

图 7-21　水榭及临水平台平面图　1：100

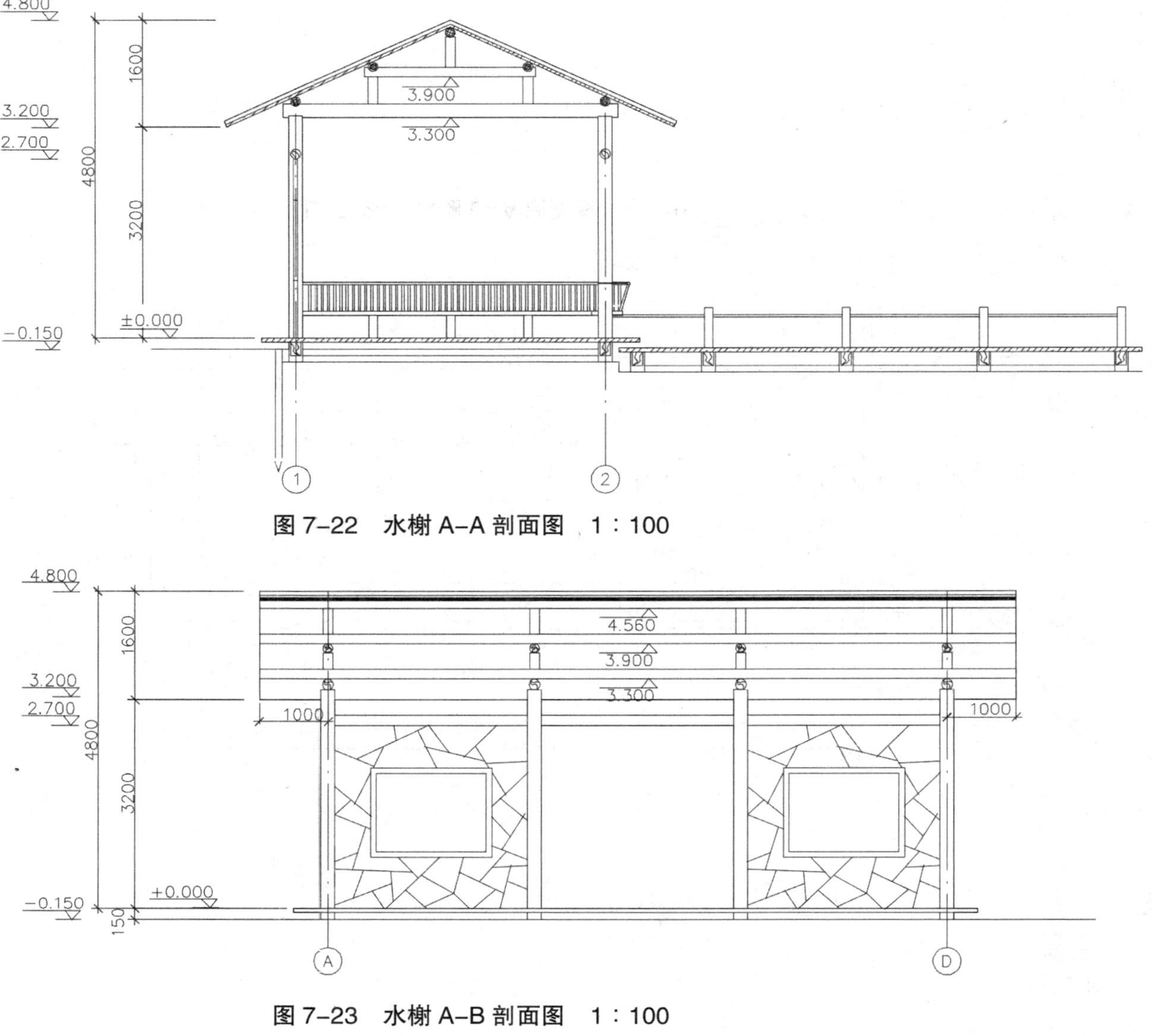

图 7-22　水榭 A-A 剖面图　1：100

图 7-23　水榭 A-B 剖面图　1：100

图 7-24 水榭 D-A 剖面图 1：100

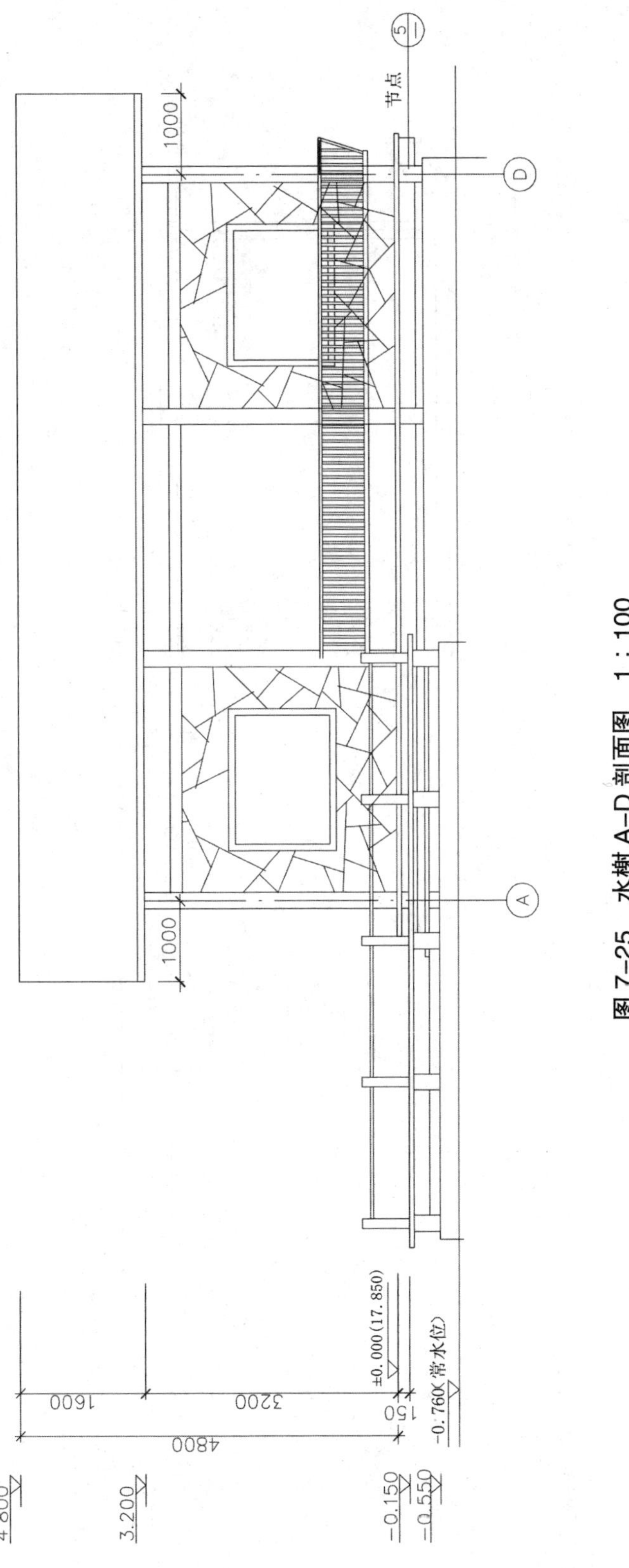

图 7-25 水榭 A-D 剖面图 1：100

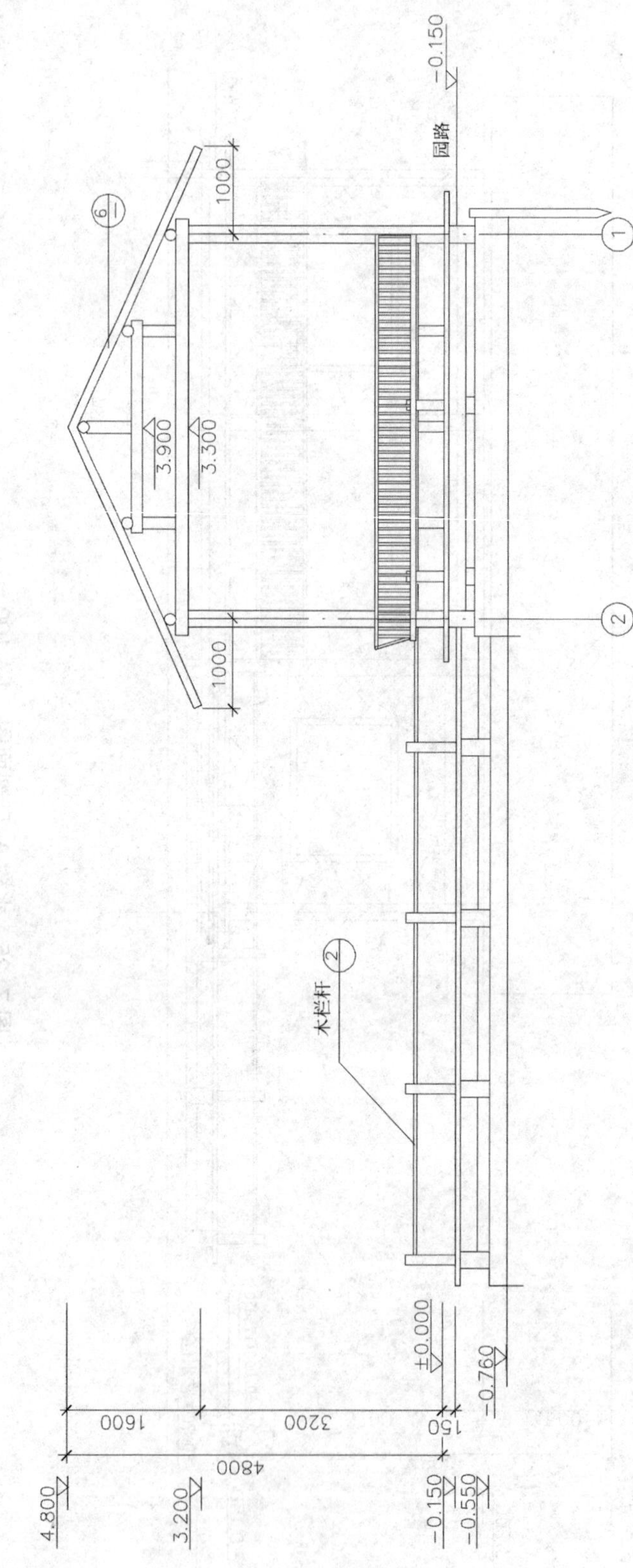

图 7-26　水榭 2-1 立面图　1：100

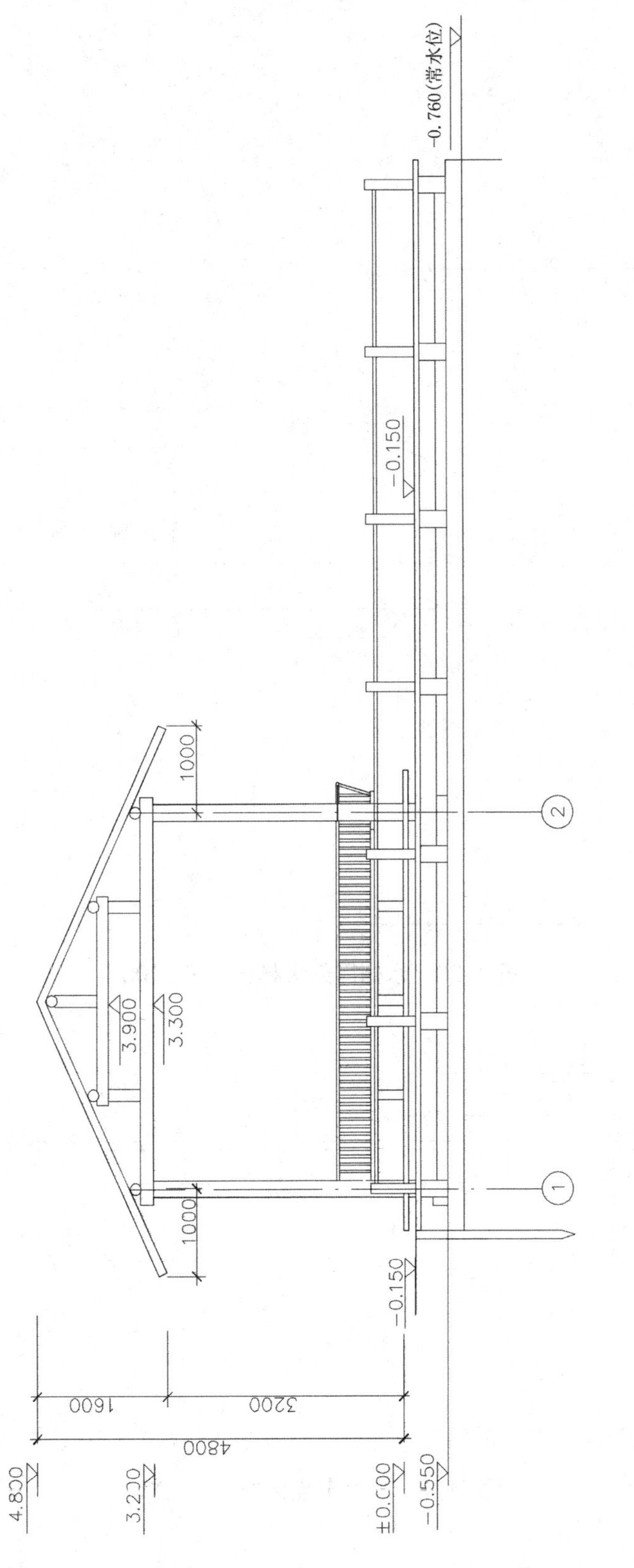

图 7-27　水榭 1-2 立面图　1：100

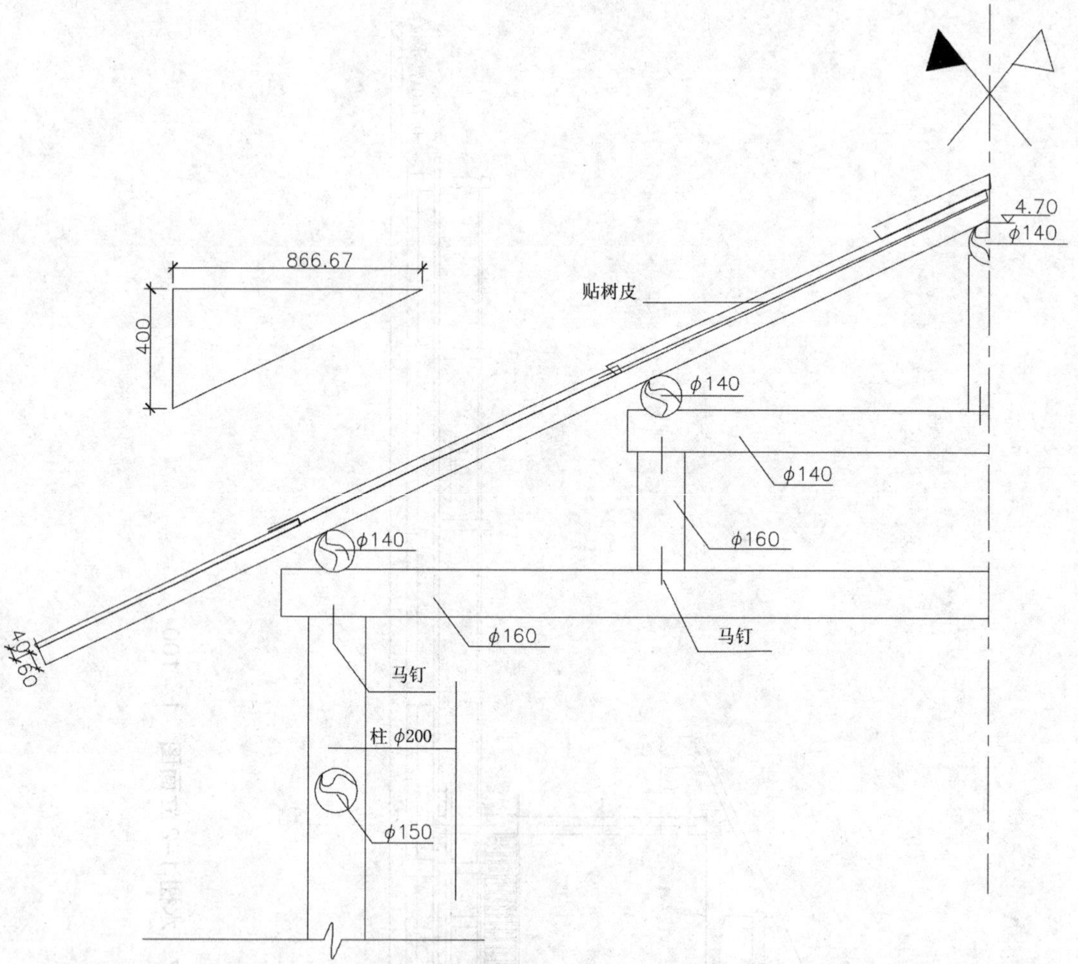

图 7-28　水榭屋架大样图　1：100

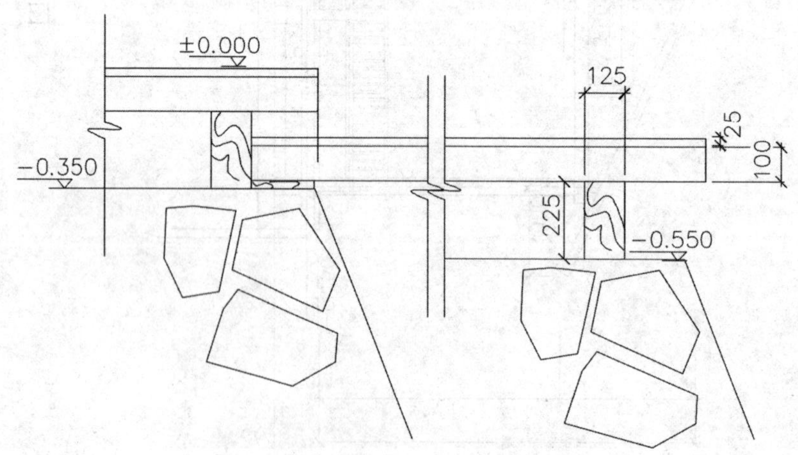

图 7-29　水榭节点大样　1：20

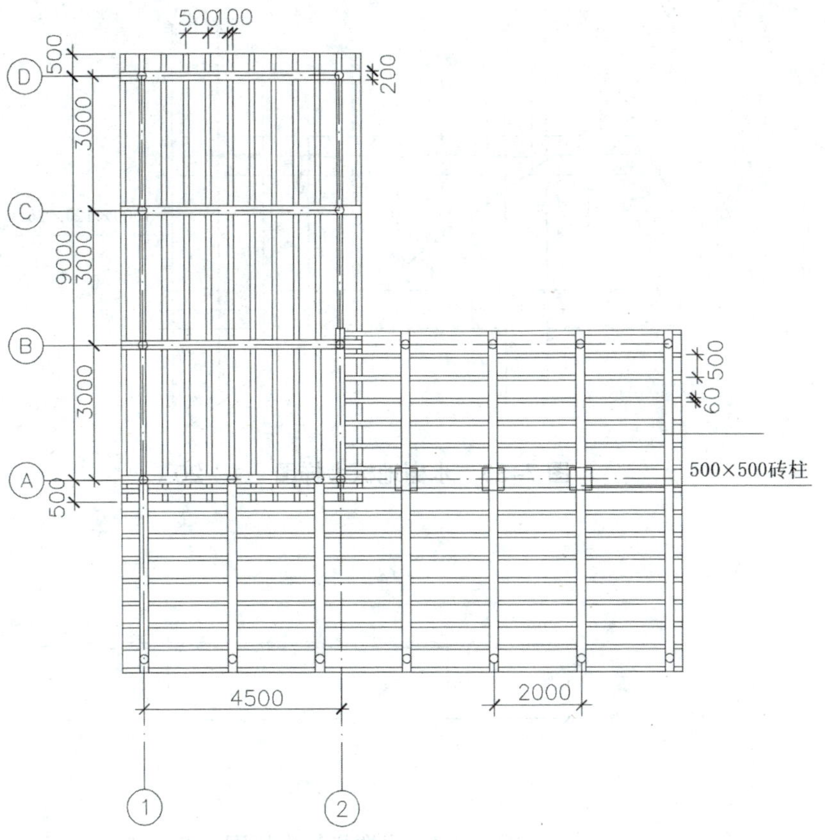

图 7–30　水榭地板仰视图　1：100

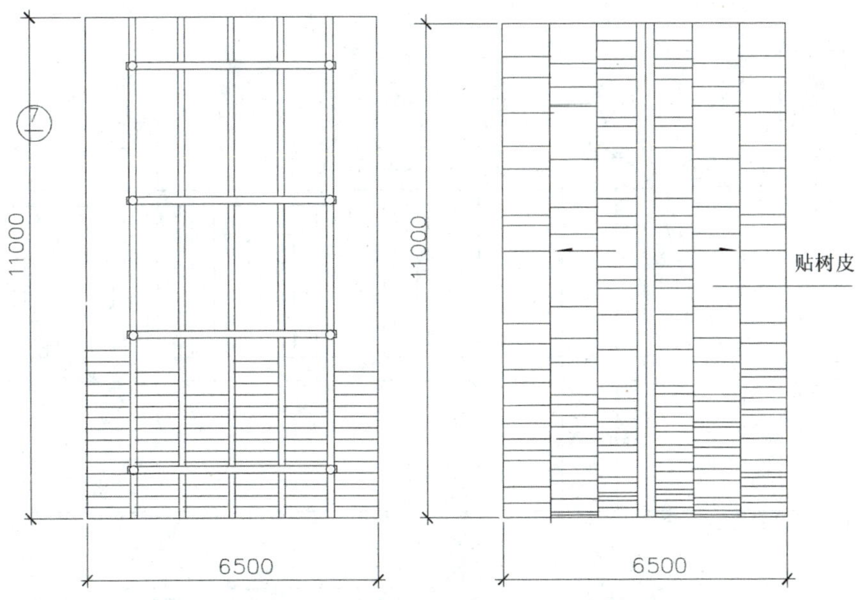

图 3–31 水榭天面仰视图　1：100　　图 7–32 水榭屋面平面图　1：100

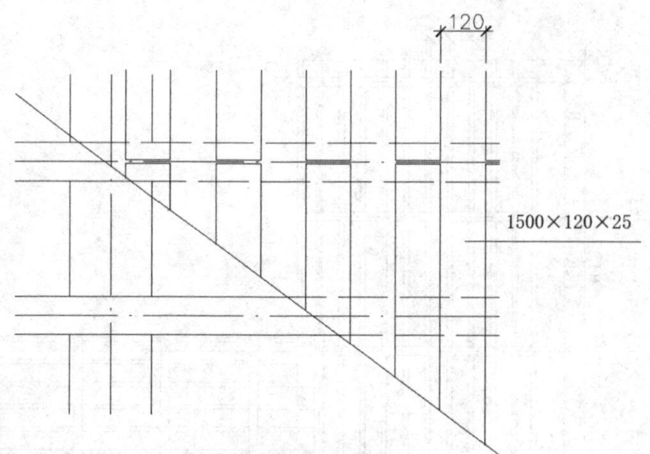

图 7-33 水榭地板大样图 1：20

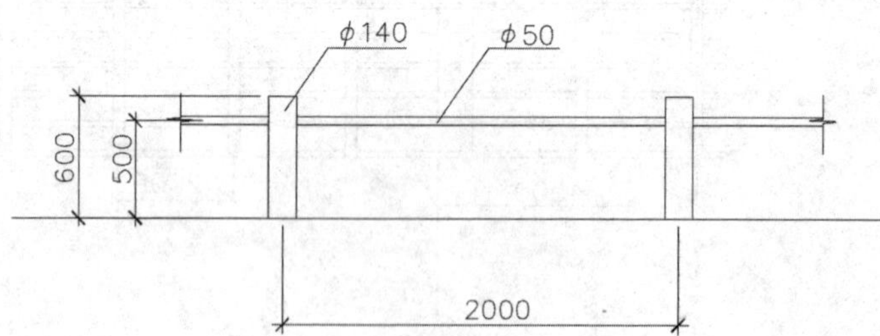

图 7-34 水榭栏杆大样图 1：50

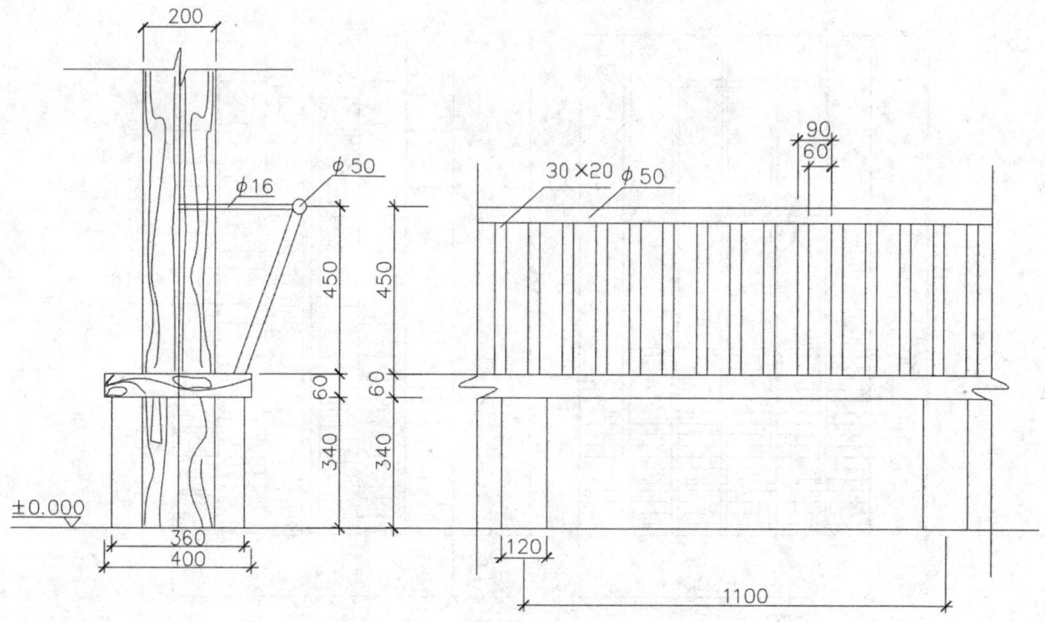

图 7-35 水榭座椅大样图 1：20

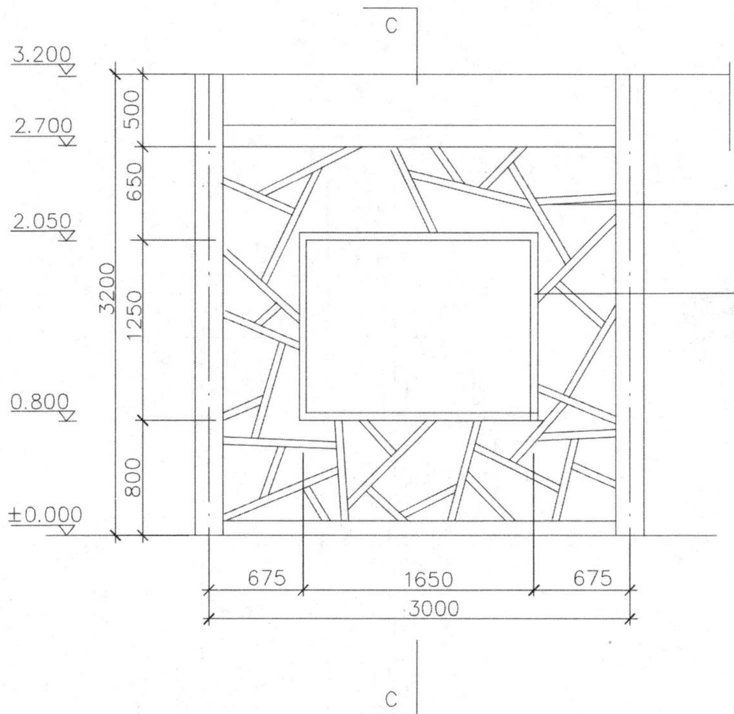

图 7-36 水榭花格大样图 1：50

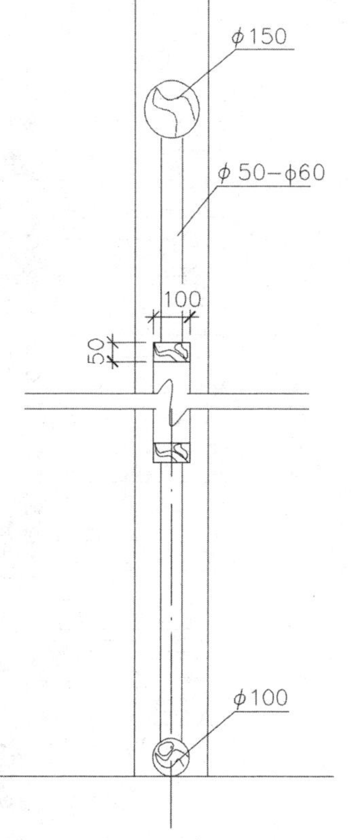

图 7-37 C-C 剖面图 1：20

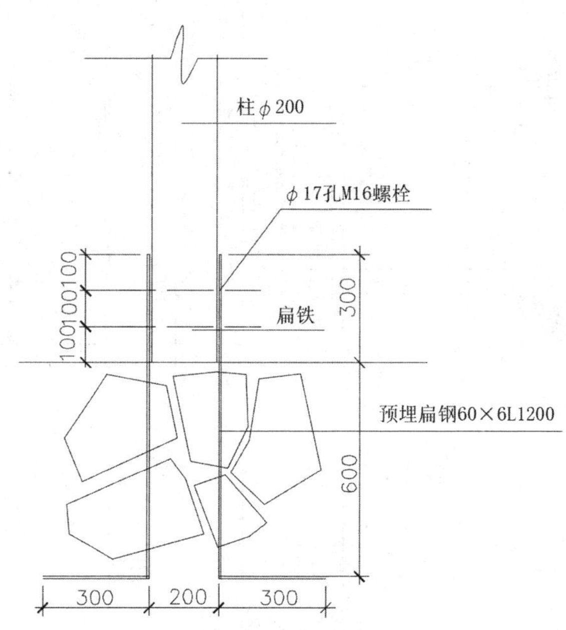

图 7-38 水榭节点大样图 1：20

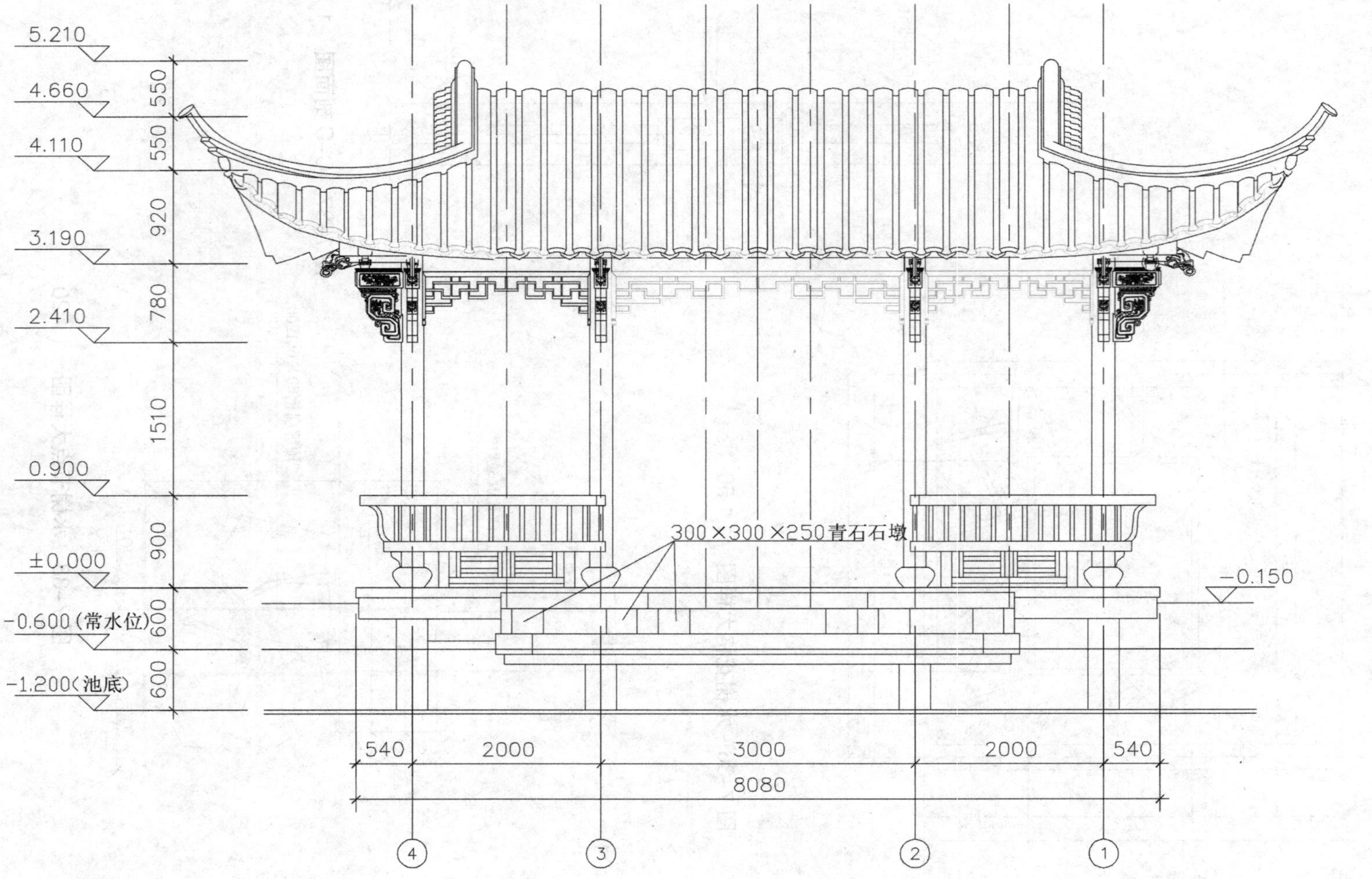

图 7-39 水榭正立面图 1:50

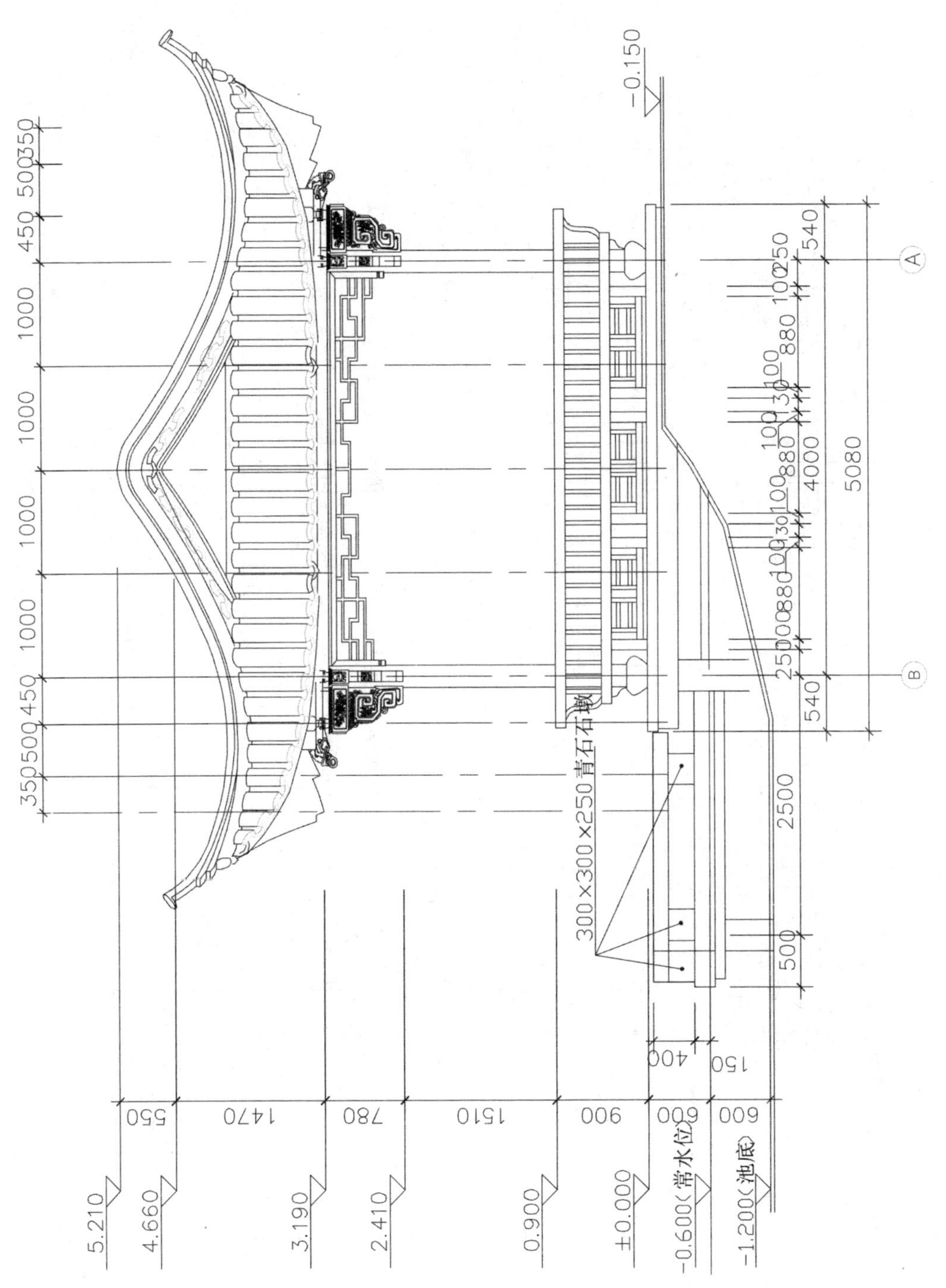

图 7-40　水榭侧立面图　1：50

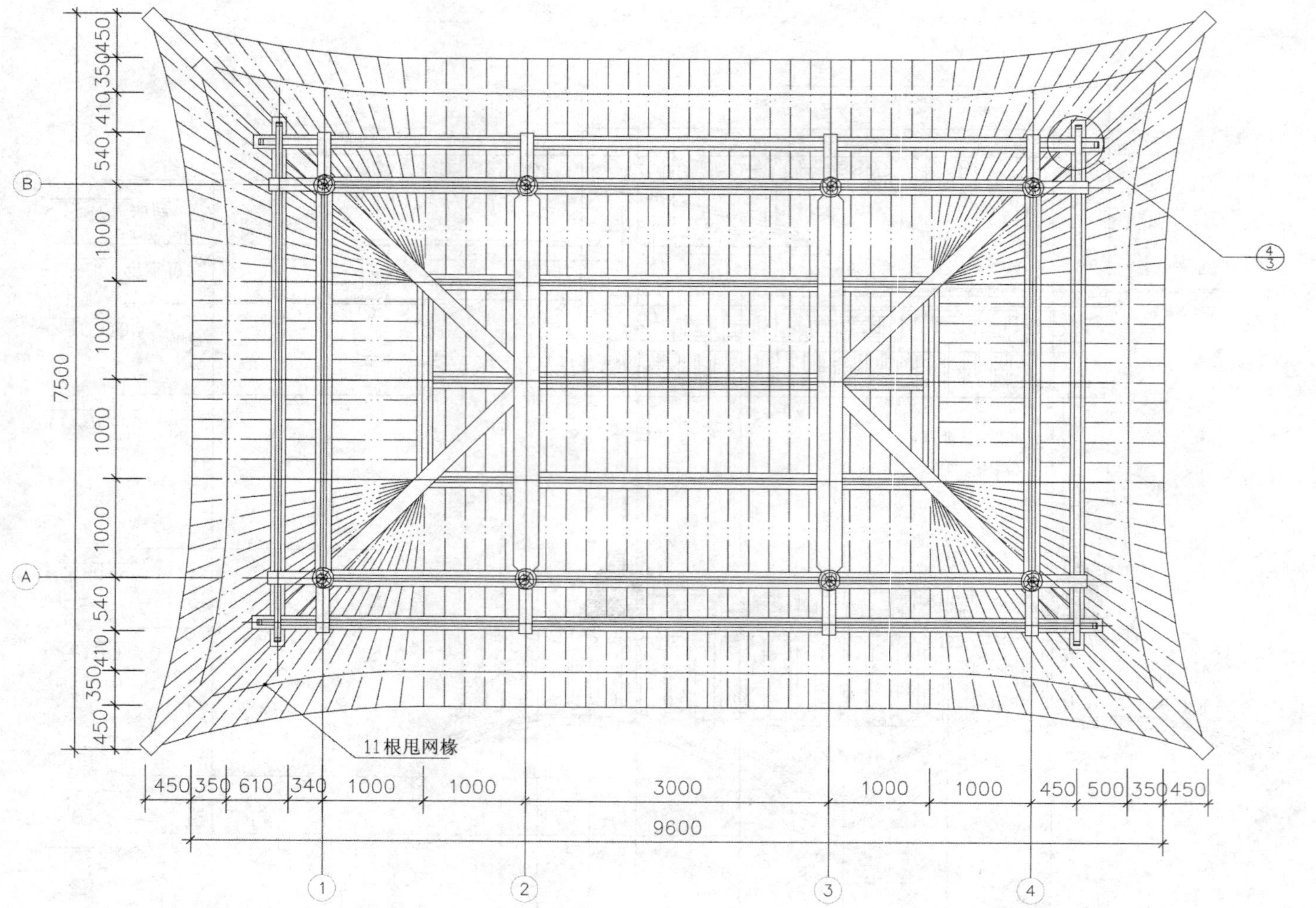

图 7-41 水榭屋面仰视图 1：20

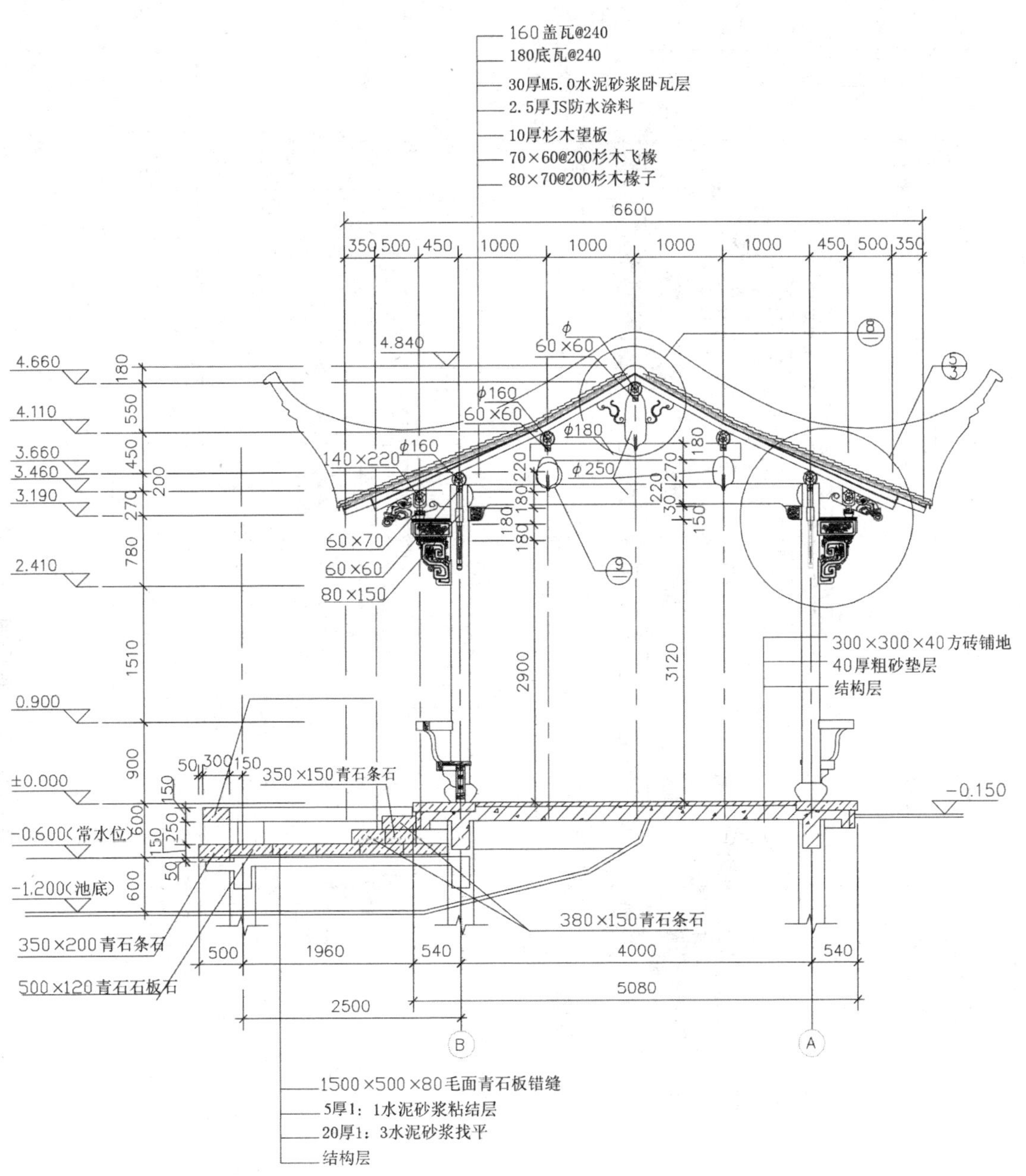

图 7-42　水榭 1-1 剖面图　1：50

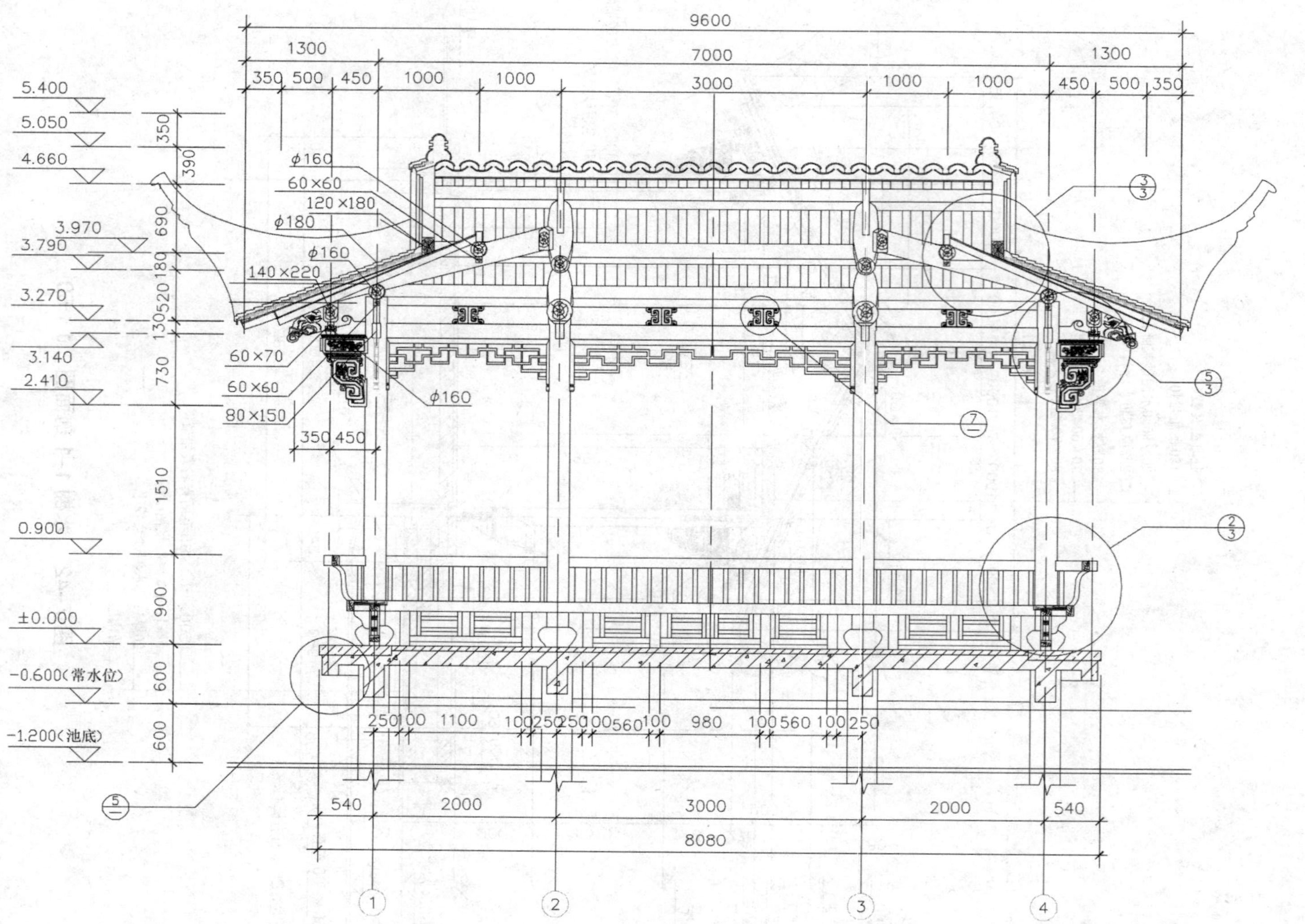

图 7-43　2-2 剖面图　1：50

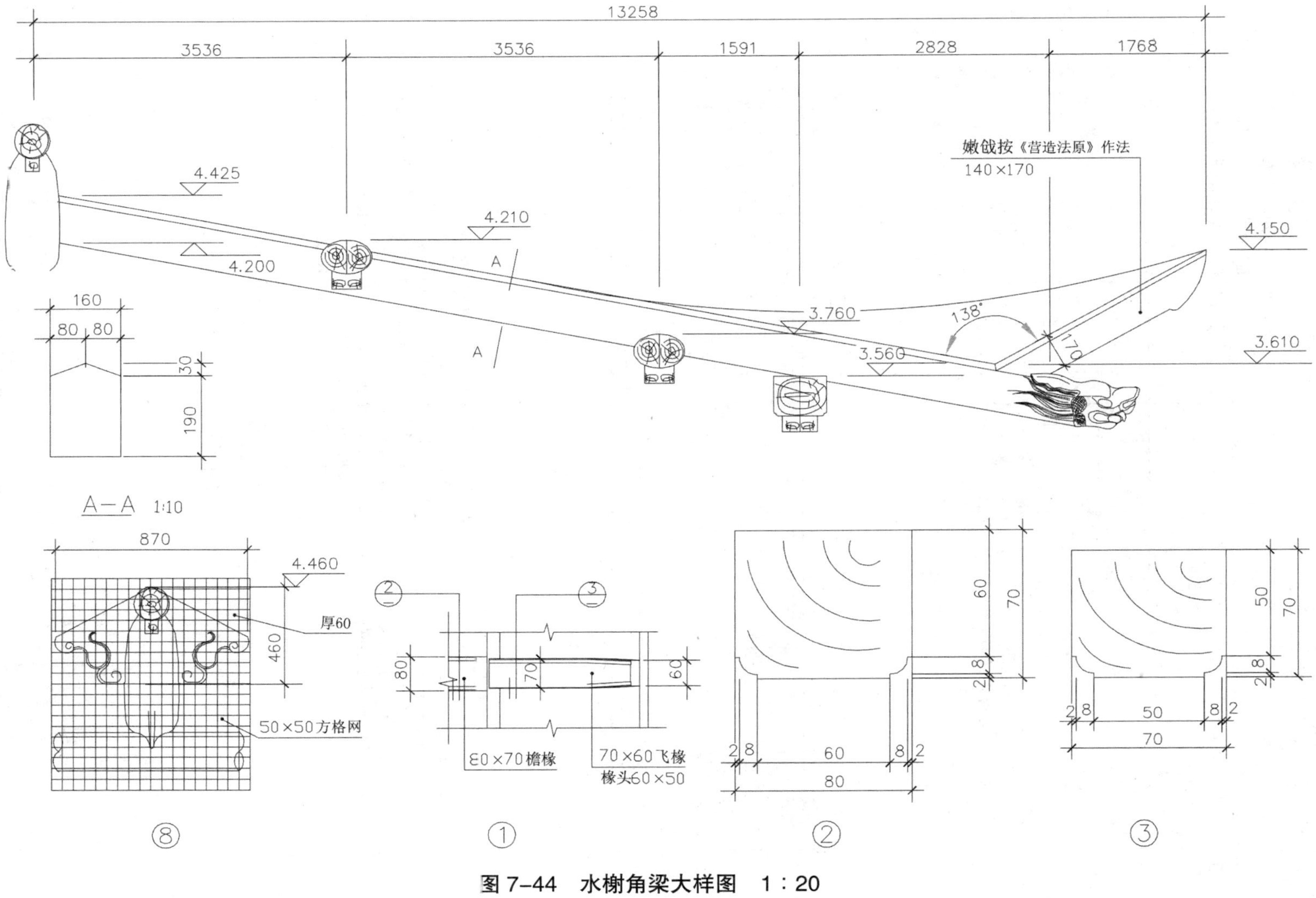

图 7-44　水榭角梁大样图　1：20

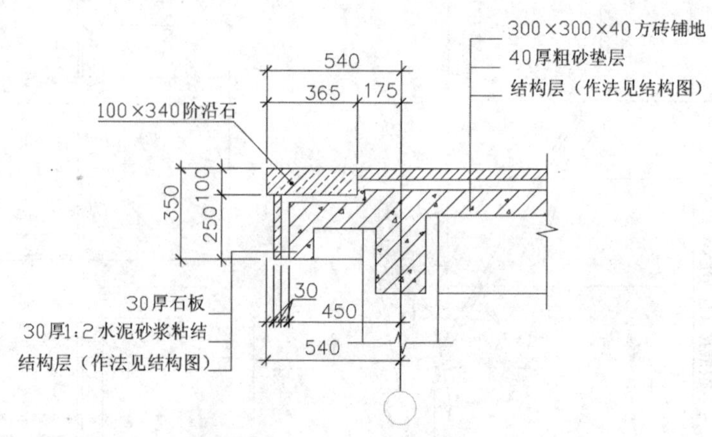

⑤

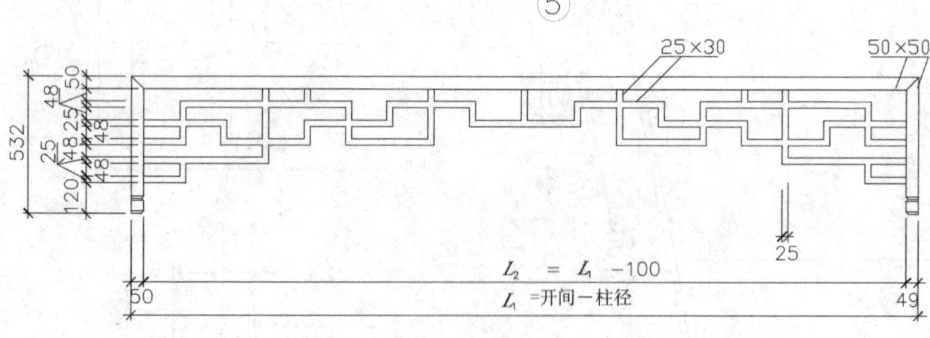

⑥

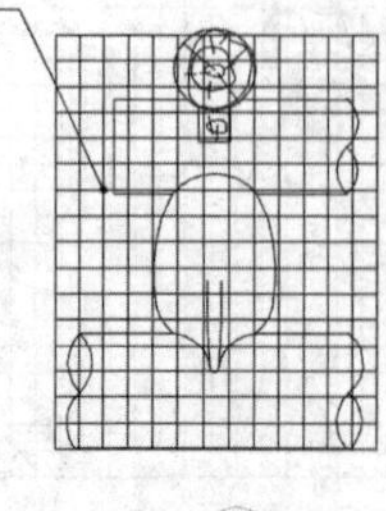

⑦

注：

1、本工程为沿山河水谢工程，建筑面积41.05㎡。
2、本工程室内±0.000标高见总图。
3、图中所标尺寸除标高以m计外，其余均以mm计。
4、本工程预留预埋构件及预留孔洞，各工种在施工中均应密切配合，一并实施。
5、本工程油漆作法如下：
（1）木制品均为栗色调和漆一底二面。柱、梁、檩条为深栗色，挂落、坐凳、露椽、牛腿为浅栗壳色。
（2）铁件均为红丹底栗壳色调和漆一底二面。
6、其他
（1）本建筑为木结构、木基层、瓦屋面。
（2）木制品均做好防火、防蚁、防腐工作。
（3）木构件雕刻风格采用杭州的艺术形式。
（4）木结构连接节点按古建筑《营造法源》施工。

图 7-45　挂落大样图　1：20

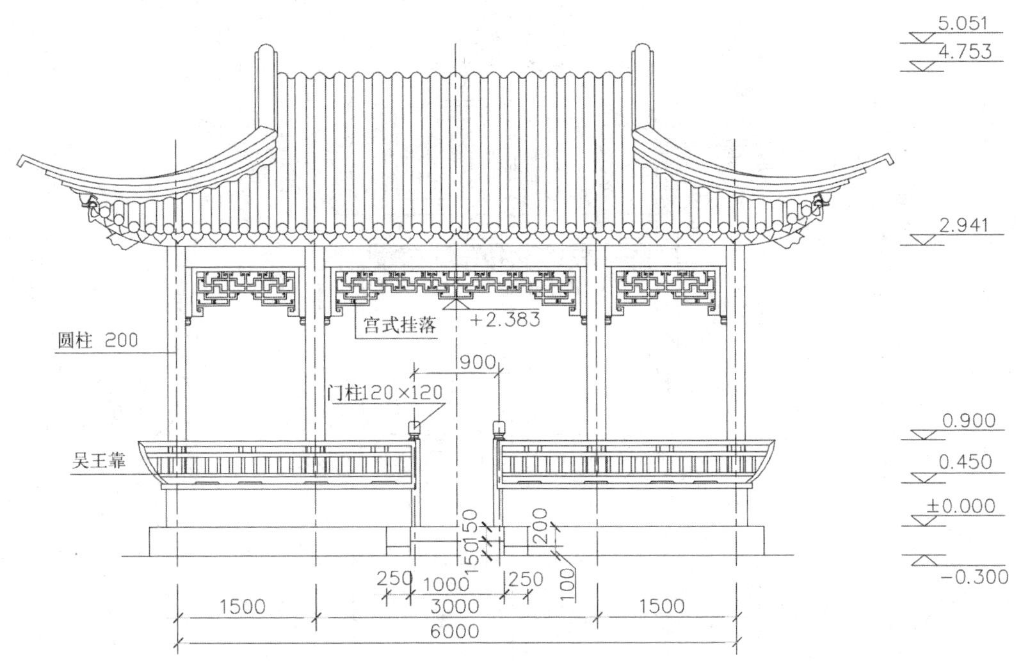

图 7–46　水榭正立面图

注:(1)水榭为仿古结构廊,木料为杉木,须经烘干处理,含水率≤ 15%,其中水榭内不可见部分需要百桐油内浸泡 24 小时以上。

(2)木结构外露部分刷铁红色醇酸瓷漆。

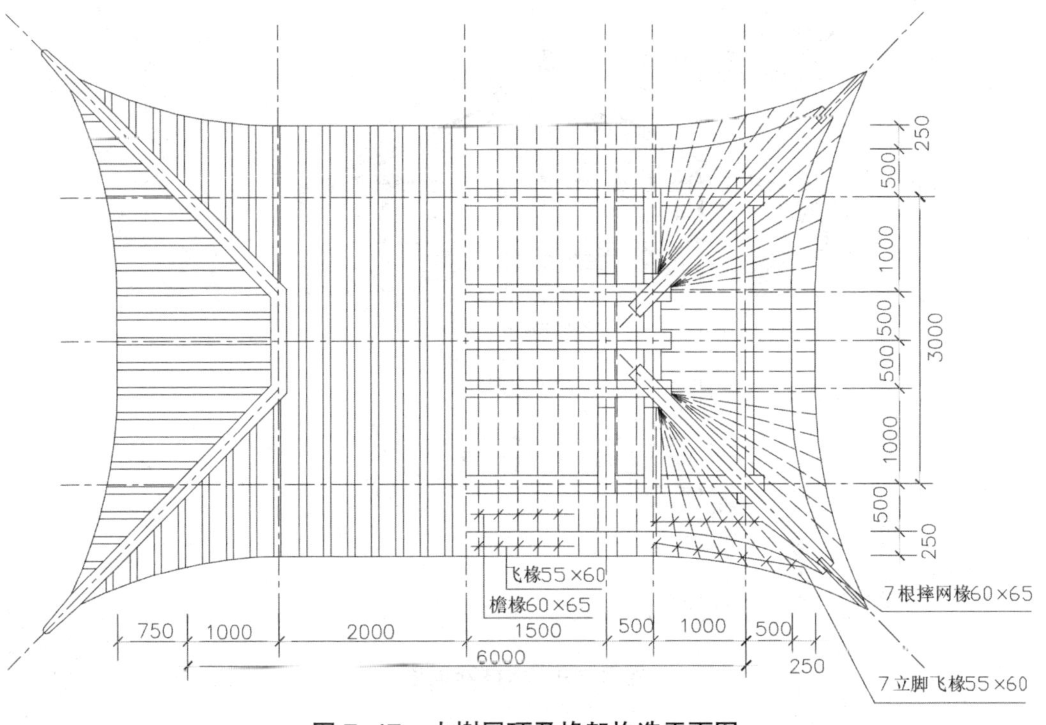

图 7–47　水榭屋顶及椽架构造平面图

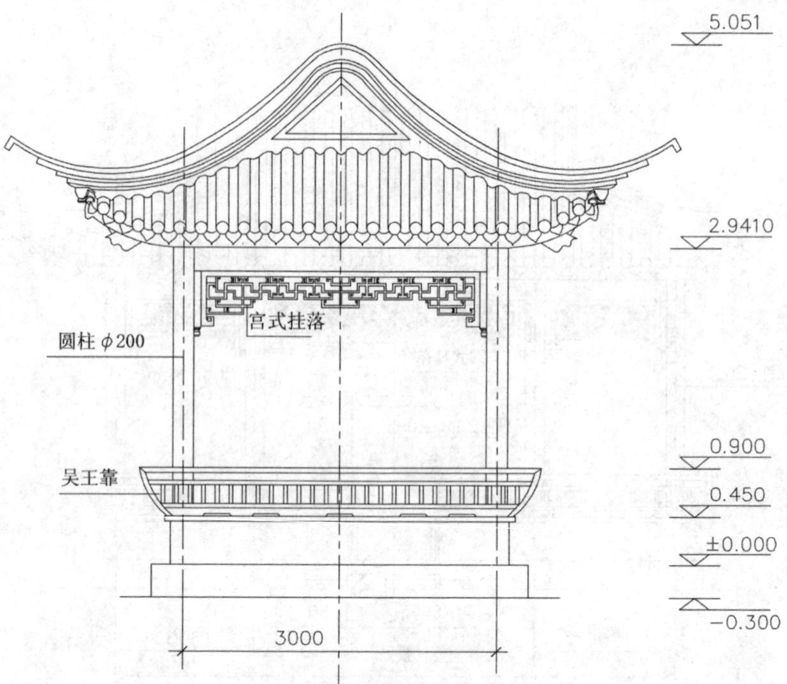

图 7-48　水榭侧立面图

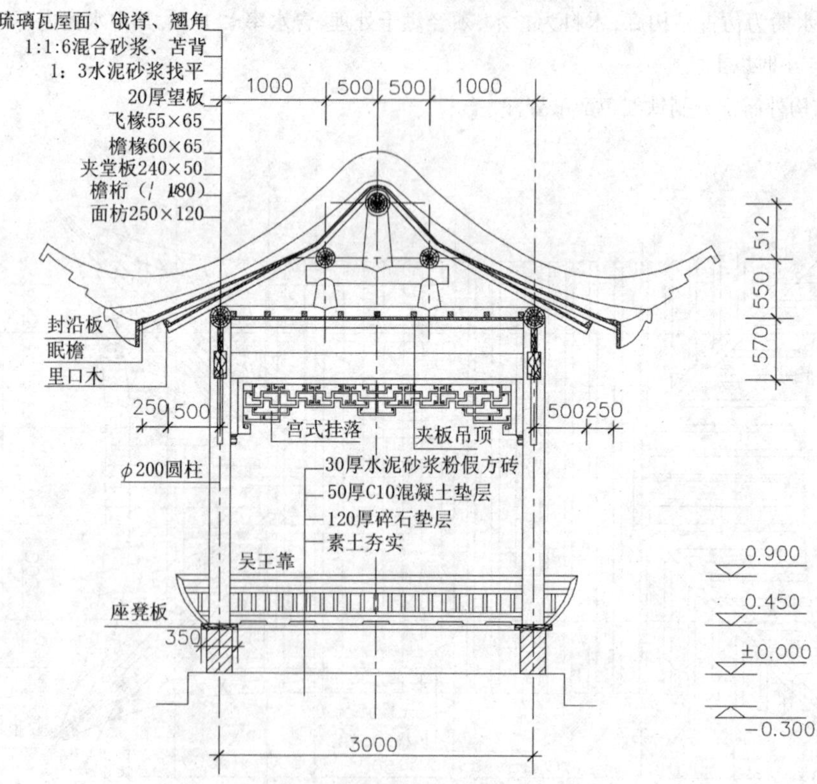

图 7-49　水榭断面图

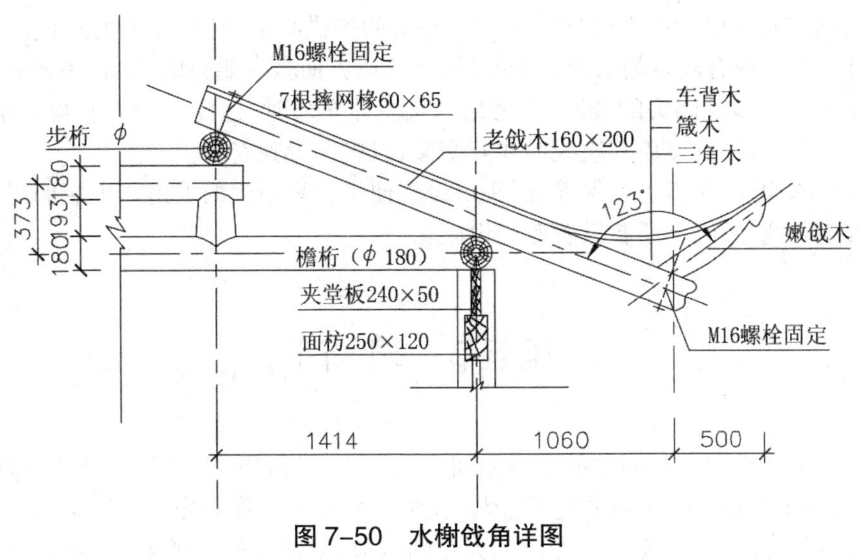

图 7-50　水榭戗角详图

第四节　游船码头

有较大水面的公园中，码头往往是比较重要的园林建筑。

码头的主要作用：组织公园中的水上交通、游览、供游人休息、造景，提供水上活动等。

码头在园中的位置往往十分显要，在整个水面中十分突出，有时甚至统率整个水面。因此，码头一般应选择在有较好视线、开阔平展的地方，并常与亭、廊、榭等园林建筑组合设景，有时还根据游人数量设小卖部、茶座、冷热饮食等，供游人休憩之需。码头既可得景，又可成景，对于岸处的景观起着十分重要的作用，特别是水面开阔时，整个码头都展现在一段很长的湖岸边，因此，它的体量、形象至为重要，必须仔细推敲。好的码头的确可以为整个水面乃至整个公园起到画龙点睛的作用。按照所停泊船只的不同，码头可分为多种：手划、脚踏船码头，碰碰船码头，摆渡码头等。按照建筑形式的不同，码头又可分为伸入式、挑台式、驳岸式、浮船式等多种。

码头在园中的位置要求：

（1）交通方面要求在公园的出入口附近。

（2）朝向方面要求忌西晒。

（3）景观方面要求有景可对，同时环境优美宜于休息等候。

（4）水体情况要求建在水面凹入处。

码头建筑内部交通的组织十分重要，这是由码头建筑内游人活动的顺序所决定的，上船游人活动的顺序是：买票、等候、验票计时、登船。下船游人活动的顺序是：上岸、计时、售票处退取押金。上下船的游客应该尽量互不干扰。这一点对于游人较多的公园尤为重要。码头还要有足够的等候和休息空间，内部路线不宜过于曲折和相互穿插，以避免游人过多发生拥挤。码头路线等候平台面临水面。要有足够的面积，以保证游客的安全。码头还要有与主要道路相联系的广场，便于游人疏散。

安全问题在码头设计中必须仔细考虑。码头的护栏必须坚固，停泊处水位的深浅也应作细致的设计。码头应有救生船只停放的专用泊位，以方便救生船只的出动，还要有救生用品的存放处。全园中有多处码头的公园，在考虑码头总体布局时，也要注意大船与小船、机动船与人力船码头的分别设置，避免其航线的相互交叉，以确保行驶安全。

北方冬季冰期，游船需上岸保养，码头可设置便于船只搬运的坡道。电瓶船码头还要考虑设置充电设施。此外，码头还要设置遮阳设施。

第五节 园 门

公园大门是联系园内与园外的交通枢纽和关节点，是由街道空间过渡到园林空间的转折和强调，是园内景观和空间序列的起始，因此在整个园林中有着十分重要的作用。

公园大门位置的选择，要充分考虑到人流的疏散、城市交通的需求，还要结合公园自身的规划以及公园内部水体、地形等具体情况，此外，服务对象、活动内容乃至文化背景等诸多的因素都影响着公园大门的选址。

大门最为主要的功能是集散交通，使得大量游人能迅速、方便地分散到各个景区、景点进行活动，在有紧急情况时能快捷、有序地疏散人流，保证游人的安全。大门还有门卫、管理等功能。有些规模较大的公园大门，往往还设有小卖部、冷热饮等。

大门是通向园林空间的枢纽，在整个园林空间中处于“起景”的位置，在形象上要能引人注目，力求给游人以深刻的印象，入口的空间要精心组织和设计，起到“引人入胜”的作用。公园大门建筑还要力求美观，并与全园的风格协调一致，以起到美化园内外环境的作用。

公园大门设计中还要考虑到诸如交通流线组织、出入口尺度、游人休息和等候空间、车辆停放场地安排、门扇形式和构造等因素，还要对服务房间进行精心安排，特别要处理好售票室的比例尺度，满足售票时的要求，售票室及其附属用房因其体量较小，外界气候因素对室内环境影响较大，故还要特别考虑到保温、遮阳、通风等问题。

除了门卫、管理、收售票、值班休息等房间，大门附近还应安排公共厕所和小卖部等服务设施。由于公园经济效益的需要，大门附近常常建有餐馆、游艺厅等建筑，这些建筑一定要在建设大门时统一规划、设计，合理布局，切不可乱搭乱建，以免造成凌乱无序的状况。

公园大门的设计，最为重要的是要结合实际，要和所在公园的性质、规模、位置、活动项目等相适应，特别要突出所在公园的特色，切忌“千园一面”。

按公园出入口的类型，大门分为公园主要大门、次要大门及专用门等。

第六节 园 椅

人们在园林中休憩歇坐，促膝畅谈，无不与园椅相伴。因此，园椅的主要功能是：供游人就座休息，欣赏周围景物，在景色秀丽的湖滨、高山之巅、花间林下设置园椅，可供人欣赏湖光山色、观赏奇花异卉。尤其在街头绿地或小型游园，人们需要更长的时间就座休息，园椅成为不可缺少的设施。但在园林中，园椅不仅作为休息、赏景的设施，还作为园林装饰小品，以其优美精巧的造型点缀园林环境，成为园林景物之一。在园林中恰当地设置园椅，将会加深园林意境的表现，如在苍松古槐之下，设以自然山石的桌椅，可以使环境更为优雅古朴；在园林广场的一侧、花坛四周，设数把长条形长椅，众人相聚，欢乐的气氛油然而生；在园林大片自然林地，在林间树下置以适当的园椅，则使人顿感亲切，人迹所到也给大自然增添生活情趣。因此，小小园椅能够衬托园林气氛，加深体现园林意境。

园椅的位置选择：

（1）道路两侧。

（2）广场周边。

（3）水体沿岸。

（4）山腰台地。

（5）林荫之下。

（6）山巅空地。

（7）游憩建筑。

（8）服务建筑近旁。

第七节　园　灯

园灯既有照明又有点缀装饰园林环境的功能，因此，既要保证晚间游览活动的照明需要，又要以其美观的造型装饰环境，为园林景色增添生气。

绚丽明亮的灯光，可使园林环境气氛更为热烈、生动、欣欣向荣、富有生机，而柔和、轻微的灯光又会使园林环境更加宁静、舒适、亲切宜人。因此，灯光将衬托各种园林气氛，使园林环境更富有诗意。

故灯光造型要精美，要与环境相协调，要结合环境的主题，赋予一定的寓意，成为富有情趣并具有一定寓意的园林建筑装饰小品，如北京全国农业展览馆庭院中设麦穗状园灯象征丰收的景象；而广州园林中水罐形园灯设在草地一角，可引起人们对绿草鲜花的珍惜和喜爱，树皮塑雕园灯立于密林之中，使人工与自然融成一体，相得益彰，别具风韵。

总之，设置园灯要同时注意园林环境景观与使用功能的要求、造型美观与足够合理的光照度的要求。特别要避免发生有碍视觉的眩光。

园灯的位置选择应在：草坪、园路、喷泉水体、桥梁、广场（活动场地）、园椅、展栏、花坛、台阶、雕塑。

第八节　园　墙

园林墙垣有围墙与景墙之分，园林围墙作为维护构筑，其主要功能是防卫作用，同时具有装饰环境的作用，而园林景墙的主要功能是造景，以其精巧的造型点缀园林之中，成为景物之一。

景墙的造景作用不仅以其优美的造型来表现，更重要的是以其在园林空间中的构成和组合中体现出来，我国园林空间变化丰富、层次分明，各种墙垣穿插园林中，既分隔空间，又围合空间；既通透，又遮障，形成园林空间。有的开敞，有的封闭，各有风韵。园林墙垣可分隔大空间，化大为小，又可将小空间串通迂回，小中见大，层次深邃。

景墙也可独立成景，与周围的山石、花木、灯具、水体等构成一组独立的景物。

园林墙垣上的门洞、漏窗，在造景上有着特殊的地位与作用，不仅装饰各种墙面使墙垣造型生动优美，更使园林空间通透，流动多姿，孤立的门洞和漏窗的欣赏效果是有限的，但如果能与园林环境配合，构成一定的意境则情趣倍增，可利用门洞、漏窗外的景物，构成“框景”“对景”，则另有一番天地。因此，门洞、漏窗后的蕉叶、山石、修竹都构成优美画幅的因素，“步移景异”正是对这些园林门洞、漏窗所组成的一幅幅立体图画的概括，漏窗与盆景布置相结合，更是锦上添花。虚实相衬，使画意更浓。

园林墙垣本身是界定空间范围的构筑物，但在园林中以其优美的造型与装饰，强烈地吸引游人视线使其成为引导游人的导游小筑，在出入口处更是以其鲜明的形象，成为出入口的标志物。

园林墙垣的设置，应充分考虑其坚固与安全的要求。墙垣高度一般在 2.2 ~ 2.5m，墙体虽不高，但若坍塌，也可致人伤残，故不可轻视。尤其是孤立单片的直墙，要适当增加其厚度，加设柱墩等，设置曲折连续的墙体，可增加其稳定性。应考虑风压、雨水等对墙体的破坏作用。

就地取材，能体现地方特色，又具有良好的经济效果，应给予充分的考虑。各种石料、砖、木材、竹材、钢材、混凝土等均可选用，并可组合使用。

第九节　园林展示小品

园林展示性小品是园林中极为活跃、引人注目的文化宣教设施，它的类型包括展览栏、阅报栏、展示台、园林导游图、园林布局图、说明牌、布告板以及指路牌等各种形式。内容涉及国家基本法规的宣传教育、时事形势、科技普及、文艺体育、生活知识、娱乐活动等多个领域的知识性宣传，是园林中群众性的开放的宣传教育场地，其内容广泛、形式活泼，群众易于接受，因此深受广大群众的欢迎。

作为园林建筑小品，展示性设施也同样应具有造型美观及实用功能并重的特点。从布局上到造型上均应与园林环境协调统一，使其富有园林特色。因此，首先在布局上要形成优美的空间环境，使其宜于参观欣赏展品，宜于休息，要有良好的尺度感，要考虑游人停留、人流通行、就座休息等必要的尺度要求，以及其他景物、小品设置的要求，在路旁的展牌、标牌等一定要退出过往人流的用地，以免互相干扰。为使环境生动活泼，展示小品可结合园椅、园灯、山石、花木等统一布局，使之融为一体，背景的布置是衬托展示小品的有力手段，应给以充分考虑。良好的视觉条件是观展、阅览活动的重要保证，室外光线充足适于观展，但应避免阳光直射展面。环境亮度、地面高度与展览栏相差不可过大，以免造成玻璃面的反光，影响观展效果。巧妙利用绿化可改善不利的光照条件。

设计上展示小品的尺寸要合理，体量适宜，大小高低应与环境相协调，一般小型展面的画面中心离地面高度为 1.4 ~ 1.5m，要考虑夜间的照明要求，随之而来的展栏内的通风、降温等问题应充分考虑，要防渗漏以免损坏展品。

园林展示性小品的位置应选择：园路、园林出入口、休息广场、游人集散停留空间、护墙界墙、公共建筑近旁、需遮障地段、可与园林要素（山石、花坛等）、游憩建筑结合处。

第十节　园林雕塑

雕塑是具有三维空间的艺术，在人类文明发展的历史长河中，雕塑常作为建筑或环境的表意物而相伴发展。无论任何建筑或环境一旦与雕塑结合则倍增它们的思想性和艺术性，取得良好的效果。

随着社会的发展和时代的进步，雕塑已从王权和宗教的桎梏中解脱出来，走向生活，走向大众，既反映了时代的精神面貌又装饰了环境，并陶冶了人们的心灵，起到激励人们思想和生活的积极作用。

园林中设置雕塑历史悠久，我国早在汉代园林，皇宫的太液池畔，就有石鱼、石牛及织女等雕塑，并在神明台上建铜仙人承露盘的雕塑。现存的古典园林如颐和园、北海公园等均留存有动物及人物等雕塑。在西方园林中，在文艺复兴时期，雕塑已成为意大利园林中的主要景物。在现代国内外园林中，雕塑更被广泛应用并占有重要地位。

园林中设置雕塑，第一，应考虑环境因素。园林中环境优美，地形、地貌丰富，有水体、平地及山岗丘壑，并与花草树木等构成各种不同的环境景观，雕塑的题材应与环境相协调，互相衬托，相辅相成，才能加强雕塑的感染力，切不可将雕塑变成形单影孤的与环境毫不相关的摆设。因此，恰当地选择环境或设计好环境，是设置园林雕塑的首要工作。

第二，视线距离。人们观察雕塑首先是观察其大轮廓及远观气势，要有一定的远观距离。进而是细查细部、质地等，故还应有近视的距离，因此在整个观察过程中应有远、中、近三种良好的距离，才能保证良好的观察效果。因此，还要考虑到三维空间的多向观察的最佳方位与距离。

第三，空间尺度。雕塑体的大小与所处的空间应有良好的比例与尺度关系，空间过于拥挤或过于空旷都会减弱其艺术效果，并要考虑观赏折减和透视消逝的关系，对形象的上下、前后应做一定的修正和调整。

第四，基座是雕塑整体的一个组成部分。在造型上烘托主体，并渲染气氛，雕塑的表现力与基座的体型相得益彰，但基座又不能喧宾夺主。因此，不能将基座孤立设计，只是在最后加上一个体块而已，从设计一开始就应将其纳入总体的构想之中，除应考虑基座的形象、体量外，对其质地、粗细、轻重、亮度等均应做仔细的推敲。

第五，色彩。适宜的色彩将使雕塑形象更为鲜明、突出。雕塑的色彩与主题形象有关，应与环境及背景的色彩密切相关。如白色的雕塑与浓绿色的植物形成鲜明的对比，而古铜色的雕塑与蓝天、碧水互成美好的衬托，现代雕塑的色彩、材料均比以往大为丰富，而园林环境亦绝非仅有植物，故应认真考虑其色彩上互相对应。

第十一节　园　桥

桥是人类跨越河山天堑的伟大创造。它丰富、开阔了人们的视野，方便了交通，促进了社会的发展。而“小桥流水人家”，则反映出桥与人们生活的息息相关，因而赋予其田园般的诗情画意。桥在园林中以其优美的造型点缀山川，塑造园林美景。桥联系水陆交通，联系建筑物，联系风景点，组织游览路线，还可划分水面空间，增加景色层次。

园林水面或聚或分，自由灵活，多姿多彩，其形状、大小、水量等都与桥的布局及造型有关。宽广的大水面，或水势急湍者，则宜建体量较大、较高的桥；水面较小且水势平静，宜建低桥、小桥，有临波微步之感；涓涓细流，宜建紧贴水面的汀步。在平静的水面建桥更应取其倒影，或拱桥或平桥，均应与倒影效果联系起来。

桥的造型、体量还与两岸的地形、地貌有关，平坦的地面、溪涧山谷、悬崖峭壁或岸边巨石、大树等都是建桥的基础环境，桥的造型体量应与其相协调。

窄处通桥，是既经济又合理的首选的建桥基址。此外，还要考虑行人交通的需要，人流量的大小，桥上是否通车，桥下是否通船，都会影响桥的承载能力与净空高度。目前新技术的发展与利用，为丰富桥的造型，为创造既新颖美观又结构合理的园林小桥提供了有力的技术保证。

桥体上的栏杆，是丰富桥造型的重要因素，应与桥体的大小、轻重相协调，栏杆高度应符合安全要求，又要符合桥的造型要求。如苏州园林小桥，一般设低栏杆或单面栏杆，轻巧、简洁，甚至不设栏杆以突出桥的轻快造型。

桥头的岸壁的衔接要恰当，忌生硬呆板，常以园灯、雕塑、山石、花台、树池等点缀，可丰富环境，也有显示桥位、增强安全的效果。

桥体照明，既为交通需要，更为突出桥体造型，灯具可结合桥的周边设计，勾画出整个体型，也可用照射灯照亮全桥，突出夜间的造型效果。

第十二节　园林栏杆

栏杆，一般依附于建筑物，而园林栏杆更多为独立设置，除具有维护功能外，还用于园林景观的需要，以栏杆点缀装饰园林环境，以其简洁、明快的造型，丰富园林景致。

园林栏杆是围合园林空间要素之一，因此具有分隔园林空间、组织疏导人流及划分活动范围的作用。园林栏杆多用于开敞性空间的分隔，在开阔的大空间中，常给人空旷之感，若设置栏杆，人们可凭栏赏景，给人以依附和安全，使其在空旷中获得亲切感。园林中各种活动范围、功能区分，常以栏杆为界。因此，园林栏杆常作为组织、疏导人流的交通设施。

园林栏杆还具有为游人提供就座休憩之所，尤其在风景优美、有景可赏之处，设以栏杆代替坐凳，既有维护作用，又可就座赏景。园林中的坐凳栏杆、美人靠椅均为此例。

园林栏杆具有强烈的装饰性和确切的功能性，首行，要有优美的造型，其形象风格应与园林环境协调一致，以其优美的造型来衬托环境，渲染气氛，加强静止态的表现力。如北京颐和园为皇家园林，采用石望柱栏杆，其持重的体量、粗壮的构件，构成稳重、端庄的气氛。而自然风景区的栏杆，常采用自然本色材料，尽量少留人工痕迹，造型上则力求简洁、朴素以使其与自然环境融成一体。

园林栏杆的造型一般以“简洁为雅”，切忌烦琐。造型上的简繁、轻重、曲直、实透等均须与园林环境协调一致。

栏杆的花格纹样应新颖，并应具有民族特色，色彩一般宜轻松、明快。

其次，园林栏杆要有合理宜人的尺度。使游人倍感亲切，宜于环境的尺度可使景致协调，更便于功能的发挥，栏杆的高度为：

围护栏杆：600 ~ 900mm

靠背栏杆：900mm 左右，其中座椅面高度 420 ~ 450mm。

坐凳栏杆：400 ~ 450mm

镶边栏杆：200 ~ 400mm，用于草坪、花坛、树池等周边。

再次，要求坚固。栏杆最基本的使用功能为安全围护，若栏杆本身不坚固，就失去实用的意义，而且更增加隐患。栏杆的立柱要保证有足够的深埋基础即有坚实的地基；立柱间距离不可过大，一般在 2 ~ 3m，应按材料确定；受力的栏杆应有足够的强度要求；衔接应牢固。

最后，栏杆选择材料，宜就地取材，体现不同风格特色。如石材、竹材、钢筋混凝土、木材、金属材料等，皆可选用，以美观、经济坚固为主要原则。

第八章　城市绿地规划设计的一般程序

城市绿地规划设计程序是指要建造一个公园、花园或绿地之前，设计者根据业主要求及当地的具体情况，把要建造的园林绿地的设想，通过图纸及简要说明表现出来。施工人员根据这些图纸和说明，可以把这个绿地建造出来。这样的一系列规划设计工作的进行过程，称为园林规划设计程序。

城市绿地规划设计程序随着园林绿地类型的不同而繁简不一。规划设计的工作范围可包括庭院、宅园、小游园、花园、公园，以及城市、街区、机关、厂矿、校园、医院、宾馆饭店等单位附属绿地。城市绿地规划设计首先要考虑该绿地的功能，要和使用者的期望与要求相符合；其次，城市绿地规划还要对该地区特性做充分的了解，做出恰当的规划。

第一节　城市绿地规划设计步骤和主要内容

城市绿地规划设计步骤是根据具体情况而定的，通常包括以下几个步骤。

一、接受设计任务、实地踏勘、收集有关资料

作为一个建设项目的业主(俗称“甲方”)会邀请一家或几家设计单位进行方案设计。作为设计方(俗称“乙方”)在与业主初步接触时，要了解整个项目的概况，包括建设规模、投资规模、可持续发展等方面，特别要了解业主对这个项目的总体框架方向和基本实施内容。另外，业主会选派熟悉基地情况的人员，陪同总体规划师到基地现场踏勘，收集规划设计前必须掌握的原始资料。

总体规划师结合业主提供的基地现状图(又称“红线图”)，对基地进行总体了解，对较大的影响因素做到心中有底，今后作总体构思时，针对不利因素加以克服和避让，充分合理地利用有利因素。此外，还要在总体和一些特殊的基地地块内进行摄影，将实地现状的情况带回去，以便加深对基地的感性认识。

二、初步总体构思及修改

基地现场收集资料后，就必须立即进行整理、归纳，以防遗忘那些较细小的却有较大影响的环节。

在着手进行总体规划构思之前，必须认真阅读业主提供的“设计任务书”(或“设计招标

书”)。在进行总体规划构思时,要将业主提出的项目总体定位作一个构想,并与抽象的文化内涵以及深层的警世寓意相结合,同时必须考虑将设计任务书中的规划内容融合到有形的规划构图中去。

三、方案第二次修改及文本制作包装

经过了初次修改后的规划构思,还不是一个完全成熟的方案。设计人员此时应该虚心好学、集思广益,多渠道、多层次、多次地听取各方面的建议。不但要向老设计师们请教方案的修改意见,而且还要虚心向中青年设计师们讨教,并与之交流、沟通,提高整个方案的新意与活力。整个方案定下来后,进行图文包装。现在,图文包装越来越受到业主与设计单位的重视。最后,将规划方案的说明、投资框(估)算、水电设计的一些主要节点,汇编成文字部分;将规划平面图、功能分区图、绿化种植图、小品设计图、全景透视图、局部景点透视图,汇编成图纸部分。文字部分与图纸部分相结合,形成一套完整的规划方案文本。

四、根据反馈信息调整方案

业主拿到方案文本后,一般会在较短时间内给予答复。答复中会提出一些调整意见,包括修改、添删项目内容,投资规模的增减,用地范围的变动等。针对这些反馈信息,设计人员要在短时间内对方案进行调整、修改和补充。一般调整方案的工作量没有前面的工作量大,大致需要一张调整后的规划总图和一些必要的方案调整说明、框(估)算调整说明等,但它的作用却很重要,以后的方案评审会及施工图设计等,都是以调整方案为基础进行的。

五、方案评审

由有关部门组织的专家评审组会集中一天或几天时间进行专家评审(论证)。出席会议的人员,除了各方面专家外,还有建设方领导、市及区有关部门领导,以及项目设计负责人和主要设计人员。

方案评审会结束后几天,设计方会收到打印成文的专家组评审意见。设计负责人必须认真阅读,对每条意见都应该有一个明确答复,对于特别有意义的专家意见,要积极听取,立即落实到方案修改稿中。

六、扩初设计评审

设计者结合专家组方案评审意见,进行深入的扩大初步设计(简称“扩初设计”)。在扩初文本中,应该有更详细、更深入的总体规划平面,总体竖向设计平面,总体绿化设计平面,建筑小品的平、立、剖面(标注主要尺寸)。在地形特别复杂的地段,应该绘制详细的剖面图。在剖面图中,必须标明几个主要空间地面的标高(路面标高、地坪标高、室内地坪标高)、湖面标高(水面标高、池底标高)。

一般情况下,经过方案设计评审和扩初设计评审后,总体规划和具体设计内容都能顺利通过评审,为施工图设计打下良好的基础。扩初设计越详细,施工图设计越省力。

七、再次踏勘并制作施工图

基地的再次踏勘与前次踏勘有所不同,主要表现在以下三个方面。①参加人员范围扩大。前一次是设计项目负责人和主要设计人,这一次增加建筑、结构、水、电等各专业的设计人员。②踏勘深度不同。前一次是粗勘,这一次是精勘。③掌握最新的、变化的基地情况。前次与这次踏勘相隔较长时间,现场情况必定有了变化,必须找出对今后设计影响较大的变化因素,加以研究,调整施工图设计。同时,较早完成的图纸要做到两个结合:①各专业图纸之间要相互一致,自圆其说;②每种专业图纸与今后陆续完成的图纸之间,要有准确的衔接和连续关系。

社会的发展伴随着大项目、大工程的产生,它们自身的特点使得设计与施工各自周期的划分已变得模糊不清。特别是由于施工周期的紧迫性,往往先设计出一部分急需的施工图纸,以便进行即时开工。紧接着就要进行各个单体建筑小品的设计,这其中包括建筑、结构、水电等各专业施工图设计。另外,作为整个工程项目设计总负责人,往往同时承担着总体定位、竖向设计、道路广场、水体以及绿化种植的施工图设计任务。

八、施工图预算编制

施工图预算是以扩初设计中的概算为基础的。该预算涵盖了施工图中所有设计项目的工程费用。其中包括:土方地形工程总造价、建筑小品工程总造价、道路广场工程总造价、绿化工程总造价、水电安装工程总造价等。施工图预算与最终工程决算往往有较大出入。其中原因各种各样,影响较大的是:施工过程中工程项目的增减、工程建设周期的调整、工程范围内地质情况的变化、材料选用的变化等。施工图预算编制属于造价工程师的工作,但项目负责人应该有一个工程预算控制度,必要时及时与造价工程师联系、协商,尽量使施工预算能较准确地反映整个工程项目的投资状况。

九、施工图交底

业主拿到施工设计图纸后,会联系监理方、施工方对施工图进行看图和读图。看图属于总体上的把握,读图属于具体设计节点、详图的理解。然后,由业主牵头,组织设计方、监理方、施工方进行施工图设计交底会。在交底会上,业主、监理、施工各方提出看图后所发现的各专业方面的问题,各专业设计人员将对口进行答疑。一般情况下,业主方的问题多涉及总体上的协调、衔接;监理方、施工方的问题常提及设计节点、大样的具体实施。各方侧重点不同。由于上述三方是有备而来,并且有些问题往往是施工中的关键节点,因而设计方在交底会前要充分准备,会上要尽量结合设计图纸当场答复,现场不能回答的,回去考虑后尽快做出答复。

十、设计师的施工配合

设计的施工配合工作往往会被人们所忽略。其实,这一环节对设计师、对工程项目本身是相当重要的。

第二节　城市绿地规划设计阶段的资料收集与编制

一、城市绿地规划设计阶段的资料收集

（一）自然条件、环境状况及历史沿革

在做园林规划设计时，首先必须对建设地区的自然条件及周围的环境和城市规划的有关资料进行收集调查，并深入分析研究。内容包括本范围的地形地貌、气候、土壤地质、原有建筑设施、树木生长情况、周围地区的建筑情况、居住密度、人流交通、地上地下水流、管线以及其他公用设施、建设所需材料、资金、施工力量、施工条件等，具体包括以下几方面：

（1）甲方对设计任务的要求及设计项目历史状况。

（2）土壤方面：土壤的种类、营养情况、深度、地基承载力、冻深、自然安息角、滑动系数、不同土壤的分布区域、内摩擦角度及其他有关物理、化学特性。

（3）气候方面：每月最低和最高气温、月平均气温、水温、湿度、降雨量、无霜期、冰冻期、冰雪厚度、每月阴天日数、风向、风力等。

（4）地形方面：地形倾斜的方向、坡度、裸露岩层的分布情况。

（5）水系方面：水的流量、流速、方向、最高洪水位标高、最高水位、最低水位、常水位、水底标高、沼泽地和冲刷地的分布、水质、地下水的状况。

（6）植被方面：了解和掌握地区内原有植被的种类、数量、高度、生长势、生态、群落构成、古树名木分布情况、观赏价值的高低及原有树木的年龄、观赏特点等。

（7）原有建筑方面：园内和周围现存建筑和构筑物的数量、分布、大小、用途、结构材料、平立面形状、基地标高。

（8）管线方面：地上地下管线的种类、埋深、走向、管径、供水的水压、水量、排水的方式结构、电路的功率、杆线高度。

（9）环境方面：附近的单位性质、交通条件，有无空气、水、噪声等污染，环境的特点、未来发展情况。如周围有无名胜古迹、人文资料、公共建筑、停车场地。公用设备的原有情况、居民类型，如非国家投资还需了解主办者的开发经营方式，近期、远期可保证的资金和施工力量，以及在城市园林系统中的地位等。该地段的能源情况。电源、水源以及排污、排水，周围是否有污染源，如有毒有害的厂矿企业、传染病医院等情况。

（10）周围城市景观：建筑形式、体量、色彩等与周围市政的交通联系、人流集散方向、周围居民的类型与社会结构，如属于厂矿区、文教区或商业区等情况。

（11）建园所需主要材料的来源与施工情况，如苗木、山石、建材等情况。

（12）甲方要求的园林景观设计标准及投资额度。

（二）图纸资料

1. 地形图

根据面积大小，提供 1∶2000、1∶1000、1∶500 园址范围内总平面地形图。图纸应明确显示以下内容：设计范围（红线范围、坐标数字）；园址范围内的地形、标高及现状物（现有建筑物、构筑物、山体、水系、植物、道路、水井，还有水系的进、出口位置及电源等）的位置，其中，现状物中要求保留利用、改造和拆迁等情况要分别注明；四周环境情况与市政交通联系的主要道路名称、宽度、标高点数字以及走向和道路、排水方向；周围机关、单位、居住区的名称、范围以及今后发展状况。

2. 局部放大图

1∶200 图纸主要供局部详细设计用，能满足建筑单位设计及其周围山体、水系、植被、园林小品及园路的详细布局的要求。

3. 区域鸟瞰图、主要建筑物的平面及立面图、透视图

平面位置注明室内、外标高；立面图要标明建筑物的尺寸、颜色等内容。

4. 现状树木分布位置图（1∶200，1∶500）

要标明保留树木的位置，并注明品种、胸径、生长状况和观赏价值等。有较高观赏价值的树木最好附以彩色照片。

5. 地下管线图（1∶500，1∶200）

一般要求与施工图比例相同。图内应包括要保留的上水、雨水、污水、化粪池、电信、电力、暖气沟、煤气、热力等管线位置及井位等。

二、城市绿地规划设计阶段的图文要求

城市绿地规划设计阶段是指根据上级行政管理部门批准或委托单位提出的设计任务书，进行园林景观的具体设计工作。

（一）总体规划设计

总体规划设计由总体规划图纸和说明书两部分组成。

1. 总体规划图纸

（1）建设场地的规划和现状位置图：图中要标明绿线轮廓、现状及规划中建筑物的位置和周围环境。

（2）近期和远期用地范围图：标明具体位置，有明确尺寸及坐标。

（3）总体规划平面图：要在场地范围内标明道路、广场、河湖、建筑、园林植物类型、出入口位置及地形竖向控制标高等。

(4)整体鸟瞰图。

(5)重点景区、园林建筑或构筑物、山石、树丛等主要景点或景物的平面图或效果图。

(6)公用设备、管理用设施、管线的位置和走向图。

(7)重点改造地段的现状照片。

2. 总体规划说明书

(1)规划主要依据:规划所依据的法律、法规与标准、规范;批准的任务书或摘录;所在地的气象、地理、地质概况;风景资源及人文资料;能源、公共设施、交通利用情况等。

(2)规模和范围:场地规模、面积、区位情况;分期建设情况;设计项目组成;对生态环境、游憩、服务设施的技术分析等内容。

(3)艺术构思:主题立意,景区、景区布局艺术效果分析和游览、线路布置等。

(4)种植规划概况:立地条件分析、天然植被与人工植被的类型分析和种苗来源的情况。

(5)功能与效益:执行国家法规、政策及有关规定的情况,对城市绿地系统和城市生活影响的预测和对生态、社会、经济效益的评价。

(6)技术、经济指标:用地平衡表;土石方概算、主要材料和能源消耗概算及工程总概算。

(7)需要在审批时决定的问题:与城市规划的协调、拆迁、交通情况;施工条件、季节;投资等内容。

(二)初步设计

初步设计应在总体规划图设计文件得到批准及待定问题得以解决后进行。初步设计文件包括设计图纸、说明书、工程量总表和概算。设计图表示的高程和距离均以米为单位,精确到小数点后两位。

1. 初步设计图纸

初步设计文件的图纸部分应包括总平面图、竖向设计图、道路广场设计图、种植设计图、建筑设计图、综合管网图等。

(1)园林规划总体设计平面图。

总体设计平面图应包括以下方面内容。

①公园与周围环境的关系:公园主要、次要、专用出入口与市政关系,即面临街道的名称、宽度;周围主要单位名称或居民区等;公园与周围园界的围墙或透空栏杆要明确表示。

②公园主要、次要、专用出入口的位置、面积、规划形式,主要出入口的内广场、外广场、停车场、大门等布局。

③公园的地形总体规划、道路系统规划。

④全园建筑物、构筑物等布局情况,建筑平面要能反映总体设计意图。

⑤全园植物设计图:图上反映密林、疏林、树丛、草坪、花坛、专类花园、盆景园等植物景观。此外,总体设计图应准确标明指北针、比例尺、图例等内容。

⑥面积 $100hm^2$ 以上,比例尺多采用 1:5000 ~ 1:2000;面积在 10 ~ $50hm^2$,比例尺用 1:1000;面积在 $8hm^2$ 以下,比例尺可用 1:500。

（2）地形设计图。

采用1∶200、1∶（500～1000）比例尺。地形是全园的骨架，要求能反映出景观的地形结构。同时，地形还要表示出湖、池、潭、港、湾、涧、溪、滩、沟、渚以及堤、岛等水体造型，并要标明湖面的最高水位、常水位、最低水位。此外，图上标明入水口、排水口的位置（总排水方向、水源及雨水聚散地）等。也要确定主要园林建筑所在地的地坪标高、桥面标高、广场高程，以及道路变坡点标高。

（3）道路、给水、排水、用电管线布置图。

首先在道路总体设计图上确定公园的主要出入口、次要出入口与专用出入口，还有主要广场的位置、主要环路的位置以及作为消防的通道。同时确定主干道、次干道等的位置以及各种路面的宽度、排水纵坡，并初步确定主要道路的路面材料、铺装形式等。图纸上用虚线画出等高线，再用不同的粗线、细线表示不同级别的道路及广场，并将主要道路的控制标高注明。根据总体规划要求，解决全园的上水水源的引进方式，水的总用量（消防、生活、造景、喷灌、浇灌、卫生等）及管网的大致分布、管径大小、水压高低等，以及雨水、污水的水量、排放方式、管网大体分布、管径大小及水的去处；解决总用电量、用电利用系数、分区供电设施、配电方式、电缆的敷设以及各区各点的照明方式及广播、通信位置等问题。北方冬天需要供暖，要考虑供暖方式、负荷多少、锅炉房的位置问题。

（4）全园鸟瞰图、园林建筑物的立面图、透视图、布局图。

设计者为更直观地表达公园设计的意图和设计中各景点、景物以及景区的景观形象，通过钢笔画、铅笔画、水彩画、水粉画、中国画或电脑辅助设计等方法绘制鸟瞰图。鸟瞰图制作要点：①无论采用一点透视、二点透视还是多点透视，都要求鸟瞰图在尺度、比例上尽可能准确地反映景物的形象；②鸟瞰图除表现公园本身外，还要画出周围环境，如公园周围的道路交通等市政系统，公园周围城市景观，公园周围的山体、水系等；③鸟瞰图应注意“近大远小、近清楚远模糊、近写实远写意”的透视法原则，以达到鸟瞰图的空间感、层次感和真实感；④一般情况，除了大型公共建筑外，城市公园内的园林建筑和树木比较，树木不宜太小，要以15～20年树龄的高度为画图的依据。

（5）种植规划设计图。

根据总体设计图的布局、设计原则以及苗木情况，确定全园总构思。种植总体设计内容主要包括不同种植类型的安排，如密林、草坪、疏林、树群、树丛、孤立树、花坛、花境、园界树、园路树、湖岸树、园林种植小品等内容。还有以植物造景为主的专类园，如月季园、牡丹园、香花园、观叶园、观花园、盆景园、观赏或生产温室、爬蔓植物观赏园、景园、公园内的花圃、小型苗圃等。同时，确定全园的基调树种、骨干造景树种。包括常绿、落叶的乔木、灌木、草花等。

种植设计图上，乔木树冠以中、壮年树冠的冠幅（5～6m）为制图标准，灌木、花草以相应尺度表示。

（6）园林建筑布局图。

要求在平面上，反映全园总体设计中建筑在全园的布局。包括：主要出入口、次要出入口、专用出入口的售票房、管理处、造景等各类园林建筑的平面造型；大型主体建筑，如展览性、娱乐性、服务性等建筑平面位置及周围关系；还有游览性园林建筑，如亭、台、楼、阁、榭、桥、塔等类型建筑的平面安排；除平面布局外，还应画出主要建筑物的平面图、立面图。

2. 初步设计说明书

初步设计在完成图纸和概算之后，需编写设计说明书，其主要内容包括：
①园林绿地的位置、范围、规模、现状及设计依据；
②园林绿地的性质、设计原则和目的；
③功能分区及各分区的内容、面积比例、山石水体等有关方面的情况；
④绿化种植设计说明；
⑤电气等各种管线说明；
⑥分期建设规划等。

3. 初步设计工程量总表

初步设计工程量总表包括：各园林植物种类、数量；平整地面、堆山、挖填方数量；山石数量；广场、道路、铺装面积；驳岸、水池面积；各类园林小品数量；园灯、园椅等设备数量；各类园林建筑的数量、面积；各种管线长度，并尽可能标注出管径。

4. 设计概算

（1）根据概算定额，按照工程量计算工程基本费。
（2）按照有关部门规定，计算增加的各种附加费。
（3）公园、绿地范围以外市政配套所需的附加费。

5. 初步设计文件编排

初步设计文件编排顺序依次是：初步设计文件封面—初步设计文件扉页、目录—初步设计文件说明书、图纸目录、总图与分图、工程量表、概算。

（三）施工图设计

在总体设计方案最后确定后，接着就要进行局部详细设计工作。

1. 施工设计图种类

（1）施工平面图。

根据公园或工程的不同分区，划分若干局部，每个局部根据总体设计的要求，进行局部详细设计。一般比例尺为1∶500，等高线距离为0.5m，用不同等级粗细的线条画出等高线、园路、广场、建筑、水池、湖面、驳岸、树林、草地、灌木丛、花坛、花卉、山石、雕塑等。

详细设计平面图要求标明建筑平面、标高及与周围环境的关系。道路的宽度、形式、标高；主要广场、地坪的形式、标高；花坛、水池面积大小和标高；驳岸的形式、宽度、标高。同时平面上表明雕塑、园林小品的造型。

（2）横纵剖面图。

为更好地表达设计意图，在局部艺术布局最重要部分或局部地形变化部分做出断面图，一般比例尺为1∶500～1∶200。

（3）种植设计图。

在总体设计方案确定后，着手进行局部景区、景点的详细设计的同时，要进行1：500的种植设计工作。一般 1∶500 比例尺的图纸上能较准确地反映乔木的种植点、栽植数量；密林、疏林、树群、树丛、园路树、湖岸树的位置。其他种植类型，如花坛、花境、水生植物、灌木丛、草坪等的种植设计图的比例尺，可选用 1∶300 或 1∶200。

（4）园路、广场施工图。

道路广场设计图主要标明园内各种道路、广场的具体位置、宽度、高程、纵横坡度、排水方向、道路广场的交接、交叉口组织，不同等级道路的连接、铺装大样；回车道、停车场等。

（5）管线施工图。

在管线设计的基础上，表现出上水（生活、消防、绿化、市政用水）、下水（雨水、污水）、暖气、煤气、电力、电信等各种管网的位置、规格、埋深等。

2. 施工设计图纸要求

（1）图纸规范。图纸要尽量符合国家建委的《建筑制图标准》的规定。图纸尺寸如下：

0 号图纸，841mm × 1189mm；

1 号图纸，594mm × 841mm；

2 号图纸，420mm × 592mm；

3 号图纸，297mm × 420mm；

4 号图纸，297mm × 210mm。4 号图纸不得加长，如果要加长图纸，只允许加长图纸的长边，特殊情况下，允许加长 1 ~ 3 号图纸的长度、宽度，0 号图纸只能加长长边，加长部分的尺寸应为边长的 1/8 及其倍数。

（2）施工设计平面的坐标网及基点、基线一般图纸均应明确画出设计项目范围，画出坐标网及基点、基线的位置，以便作为施工放线的依据。基点、基线的确定应以地形图上的坐标线或现状图上工地的坐标据点、现状建筑屋角或墙面、构筑物或道路等为依据，必须纵横垂直，一般坐标网依图面大小每 10m、20m 或 50m 的距离，从基点、基线向上、下、左、右延伸，形成坐标网，并标明纵横标的字母，常用 A、B、C、D……和对应的 A′、B′、C′、D′……英文字母和阿拉伯数字 1、2、3、4……和对应的 1′、2′、3′、4′……标注，从基点 0、0′ 坐标点开始，以确定每个方格网交点的纵横数字所确定的坐标，作为施工放线的依据。

（3）施工图纸要求内容详细。图纸要注明图头、图例、指北针、比例尺、标题栏及简要的图纸设计内容的说明。图纸要求字迹清楚、整齐，不得潦草；图面清晰、整洁，图线要求分清粗实线、中实线、细实线、点划线、折断线等线形，并准确表达对象。

（4）施工放线总图。主要表明各设计因素之间具体的平面关系和准确位置。图纸包括：保留利用的建筑物、构筑物、树木、地下管线等，设计的地形等高线、标高点，水体、驳岸、山石、建筑物、构筑物的位置，道路、广场、桥梁、涵洞、树种设计的种植点，园灯、园椅、雕塑等全园设计内容。

（5）地形设计总图。地形设计主要内容平面图上应确定制高点、山峰、台地、丘陵、缓坡、平地、微地形、丘阜、坞、岛及湖、池、溪流等岸边、池底的具体高程，以及入水口、出水口的标高。此外，各区的排水方向，雨水汇集点及各景区园林建筑、广场的具体高程。一般草地最小坡度为 1%。最大不得超过 33 9/6。最适坡度在 1.5% ~ 10%。人工剪草机修剪的草坪坡度为 7%；一般绿地缓坡坡度在 8% ~ 12%。

地形设计平面图还应包括地形改造过程中的填方、挖方内容。在图纸上应写出全园的挖方、填方数量，说明应进园土方或运出十方的数量及挖、填土之间土方调配的运送方向和数量。一般力求全园挖、填土方取得平衡。

除了平面图之外，还要求画出剖面图。主要部位山形、丘陵、坡地的轮廓线及高度、平面距离等。要注明剖面的起止点、编号，以便与平面图配套。

（6）水系设计。除了陆地上的地形设计之外，水系设计也是十分重要的组成部分。平面图应表明水体的平面位置、形状、大小、类型、深浅以及工程设计要求。

首先，应完成进水口、溢水口或泄水口的大样图。然后，从全园的总体设计对水系的要求考虑，画出主、次湖面，堤、岛、驳岸造型，溪流、泉水等及水体附属物的平面位置，以及水池循环管道的平面图。纵剖面图要表示出水体驳岸、池底、山石、汀步、堤、岛等工程做法图。

（7）道路、广场设计平面图。要根据道路系统的总体设计，在施工总图的基础上，画出各种道路、广场、地坪、台阶、盘山道、山路、汀步、道桥等的位置，并注明每段的高程、纵坡、横坡的数字。一般园路分主路、支路和小路 3 级。园路最低宽度为 0.9m，主路一般为 5m，支路在 2 ~ 3.5m。国际康复协会规定残疾人使用的坡道最大纵坡为 8%，所以，主路纵坡上限为 8%。山地公园主路纵坡应小于 12%。综合各种坡度，《公园设计规范》规定，支路和小路纵坡宜小于 18%，超过 18% 的纵坡，宜设台阶、梯道。并且规定，通行机动车的园路宽度应大于 4m，转弯半径不得小于 12m。一般室外台阶比较舒适高度为 12cm，宽度为 30cm，纵坡为 40%。一般混凝土路面纵坡在 0.3% ~ 5%、横坡在 1.5% ~ 2.5%。天然土坡路纵坡在 0.5% ~ 8%、横坡在 3% ~ 4%。

除了平面图，还要求用 1∶20 的比例绘出剖面图，主要表示各种路面、山路、台阶的宽度及其材料、道路的结构层（面层、垫层、基层等）厚度做法。注意每个剖面都要编号，并与平面配套。

（8）园林建筑设计。要求包括建筑的平面设计（反映建筑的平面位置、朝向、周围环境的关系）、建筑底层平面、建筑各方向的剖面、屋顶平面、必要的大样图、建筑结构图等。

（9）植物配置种植设计图。应表现树木花草的种植位置、品种、种植类型、种植距离，以及水生植物等内容。应画出常绿乔木、落叶乔木、常绿灌木、开花灌木、绿篱、花篱、草地、花卉等具体的位置、品种、数量、种植方式等。

植物配置图的比例尺一般采用 1∶500、1∶300、1∶200，可用 1∶100 的比例尺，以便准确地表示出重点景点的设计内容。

（10）假山及园林小品。园林雕塑等是园林造景中的重要因素。一般最好做成山石施工模型或雕塑小样，便于施工过程中能较理想地体现设计意图。在园林设计中，主要提出设计意图、高度、体量、造型构思、色彩等内容，以便与其他行业相配合。

（11）管线及电信设计。在管线规划图的基础上，表现出上水（造景、绿化、生活、卫生、消防）、下水（雨水、污水）、暖气、煤气等，应按市政设计部门的具体规定和要求正规出图。主要注明每段管线的长度、管径、高程及如何接头，同时注明管线及各种井的具体位置、坐标。

在电气规划图上，将各种电气设备、（绿化）灯具位置、变电室及电缆走向位置等具体标明。

第九章 综合性公园规划设计

综合性公园的规划设计就是根据城市总体规划和绿地系统规划的要求，对景区的划分、景点的设置、出入口位置、竖向及地貌设计、园路系统、河湖水系、植物配置、主要建筑物及其风格、规模、位置和各专业工程管理系统等作出综合规划设计。

第一节 功能分区规划

依照各区功能上的特殊要求，根据公园面积大小、周围环境情况、公园的性质、活动内容、设施安排等进行功能分区规划。

综合性文化公园的功能一般有：文化娱乐区、体育活动区、儿童活动区、游览区(安静休息区)，公园管理区等。

一、科学普及文化娱乐区的功能规划

该区的功能是向广大人民群众开展科学及文化教育，使广大游人在游乐中受到文化科学、生产技能等教育。具有活动场所多、活动形式多、人流多等特点，可以说是全园的中心。主要设施有展览馆、画廊、文艺宫、阅览室、剧场、舞场、青少年活动室、动物角等。该区应设在靠近主要出入口处，地形较为平坦。

在地形平坦、面积较大的地方，可采用规划式进行布局，要求方向明确，有利于游人集散。在地形起伏平地面积较小的地方，可采用自然式进行布局，用园路进行联系，与风景园林相对应。为了保持公园的风景特色，建筑物不宜过于集中，尽量利用绿化环境开展各种文艺活动。

二、体育活动区功能规划

该区主要功能是供广大青少年开展各项体育活动。具有游人多、集散时间短、对其他各项干扰大等特点。布局上要尽量靠近城市主要干道，或专门设置出入口，因地制宜地设立各种活动场地。在凹地水面设立游泳池，在高处设立看台、更衣室等辅助设施；开阔水面上可开展划船活动，但码头要设在集散方便之处，并便于停船。游泳的水面要和划船的水面严格分开，以免互相干扰。

天然或人工溜冰场要按年龄或溜冰技术进行分类设置。

另外，结合林间空地，开设简易活动场地，以便进行武术、太极拳、羽毛球等活动。

三、儿童活动区功能规划

为促进儿童身心健康而设立的专门活动区。具有占地面积小(一般为5%左右)、各种设施复杂的特点。其中设施要符合儿童心理,造型设计应色彩明快、尺度小。如儿童游戏场有:秋千、滑梯、滚筒、游船、跷跷板和电动设施等。儿童体育场有涉水、汀步、攀梯、吊绳、圆筒、障碍跑、爬山等。科学园地有农田、蔬菜园、果园、花卉等。少年之家有阅览室、游戏室、展览厅等。

以城市人口的3%,每人活动面积为$50m^2$来规划该区。该区多布置在公园出入口附近或景色开朗处。在出入口常设有塑像,布置规划和分区道路便于识别。按不同年龄划分活动区。可用绿篱、栏杆、假山、水溪隔离,防止人流互串干扰活动。

四、游览休息区功能规划

该区主要功能是供人们游览、休息、赏景、陈列,或开展轻微体育活动。具有占地面积大(大于5%)、游人密度小($100m^2$/人)等特点。应广布全园,特别是设在距出入口较远之处,或在地形起伏、临水观景、视野开阔之处,或在树多、绿化、美化之处。应与体育活动区、儿童活动区、闹市区分隔。

其中适当设立阅览室、茶室、画廊、凳椅等,但要求艺术性高。特别是在林间可设立简易运动场所,便于老人轻微活动。也可设植物专类园。创造山清水秀、鸟语花香的环境,为游者服务。

五、公园管理区功能规划

主要功能是管理公园各项活动。具有内务活动多的特点。多布设在专用出入口内部,内外交通联系方便处,周围用绿色树木与各区分隔。

其主要设施有办公室、工作室,要方便内外各项活动。

根据公园的性质、服务对象不同还可进行特殊功能分区。如用历史名人典故来分区,有李时珍园、中山陵园、岳飞墓;以景色感受分区,有开朗景区(水面、大草坪)、雄伟景区(树木高大挺拔、陡峭、大石阶)、幽深景区(曲折多变);以空间组合划分景区,有园中园、水中水、岛中岛等;用季相景观分区,有春园、夏园、秋园、冬园;以造园材料分区,有假山园、岩石园、树木园等;以地形分区,有河、湖、溪、瀑、池、喷泉、山水等区。

第二节　公园出入口的设立

根据城市规划和公园本身功能分区的具体要求与方便游览出入、有利对外交通和对内方便管理的原则,设立公园出入口。公园出入口有主要出入口(大门)、次要出入口或专用出入口(侧门)。主要出入口,要能供全部游人出入;次要出入口要能方便本区游人出入;专用出入口,要有利于本园管理工作运输方便。

出入口的主要设施有：大门建筑、出入口内外广场等。

大门建筑要求集中、多用途。造型风格要与公园及附近城市建筑风格相协调一致。

出入口内外广场。入口前广场要满足游人进园前集散需要，设置标牌，介绍公园与季节性特别活动。入口内广场要满足游人入园后需要，设导游图牌、立亭廊等休息设施。广场布置形式有对称式和自然式，要与公园布局和大门环境相协调一致。

公园出入口总宽度计算式为：$D=\dfrac{Q.t.d}{q}$

式中：D：出入口总宽度（m）；

Q：公园容量（人）；

t：最高进园人数 / 最高在园人数（转换系数为 0.5 ～ 1.5）；

d：单股游人进入宽度（m）（1.5m）；

q：单股游人高峰小时通过量（人）（900 人）。

第三节　园路的分布与设计

一、园路的功能与类型

园路联系着不同的分区、建筑、活动设施、景点，具有组织交通、引导游览、便于游客识别方向的功能。同时也是公园景观、骨架、脉络、景点纽带、构景的要素。园路类型有主干道、次干道、专用道、散步道等。

（一）主干道

全园主道，通往公园各大区、主要活动建筑设施、风景点，要求方便游人集散，通畅、蜿蜒、起伏、曲折，并组织大区景观。路宽 4 ～ 6m，纵坡在 8%以下，横坡为 1%～ 4%。

（二）次干道

是公园各区内的主道，引导游人到各景点、专类园，自成体系，组织景观。

（三）专用道

多为园务管理使用，在园内与游览路分开，应减少交叉，以免干扰游览。

（四）散步道

为游人散步使用，宽 1.2 ～ 2m。

二、园路的布局

可根据公园绿地内容和游人容量大小来定。要求主次分明，因地制宜地和地形密切配合。

如山水公园的园路要环山绕水。平地公园的园路要弯曲柔和,密度可大,但不要形成方格网状。山地公园的园路纵坡在12%以下,弯曲度大,密度应小,可形成环路,以免游人走回头路。大山园路可与等高线斜交,蜿蜒起伏;小山园路可上下回环起伏。

三、弯道的处理

园路遇到建筑、山、水、树、陡坡等障碍,必然会产生弯道。弯道有组织景观的作用,弯曲弧度要大,外侧高,内侧低,外侧应设栏杆,以防发生事故,见图9-1。

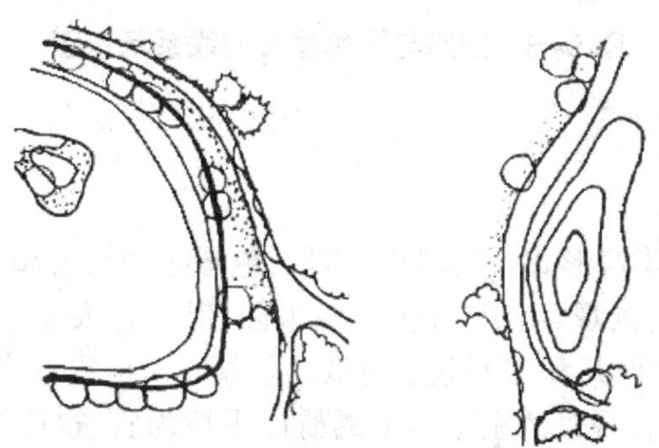

图9-1 公园道路弯道处理示意图

四、园路交叉口处理

两条园路交叉或从一干道分出两条小路时必然会产生交叉口。交叉口应作扩大处理,作正交方式,形成小广场,以方便行车、行人。次路应斜交,但不应交叉过多,而要主次分明,相交角度不宜太小。丁字交叉口,是视线的交点,可点缀风景。上山路与主干道交叉要自然,藏而不显,又要吸引游人入山。纪念性园林路可正交叉,见图9-2。

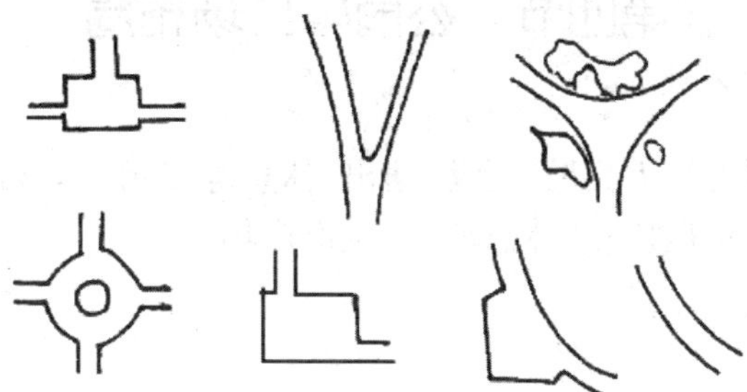

图9-2 公园道路弯道和交叉口处理示意图

五、园路与建筑的关系

园路通往大建筑时,为了避免路上游人干扰建筑内部活动,可在建筑面前设集散广场,使园路由广场过渡再和建筑联系;园路通往一般建筑时,可在建筑面前适当加宽路面,或形成分支,以利游人分流。园路一般不穿过建筑物,而从四周通过,见图9-3。

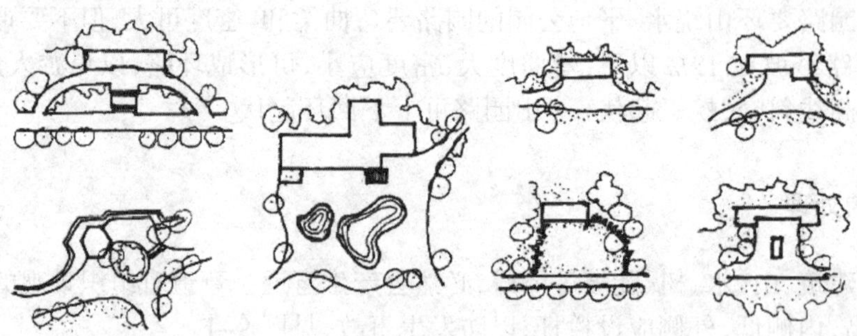

图 9-3　园路与园林建筑的联系示意图

六、园路与桥

桥是园路跨过水面的建筑形式。其风格、体量、色彩必须与公园总体设计、环境协调一致。桥的作用是联络交通、创造景观、组织导游、分隔水面、保证游人通行和水上游船通航的安全，有利造景、观赏。但要注明承载和游人流量的最高限额。桥应设在水面较窄处，桥身应与岸垂直，创造游人视线交叉，以利观景。主干道上的桥以平桥为宜，拱度要小，桥头应设广场，以利游人集散；次路上的桥多用曲桥或拱桥，以创造桥景。汀步石步距以 60 ~ 70cm 为宜。小水面上的桥，可偏居水面一隅，贴近水面；大水面上的桥，讲究造型、风格，丰富层次，避免水面单调，桥下要方便通船。

另外，路面上雨水口及其他井盖应与路面平齐，井盖孔洞小于 20mm × 20mm，路边不宜设明沟排水。可供轮椅通过的园路应用国际通用的标志。视力残疾者可使用的园路、路口及交会点、转弯处两列可设宽度不小于 0.6m 的导向块材。

第四节　公园中广场布局

公园中广场主要功能为游人集散、活动、演出、休息等使用。其形式有自然式、规则式两种。由于功能的不同又可分为集散广场、休息广场、生产广场。

一、集散广场

以集中、分散人流为主。可分布在出入口前、后，大型建筑前，主干道交叉口处。

二、休息广场

以供游人休息为主。多布局在公园的僻静之处。与道路结合，方便游人到达。与地形结合，如在山间、林间、临水，借以形成幽静的环境。与休息设施结合，如廊、架、花台、坐凳、铺装地面、草坪、树丛等，以利游人坐息赏景，见图 9-4。

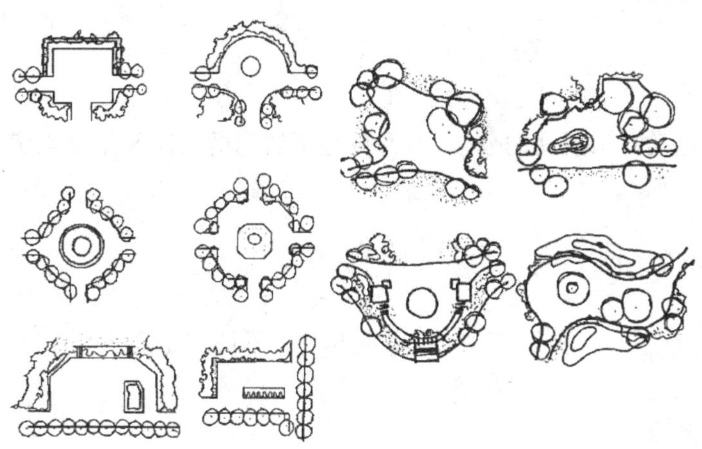

图 9–4　公园休息广场布置示意图

三、生产广场

为园务的晒场、堆场等。

公园中广场排水的坡度应大于 1%。在树池四周的广场应采用透气性铺装，范围为树冠投影区。

第五节　公园中建筑的布局

公园中建筑形式要与其性质、功能相协调，全园的建筑风格应保持统一。管理和附属服务建筑设施在体量上应尽量小，位置要隐蔽，保证环境卫生和利于创造景观。

建筑布局，要相对集中，组成群体，一屋多用，有利管理。要有聚有散，形成中心，相互呼应。建筑本身要讲究造型术，要有统一风格，不要千篇一律。个体之间又要有一定变化对比。要有民族形式、地方风格、时代特色。

公园建筑要与自然景色高度统一。“高方欲就亭台，低凹可开池沼”，以植物陪衬的色、香、味、意来衬托建筑。要色彩明快，起画龙点睛的作用，具有审美价值。

另外，公园中的管理建筑，如变电室、泵房、厕所等既要隐蔽，又要有明显的标志，以方便游人使用。公园其他工程设施，也要满足游览、赏景、管理的需要。如动物园中的动物笼舍等要尽量集中，以便管理；工程管网布置，必须有利保护景观、安全、卫生、节约等。所有管线应埋设在地下，无碍观展。

第六节　电气设施

公园中由于照明、交通、游具等能源的需要，电气设施是必不可少的。

一、电源

动物园、开展电动游乐活动的公园、有开放地下岩洞的公园和架空索道的风景区，应设两个电源供电。

二、变电所

位置应设在隐蔽之处。闸盒、接线盒、电动开关等不得露在室外。

三、电动游乐设施

公园照明灯及其他游人能触到的电动器械都必须安装漏电保护自动开关。

第七节　公园地形处理

公园地形处理，以公园绿地需要为主题，充分利用原地形、景观，创造出自然和谐的景观骨架。

公园中的地形有平地、山丘、水体等。

一、平地

为公园中平缓地段，适宜开展娱乐活动。如草坪，使游人视野开阔，适宜坐卧休息观景；林中空地，为闭锁空间，适宜夏季活动。集散广场、交通广场等处平地，适宜节日活动。平地处理应注意高处上面接山坡，低处下面接水体，联系自然，形成"冲击平原景观"，利于游人观景和群体娱乐活动。如果山地较多，可削高填低，改成平地；若平地面积较大，不可用同一级坡度延续过渡，以免雨水冲刷。坡度要稍有起伏，不得小于1%。

二、山丘

公园内的山丘可分为主景山、配景山两种。其主要功能是供游人登高眺望，或阻挡视线、分隔空间、组织交通等，见图9-5。

（一）主景山

南方公园利用原有山丘改造，北方公园常由人工创造。一般高达10 ~ 30m，体量大小适中，给游人活动的余地。山体要自然稳定，其坡度超过该地土壤自然安息角时，应采取护坡工程措施。设计时应将山形优美的一面朝向游人，山体应有起伏陡缓之分，山峰应有主次之别，建筑设计应与环境完美结合。

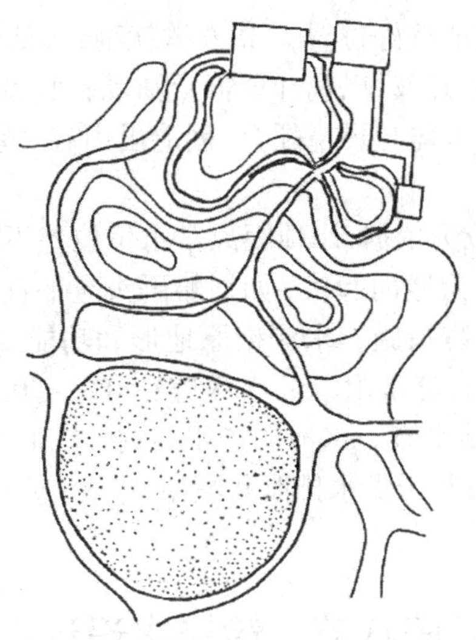

图 9-5　公园土山、丘的处理示意图

（二）配景山

主要功能是分隔空间、组织导游、组织交通、创造景观。其大小、高低以遮挡视线为宜（1.5 ~ 20m）。配景山的造型应与环境协调统一，形成带状，蜿蜒起伏，有断有续。其上以植被覆盖，护坡可用挡土墙及小道排水。形成山林气氛。

三、水体

公园内的水体起着蓄洪、排涝、卫生、改良气候等作用，大水面可开展划船、游泳、滑冰等水上运动，也可养鱼、种植水牛植物，创造明净、爽朗、秀丽的景观，供游人观赏，见图 9-6。

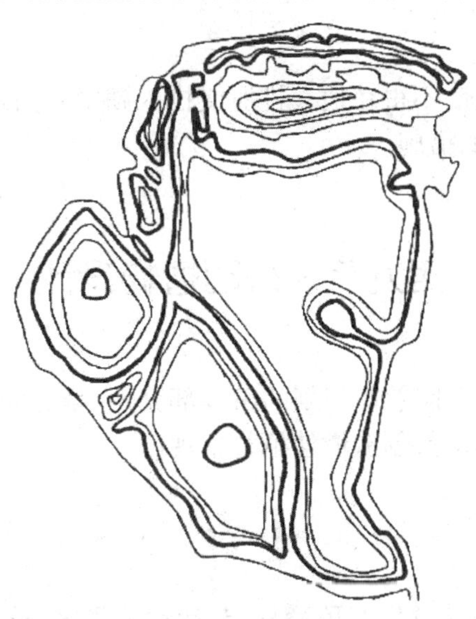

图 9-6　公园水体处理示意图

水体处理首先要因地制宜地选好位置,“高方欲就亭台,低凹可开池沼”。其次,要有明确的来源和去脉。大水面应辽阔、开放,以利开展群众活动;小水面应迂回曲折,引人入胜,有收有放,层次丰富,增强趣味性。水体与环境配合,创造出山谷、溪流;与建筑结合,造成园中园、水中水等层次丰富的景观。

另外,水体驳岸多以常水位为依据,岸顶距离常水位位差不宜过大,应兼顾景观、安全与游人近水心理。从功能需要出发,定竖向起伏。如划船码头应平直;游览观赏宜曲折蜿蜒、临水;还应设防止水流冲刷驳岸的工程措施。水深据原地形和功能要求而定。无拦杆的人工水池、河湖近岸的水深应在 0.5 ~ 1m,汀步附近的水深应在 0.3 ~ 0.6m,以保证安全和到达当地最高水位时,其公园各种设施不受水淹。水池的进水口、排水口、溢水口及附近河湖间闸门的标高应能保证适宜的水面高度,应利于洪水排泄和清塘。

第八节　给排水设计

一、给水

根据灌溉、湖池水体大小、游人饮用水量、卫生和消防的实际需要确定。给水水源、管网布置、水量、水压应做配套工程设计。给水以节约用水为原则,设计人工水池、喷泉、瀑布。喷泉应采用循环水,并防止水池渗漏。给水灌溉设计应与种植设计配合,分段控制。浇水龙头和喷嘴在不使用时应与地面相平。饮水站的饮用水和天然游泳池的水质必须保证清洁,符合国家规定的卫生标准。中国北方冬季室外灌溉设备、水池,必须考虑防冻措施。木结构的古建筑和古树的附近应设置专用消防栓。

二、排水

污水应接入城市活水系统,不得在地表排泄或排入湖中。雨水排泻应有明确的引导去向,地表排水应有防止径流冲刷的措施。

第九节　公园植物设计

公园的绿化种植设计,是公园总体规划的组成部分。它指导局部种植设计,协调各期工程,使育苗和种植施工有计划地进行,创造最佳植物景观。

一、公园绿化树种选择

由于公园面积大,立地条件及生态环境复杂,活动项目多,选择绿化树种故应以乡土树种为主,以外地珍贵的经驯化后生长稳定的树种为辅。充分利用原有树和苗木,以大苗为主,适当密植。选择具有观赏价值，又有较强抗逆性、病虫害少的树种，易于管理。

为了保证园林植物有适应的生态环境，在低洼积水地段应选用耐水湿的植物，或选用相应排水措施后可生长的植物。在陡坡上应有固土和防冲刷措施。土层下有大面积漏水或不透水层时，要分别采取保水或排水措施。不宜植物生长的土壤，必须经过改良，客土栽植，必须经机械碾压、人工沉降（见表 9–1、表 9–2）。

表 9–1　园林植物种植土层厚度

园林植物类型	栽植土层的下部条件（m）		
	漏水层栽植土	不透水层	
		栽植土	排水层
草坪	0.30	0.20	0.30
小灌木	0.50	0.40	0.40
中灌木	0.70	0.60	0.40
小乔木	1.20	0.80	0.40
大乔木	1.50	1.10	0.40

表 9–2　园林植物栽植土层土壤学指标

指　标	种植土层深度（cm）	
	0 ～ 30	30 ～ 110
容重	1.0 ～ 1.21	1.3 ～ 1.45
总孔隙度（%）	45 ～ 55	42 ～ 52
非毛管孔隙度（%）	10 ～ 20	>10

植物的配置，必须适应植物生长的生态习性，有利树冠和根系的发展，保证高度适宜和适应近远期景观的要求。

二、公园绿化种植布置

根据当地自然地理条件、城市特点、市民爱好、生态环境，依照生态学原则进行乔、灌、草木合理布局，创造优美的景观。既要做到充分绿化、遮荫、防风，又要满足游人日光浴的需要。

首先用 2 ～ 3 种树，形成统一的基调。北方常绿 30% ～ 50%，落叶 50% ～ 70%，南方常绿 70% ～ 90%。在树木搭配方面，混交林可占 70%，单纯林可占 30%。在出入口、建筑四周、儿童活动区、园中园的绿化应善变化。

其次，在娱乐区、儿童活动区，为创造热烈的气氛，可选用红、橙、黄暖色调植物花卉；在休息区或纪念区，为了保证自然、肃穆的气氛，可选用绿、紫、蓝等冷色调植物花卉。公园近景环境绿化可选用强烈对比色，以求醒目；远景的绿化可选用简洁的色彩，以求概括。

在公园游览休息区，选择花期不同的园林植物以形成季相景观。春季观花；夏季形成浓荫；秋季有果实累累和红叶；冬季有绿色丛林。

三、公园设施环境及分区的绿化

在统一规划的基础上，根据不同的自然条件，结合不同的自然分区，将公园出入口、园路、广场、建筑小品等设施环境与绿色植物合理配置形成景点，才能充分发挥其功能作用。

大门，为公园主要出入口，大都面向城镇主干道，绿化时应注意丰富街景，并与大门建筑相协调，同时还要突出公园的特色。如果大门是规则式建筑，应该用对称式布置绿化；如是不对称式建筑，则要用不对称方式来布置绿化。大门前的停车场，四周可用乔、灌木绿化，以便夏季遮阳及隔离周围环境；在大门内部可用花池、花坛、灌木与雕像或导游图相配合，也可铺设草坪，种植花灌木。

园路，主要干道绿化可选用高大、荫郁的乔木和耐阴的花卉植物在两旁布置花境，要根据地形、建筑、风景的需要而起伏、蜿蜒。次路，伸入到公园的各个角落，其绿化更要丰富多彩，达到步移景异的目的。山水园的园路多依山面水，绿化应点缀风景而不碍视线。平地处的园路可用乔灌木树丛、绿篱、绿带来分隔空间，使园路高低起伏，时隐时现。山地则要根据其地形起伏、环路，绿化有疏、有密；在有风景可观的山路外侧，宜种矮小的花灌木及花草，才不影响景观；在无景可观的道路两旁，可密植、丛植乔灌木，使山路隐在丛林之中，形成林间小道。园路交叉口是游人视线的焦点，可用花灌木点缀。

广场绿化，既不能影响交通，又要形成景观。如休息广场，四周可植乔木、灌木，中间布置草坪、花坛，形成宁静的气氛。停车铺装广场，应留有树穴，种植落叶大乔木以利于季相变化，夏季树荫可降低车辆温度，冬季落叶可使阳光直射，防冻。

第十节　专类公园规划设计

一、植物园规划设计

（一）植物园的性质与任务

植物园是植物科学研究机构，也是以采集、鉴定、引种驯化、栽培实验为中心、可供人们游览的公园。其主要任务：

（1）发掘野生植物资源，引进国内外重要的经济植物，调查收集稀有珍贵和濒危植物种类，以丰富栽培植物的种类或品种，为科学研究和生产实践服务。

（2）研究植物的生长发育规律、植物引种后的适应性状和经济性状及遗传变异规律，总结和提高植物引种驯化的理论和方法。

（3）建立具有园林外貌和科学内容的各种展览和试验区，作为科研、科普的园地。

（二）规划原则

总的原则是在城市总体规划和绿地系统规划指导下，体现科研科普教育、生产的功能；因地制宜地布置植物和建筑，使全园具有科学的内容和园林艺术外貌。具体要求：

（1）明确建园目的、性质、任务。

（2）功能分区及用地平衡：展览区用地最大，可占全园总面积的 40% ~ 60%，苗圃及实验区占 25% ~ 35%，其他占 25% ~ 35%。

（3）展览区：是对游人开放使用的，用地应选择地形富于变化，交通联系方便，游人易到达为宜。

（4）苗圃是科研、生产场所，一般不向游人开放，应与展览区隔离。

（5）建筑：展览建筑、科研用建筑、服务性建筑等。

（6）道路系统与公园道路布局相同。

（7）排灌工程：为了保证园内植物生长健壮，在规划时就应做好排灌工程，保证旱可浇、涝可排。

（三）植物园功能分区

（1）植物科普展览区：在该区主要展示植物界的客观自然规律，人类利用植物和改造植物的最新知识。可根据当地实际情况，因地制宜地布置。

（2）科研试验区：该区是科学研究或科研与生产相结合的试验区。一般不向游人开放，仅供专业人员参观学习。

（3）职工生活区：植物园一般都在城市郊区，须在园内设有隔离的生活区。

（四）植物科普展览

主要在展览区展示植物界的客观自然规律，人类利用植物和改造植物的最新知识。一般根据当地的实际情况，设置植物进化系统展览区，如经济区、抗性区、水生区、岩石区、树木区、专类园区、温室区等。植物进化系统展览区应按植物进化系统分目、分科，要结合植物生态习性要求和园林艺术效果进行布置。给游人普及植物进化系统的概念和植物分类、科属特征。而在经济植物区，展示经过栽培试验确属有用的经济植物。在抗性植物区，展示对大气污染物质有较强抗性和吸收能力的植物。水生植物区，展示水生、湿生、沼泽生等不同特点的植物。岩石区，布置色彩丰富的岩石植物和高山植物。树木区，展示本地或外地引进露地生长良好的乔灌树种。专类区，集中展示一些具有一定特色、栽培历史悠久的品种变种。温室区，展示在本地区不能露地越冬的优良观赏植物。

根据各地区的具体条件，创造特殊地方风格的植物区系。如庐山有高山植物用岩石园；广东植物园地处亚热带气候区，设了棕榈区等。

（五）建筑设施

植物园的建筑依功能不同，可分为展览、科学研究、服务等几种类型。

展览性的建筑，如展览温室、植物博物馆、荫棚、宣传廊等，可布在出入口附近、主干道的轴线上。

科研用房，如图书馆、资料室、标本室、试验室、工作间、气象站、繁殖温室、荫棚、工具房等。应与苗圃、试验地靠近。

服务性建筑，有办公室、招待所、接待室、茶室、小卖部、休息亭、花架、厕所、停车场等。

其他地形处理、排灌设施、道路处理同综合性公园。

（六）绿化设计

植物园的绿化设计，应在满足其性质和功能需要的前提下，讲究园林艺术构图，使全园具有绿色覆盖、较稳定的植物群落。

在形式上，以自然式为主，创造各种密林、疏林、树群、树丛、孤植、草地、花丛等景观。注意乔、灌、草本植物的立体、混交绿化，如杭州植物园（见图 9–7）。

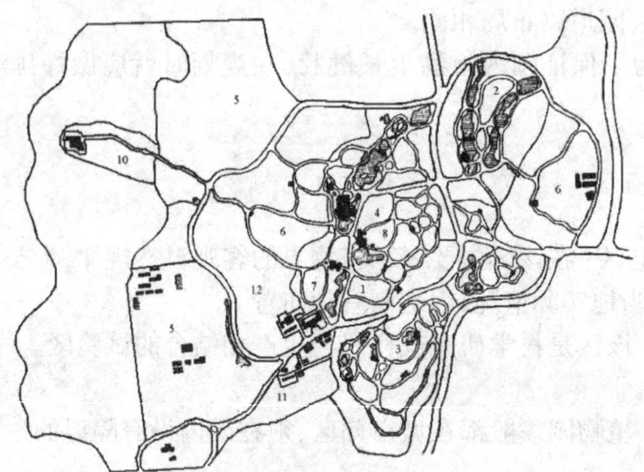

1- 观赏植物区　2- 竹类植物区　3- 植物分类区　4- 经济植物区　5- 植物引种试验区
6- 树木园　7- 药用植物园　8- 植物资源馆　9- 玉泉观鱼　10- 灵峰　11- 引种温室
12- 植物园大楼

图 9–7　杭州植物园总平面图

二、动物园规划设计

（一）动物园的性质与任务

动物园是集中饲养、展览和研究野生动物及少量优良品种的家禽、家畜，可供人们游览休息的公园。主要任务；

（1）普及动物科学知识，宣传动物与人的利害关系及经济价值等。

（2）作为中小学生的动物知识直观教材、大专院校实习基地。

（3）在科研方面，研究野生动物的驯化和繁殖、病理和治疗法、习性与饲养。

（4）进一步揭示动物变异进化规律，创造新品种。

（5）在生产方面，繁殖珍贵动物，使动物为人类服务。

（二）规划原则、要求

总原则是在城市总体规划，特别是绿地系统规划的指导下，以动物进化论为原则，既方便游人参观游览，又方便管理。具体要求：

（1）有明确功能分区，相互不干扰，又有联系，以方便游客参观和工作人员管理。

（2）动物笼舍和服务建筑应与出入口、广场、导游线相协调，形成串联、并联、放射、混合等形式，以方便游人全面或重点参观。

（3）游览路线，一般逆时针右转。主要道路和专用道路要求能通行汽车以便管理使用。

（4）主体建筑设在主要出入口的开阔地上或全园主要轴线上或全园制高点上。

（5）外围应设围墙、隔离沟和林地，设置方便的出入口、专用出入口，以防动物出园伤害人畜。

（三）动物园功能分区

1. 宣传教育、科学研究区

是科普、科研活动中心，由动物科普馆组成，设在出入口附近，方便交通。

2. 动物展览区

由各种动物的笼舍组成，占地面积最大。

3. 服务休息区

为游人设置的休息亭廊、接待室、饭馆、小卖部、服务点等，便于游人使用。

4. 经营管理区

行政办公室、饲料站、兽疗所、检疫站应设在隐蔽处，用绿化与展区、科普区相隔离，但又要方便联系。

5. 职工生活区

为了避免干扰和卫生，一般设在园外。

（四）动物展览区

包括由低等动物到高等动物，即无脊椎动物、鱼类、两栖到爬行、鸟类、哺乳类。还应和动物的生态习性、地理分布、游人爱好、地方珍贵动物、建筑艺术等相结合统一规划。哺乳类可占用地的1/2 ~ 3/5，鸟类可占1/5 ~ 1/4，其他占1/5 ~ 1/4。

因地制宜地安排笼舍，以利动物饲养和展览，以形成数个动物笼舍相结合的既有联系又有绿化隔离的动物展览区。

另外，也可按动物地理分布安排，如欧洲、亚洲、非洲、美洲、澳洲等，而且还可创造不同特色的景区，给游人以动物分布的概念。

还可按动物生活环境安排，如水生、高山、疏林、草原、沙漠、冰山等。有利动物生长和园容布置。

（五）设施内容

动物笼舍建筑为了满足动物生态习性、饲养管理和参观的需要，大致由以下三部分组成。

1. 动物活动区

包括室内外活动场地、串笼及繁殖室。室内要求卫生，通风排气。其空间的大小，要满足动物生态习性和运动的需要。

2. 游人参观部分

包括进厅、参观厅廊、道路等。其空间比例大小和设备主要是为了保证游人的安全。

3. 管理设备部分

包括管理室、贮藏室、饲料间、燃料堆放场、设备间、锅炉间、厕所、杂院等。其大小构造根据管理人员的需要而定。

科普教育设施有演讲厅、图书馆、展览馆、画廊等。

(六)绿化设计

动物园绿化首先要维护动物生活,结合动物生态习性和生活环境,创造自然的生态模式。另外,要为游人创造良好的休息条件,创造动物、建筑、自然环境相协调的景致,形成山林、河湖、鸟语花香的美好景象。其绿化也应适当结合动物饲料的需要,结合生产,节省开支。

在园的外围应设置宽 30m 的防风、防尘、杀菌林带。在陈列区,特别是圈舍旁,应表现动物原产地的景观,但又不能阻挡游人的视线,又有利游人夏季遮阳的需要。在休息游览区,可结合干道、广场,种植林荫道、花坛、花架。大面积的生产区,可结合生产种植果木、生产饲料。如北京动物园(见图 9-8)。

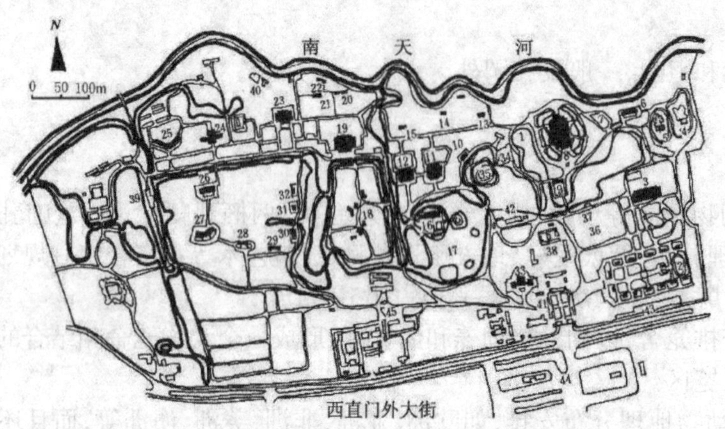

1- 小动物 2- 猴山 3- 象房 4- 黑熊山 5- 白熊山 6- 猛兽室 7- 狼山 8- 狮虎山
9- 猴楼 10- 猛禽栏 11- 河马馆 12- 犀牛馆 13- 鹂鹋房 14- 鸵鸟房 15- 麋鹿苑
16- 鸣禽馆 17- 水禽馆 18- 鹿苑 19- 羚羊馆 20- 斑马 21- 野驴 22- 骆驼
23- 长颈鹿 24- 爬虫馆 25- 华北鸟 26- 金丝狮 27- 猩猩馆 28- 海兽馆 29- 金鱼廊
30- 扭角羚 31- 野牛 32- 熊猫馆 33- 食堂 34- 茶点部 35- 儿童活动场 36- 阅览室
37- 饲料站 38- 兽医院 39- 冷库 40- 管理处 41- 接待处 42- 存车处 43- 停车场

图 9-8　北京动物园总平面图

第十章　居住区及单位附属绿地景观规划设计

人是居住区的主体，对居住者的关怀始终应成为居住区环境建设的宗旨与原则，物质实体的开发，居住区硬环境的建设，其目的是为居民提供一个舒适、方便、安全、安静的居住空间，也就是说提供一个“可居”的场所。

居住区建筑组群并非简单地作为一种物质承担者，更重要的是一种社会环境的创造者。居民在建筑组群空间中的行为活动，是居住外环境设计的有机组成部分。在这种环境中，居民要求发现自我、表现自我，要求思想交流、文化共享等，在这个环境里，能积极地反映使用者潜在的各种行为意识。居住区是个复杂的有机体，在这个有机体中，居民的居住行为特征、风俗习惯等在不同的城市、不同的地区、不同的居民构成方面是千差万别的，建筑组群的设计、空间的组织，只有围绕居民的行为活动轨迹，并与之相协调，才能创造出方便、舒适、充满生活情趣的、悠然自得、亲切宜人的居住环境。

第一节　居住区景观规划的基础知识

一、居民行为活动类型

居民的行为活动特征涉及社会、经济、文化、道德、生理、心理、习惯、气候等多方面因素。一般情况下，不同年龄、职业的居民，具有不同的活动内容、活动方式。同时也具有不同的心理状态和活动要求，但对于同一年龄组，相同或类似职业的居民而言，其行为活动，仍有较多的相同之处。

居民的居住活动大致可分为三种基本类型：必要性活动、自发性活动和社会性活动（见图10-1）。每一种活动类型对于物质环境的要求各不相同。

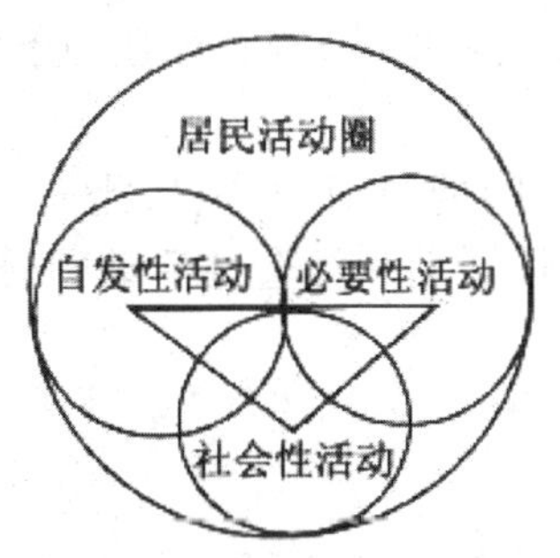

图10-1　居民行为的类型

（一）必要性活动

指在各种条件下都会发生的那些多少带有不由自主性质的行为活动。如上下班、上放学、购物、存取自行车、接送小孩、候车、家务等，是同一年龄层次居民在不同程度上都要参与的活动。

一方面，这类活动的必要性使得它们的发生频率较少受到周边环境的影响，参与者很少有选择的余地。通常，一般性的日常生活、工作的事务活动均属于这一类型。

但另一方面，这类必要性活动的方便、舒适与否，在很大程度上又要受到居住区环境的影响，受到建筑组群设计、空间组织的制约。也就是说，建筑组群设计布局的合理性，影响着环境系统功效的发挥。若处理不当，居民在必要性活动时就会感到不方便、不安全，或者就不使用这些设施而选择其他方式。

（二）自发性活动

自发性活动只有在居民有参与意愿，并且在时间、地点可能的情况下才会发生。这一类活动包括散步、呼吸新鲜空气、练功、晒太阳、玩牌等，但只有在外部条件适宜，天气和场所具有吸引力时才会发生。由于大部分宜于在户外进行的娱乐休闲活动对环境条件都有着特别的依赖，所以，对于这类活动而言，居住区良好的户外物质环境就显得尤为重要。

（三）社会性活动

社会性活动指居民在公共空间或半公共、半私有空间中有赖于他人参与的各种行为活动，包括互相打招呼、攀谈、下棋、儿童游戏等各类公共活动以及最广泛的社会活动——被动式接触，即仅以视听来感受他人。

这类活动在绝大多数情况下，都是由以上前两类活动发展而来的或是由人们长期形成的习惯形成，抑或是由于人们处于同一空间，在环境、气候条件适宜时而发生的，因而是一种引致活动。

居民在同一空间中徜徉、流连，会自然引发各种社会性活动，这就意味着只要改善公共空间中必要性活动和自发性活动的条件，就会间接地促成社会性活动的产生。在居住区环境设计中，要考虑多方面的社会性活动的需要和可能，不仅要安排各种各类成员“通用”的活动空间场所和设施，而且还应为满足居民不同社会需要而设计“系列”的环境，通过细致地考察不同对象的生理、心理特点和行为活动的规律，为各种社会性活动提供媒介和诱人的环境。

社会性活动和自发性活动是即兴发生的，具有很强的条件性、机遇性和流动性的特点，这就对硬环境系统提出了相应的要求。

由此，居住建筑组群的设计、空间的组织，必须从此三类基本活动特性入手，才能“有的放矢”，才能对于必要性活动、自发性活动和社会性活动的质量、内容、强度、效益产生积极的影响。

二、居民生活序列与层次

居住环境是以人为主体而展开的各类生活序列的综合，居民的生活形态由三大生活圈、多个生活序列构成。这三大生活圈，由内到外、由小到大、由低到高依次为核心生活圈、基本生活圈和城市生活圈，其中基本生活圈和核心生活圈的活动项目大多在居住区内进行。因此，居住区内居民的生活活动序列是一个不同类型、不同等级、不同内容的序列，这种生活活动序列表现出不同的层次特征（见表 10–1）。

表 10–1 居民生活活动序列的层次特征

人的行为活动轨迹	家庭内——家庭外 居住区内——居住区外 私密性的——半公开的——公开的 内部的（住宅）——半内部的（住宅组群）——半外部的（居住组团）——外部的（居住区）——外界的（居住区以外）
参与活动的居住人数	个人——少数集合的——群体集合的——多数集合的
人对静与闹的要求	宁静的（住宅）——中间性的（小游园）——热闹而嘈杂的（商业服务设施、公园等）
年龄层次与其活动内容	简单（幼儿）——一般的（少年儿童）——高级的（成年人）
年龄层次与其活动地域	幼儿、老年（近）——少年儿童（附近）——成年人（远）
活动类型	必要性活动——自发性活动——社会性活动

由此，居民的生活序列与层次，是建立居住区户外空间的秩序与层次，使居住区组群空间获得良好的效率和满足居住区居民生活的特性、需求的依据，反映出了人与建筑组群空间环境的有机联系。

第二节 日照、通风、噪声与建筑组群设计

一、居住区的日照

阳光是万物之源，享受阳光是人类生存的基本需求。但是在当今高度紧张的城市用地环境里，建筑密度极高，居民获得阳光的权利受到很大限制。

（一）日照标准

住宅建筑的日照标准，包括日照时间和日照质量。日照时间是以该建筑物在规定的某段时间受到的日照时数为计算标准的。日照质量则是指每小时室内地面和墙面阳光投射面积累积阳光中紫外线的效用。

不同纬度的地区，对日照要求不同，高纬度地区更需长时间日照。不同季节，住宅建筑的要求也不尽相同，冬季要求较高，所以日照时间一般以冬至日或大寒日的有效日照时间为准（见表 10–2）。

表 10-2　不同地区日照时间标准

建筑气候区划	Ⅰ、Ⅱ、Ⅲ、Ⅶ气候区		Ⅵ气候区		Ⅶ气候区
	大城市	中小城市	大城市	中小城市	
日照标准日	大寒日			冬至日	
日照时数	＜2 小时	＜3 小时		＜1 小时	
有效日照时数	8 ~ 16 小时			9 ~ 15 小时	
计算起点	底层窗台面				

我国《民用建筑设计通则》中规定：“呈行列式布置的条式住宅，首层每户至少有一个月每日能获得不少于 1 小时的满窗日照。”当然，这一标准仅为最低标准，各地可根据具体地理条件有自己的规定。

（二）日照间距

住宅群体组合中，为保证每户都能获得规定的日照时间和日照质量而要求住宅与长轴外墙保持一定的距离，即为日照间距。

在行列式排列的条式住宅群中，应保持合理的日照间距。这一间距可用图解法或计算法。表 10-3 为我国部分地区按冬至日太阳高度角计算和实际采用的日照间距。

表 10-3　我国部分地区日照间距（按冬至日太阳高度角计算和实际采用标准）

地名	北纬	冬至日太阳高度角	日照间距	
			理论计算	实际采用
济南	36°　41′	29°　52′	1.7	1.5 ~ 1.7
南京	32°　04′	34°　29′	1.46	1 ~ 1.5
合肥	31°　53′	34°　40′	1.45	
上海	31°　12′	35°　21′	1.41	1.1 ~ 1.2
武汉	30°　38′	35°　55′	1.38	1.1 ~ 1.2
西安	34°　18′	32°　15′	1.48	1 ~ 1.2
北京	39°　57′	26°　36′	1.86	1.6 ~ 1.7

单纯地按日照间距南北向行列式排列住宅群，仅仅考虑了太阳的高度角，却忽略了方位角关系，影响了布局的多样化。不同的方位角，对住宅正面间距有不同的折减系数（见表 10-4），利用太阳方位角的变化，我们在住宅组群的设计中可采取灵活多样的方式，在提高日照的同时，亦能起到丰富空间环境的作用。一般可采取的方式有：错开布局、点条结合、成角度适当运用东西向住宅（见图 10-2）。

表 10-4　不同方位间距折减系数

方位	0°　~ 15°	15°　~ 30°	30°　~ 45°	45°　~ 60°	＞60°
系数	1.0L	0.9L	0.8L	0.9L	0.95L

表 10-4 中方位为正南向（0°　）偏东、偏西的方位角。

L 为当地正南向住宅的标准日照间距（m）。

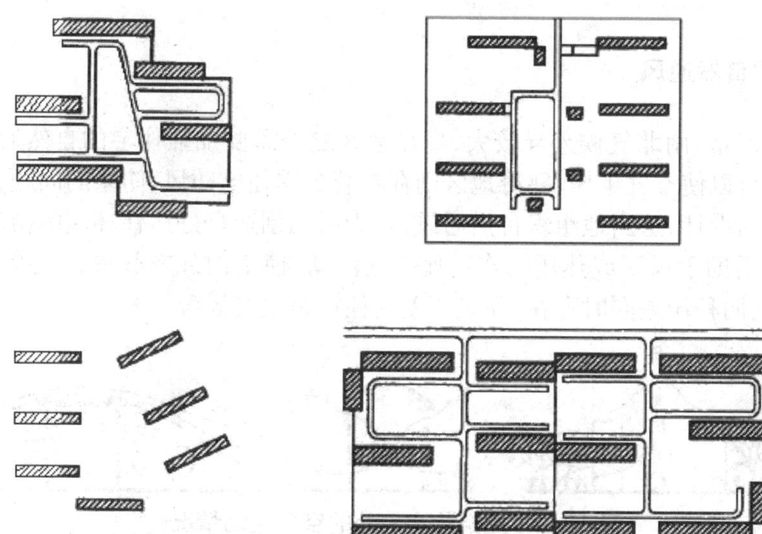

图 10-2 利用太阳方位角灵活布置住宅组群

东是最佳的日照角度,南偏东的住宅朝向往往较正南北向住宅具有更佳的日照质量。东西向住宅有其自身明显的缺陷,尤其在南方,夏季西晒十分厉害。但从另一方面来说,东西向住宅在冬季可两面受阳,而南北向住宅中北向的居室却是终年不见阳光。并且,东西向住宅不但可增加建房面积,还可扩大南北向住宅的间距,形成庭院式的室外空间。需要指出的是,东西向住宅与南北向住宅拼接时,必须考虑两者接受日照的程度和相互遮挡的关系。从图 10-3 的分析可知,在四种可能的拼接方式中,a 为最佳方案,向南和向东的居室均不受摭挡,方案 d 次之,虽然东西向住宅遮挡了部分南向居室的午后日照,但庭院内冬季可不受寒风的侵袭,改善了室外小气候。而方案 b 与方案 c 两种拼接形式遮挡较多,尤其是方案 c,部分东向主要居室完全受遮挡,终日无阳光,不宜采用。

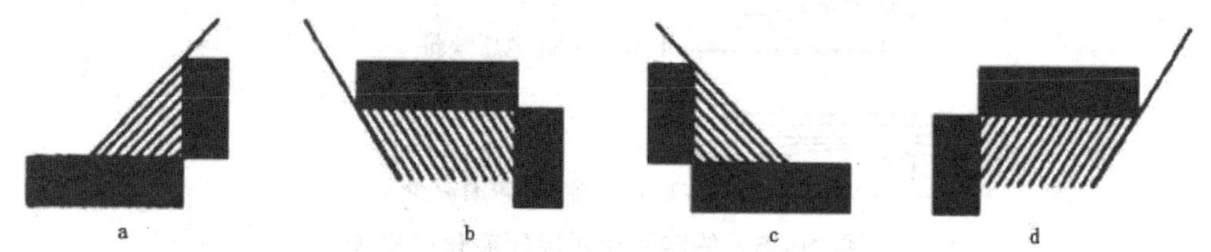

图 10-3 东西向住宅与南北向住宅的拼接

(三)室外活动场地的日照

居住区的日照要求不仅仅局限于居室内部,户外活动场地的日照也同样重要。在住宅组群布置中,不可能在每幢住宅之间留出日照标准以外不受遮挡的开阔场地,但可在一组住宅里开辟一定面积的空间,让居民户外活动时能获得更多的日照,保证户外活动的质量。如在行列式布置的住宅组群里去掉一幢住宅的 1 ~ 2 个单元,就能为居民提供更多日照的活动场地。尤其在托儿所、幼儿园等公共建筑的前面应有更为开阔的场地,以获得更多的日照。通常,这类建筑在冬至日的满窗日照应不少于 3 小时。

二、居住区的自然通风

我国地处北温带，南北气候差异较大，炎热地区夏季需要加强住宅的自然通风，潮湿地区良好的自然通风可以使空气干燥，寒冷地区则存在着冬季住宅防风、防寒的问题，因此，通过精心的建筑组群布局设计，适当地组织自然通风，是为居民创造良好居住环境的措施之一。

自然通风是借助于风压或热压的作用使空气流动，使室内外空气得以交换（见图 10-4）。在一般情况下，这两种压差同时存在，而风压差则往往是主要风源。

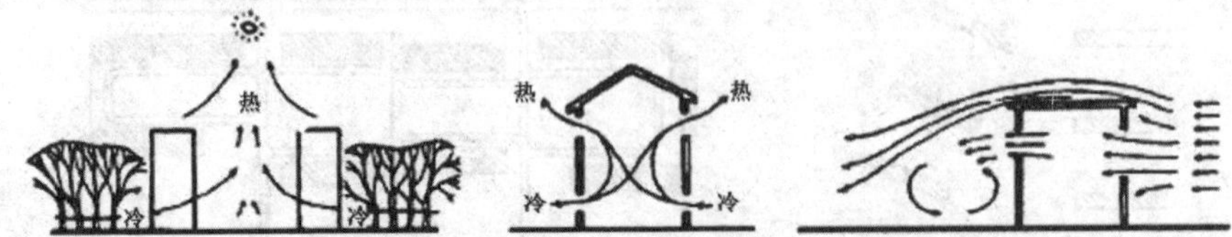

图 10-4　建筑物室内外的空气流动情况

建筑组群的自然通风与建筑的间距大小、排列方式以及通风的方向（即风向对组群入射角的大小）有关。建筑间距越大，后排住宅受到的风压越强，自然通风效果越好（见图 10-5）。但为了节约用地，不可能也不应该盲目增大建筑间距。因此，应将住宅朝向夏季主导风向，并保持有利的风向入射角（见图 10-6）。一般在满日照要求下，就能照顾到通风的需要。

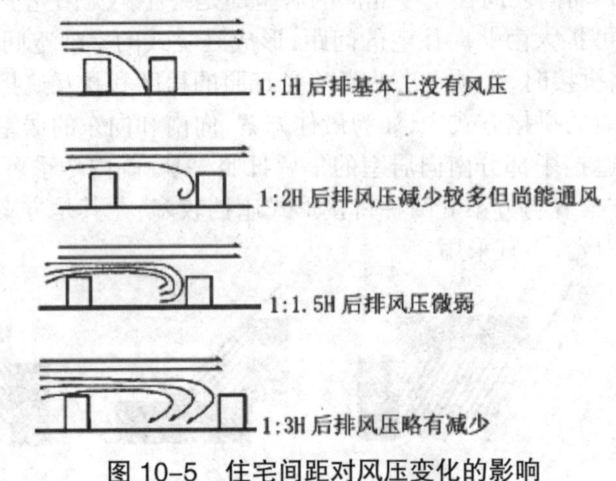

图 10-5　住宅间距对风压变化的影响

通常，不同的建筑组群形式，有不同的自然通风效果：

（1）行列式布置的组群：需调整住宅朝向引导气流进入住宅群内，使气流从东向进入组群内部，从而减小阻力，改善通风效果。

（2）周边式布置的组群：在群体内部和背风区以及转角处会出现气流停滞区，但在严寒地区则可阻止冷风的侵袭。

（3）点群式布置的组群：由于单体挡风面较小，比较有利于通风，但当建筑密度较高时也影响群体内部的通风效果。

（4）混合式布置的组群：自然气流较难到达中心部位，要采取增加或扩大缺口的办法，适当加入一些点式单元或塔式单元，不仅可提高用地效率，并且能改善建筑群体的通风效果。

图 10-7 所示为规划设计中为创造住宅组群有利的通风条件或防风措施而采取的布局法。

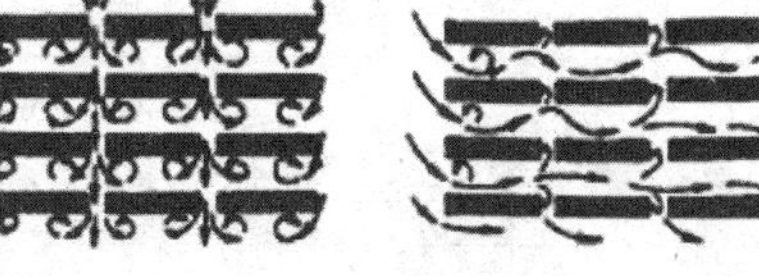

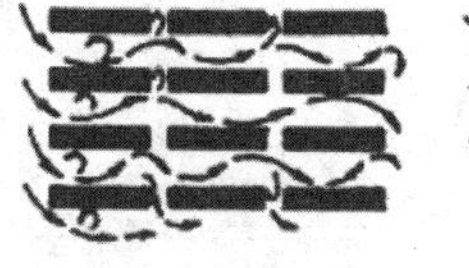

图 10–6　不同入射角影响下的气流变化

住宅错列布置增大迎风面，利用山墙间距，将气流导入住宅内部

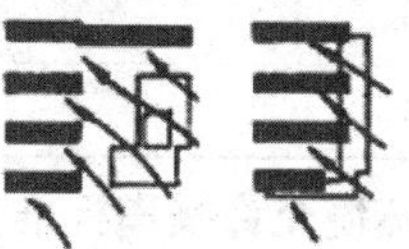

高低层住宅间隔布置或将低层住宅或低层公共建筑布置在迎风面一侧以利进风

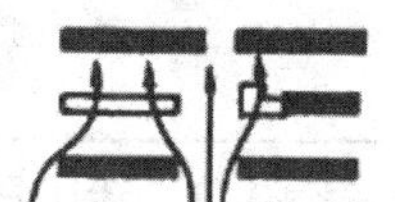

低层住宅或公共建筑布置在多层住宅群之间，可改善通风

住宅组群豁口迎向主导风向，有利通风；如防寒则在通风面上少设豁口

图 10–7　住宅组群与通风、防风措施

三、居住区的噪声防治

在生活节奏日益加快的城市之中，噪声污染日益成为影响城市人居住环境质量的一个重要问题。噪声会使人烦噪不安，久而久之，甚至会危及身体和精神的健康。

不同的声响所产生的噪声强度如表 10–5 所示。国际标准组织制定的居住区室外噪声容许标准为 35 ~ 45dB，表 10–6、表 10–7 为不同时间和城市不同地区对该标准的修正值。我国在《城市区域环境噪声标准》中对居住区允许的噪声标准也作了规定（见表 10–8）。

居住区内的噪声主要来自城市交通和各种生活噪声。为创造一个安静的“家”，可通过建筑组群的设计有效地防治噪声。防治的主要目的，一是消除噪声源，二是将噪声隔离开来。

表 10–5　不同声响的噪声强度

声源（一般距测点 1 ~ 1.5m）	噪声强度 /dB
静夜	10 ~ 20
轻声耳语	0 ~ 30
普通谈话声，较安静街道	40 ~ 60
城市道路，公共汽车内，收音机	80
重型汽车，泵房，喧闹的街道	90
织布机等	100 ~ 110
喷气飞机、大炮	130 ~ 140

表 10–6　居住环境在不同时间的噪声容许标准修正值

时间	白天	晚上	深夜
修正值 /dB	0	–5	–15 ~ –10

表 10-7　居住环境在不同地区的噪声容许标准修正值

地区	修正值 /dB	修正后标准 /dB
郊区住宅	+5	40 ~ 50
市区住宅	+10	45 ~ 45
附近有工厂或主要道路	+15	50 ~ 60
附近有市中心	+20	55 ~ 65
附近有工业区	+25	60 ~ 70

表 10-8　我国居住环境允许噪声标准

时间	A 声级 /dB
白天（上午 7：00 ~ 下午 9：00）	41 ~ 45
夜晚（晚上 9：00 ~ 上午 7：00）	46 ~ 50

(一)城市交通噪声

这是城市居住区中危害最大、数量最多的噪声源。城市交通噪声的强度由交通流量的大小、交通速度、交通工具的特点和驾驶行为所决定。表 10-9 和图 10-8 分别为不同交通工具的噪声强度和某城市某一天 24 小时交通噪声强度的变化情况。

表 10-9　地面交通的噪声强度

交通工具	噪声强度 /dB	交通工具	噪声强度 /dB
火车	110	公共汽车	60 ~ 90
5t 载重汽车	80 ~ 89	小汽车	66 ~ 86
摩托车	70 ~ 90	无轨电车	66 ~ 76

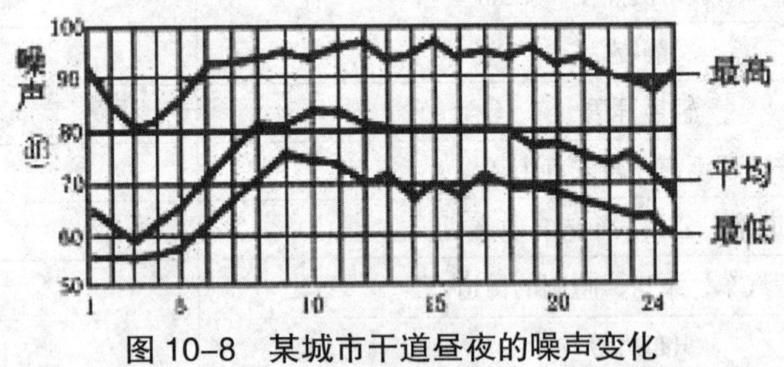

图 10-8　某城市干道昼夜的噪声变化

交通噪声的主要来源是居住区周围的城市道路，临街住户受交通噪声干扰程度最深。与此同时，随着交通工具的迅速发展，摩托车、小汽车逐步进入家庭，也成为居住区的一类噪声源。

对居住区内部交通噪声的防治，主要是有效地控制机动车随意进入居住区内部，特别要注意防止城市交通穿越小区内部。控制交通流量是减少内部交通噪声的关键。

对居住区的外部交通噪声，主要是防止机动车交通带来的噪声。对于外部交通而言，只能采取相应的措施将噪声隔离开来，以减少其对居住区的干扰。可采取的方法有：

1. 设置绿化带

设置绿化带既能隔声，又能防尘、美化环境、调节气候(见图 10-9)。

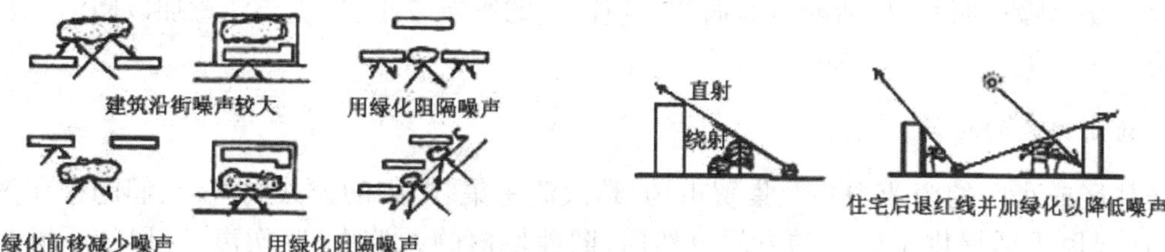

图 10-9　绿化对噪声的降低作用

2. 设置沿街公共建筑

利用噪声的传播特点，在住宅组群设计时，将对噪声进行限制要求不同的公共建筑布置在临街靠近噪声源的一侧，对区内的住宅能起到较好的隔声效果(见图 10-10)。同时，亦可将住宅中辅助房间或外廊朝向道路或噪声源一侧，以此减少噪声对居民的干扰。

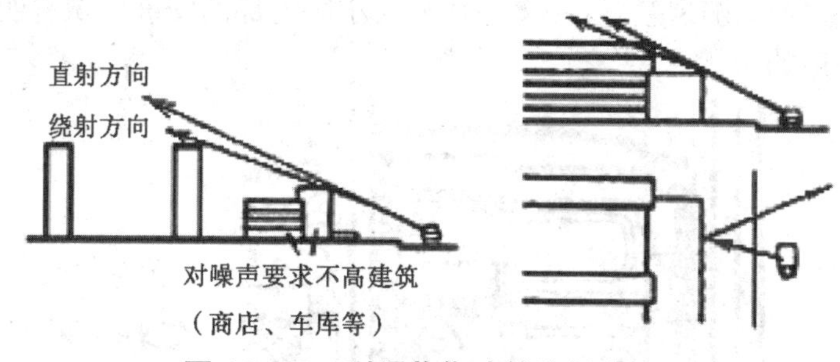

图 10-10　利用临街建筑降低噪声

3. 合理利用地形

在住宅组群的规划设计中，利用地形的高低起伏作为阻止噪声传播的天然屏障，特别是在工矿区或山地城市，应充分利用天然或人工地形条件，隔绝噪声对住宅的影响(见图 10-11)。

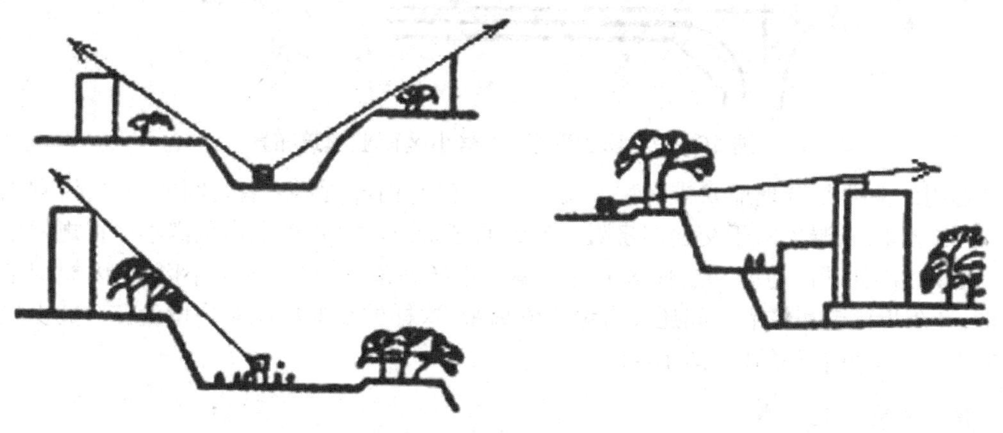

图 10-11　利用地形降低噪声

（二）生活噪声

对比交通噪声而言，生活噪声对居住环境产生的影响较小，但仍要注意加以防治。防治的方法可分为三类。

1. 商业噪声的防治

居住区或小区的商业中心及集贸市场，是人流密集、喧闹的公共场所，它们的存在为居住区、小区居民生活提供了极大的方便。然而，熙熙攘攘的人群声、叫卖声，对居住环境产生较大的噪声干扰。所以，在居住区规划的商业布局中，必须处理好动静分区和交通组织两方面的问题。

动静分区是指在布局商业建筑时，不仅要考虑居民的使用方便，也要注意不宜将其布置得过于深入住宅内部。唐山新区 11 号小区将商业建筑布置在小区的西南角（见图 10–12），那里是小区居民上下班的主要通道，同时，临街的商铺又能为街上过往行人购物提供方便。并且，规划时将南面商铺退后，留出场地设置农贸摊位。商店与农贸市场间留出步行空间，为居民创造了一个方便、舒适的购物环境。这一动态环境与小区内部的安静区域有明确的领域划分，较好地避免了商业噪声的干扰。

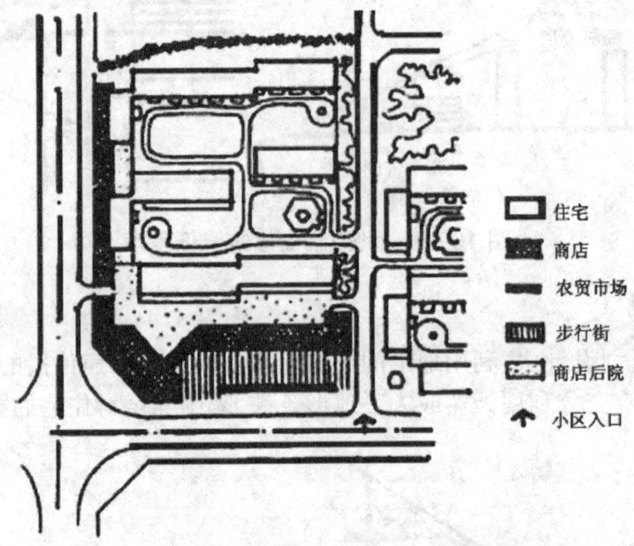

图 10–12 唐山新区 11 号小区商业建筑布置

交通组织主要是合理地安排购物人流、穿越人流与内部货运三者之间的关系，使它们各行其道，互不交叉，以避免由于交通拥挤阻塞导致的嘈杂声。潮州市东白鱼潭小区在规划中将商业网点设在沿街位置，与内部居住区分开。集贸市场在南面，虽引入了小区，但因规划了一条步行街，且在步行街和住宅之间还设有绿化隔离带，这样的交通组织和环境设计对减少噪声对居民的干扰是十分有利的（见图 10–13）。

2. 保育教育设施噪声

一般地，保育教育设施多布置在居住区或小区的中部，以便利学生和学龄前儿童就近上学入托。如果这些设施与住宅过于接近，学校喧闹的特点必然影响附近居民的休息。控制这类噪声源，应使其与住宅保持一定的距离。可采取的方式有：将中小学的操场靠近路边布置，教学楼则放在里面；学校出入口宜开向小区主路，便于疏散，也避免学生穿越于住宅院内；还可充分利用天然的地形屏障、绿化带来削弱噪声的传播，降低影响住宅的噪声级。

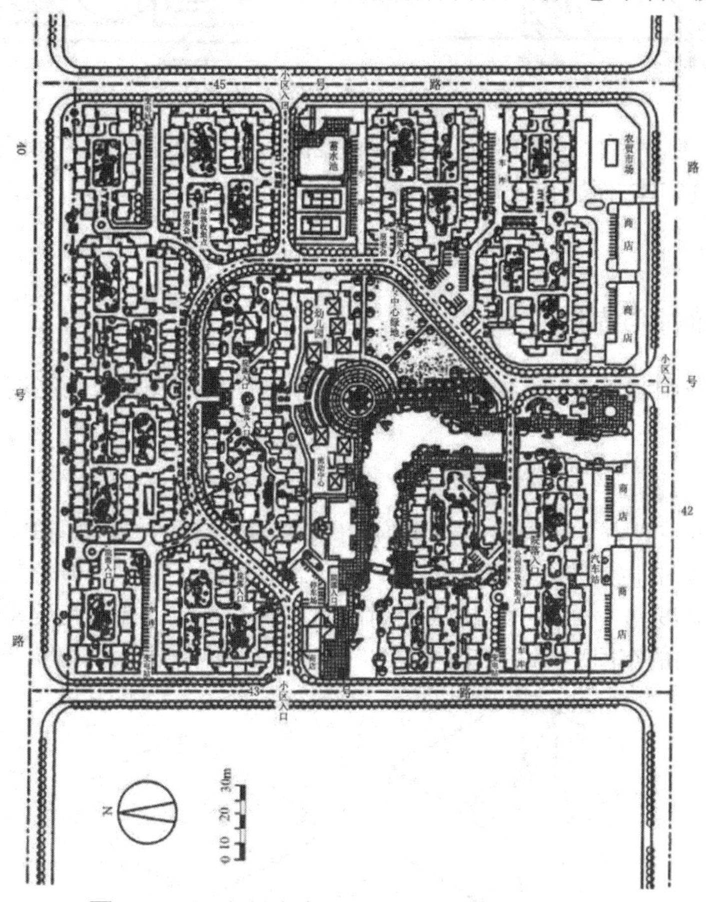

图 10-13　潮州市东白鱼潭小区规划总平面图

第三节　空间环境与建筑组群设计

“空间基本上是由一个物体同感觉它的人之间产生的相互关系所形成的。”

建筑是人工构造的空间环境，是人类活动借以展开的舞台。建筑与建筑实体的组合，并不简单地等于两幢建筑的相加，它们构成了另一种功能——户外空间（见图 10-14）。以住宅建筑为主体的建筑群组组合成居住区，组成不同大小、形状、特征、色彩的空间。由建筑物本身所形成的为内部空间；由建筑物和周围物体所构成的为外部空间。

在此，我们着重讨论外部空间，即建筑组群与其环境中的物体构成的空间。这种空间或场所“空”或“虚无”，人们在其中生活常不易感到它的存在价值。然而正是这个虚无的空间，包容着人们，给人们的生活带来安定与欢娱。

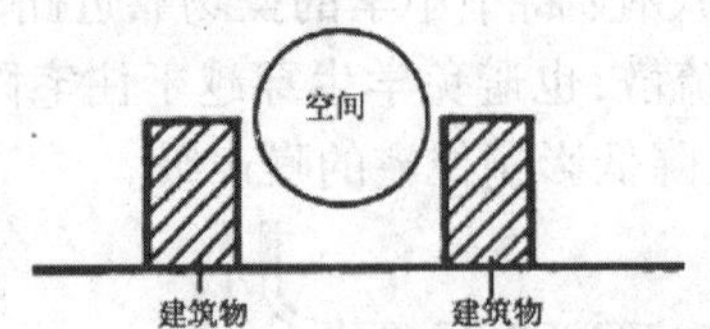

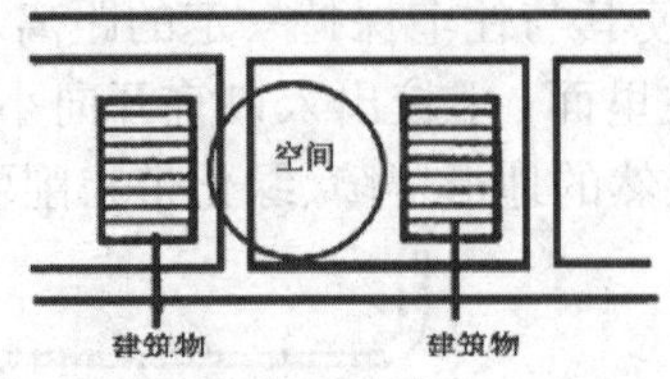

图 10-14　户外空间的构成

空间和建筑实体是居住区硬环境的主要组成部分,它们相互依存,不可分割。在现代居住区中有众多的建筑实体,而居住区却往往缺少空间感或失去了空间或空间组织、空间结构,空间秩序不尽合理。

一、建筑组群的空间特性

由建筑组群构成的空间特性,主要取决于空间中人的视距和建筑物高度的比例关系。

(一)视距与建筑物高度的比例

空间感的产生一般由空间中人和建筑物的距离,与建筑物外立面墙的高度的比例关系所决定。当人的视距与建筑物高度的比例为 1∶1,即视角为 45° 时,构成全封闭状态的空间;当视距与建筑物高度比为 2∶1 时,构成半封闭状态的空间;当视距与建筑物高度比为 3∶1 时,构成封闭感最小的空间;当这一比例达 4∶1 时,封闭感将完全消失(见图 10-15)。

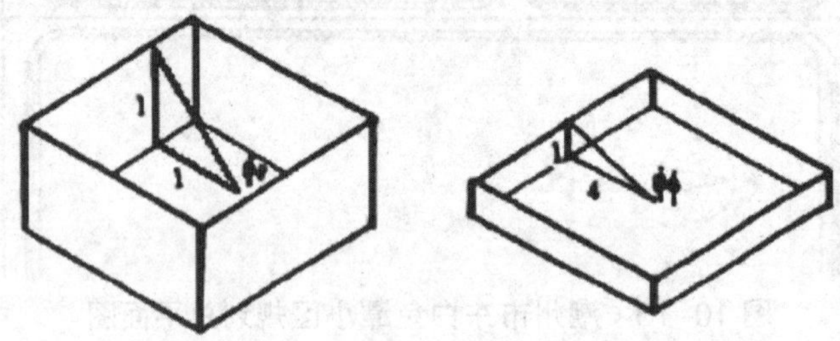

图 10-15　视距与建筑物高度的关系

视距与建筑物高度的比例关系还会影响空间的情感和使用。当视距与建筑物高度的比值为 1 ~ 3 时,空间最具私密性;比值为 6 以上时,空间的开敞性最强;当视距与建筑物高度的比值小于 1 时,人在这种空间中犹如身居深井之中。一般地,最理想的视距与建筑物之比为 2∶1(见图 10-16)。

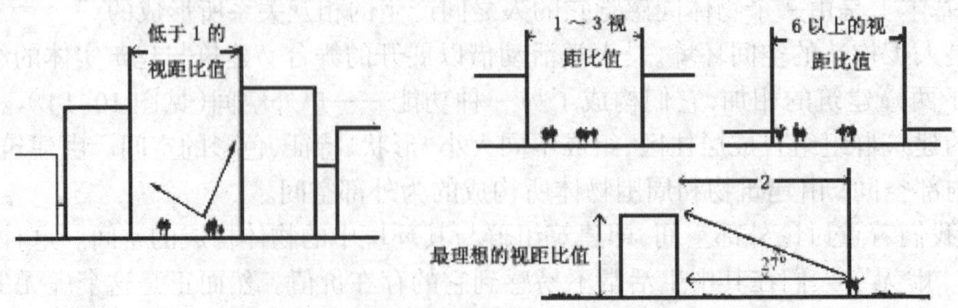

图 10-16　视距与建筑物对空间情感的影响

（二）建筑组群的平面布局

建筑组群的平面布局形式对空间的构成有十分重要的影响。当建筑物完全围合时，空间出现最强的封闭感。如果空间封闭存在空隙，视线可以外泄，因此空间空隙越多，封闭感就越弱。若围绕空间的建筑物重叠，或者利用地形、植物材料及其他阻挡视线的屏障等，就可消除或减小空间的缝隙。若建筑物以直线排列，或布局的位置零散，使建筑物外部空间几乎无界限，将会产生既无封闭感又无视线焦点的负空间（见图 10–17）。

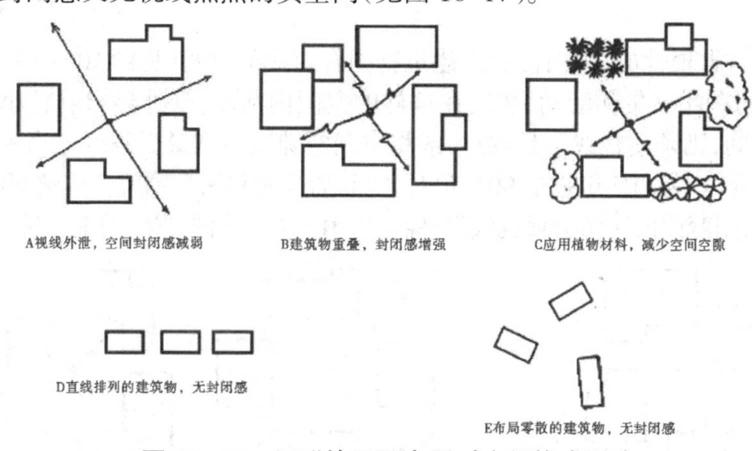

图 10–17　组群的平面布局对空间构成影响

二、建筑组群空间的构成及类型

（一）建筑组群空间的构成

建筑组群构成的空间虽然千变万化，但基本上是由实体围合和实体占领两种方式构成的（见图 10–18）。由于居住区是一个密集型的聚居环境，目前以多层住宅为主的居住区，其空间大都由围合所形成。此类空间使人产生内向、内聚的心理感觉。高层低密度住宅区是一种由实体占领形成的空间，它则使人产生扩散、外射的心理感觉。

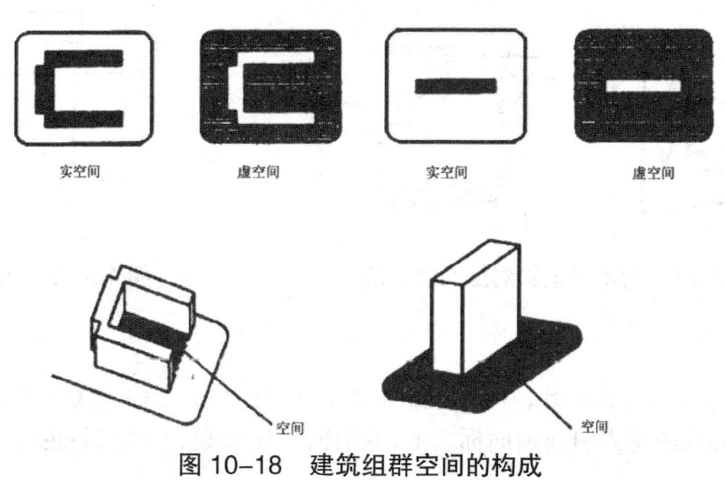

图 10–18　建筑组群空间的构成

无论是何种空间构成的方式，关键在于如何组织空间。如若处理不当会缺乏空间特性，或使用不便，或使用效果不佳，或成为“沙漠空间”。简言之，居住区建筑组群空间的构成，关键在于使空间符合居民在组群内活动的特性。

（二）建筑组群空间的类型

建筑组群构成的空间类型与形式随环境条件而变化，基本的空间类型有：

1. 开敞空间

这是一种具有自聚性的、内向性的由建筑物围合而成的空间（见图 10-19）。它犹如“磁铁”一般，吸引着人们在此聚集和活动，居民在这样的空间内活动，受外界影响较小。若希望得到最强封闭感的空间，则须使视线不易透过，或将空间空隙减少到最低程度。当一个中心开敞空间的各个角落张开，相邻两建筑物呈 90° 角时，空间的视线和围合感就会从敞开的角落溢出，如果建筑为转角式，则弯曲的转角会使视线滞留在空间内，从而增强空间的围合感（见图 10-20）。

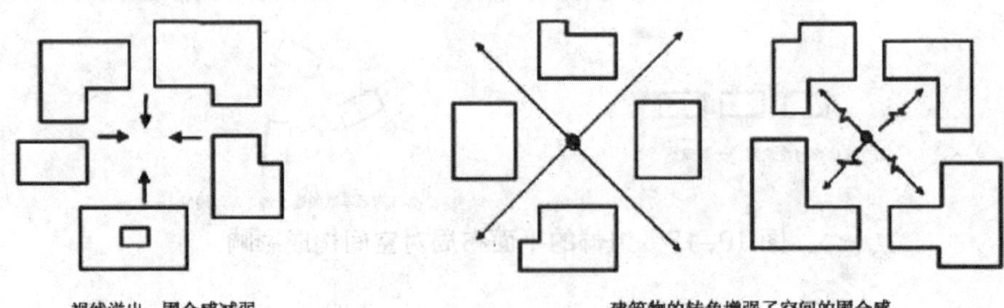

图 10-19 中心开敞空间的自聚性与内向性　　图 10-20 空间围合感的增强与减弱

同时，为增加开敞空间的“空旷度”，突出空间的特性，切勿将树木或其他景物布置在空间中心，而应置于空间的边缘，以免产生阻塞（见图 10-21）。

2. 定向开放空间

这是一种具有极强方向性的空间，由建筑组群三面围合，一面开敞构成（见图 10-22），此种空间有利于借用外界优美的景观。

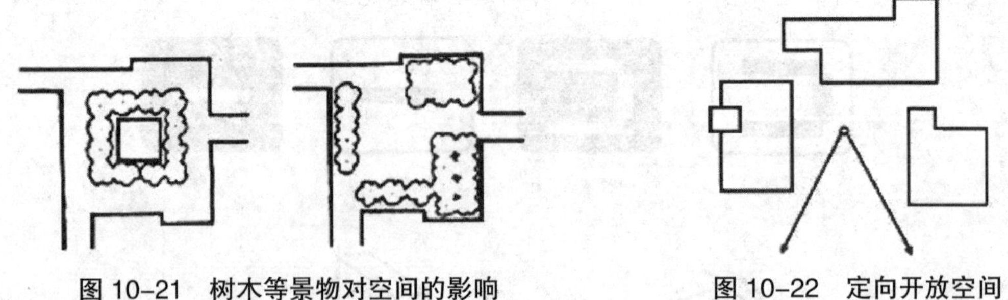

图 10-21 树木等景物对空间的影响　　图 10-22 定向开放空间

3. 直线型空间

直线型空间呈长条、狭窄状，在一端或两端开口（见图 10-23）。这种空间，沿两侧不宜放置景物，可将人们的注意力引向地面标志上，或引向一座雕塑、一座有特色的建筑物上。

4. 组合型空间

是由建筑物构成的带状空间。这种空间起承转折，各串联的空间时隐时现（见图 10-24）。在这种空间中，行人随着空间的方向、大小等变化，视野中景物不断变化，其空间效果犹如造园艺术的“步移景异”。

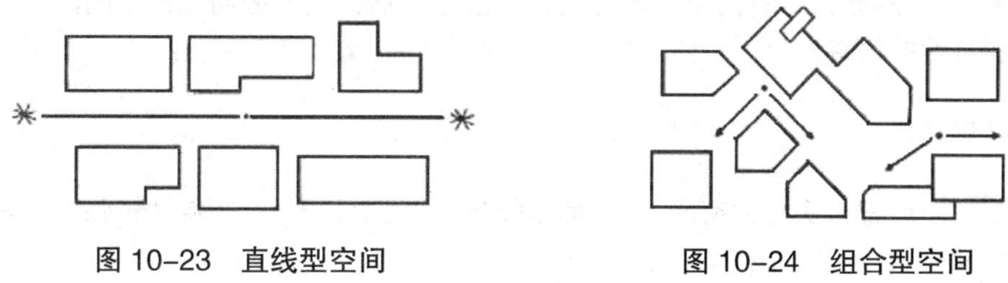

图 10-23　直线型空间　　　　图 10-24　组合型空间

三、建筑组群空间的划分与层次

清晰的空间划分是明确居住区内部结构的重要措施。当前，在居住区建设之中，已越来越多地注意到将居住区划分为更小、更明确的单元或空间，并与更加综合性的住宅区分级、分层次系统联系起来。由于整个人类社会活动和社会关系相应地划分为若干相对的空间部分，城市社会生活也就由此形成了若干地域范围。也就是说，居民在户外的各项活动，都是或多或少、自觉与不自觉、直接或间接地按照空间的领域性来进行的。O. 纽曼经过大量调查研究后提出划分居住区领域层次，形成空间序列的设想（见图 10-25），我国在近几年居住区建设的实践中，也将居住区空间划分为公共空间、半公共空间、半秘密空间和私密空间四类。

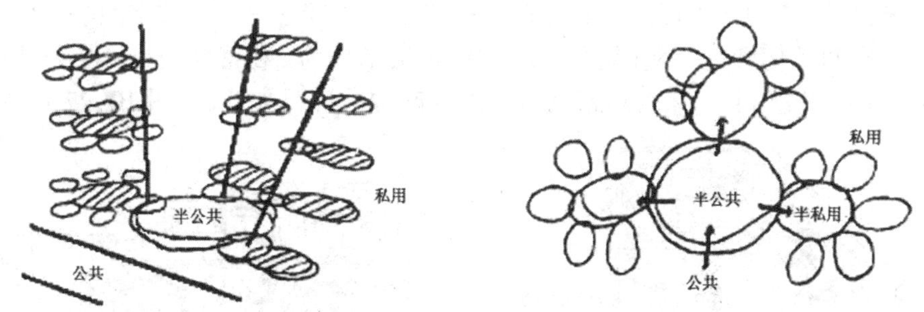

图 10-25　O. 纽曼的居住区空间层次

（一）公共空间

公共空间是供给居住区所有居民共同使用的场所。这类空间包括道路广场、中心公园、文化活动中心、商业中心等，是居住区（小区）居民的共享空间。

（二）半公共空间

指具有一定限度的公共空间，是属于多幢住宅居民共同拥有的空间。这类空间是邻里交往、游憩的主要场所，也是防灾避难和疏散的有效空间。规划设计时，需使空间有一定的围蔽性，交通车与人流不能随意穿行，使居民有安全感。

（三）半私密空间

它是私密空间渗透入公共空间的部分，属于几幢住宅居民共用的空间领域，供特定的几幢住宅居民共同使用和管理。这类空间常常成为幼儿活动的场所。同时，又由于这类空间是居民离家最近的户外场所，是室内空间的延续，因此，它是居民由家庭向城市空间的过渡，是联结家与城市和自然的纽带。

（四）私密空间

是属于住户或私人所有的空间，不容他人侵犯，空间的封闭性、领域性极强，一般指住宅底层庭院、楼层的阳台与室外露台。

居住区建筑组群设计，按功能划分为有层次的空间，使居民各取所需，在各个空间各得其所，互相交往但不受干扰，取得安静、和谐的居住氛围。

然而目前，仍然有许多居住区的每一幢住宅或数幢住宅的从属区域、空间都不是很清楚，整个居住区的规划设计极少考虑到必要性活动、自发性活动、社会性活动发生的地点及条件。这样的规划方案中，含混不清的物质结构本身就是对居民户外各类生活活动的一种有形的障碍。

规划应注意有机地划分居住区的建筑群体，使大而含混不清的区域按照居民的活动特性，明确而清晰地分成相对较小的空间和单元，这种划分是通过设计三种或四种有秩序的空间及层次来完成的。这些空间明确地属于居住区（小区），属于某几幢住宅，属于某幢住宅，或属于某一单元。这样，住宅附近的区域就具有了明确的划分。根据实际情况，居住区的空间结构可按四级或三级设置。四级结构为：私密空间——半私密空间——半公共空间——公共空间，天津川府新村的空间结构即是一例（见图 10-26）；三级结构为：私密空间——半公共空间（或半私密空间）——公共空间，北京黄村富强西里的空间构成即是如此（见图 10-27）。

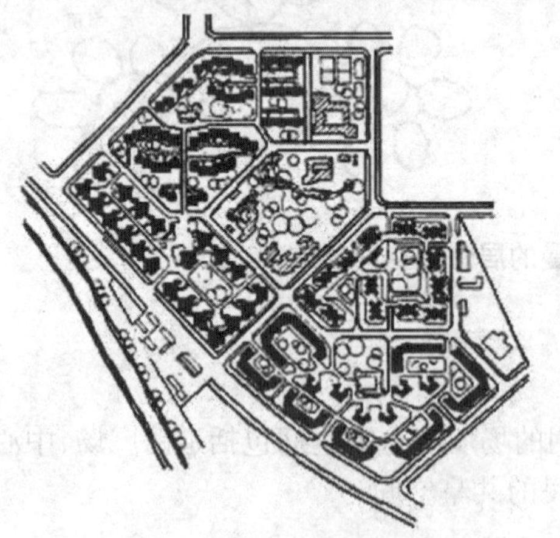

图 10-26 四级结构的居住区空间（天津川府新村）

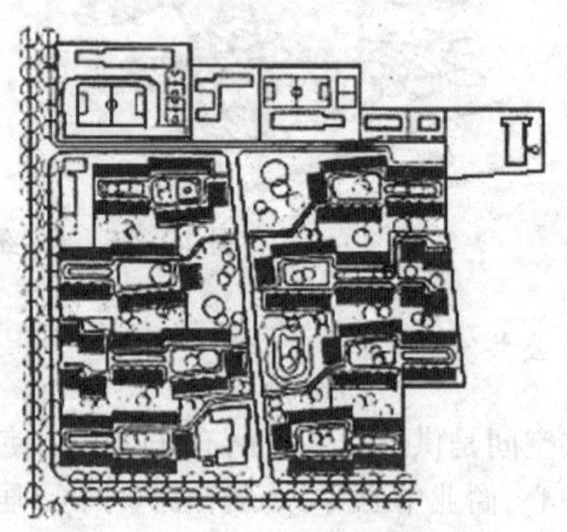

图 10-27 三级结构的居住空间（北京富强西里）

从居民的活动要求、居住安全、组织管理及保持居住环境的宁静出发，建议将居住区的半私密空间、半公共空间围成半开敞的或有一定封闭性的院落空间，使空间具有其疆界和增强空间的领域性，以便邻里交往、大人照看小孩、减少干扰等。公共空间应将中心绿地、文化中心、老年人活动室、青少年活动中心、商业服务中心、道路广场等合理设置，与各半公共空间、半私密空间有机相连，形成一个统一的整体。

四、建筑组群空间的领域性和安全性

（一）领域性

在居住环境中，领域空间是有一定功能的，它是居民进行交往和活动的主要场所。人离不开社会，需要参加社会文化活动和社会交往，这是人们精神上和心理上必不可少的需求。领域空间能加强居民的安全感，提高住宅的防卫能力，领域空间还可保证居民不同层次的私密性要求。不同层次的领域空间有不同的私密性要求，具有能吸引居民在其中进行活动的必要条件。

"人类居住建筑的设计应提供这样一个生活环境，既能保持个人、家庭、社会的特点，有足够的手段保持互相不受干扰，又能进行面对面的交往。"（《华沙宣言》）领域空间就是为了提高人的居住环境质量所提供的。

一般地，居民对空间领域的领有意识具有一定的层次性。对距离自身越近的区域范围，居民对其空间的领有意识越强烈，越远则越淡薄。按照由内到外、由强到弱、由私有到公共的秩序，居民对空间的领有意识相应地可划分为私有领有、半私有领有、半公共领有、公共领有四个层次（见图 10-28）。居民在行为上通常是自觉不自觉、直接或间接地按照空间领有意识的层次来使用户外空间的，他们对各层次的领有空间的使用是根据活动的类型及性质来选择的。

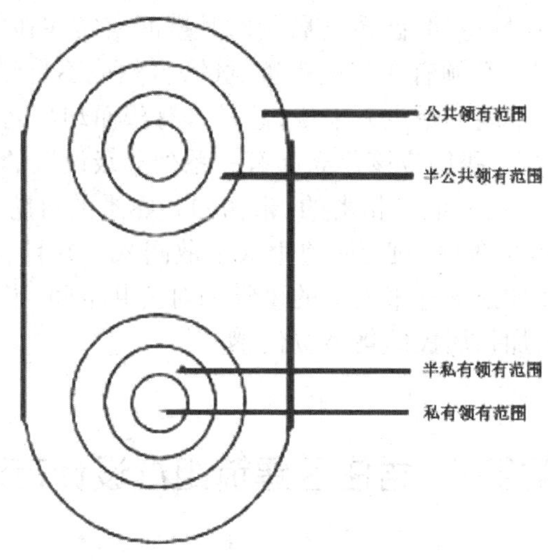

图 10-28 空间领域意识层次

总之，根据空间领域的层次而建立的一种社会结构以及相应的，有一定空间层次的居住区形态，形成了从小组团与小空间到大组团与大空间，从较私密的空间逐步到具有较强公共性的空间，最后到具有更强公共性的空间过渡，从而能在私密性很强的住宅之外，形成一个更强的安全感和更强的从属于这一区域的空间。如果每位居民都把这种区域范围视为住宅和居住环境的有机组成部分，那么它就扩大了实际的住宅范围，这样就会造就对领有空间的更多使用和关怀，从而促使更多的、更有益的社会性活动的发生。

(二)安全性

马斯洛的“需求层次论”告诉我们,居民对安全的需求仅次于空气、阳光、吃饭、睡觉等基本生理需求,是人类求得生存的第二位基本需要,安全防卫问题,牵动着千家万户的心,时刻影响着居民的生活与工作。居住区的安全性是评价居住环境的一个重要指标,合理的建筑组群设计能为安全性的创造提供有利的条件。

O. 纽曼的《可防卫空间》一书中指出:“像住宅中很多人使用的公共门厅、电梯间、长走廊及任何人都可以随意进出的住宅区活动场所、道路,是犯罪的方便之地。诚然,这种无人照管和领有的空间及居住区内四通八达的道路,给偷窃者创造了条件和机会。”调查资料表明,新建居住区的盗窃案件作案率高于旧居住区,新建区中高层住宅的作案率又高于低层住宅;环境差的居住区的作案率高于环境好的。由此可见,罪犯不会盲目地选择作案对象,易于犯罪的居住环境必然具备一些显而易见的特征。在新建的居住区中,居民来自四面八方,旧有的邻里关系被打散了,新的邻里关系一时又不能建立起来,在邻里不熟识的情况下,罪犯作案不易引起周围邻居的警觉;在高层住宅区,居民互相接近少、关心少;在环境差的空间里,人们不愿在室外停留,缺乏邻里交往的场所,居民很难互相照顾,这些都为罪犯作案后逃窜提供了条件。

如何提高居住区的安全防卫能力呢?重要的是建筑组群的规划要创造必要的防卫条件。首先是密切邻里关系,建立社区的群体认同。中国传统的大院住宅,如北京的四合院、上海的里弄式住宅,就是按照“可防卫空间”建造的。由于它们利用了居民潜在的领域性和领有意识、社区感,使罪犯觉察到这个空间是被它的居住者们所控制和拥有的,因此犯罪率很低。

由建筑组群形成的领域性空间,能造就居民对其空间实实在在的控制和领有:一方面,在本能上,居住者对陌生人闯入其领有空间是很警觉的,自然或不自然地监视闯入者的行动;另一方面,对不属于这一领有空间的陌生人来说,总是具有望而却步之感。

因而,在建筑组群设计中,我们应该建立起有一系列分级设置的户外空间。特别是在居住区各组团或组群内组成半公共的或半私密的、亲切的和熟悉的可防卫空间,密切邻里关系,使居民能更好地相互了解、相互熟悉关心,使陌生人不敢闯入。并且,使住户认为户外空间是居民共同拥有和管理的,从而加强对外来人员的警觉和对公共空间、半公共空间、半私密空间,特别是对后两者的领有意识,加强居民的集体责任感。

第四节　居住区建筑组群设计方法

一、居住区建筑分类

居住环境中的建筑一般由住宅建筑和公共建筑两大类构成,是居住环境中重要的物质实体。

(一)住宅建筑的分类

居住区中常见住宅一般可分为低层住宅(1 ~ 3层)、多层住宅(4 ~ 6层)、中高层住宅

（7 ~ 9层）和高层住宅（10 ~ 13层）。

1. 低层住宅

低层住宅又可分为独立式、并列式和联列式三种。每种类型的住宅每户都占有一块独立的住宅基地。基地的规模根据住宅类型、住宅标准和住宅形式的不同，一般在 250 ~ 500m^2。每户都有前院和后院，前院为生活性花园，通常面向景观和朝向较好的方向，并和生活步行道联系；后院为服务性院落，出口与车行道相连。独立式和并列式住宅每户可设车库。

独立式花园住宅：独立式花园住宅拥有较大的基地，住宅四周可直接通风和采光，可布置车库。

并列式花园住宅：并列式为两栋住宅并列建造，住宅有三面可直接通风和采光，可布置车库，基地较独立式小。

联列式花园住宅：联列式为一栋栋住宅相互连接建造，占地规模最小，每栋住宅占的面宽为 6.5 ~ 13.5m 不等。

2. 多层住宅

以公共楼梯解决垂直交通，有时还需设置公共走道解决水平交通。它的用地较低层住宅省，造价比高层住宅经济，适用于一般的生活水平，是城市中大量建造的住宅类型。按平面类型分梯间式、走廊式和点式。

①梯间式：每个单元以楼梯为中心布置住户，由楼梯平台直接进分户门。平面布置紧凑，公共交通面积少，户间干扰小，较安静，也能适应多种气候条件，因此它是一种采用比较普遍的类型。

②走廊式：沿着公共走廊布置住户，每层住户较多，楼梯利用率高，户间联系方便，但互相有干扰。

③点式：数户围绕一个楼梯枢纽布置的、单元独立建造的形式。特点是四面临空，可开窗的墙面多，有利于采光、通风。平面布置较为灵活，外部造型也较自由，易于与周围的原有环境相协调，常与条式住宅相结合，创造活泼的居住空间。

3. 高层住宅

高层住宅垂直交通以电梯为主、楼梯为辅，因其住户较多，而占地相对减少，符合当今节约土地的国策。在设计中，高层住宅往往占据城市中优良的地段，底层常扩大为裙房，作商业用途。

①组合单元式：由若干完整的单元组合成，其体形一般为板式。单元式平面一般比较紧凑，户间干扰小。平面形式既可以是整齐的，也可以是较复杂的，形成多种组合体形。

②走廊式：采用走廊作为电梯、楼梯与各个住户之间的联系媒介，其优点是可以提高电梯的服务率。

③独立单元式：亦称塔式。由一个单元独立修建而成。以楼梯、电梯组成的交通中心为核心将多套住宅组织成一个单元式平面。为达到服务较多户数和体形的丰富多变，往往在平面上构成不同的轮廓。

（二）居住区公共建筑的分类

为满足居民日常生活、购物、教育、文化娱乐、游憩、社交活动等的需要，在居住环境中设置相应的各种公共服务设施。

1. 居住区公共建筑的分级

居住区公共建筑一般分为居住区级、小区级、住宅组团三级。

①居住区级公共建筑：多属于偶然性使用的，服务半径不大于 800 ~ 1000m。居住区级商业网点主要供应高档次的耐用消费品，并具有品种多、规模大的特点。它们适宜于集中布置，形成中心，并与文化娱乐设施放在一起。

②小区级公共建筑：一般是经常性使用的，服务半径不大于 400 ~ 500m。这类建筑包括粮店、储蓄所、小百货店、综合修理部、物资回收站等。小区级商店的销售商品应有针对性，商店规模不大，但要满足居民经常使用的需要。

③住宅组团级公共建筑：主要指居委会办公用房、会议室及其附设的生活服务设施，如自行车库。组团级公共建筑应只局限于为组团居民服务的性质，可以设一些小百货、小副食等商店、小缝纫铺或简易托儿班。

2. 居住区公共建筑的分类

居住区公共建筑，按居民使用频率和不同的性质，有不同的分类标准。

公共建筑按居民使用频率可分为：

①经常性：托幼、小学、中学、文化活动站、粮油站、供煤（气）站、菜场、综合副食商店、早点（小吃）店、理发店、储蓄所、邮政所、存车处、居委会等，这些属小区级和组团级公共建筑。

②非经常性：医院、文化活动中心、饭店、自行车修理站、旅店、集贸市场、派出所等，这些属居住区级公共建筑。

公共建筑性质可分为：

①商业服务设施：是公共建筑中与居民生活关系最密切的基本设施。特点是项目内容多，性质庞杂，随着经济生活水平的提高，发展变化快。如粮店、菜市场、综合百货商店、储蓄所等。

②保育教育设施：是学龄前儿童接受保育、启蒙教育和学龄青少年接受基础教育的场所，属于社会福利机构。如托儿所、幼儿园、小学、普通中学等。

③文体娱乐设施：为充实和丰富居民的业余文化生活，提供活动交往场所，目的是满足居民高层次的精神需求。如文化馆、电影院、运动场等。

④医疗卫生设施：在居住区内具有基层的预防、保健和初级医疗性质，如门诊部；在居民委员会内设卫生站。

⑤公用设施：为居民提供水、暖、电、煤气等设施的站点，以及公共厕所、自行车库、垃圾站、公交场站等。

⑥行政管理设施：是城市中最基层的行政管理机构和社会组织。有街道办事处，居民委员会或里弄委员会、小区综合管理委员会，以及房管、绿化、市政公用等管理机构。

二、建筑组群设计的一般原则

居住区中建筑组群的设计，主要指住宅建筑的组群设计，其规划布局除满足日照、通风、噪声等功能要求外，要以创造居住区丰富的空间形态、实现居住区设计的多样化为原则。

(一)住宅建筑组群设计原则

(1)住宅建筑组群设计,即要有规律性,又要有恰当合理的变化。
(2)住宅建筑的布局、空间的组织,要有疏有密,布局合理,层次分明而清晰。
(3)住宅单体的组合、组群的布置,要有利于居住区整体景观的创造与组织。

(二)公共建筑的设置原则

1. 方便生活

即要求服务半径最短与活动路线最顺。特别是经营日常性使用的公共建筑,如杂货商店、副食店、幼儿园、托儿所、自行车库等的布置要能使居民在工作和家务劳动之余,以最短的时间和最近的距离完成日常必要性生活活动。

2. 有利经营管理

公共建筑的规划设计应十分重视节约用地和节省投资,以最有效的面积满足使用的功能要求,发挥最大的效益。同时还必须考虑是否具备维持正常经营的条件。如小学规模一般以18人班和24人班为宜,规模太大管理有困难,小了要配套更多的教师和管理班子,不经济。

3. 美化环境

综合公共建筑的使用性质,为使用者提供良好的生活环境。如幼儿园要靠近公园绿地,空气、阳光和风景都好;商店宜设在人流集中的地方,有繁华热闹的气氛。

三、居住区建筑组群设计

(一)住宅组群的平面组合形式

1. 组团内

组团是居住区的物质构成细胞,也是居住区整体结构中的较小单位。组团内的住宅组群平面组合的基本形式有三种:行列式、周边式、点群式,此外还有混合式(见图10–29)。

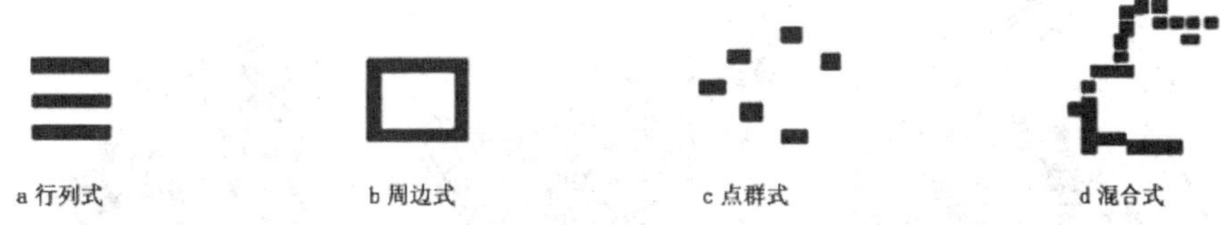

图 10–29 住宅组群的平面基本组合形式

①行列式:条式单元住宅或联排式住宅按一定朝向和间距成排布置,使每户都能获得良好的日照和通风条件,也便于布置道路、管网,方便工业化施工。整齐的住宅排列在平面构图上有强烈的规律性,但形成的空间往往单调呆板。行列式排列又有平行排列、交错排列、不等长拼接、成组变向排列、扇形排列等几种方式。

②周边式：住宅沿街坊或院落周边布置，形成封闭或半封闭的内院空间，院内安静、安全、方便，有利于布置室外活动场地、小块公共绿地和小型公建等可供居民交往的场所，一般较适合于寒冷多风沙地区。周边式的布局方式可节约用地，提高居住建筑面积密度，但部分住宅朝向欠佳。周边式又可分为单周边、双周边等布局形式（见图 10-30）。

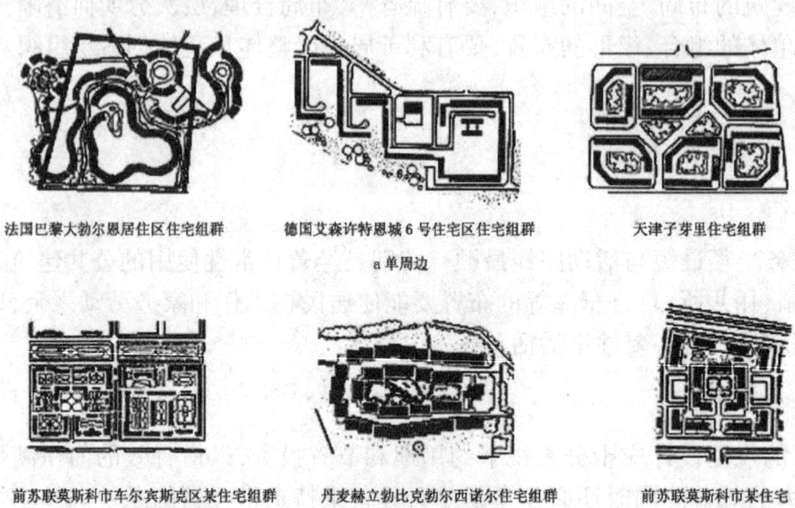

图 10-30　周边式排列的几种形式

③点群式：点群式住宅布局包括低层独院式住宅、多层点式及高层塔式住宅布局。点式住宅自成组团或围绕住宅组团中心建筑、公共绿地、水面有规律地或自由布置，可丰富居住区建筑群体空间，形成居住区的个性特征。点式住宅布局灵活，能充分利用地形，但在寒冷地区因外墙太多而对节能不利。点群式布局有规则式与自由式两种组合方式（见图 10-31）。

④混合式：混合式是前述三种基本形态的结合或变形的组合形式（见图 10-32）。

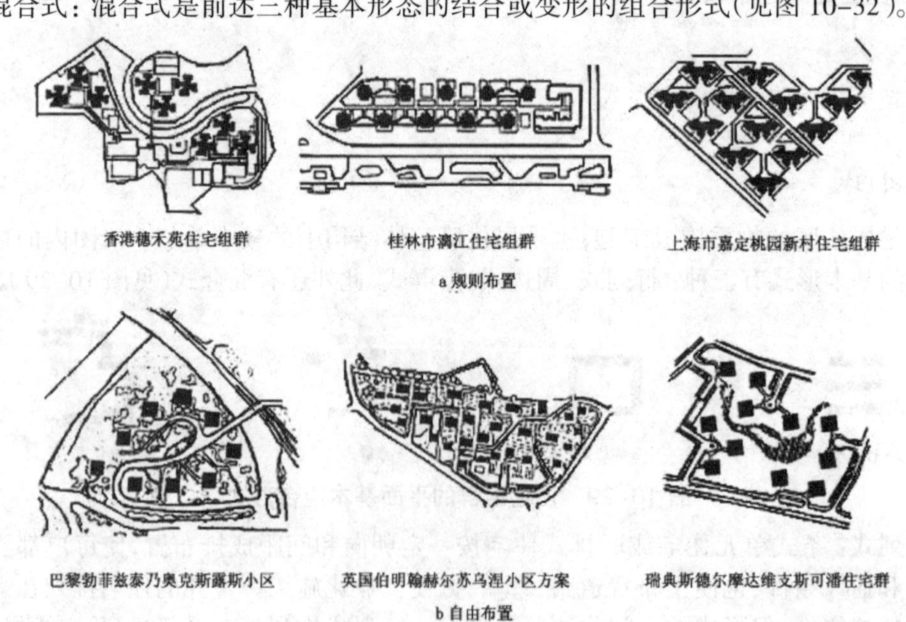

图 10-31　点群式排列的几种方式

天津经济技术开发区4号住宅组群

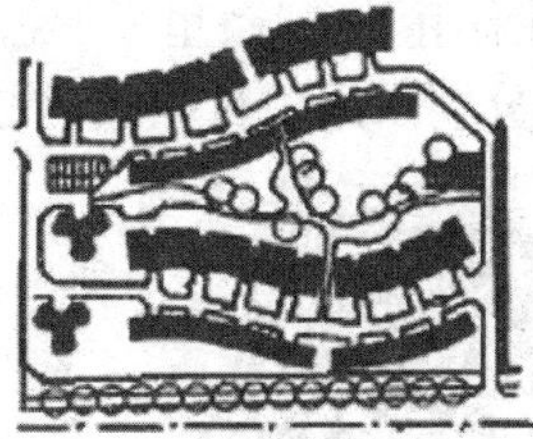

深圳莲花居住区住宅组群

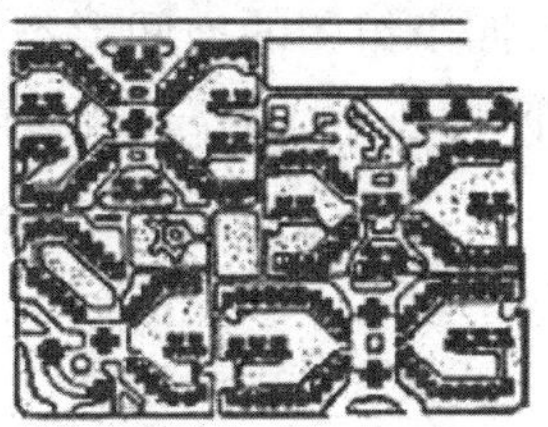

深圳园岭居住区住宅组群

图 10-32 混合式布局的住宅建筑组群

2. 小区内

将若干住宅组团,配以相应的公共服务设施和场所即构成居住小区。有了好的住宅组团,而没有好的组合,仍不能成为良好的小区。小区内住宅组团的组合方式,有统一法、向心法、对比法等。

①统一法:统一法又有重复法与母题法两种方式。重复法指小区采用相同形式与尺度的组合空间重复设置,从而求得空间的统一和节奏感。重复组合是容易在组团之间布置公共绿地、公共服务设施,并从整体上容易组织空间层次。通常,一个小区可用一种或两种基本形式重复设置,见图 10-33。

母题法则是指在小区空间各构成要素的组织中,以一定的母题形式或符号,形成主旋律,从而达到整体空间的协调统一。在母题的基础上,依地形、环境及其他因素作适当的变异。如瑞典巴罗巴格纳小区即是一个典型(见图 10-34)。

图 10-33 重复法的运用
(深圳莲花居住区 2 号小区)

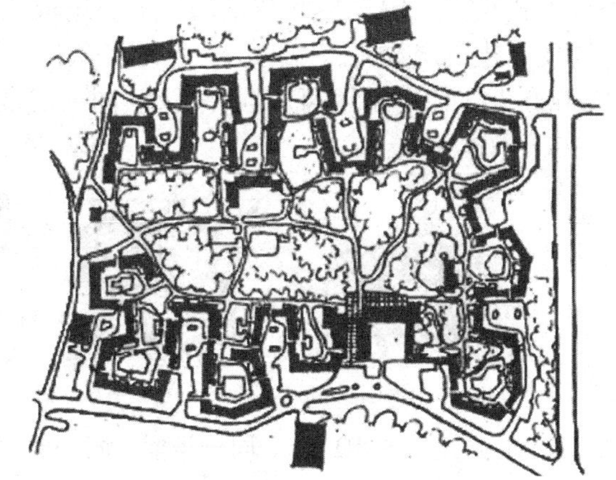

图 10-34 母题法的运用(瑞典巴罗巴格纳小区)

②向心法:即将小区的各组团和公共建筑围绕着某个中心(如小区公园、文化娱乐中心)来布局,使它们之间相互吸收而产生向心、内聚及相互间的连续性,从而达到空间的协调统一。如波兰华沙姆何钦小区(见图 10-35)。

③对比法:在空间组织中,任何一个组群的空间形态,常可采用与其他空间进行对比予以强化的设计手法。在空间环境设计中,除考虑自身尺度比例与变化外,还要考虑各空间之间的相互对比变化,它包括空间的大小、方向、色彩、形态、虚实、围合程度、气氛等对比。如天津

川府新村，四个组团的空间形态分别采用了庭院、里弄、院落、连廊式等空间组织方式，独具特色。深圳园岭住宅区的三期工程中，分别采用了行列式、周边式、连廊式组织空间形态。

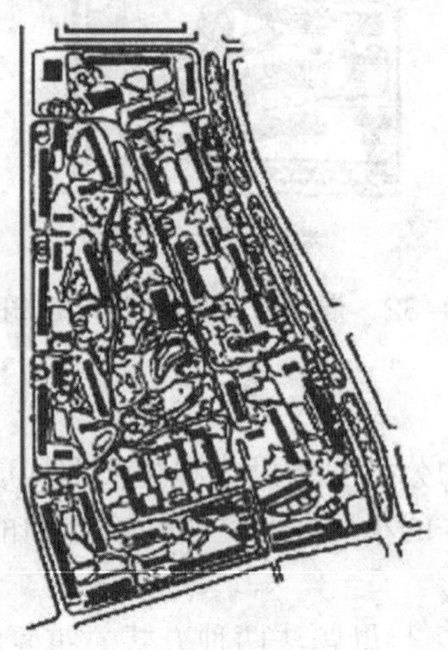

图 10-35 向心法的运用（波兰华沙姆何钦小区）

（二）住宅组群空间的组合形式

在居住区的规划实践中，常用的住宅组群空间的组合方式有成组成团或成街成坊。

1. 成组成团

这种组合方式是由一定规模和数量的住宅成组成团地组合，构成居住区（小区）的基本组合单元。其规模受建筑层数、公建配置方式、地形条件等因素的影响，一般为 1000 ~ 2000 人，较大的可达 3000 人。住宅组团可由同一类型、同一层数或不同类型、不同层数的住宅组合而成（见图 10-36、图 10-37）。

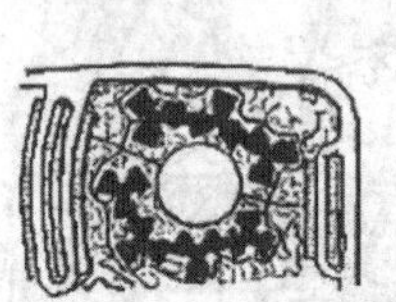

法国日得拉封特拉住宅组群（19 层）

广州五羊居住宅组群（6 层）

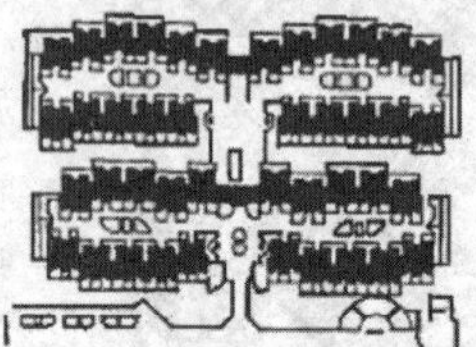

上海康乐新村住宅组群（5-6 层）

图 10-36 同一类型、同一层数的住宅组合

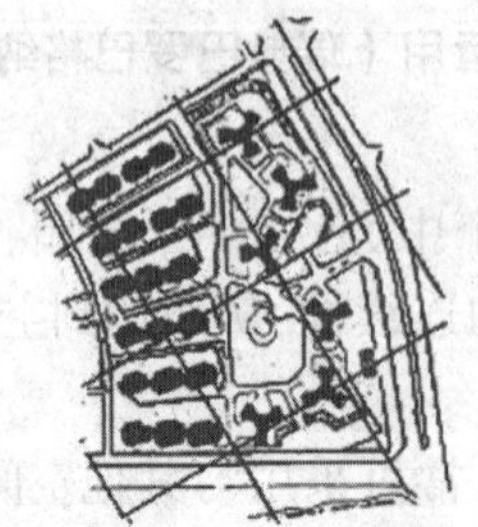

北京翠微小区住宅组群（多层、高层）

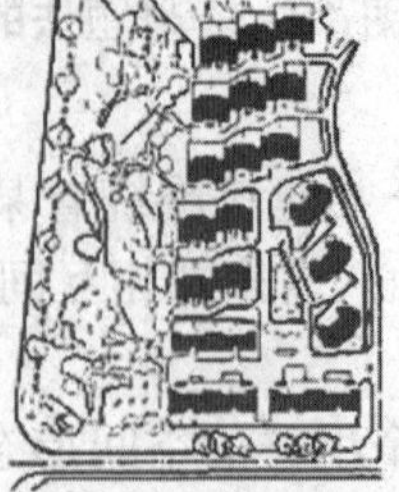

珠海碧涛花园住宅组群（多层、2-6 层）

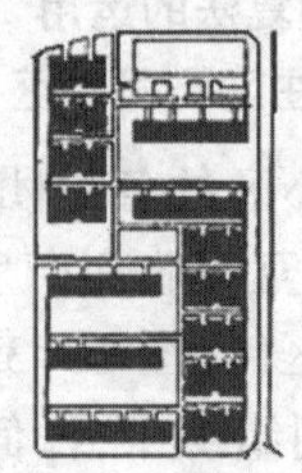

北京西坝河北里小区组群（多层、低层）

图 10-37 不同类型、不同层次的住宅组合

2. 成街成坊

成街，是指住宅沿街组成带形的空间；成坊，是指住宅以街坊作为一个整体的布置方式。有时，在组群设计中，因不同条件限制，可既成街，又成坊。

（三）居住区公共建筑的布置形式

根据公共建筑的性质、功能和居民的生活活动需求，居住区公共建筑的布局方式可分为分散式和集中式两种。

1. 分散式

一般地，适宜于分散布置的公共建筑功能相对独立，对环境有一定的要求，如保育教育和医疗设施等；或为同居民生活关系密切，使用、联系频繁的基础生活设施，如居民委员会、自行车库、基层商业服务设施等。

2. 集中式

商品服务、文化娱乐及管理设施除方便居民使用外，宜相对集中布置，形成生活服务中心。

第五节　居住区绿地的分类设计

一、居住区绿地的规划设计原则

（一）系统性

居住区绿地的规划设计必须将绿地的构成元素，结合周围建筑的功能特点、居民的行为心理需求和当地的文化艺术因素等综合考虑，形成一个具有整体性的系统，为居民创造幽静、优美的生活环境。

整体系统首先要从居住区规划的总体要求出发，反映自己的特色，然后要处理好绿化空间与建筑物的关系，使二者相辅相成、融为一体。绿化形成系统的重要手法就是“点、线、面”相结合，保持绿化空间的连续性，让居民随时随地生活、活动在绿化环境之中。

以马鞍山珍珠园小区为例（见图 10–38），该小区划分为 7 个组团，每个组团有一块集中的公共绿地，这些都是“点”；在主路两旁设有绿化带，组团路与小区路连接，形成“线”；然后引向小区的中心绿地——珍珠园，即绿地系统的“面”。珍珠园既是小区中心绿地，也是地区性公园。通过这样精心的绿化系统规划，为居民提供了良好的生活居住环境。

（二）可达性

居住区公共绿地，无论集中设置或分散设置，都必须选址于居民经常经过并能顺利到达的地方。北京富强西里中心绿地划分为三个部分，分列在小区主路两侧，与住宅组团紧密结合，相互交错，具有较强的可达性（见图 10–39）。杭州采荷小区的中心绿地与水系有机地组织起来，沿小区主路向纵深展开，绿地周围的住户均能就地享受（见图 10–40）。

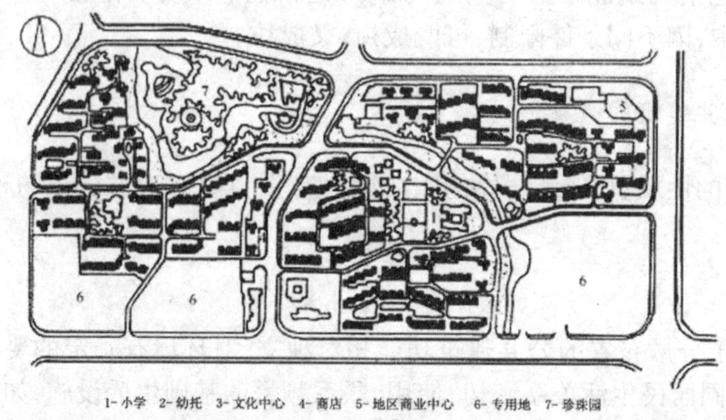

图 10–38 马鞍山珍珠园小区绿化系统

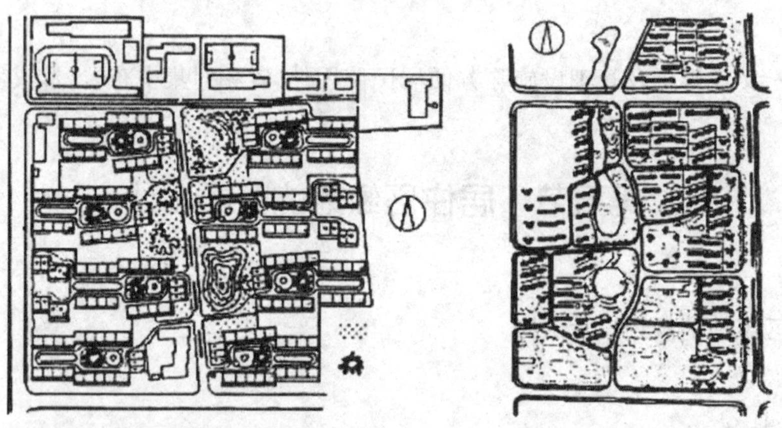

图 10–39 北京富强西里绿化系统　　图 10–40 杭州采荷小区绿化系统

为了增强对居民的吸引，便于他们随时自由地使用中心绿地，中心绿地周围不宜设置围墙。有些小区把中心绿地围起来，只留几个出入口，居民必须绕道进入，使得一部分居民不愿进去，这无疑降低了小区绿地的使用率。

（三）亲和性

居住区绿地，尤其是小区小游园，受居住区用地的限制，一般规模不可能太大，因此必须掌握好绿化和各项公共设施的尺度，以取得平易近人的感观效果。

当绿地有一面或几面开敞时，要在开敞面用绿化等设施加以围合，使游人免受外界视线和噪声的干扰。当绿地被建筑包围产生封闭感时，则宜采用“小中见大”的手法，造成一种软质空间，“模糊”绿地与建筑的边界，同时防止在这样的绿地内放入体量过大的建筑物或尺度不适宜的小品。

（四）实用性

在我国传统住宅中，天井、院落、庭院都是无顶的共享空间，供人休息、交往，亦可作集会、宴宾之用，室内外功能浑然一体，总体上灵活多变，颇具亦此亦彼的中介性。绿地规划应区分游戏、晨练、休息与交往的区域，或作类似的提示，充分作用绿化，而不是仅以绿化为目的。

此外，居住区绿地的植物配置，也必须从实际使用和经济功能出发，名贵树种尽量少用，以结合当地气候特点的乡土树种为主。按照功能需要，座椅、庭院灯、垃圾箱、休息亭等小品也应妥善设置，不宜滥建昂贵的观赏性的建筑物或构筑物。

二、居住区公共绿地的规划设计

（一）居住区公共绿地的形式

从总体布局来说，居住区公共绿地按造园形式一般可分为规则式、自然式、混合式三种。

1. 规则式也称整形式、对称式

这种形式的绿地，通常采用几何图形布置方式，有明显的轴线，从整个平面布局、立体造型到建筑、广场、道路、水面、花草树木的种植上都要求严整对称。在主要干道的交叉处和观赏视线的集中处，常设立喷水池、雕塑，或摆放盆花、盆树等。绿地中的花卉布置也多以立体花坛、模纹花坛的形式出现。

规则式绿地具有庄重、整齐的效果，但在面积不大的绿地内采用这种形式，往往使景观一览无余，缺乏活泼、自然感（见图 10–41）。

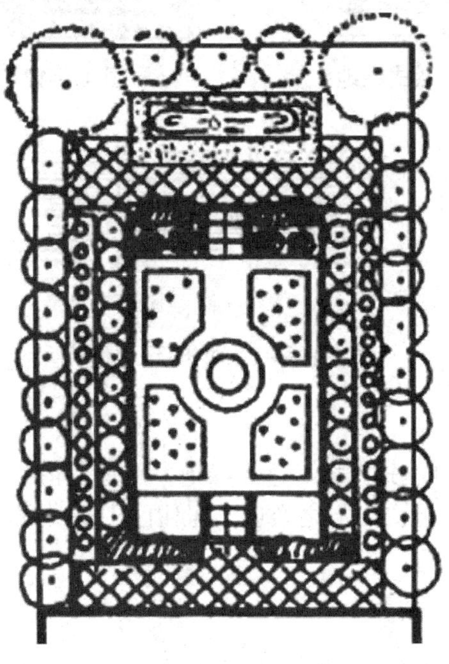

图 10–41　规则式绿地

2. 自然式又称风景式，不规则式

自然式绿地以模仿自然为主，不要求严整对称。其特点是道路的分布、草坪、花木、山石、

流水等都采用自然的形式布置，尽量适应自然规律，浓缩自然的美景于有限的空间之中。在树木、花草的配置方面，常与自然地形、人工山丘、自然水面融为一体。水体多以池沼的形式出现，驳岸以自然山石堆砌或呈自然倾斜坡度。路旁的树木布局也随其道路自然起伏蜿蜒。

自然式绿地景观自由、活泼，富有诗情画意，易创造出别致的景观环境，给人以幽静的感受。居住区公共绿地普遍采用这种形式，在有限的面积中，能取得理想的景观效果（见图10-42）。

3. 混合式

混合式绿地是规则式与自然式相结合的产物，它根据地形和位置的特点，灵活布局，既能和周围建筑相协调，又能兼顾绿地的空间艺术效果，在整体布局上，产生一种韵律和节奏感，是居住区绿地较好的一种布局手法（见图 10-43）。

按绿地对居民的使用功能分类，其布置形式又可分为开放式、半开放式与封闭式三种（见图 10-44 。

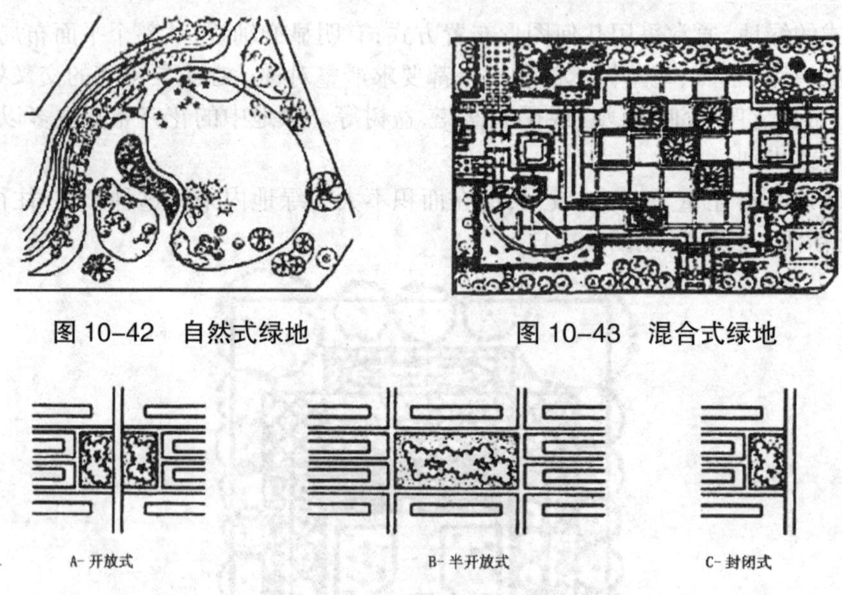

图 10-42　自然式绿地　　图 10-43　混合式绿地

图 10-44　绿地的布置形式

4. 开放式

也称为开敞式，多采用自然式布置。这类绿地一般地面铺装、设施较好。开放式绿地可供居民人其内游憩、观赏，游人可自由与之亲近。居住区中这类绿地通常受到居民的欢迎，也被居住区所普遍采用。

5. 半开放式

也可称为半封闭式。绿地周围有游园步道，居民可进入其中。绿地中设有花坛、封闭树丛等，多采用规则式布置。

6. 封闭式

一般这种形式的绿地，居民不能入内活动，好处是便于管理，缺点是游人的活动面积少，对居民而言缺乏应有的亲和力和可进入性，使用效果差，居住区公共绿地设计中应避免这种形式的绿地出现。

（二）居住区公共绿地的设计方法

居住区公共绿地是城市绿化空间的延续，又最接近于居民的生活环境。在功能上与城市公园不尽相同，因此，在规划设计上也有与城市公园不同的特点。

居住区公共绿地主要是要适于居民的休息、交往、娱乐等，有利于居民心理、生理的健康。在规划设计中，要注意统一规划，合理组织，采取集中与分散、重点与一般相结合的原则，形成以中心公园为核心、道路绿化为网络、宅旁绿化为基础的点、线、面为一体的绿地系统。

1. 居住区公园

居住区公园是居住区绿地中规模最大、服务范围最广的中心绿地，为整个居民区居民提供交往、游憩的绿化空间。其面积不宜少于 1.0hm^2，服务半径不宜超 800 ~ 1000m，即控制居民的步行时距在 8 ~ 15 分钟。

居住区公园规划设计，应以“四个满足”为重要设计依据，即满足功能要求——根据居民各种活动的要求布置休息、文化、娱乐、体育锻炼、儿童游戏及人际交往等各种活动的场地与设施；满足游览需要——公园空间的构建与园路规划应结合组景，园路既是交通的需要，又是游览观赏的线路；满足风景审美的要求——以景取胜，注意意境的创造，充分利用地形、水体、植物及人工建筑物塑造景观，组成具有魅力的景色；满足美化环境的需要——多种植树木、花卉、草地，改善居住区的自然环境和小气候。

居住区公园设计要求有明确的功能划分，其主要功能分区有休息漫步游览区、游乐区、运动健身区、儿童游乐区、服务网点与管理区几大部分。

2. 小游园

小游园是小区内的中心绿地，供小区内居民使用。小游园用地规模根据其功能要求来确定，用集中与分散相结合的方式，使小游园面积占小区全部绿地面积的一半左右为宜。小游园的服务半径为 300 ~ 500m，居民步行 5 ~ 8 分钟即可到达。小游园的服务对象以老年人和青少年为主，为他们提供休息、观赏、游玩、交往及文娱活动的场所。

小游园的规划设计，应与小区总体规划密切配合，综合考虑，全面安排，并使小游园能妥善地与周围城市园林绿地衔接，尤其要注意小游园与道路绿化的衔接。小游园的规划设计要符合功能需求，尽量利用和保留原有的自然地形和原有植物。在布局上，小游园宜作一定的功能划分，根据游人不同年龄的特征，划分活动场地和确定活动内容，场地之间要分隔，布局既要紧凑又要避免相互干扰。

小游园中儿童游戏场地的位置一般设在入口处或稍靠近边缘的独立地段上，便于儿童前往与家长照看。青少年活动场地宜在小游园的深处或靠近边缘独立设置，避免对住户造成干扰。成人、老人休息活动场地，可单独设置，也可靠近儿童游戏场地，亦可利用小广场或扩大的园路，在高大的树荫多设些座椅、坐凳，便于他们聊天、看报。

在位置选择上，小游园应尽可能为便附近居民的使用，并注意充分利用原有的绿化基础，尽量使小区公共活动中心结合起来布置，形成一个完整的居民生活中心（见图 10–45）。

在规模较小的小区中，小游园常设在小区一侧沿街布置。这种布置形式是将绿化空间从小区引向“外向”空间，与城市街道绿化相似，其优点是：既能为小区居民服务，也可向城市市民开放，利用率较高；由于其位置沿街，不仅为居民游憩所用，还能美化城市、丰富街道的景观；沿街布置绿地，亦可分隔居住建筑与城市道路，阻滞尘埃，降低噪声，防风，调节温度、湿度等，有利于居住区小气候的改善。

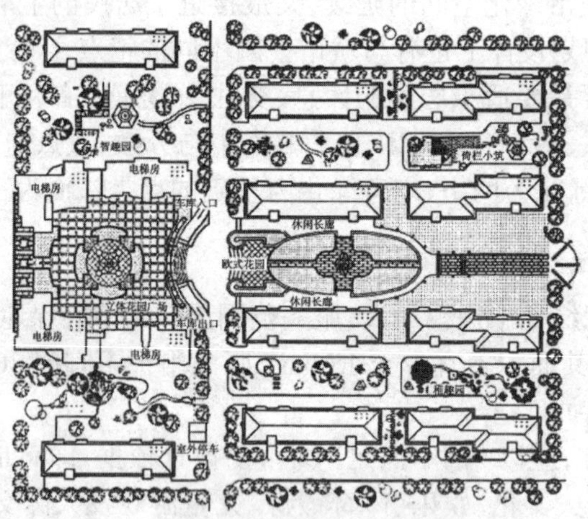

图 10-45　某小区游园位置平面图

另一种布置形式是将小游园布置在小区中心，使其成为“内向”绿化空间。其优点是：小游园小区各个方向的服务距离均匀，便于居民使用；小游园居于小区中心，在建筑群环抱之中，形成的空间环境比较安静，较少受到外界人流、交通的影响，能增强居民的领域感和安全感；小游园的绿化空间与四周的建筑群产生明显的“虚”与“实”、“软”与“硬”的对比，使小区空间有疏有密，层次丰富而富有变化。新乡市曙光居住小区，小游园布置在小区的几何中心，结合高层、低层住宅设集中的面积较大的小区中心绿地，居民进出住宅区均经过这片开阔的，高、多、低层住宅相结合的空间环境，取得良好的视觉景观效果(见图 10-46)。

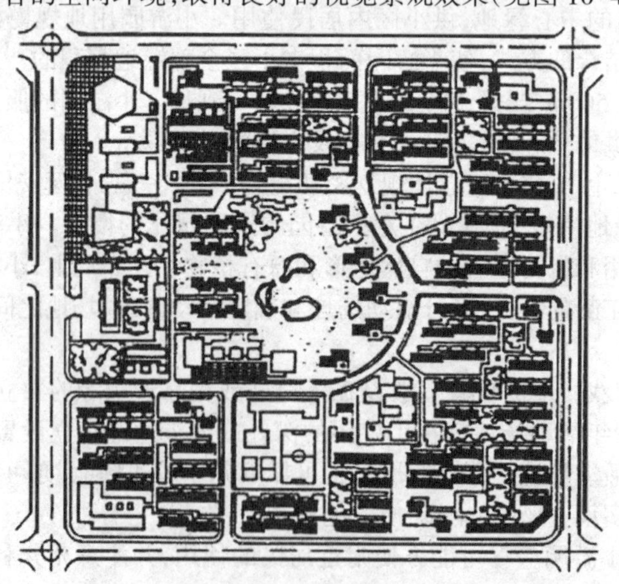

图 10-46　河南新乡曙光小区小游园位置平面示意图

3. 组团绿地

组团绿地是结合居住建筑组团的不同结合而形成的又一级公共绿地，随着组团的布置方式和布局手法的变化，其大小、位置和形状也相应变化。组团绿地通常面积大于 $0.04hm^2$，服务半径为 100m 左右，居民步行 3 ~ 4 分钟即可到达。组团绿地规划形式与内容丰富多样，主要为本组团居民集体使用，为其提供户外活动、邻里交往、儿童游戏、老人聚集的良好条件。组团绿地距居民住宅较近，便于使用，居民茶余饭后即可来此活动，因此游人量较小区小游园更大，游人中大约有半数为老人、儿童或是携带儿童的家长。

组团绿地的位置可以归纳为以下几种类型，见图 10-47。

①边式住宅中间：这种组团绿地有封闭感。由于是将楼与楼之间的庭院绿地集中组成，有利于居民从窗内看管在绿地上玩耍的儿童，见图 10-48。

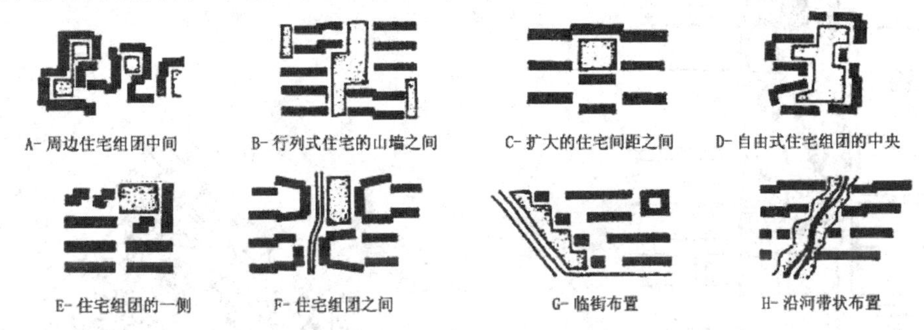

图 10-47 组团绿地的布置方式

图 10-48 组团绿地住宅中间布置法

②行列式住宅山墙之间：行列式布置的住宅空间单调，缺少变化。适当增加山墙之间的距离开辟为绿地，可打破行列式布置山墙间形式的狭长的胡同感，并为居民提供一块阳光充足的半公共空间，见图 10-49。

③扩大住宅建筑的间距之间：在行列式布置的住宅之间，适当扩大间距至原来的 1.5 ~ 2 倍，即可在扩大的间距中开辟组团绿地。

④住宅组团的一角：组团内利用不规则的场地、不宜建造住宅的空地布置组团绿地，见图 10-50。

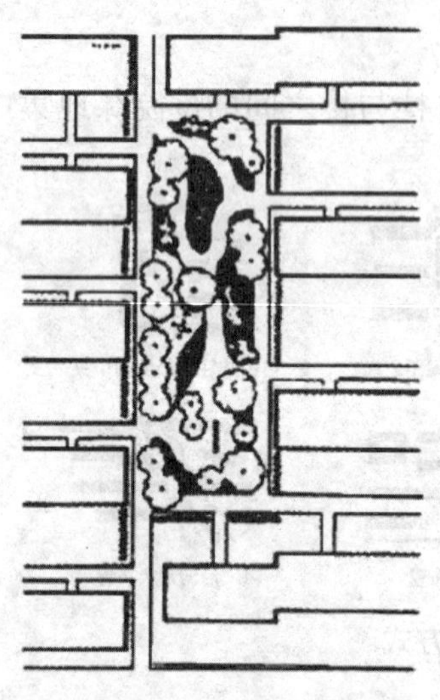

图 10-49　行列式住宅山墙间的组团绿地

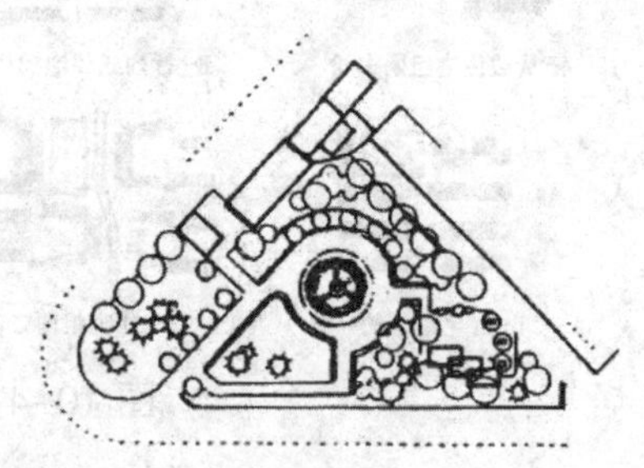

图 10-50　天津贵阳道一住宅绿地组团

⑤两个组团之间：当组团内用地有限时，为争取较大的绿地面积，可采用这种方法，它有利于布置活动场地与设施（见图 10-51）。

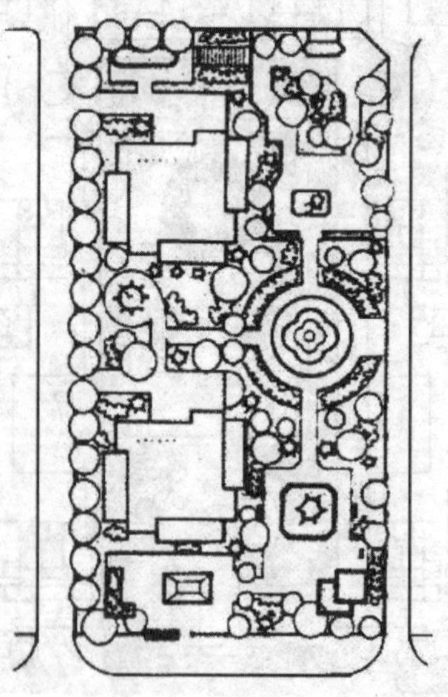

图 10-51　天津真理道一住宅内两组团间的绿地

⑥临街组团绿地：这类绿地可以打破建筑线连续过长的感觉，可构成街景，还可以使过往

群众有歇脚之地。

⑦沿河带状分布：当住宅区滨河而建时，绿地可结合自然水体，互为因借，形成滨河优美动人的景观，见图 10-52。

图 10-52 某住宅小区组团绿地沿河带状布置

组团绿地的位置选择不同，其使用效果也有区别，对住宅组团的环境效果影响也不尽相同。从组团绿地本身的效果来看，位于山墙间的和临街沿河的组团绿地使用和景观效果较好。

住宅组团绿地可布置幼儿游戏场地和老龄人休息场地，设置小沙地、游戏器械、座椅及凉亭等，在组团绿地中仍应以花草树木为主，使组团绿地适应居住区绿地功能需求。

三、宅旁绿地的规划设计

宅旁庭院绿地是居民在居住区中最常使用的休息场地，在居住区中分布最广，对居住环境质量影响最为明显。通常宅旁绿地在居住（小）区总用地中占 35%左右的面积，比小区公共绿地多 2 ~ 3 倍，一般人均绿地可达 4 ~ 6m^2。

宅旁绿地包括宅前、宅后、住宅之间及建筑本身的绿化用地。其设计应紧密结合住宅的类型及平面特点、建筑组合形式、宅前道路等因素进行布置，创造宜人的宅旁庭院绿地景观，区分公共与私人空间领域。

（一）宅旁绿地的类型

根据我国的国情，宅旁庭院绿地一般以花园型、庭院型为好。但也应考虑结合庭院绿化，为居民尽可能提供种植果树蔬菜的条件，设棚架、栏杆、围墙时考虑居民种植的需要，统一规划设计，使家庭园艺活动有利于居住区环境质量的提高，同时也适当满足居民业余园艺爱好的需要而设计一些绿化类型，见表10-10。

表10-10 宅旁庭院绿地的分类

类型	特点	植物配置方式
树林型	简单、粗放，大多为开放式布局，对调节住宅小气候有明显作用，但因缺少花灌木和花草配置而显得单调	以高大乔木为主，选择速生与慢生、常绿与落叶，以及不同色彩及树形的树种
花园型	色彩层次较为丰富，在相邻住宅楼之间起到遮挡视线、隔音、防尘和美化作用，有一定隐蔽性	在住宅间以篱笆包围成一定范围，布置花草树木和其他园林设施
草坪型	多用于高级独立式住宅，有时也用于多层和高层住宅，养护管理要求高	以草坪绿化为主，在草坪边缘适当种植一些乔木和花灌木
棚架型	美观、实用，较为居民喜爱	以棚架植物为主，采用开花结果的蔓生植物，有花架、葡萄架、瓜豆架等
植篱型	以绿篱或花篱分割或合围而成	用常绿的或开花的植物组成篱笆，在篱笆旁边栽种蔷薇、扶桑等
庭院型	具有庭院的普遍特征，多为开放式、自然式布局	在绿化的基础上，适当设置园林小品，如花架、山石等
园艺型	在绿化美化的同时具有实用性，居民能从中享受到种植果树、蔬菜的田园乐趣	根据居民的爱好，种植果树、蔬菜，一般种植管理粗放的果树，如枣、石榴等

（二）宅旁绿地的特点

1. 多功能性

宅旁绿地与居民各种日常生活息息相关。居民在这里进行邻里交往，晾晒衣物，开展各种家务活动。老人、青少年以及婴幼儿在这里休息、游戏。这里是居民出入住宅的必经之路，可创造适宜居住的生活气息，促进人际关系的改善。

宅旁绿地结合居民家务活动，合理组织晾晒、存车等必要的设施，有利于提高居住环境的实用与美观的价值。

宅旁绿地又是改善生态环境，为居民提供清新空气和优美、舒适居住条件的重要因素。能起到防风、防晒、降尘、减噪、调节温度与湿度、改善居住区小气候等作用。

2. 不同的领有性

领有性是宅旁绿地的占有与被使用的特性，领有性的强弱取决于使用者的占有程度和使用时间长短。根据不同的领有性，宅旁绿地大体可分为三种形态，见表10-11。

表 10–11 不同的领有性

形态	特征
私人领有	一般在底层，将宅前宅后用绿篱、花篱、栏杆等围隔成私有绿地，领域界限清楚，使用时间较长，可改善底层居民的生活条件。由于是独户专用，防卫功能较强
集体领有	宅旁小路外侧的绿地，多为住宅楼集体所有，使用时间不连续，也允许其他楼栋的居民使用，但不允许私人长期占用。一般多层单元式住宅将建筑前后的绿地完整地布置，组成公共活动的绿化空间
公共领有	指各级居住活动的中心地带，居民可自由进出，都有使用权，但是使用者常变更，具有短暂性

不同的领有形态，居民所具有的领有意识也不尽相同。离家门越近的绿地，领有意识越强，反之越弱。要使绿地管理得好，在设计上需要加强领有意识，使居民明确行为规范，建立正常的生活秩序。

3. 制约性

宅旁绿地的面积、形体、空间性质受地形、住宅间距、住宅组群形式等因素的制约。当住宅以行列式布局时，绿地为线形空间；当住宅为周边式布置时，绿地为围合空间；当住宅为散点式布置时，绿地为松散空间；当住宅为自由式布置时，绿地为舒展空间；当住宅为混合式布置时，绿地则为多样化空间。

(三)宅旁绿地的设计原则

宅旁绿地的设计，除结合居民的日常生活行为特征外，还要注意以下原则：

(1)要以绿化为主：以绿化保持居住环境的宁静，种植绿篱分隔庭院空间，绿篱的高度与宽度视功能要求而定，在由于周围建筑物密集而造成的阴影区，要选择和种植耐阴植物。

(2)美观、舒适：宅旁绿地设计要注意庭院的空间尺度，选择合适的树种，其形态、大小、高度、色彩、季相变化与庭院的规模、建筑的高度相称，使绿化与建筑互相衬托，形成完整的绿化空间。

(3)体现住宅标准化与环境多样化的统一：依据不同的建筑布局作出宅旁庭院的绿地设计，植物的配置满足居民的爱好与景观变化的要求，同时应尽力创造特色，使居民产生认同感及归属感。

(四)不同类型住宅的宅旁绿地设计

1. 低层独立式住宅庭院设计

低层独立式住宅庭院绿化，在一定程度上反映主人的性格和兴趣(见图 10–53、图 10–54、图 10–55)。一般而言，庭院绿化中都十分注重创造美的境界。无论是花草树木之间的配置，还是与建筑环境的配合都要讲究比例、尺度的恰当，色彩的季相调和与变化。

庭院中常用树木、花廊、小品等来创造主景，用框景、漏景表现庭院主题特色，组织分隔空间，形成景中有人、人在景中生活的生动场面，使庭院层次更加丰富，富有生机。

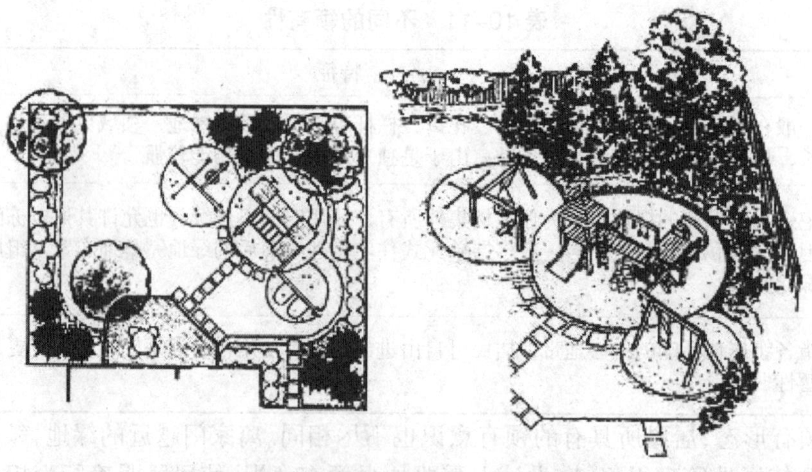

图 10-53　主要供儿童使用的庭院绿地

1- 草坪 2- 花灌木 3- 七叶树 4- 毛白杨
5- 花坛 6- 松 7- 柏 8- 运动场 9 花架 10- 住宅

图 10-54　主要供年轻人使用的庭院，空间开阔，富于变化

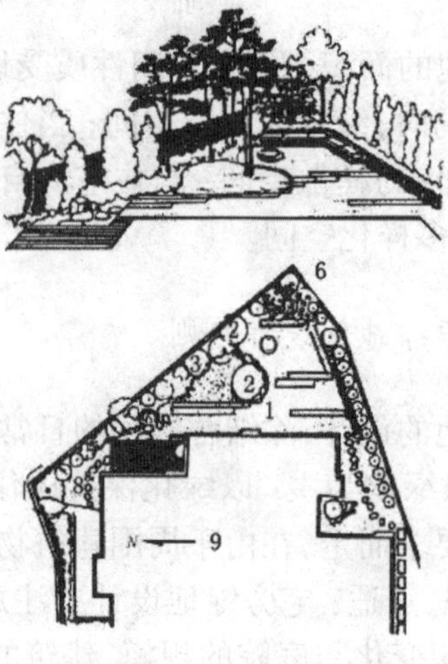

1- 草坪 2- 松 3- 柏 4- 竹 5- 花灌木
6- 石笋 7- 座凳 8- 步石 9- 住宅

图 10-55　主要供老年人使用的庭院，明朗、安宁又稍有变化

庭院绿化应用自然之理，取自然之趣，用树木、山石、小品的大小、起伏、水声、光线的明暗来体现音乐般的节奏和韵律；用植物、石刻等点景来表现庭院绿化的意境（见图 10–56）。

2. 多层住宅宅旁绿地设计

多层住宅的宅旁绿地，不同的住宅组群空间产生不同的绿地布置形式（见图 10–57、图 10–58、图 10–59、图 10–60）。

宅旁绿地的形式可开放、可封闭，取决于不同的设计手法。如以隔墙围成的小院具有很强的封闭性，以高平台的小矮墙和栅栏分隔成独立的小院，以绿篱围合的宅旁绿地是开放的、共享的绿化空间，见图 10–61。

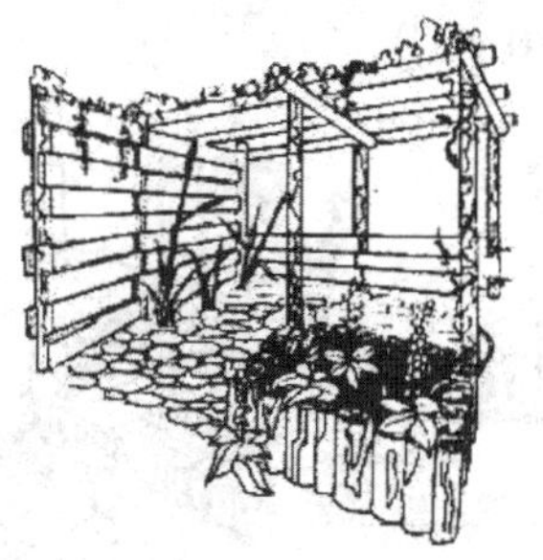

图 10-56　庭院中藤棚与花台、花架、水池组合构成庭院景色

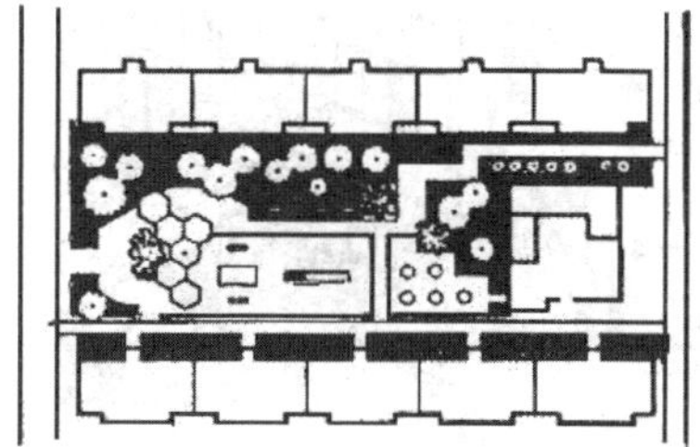
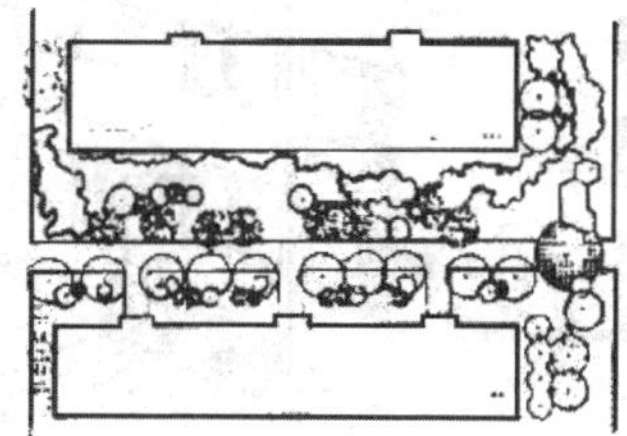

图 10-57　多层住宅宅旁绿地设计

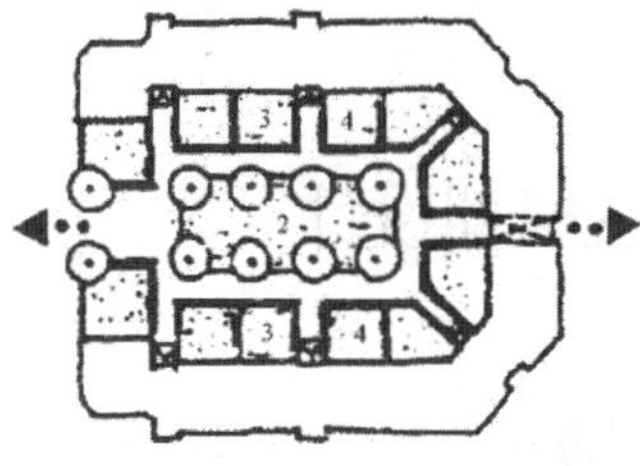

图 10-58　周边式住宅绿地　图 10-59　富有田园风光的住宅绿地景观

图 10-60　开放式的宅旁绿地景观

3. 高层住宅宅旁绿地设计

高层住宅的宅旁绿地设计，可根据住宅建筑布局形式，灵活运用空间，绿地布置可采用集中与分散相结合的形式，在每幢高层的周围空地上设置草坪、树木，围合成相对独立

的空间(见图 10-61)。

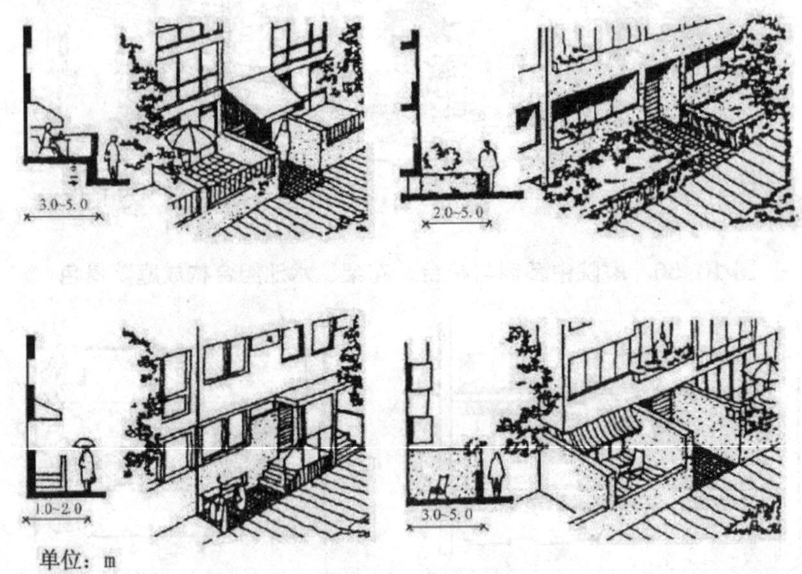

图 10-61　宅旁景观的几种处理方法

第六节　单位附属绿地规划设计

单位附属绿地是指在某一部门或单位内,由该部门或单位投资、建设、管理、使用的绿地。单位附属绿地一般包括工矿企业、机关、学校、医院、商业、休疗养院等单位的专用绿地。这类绿地是城市园林绿地系统的重要组成部分,在城市中分布广泛,占地比重大,是城市普遍绿化的基础。搞好单位的园林绿化,不仅可以为本单位员工创造一个清新优美的学习、工作和生活的环境,体现单位的面貌和形象,而且改善了城市生态环境。单位附属绿地的规划设计应该根据本单位的特点,因地制宜地布局,避免千篇一律。单位园林建设要体现地域特色、时代特色、行业特色和单位性质,根据本单位的特点作出有现代感的设计。

一、公共事业单位附属绿地设计

本节重点讲述学校和医疗机构附属绿地设计,简要介绍机关等其他公共事业单位附属绿地设计。

(一)学校绿地设计

学校绿地是学校物质文明和精神文明建设的一个重要方面,必须在深层次上反映学校的精神与文化内涵。学校绿地应与全校的总体规划同时进行,统一规划,全面设计。另外,学校绿地应根据学校的规模、性质、类型、地理位置、经济条件、自然条件等因素,因地制宜地进行规划设计，精心施工，才能显出各自特色并取得美化效果。

1. 学校绿地设计的原则

近几年来，一些学校提出了建设人文校园与生态校园的目标，学校绿地设计在实现这一目标过程中将扮演重要角色。

（1）以人为本，创造良好的校园人文环境。绿地建设在校园人文环境的建设中起着不可低估的作用。园林绿地空间不仅能给师生员工提供学习、工作、休息、交往、观赏、运动的良好场所，而且因园林绿地本身具有的人性、亲切感和鲜明的时代特征会给人潜移默化的教育作用，所谓环境育人，这是最直观的解释。园林绿地以它特有的人文内涵，本身就是校园特色文化的一部分，也可能是学校之所以声名远扬的原因。如武汉大学春季盛开的樱花是校园乃至武汉市富有特色的景观，常吸引大量市民来观赏；南京林业大学校园内参天的鹅掌楸行道树，也是校园乃至南京市的特色景观之一；北京大学的未名湖畔，几乎成为北京大学的代名词，是多少莘莘学子梦寐以求的地方。一般的中小学校园也要打造特色的绿地环境，使学生感知大自然，热爱大自然，在优美的绿地环境中受到熏陶。另外，绿地中的建筑和雕塑小品、石景、模纹图案等也是塑造校园文化的重要手段。一些校园中的建筑小品具有强烈的动感和深远的寓意，使朝夕相伴的学子沉湎其中，浮想联翩；一些校园中的人像雕塑具有深刻的纪念意义，似乎在向学子讲述一段久远的历史，也似乎在提醒当今的学子应该努力学习，奋发向上；一些校园中用低矮植物修剪成的文字图案更是直接明了地昭示了本校的特色和发展宗旨，也似乎在时刻提醒它的学子不忘本校特色，做合格人才；一些校园绿地中的石景与优美的自然环境融为一体，石景上镂刻的文字更是起到了画龙点睛的作用（见图 10-62）。

图 10-62 某大学校园一角

（2）以自然为本，创造良好的校园生态环境。我国传统的四大书院总是尽量建在依山傍水、自然环境优美的地方，现代校园也应是一个富有自然生机的、绿色的良好生态环境。校园绿地规划应强调绿色环境与人的活动及建筑环境的整合，体现人与自然共存的理念，形成人的活动能融入自然的有机运行的生态机制。规划时应充分尊重和利用自然环境，尽可能保护原有的生态环境，树立不再破坏生态环境的意识，对已破坏的生态环境要尽可能补救，使其恢复到原有的平衡状态。对于坡地、台地、山地，要随形就势进行布局，尽量减少填挖土方量。对原有的水面，要尽可能结合校园环境，使其成为校园一景，有些学校将仅有的水体填埋建成铺装广场，这是很不足取的。

校园园林绿地应以植物绿化美化为主，减少大广场、大草坪等硬质景观和单一植物景观，减少小品、道路、广场等，增加植物造景，增加群落景观在校园园林绿地中的应用。要重视自然生态群落构成、不同生态群落类型特点、园林植物新品种的特点与应用等，使得校园园林绿地更加亲近自然。在具体的植物选择上要符合生态学原理，充分体现生物多样性原则，并尽可能创造多样的生境(见图 10–63)。

图 10–63　大学校园自然、生态的绿地景观设计

2. 学校绿地分区规划

学校校园内一般分为行政办公区、教学科研区、生活区、体育运动区等，由于每个分区的功能不同，因此对绿地的要求也不同，绿地形式要根据分区特点相应地有所变化。

(1)学校入口及行政办公区绿地。学校入口区是学校的门户和标志，因此是校园绿化的重点，又分为大门外和大门内两个部分。大门外的绿化要与街景协调，一般呈对称或均衡布局，规划条件允许时可以布置草坪和装饰性绿地(如有的学校在大门两侧做装饰性色块)，但绿地不能阻碍师生和车辆通行。大门内的绿化应结合校园总体规划进行。很多学校的传统规划是“进门一条路，两边行道树”，这样的行道树应选择高大荫郁的树种，以利师生夏季遮荫；如果与大门连通的不是笔直的干道，而是小广场，则绿地必须与铺装广场的创意相协调。广场上可布置草坪、花灌木、常绿小乔木、花坛、水池和能代表学校特征的雕塑，植物种植除考虑一些功能性因素外，还要注意美观、活泼、大气，一般不可过密，以免遮挡主体建筑物(教学主楼或行政办公楼等)，也不利于学生的交往和开朗空间的形成(见图 10–64)。

学校行政办公区绿地一般应略显庄重，构图上要简洁、大方，常配置常绿树种作为主调树种，也可适量配置一些落叶乔木、常绿花灌木、草坪、花坛等。有些学校由于绿地空间不足而在此区域的硬质地面上布置大量盆花，有些学校在此区域布置大量的桃树、李树，寓意“桃李满天下”，都是不错的选择。

(2)教学科研区绿地。教学科研区的建筑一般有教学楼、实验楼、图书馆等，主体建筑不同，绿地形式亦不相同。这些绿地应为师生提供一个课后休息的安静、优美的环境，一般呈自然式布局，以缓解师生工作、学习的紧张气氛，多注重鸟瞰效果，因此绿地布局时要注意其平面图案构成和线形设计。此区的植物品种宜丰富，叶色宜多变，能对建筑起到美化、烘托的作用。

场地允许时，建筑前可布置小型广场，广场上可适当布置花坛、喷泉、代表性雕塑等，但不能影响师生通行（见图 10-65）。

图 10-64 汝州市高等职业技术学院大门内外效果图

图 10-65 河北工程大学教学楼前广场效果图

（3）生活区绿地。该区绿地沿建筑、道路分布，比较零碎、分散，但仍可通过合理布局，形成多样统一的整体。绿地形式宜活泼、自由，树种应多样，并通过乔、灌、草的复层搭配形成立体绿化的格局。每一个组团绿地风格应一致，植物组景可单一，但整个生活区绿地总体上宜丰富多彩，要求季相变化明显，四季有花可赏。林间空地上可布置桌、凳、凉亭等，供学生休息、读书、交流，有条件时还可规划小广场，其上布置若干健身器材和小球运动设施，但不宜规划篮球场等大球运动场地，小广场周边还可布置花架、花台、与环境协调的主题雕塑等景点。生活区绿地中还可散置景石掩映在花草丛中，增添自然气息（见图 10–66）。

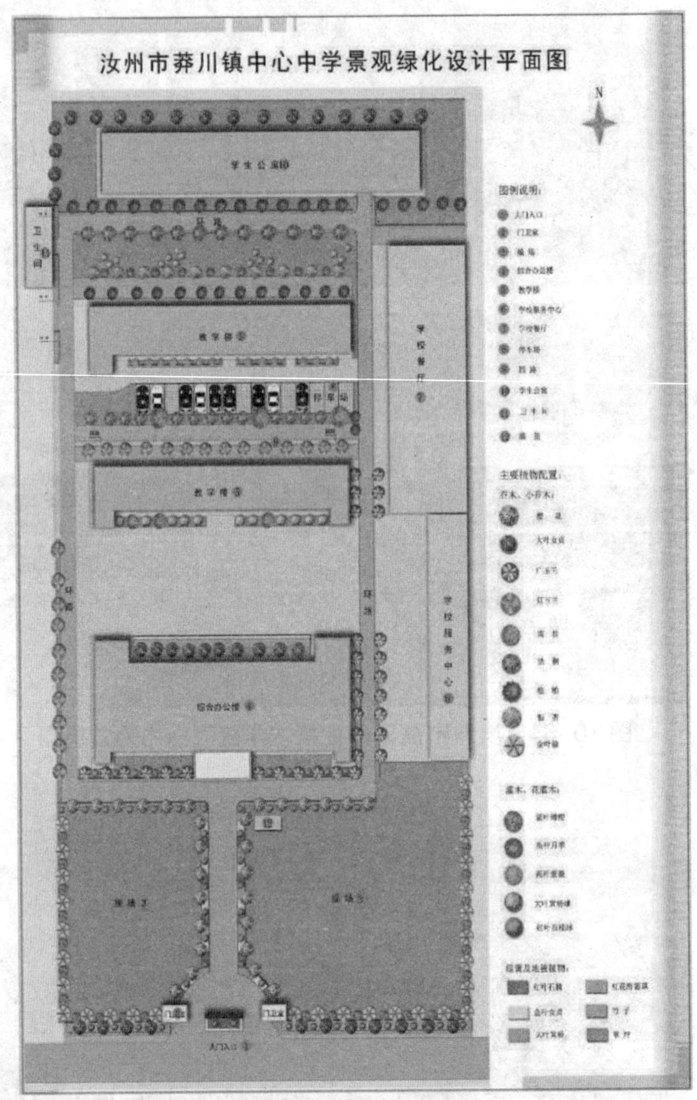

图 10–66　汝州市某中学景观绿化平面图

（4）体育运动区绿地。体育运动区的内容包括大型体育场馆和风雨操场、游泳馆、各类球场及器械运动场地等，它的分布应离教学区和宿舍区有一定的距离。绿地，除足球场外，应沿道路两侧和场馆周边呈条带状分布，在运动场周边最宜种植较宽的常绿与落叶乔木混交林带，以免影响教室和宿舍同学的休息，既可夏季遮荫，还能隔离视线。有的学校在两块运动场地相邻处孤植大树遮荫，在不影响正常体育活动的情况下也是可行的。在运动场的西北面可设置常绿树墙，以阻挡冬季寒风袭击，在设置单双杠器械的体操活动区，可设计疏林以利夏季遮荫；在树种选择上应注意选择季节变化显著的树种，如榉树、五角枫、乌柏等，使体育场随季节变化而色彩斑斓，应少种灌木，以留出较多的空地供学生活动（见图 10–67）。

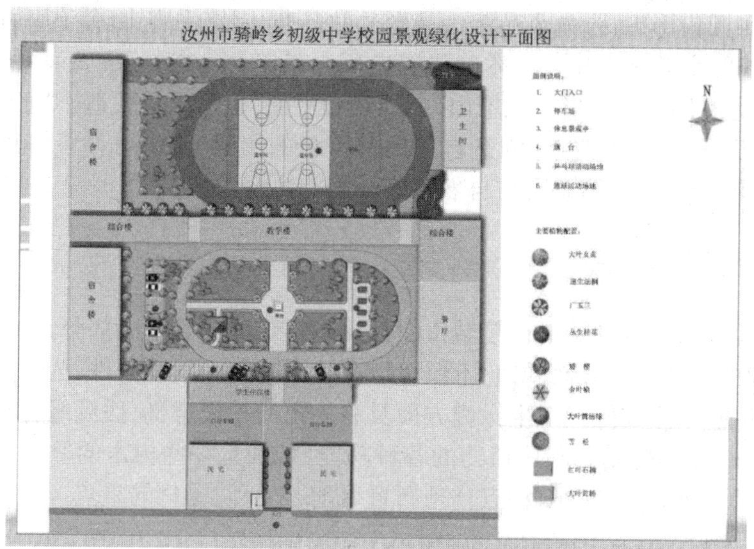

图 10-67　汝州市骑岭乡初级中学校园景观绿化平面图

（5）休息游览区绿地。在很多大学校园和一些中小学里，都规划了休息游览区绿地。该区绿地一般呈团片状分布，每一个团片也称为一个小游园，供学生休息、自学、交往，既丰富了校园景点，又能陶冶学生情操，是校园美化的集中表现。因此很多学校都把建设此区绿地作为学校上档次、上台阶的一个重要契机（见图 10-68）。

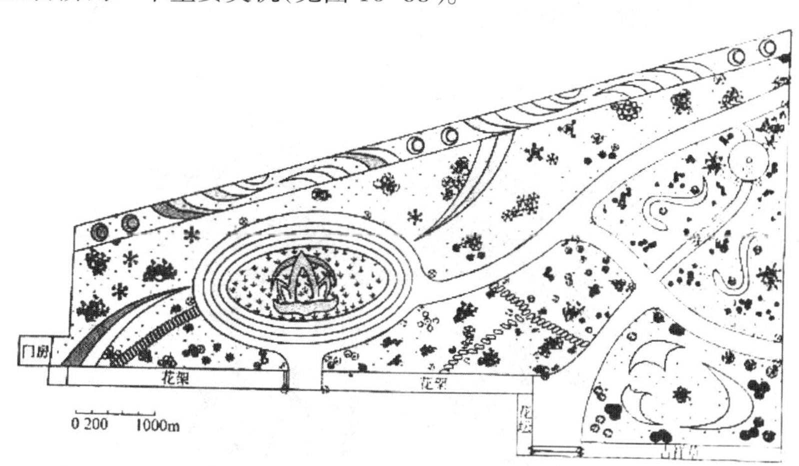

图 10-68　某高等职业学院休息游览区绿地设计

该区的规划要根据不同学校特点，充分利用自然山丘、水塘、湖泊、林地等自然条件，合理布局，创造特色，并力求经济、美观。该区的布置应以植物造景为主，富有诗情画意，要与周围的建筑环境协调一致。如有的学校内建有梅园，取其不畏严寒、坚韧不拔之意，鼓励师生克服困难，不断进步；有的种植翠竹，形成“竹园”，取其虚心好学、高风亮节的寓意。如果靠近大型建筑物而面积小，地形变化不大，可规划为规则式；如果面积较大，地形起伏多变，而且有自然树林、水塘或临近河湖边，可规划为自然式。规则式小游园可以全面铺设草坪，栽植色彩鲜艳、生长健壮的花灌木或孤植树，适当设置座椅、花棚架，还可以设计水池、喷泉、花坛、花台等。布局要符合规则式要求，如草坪和花坛的轮廓形态要有统一性，单株种植的树木可以进行规则式造型，修剪成各种几何形态，园内小品多为规则式的造型，园路平直，即使有弯曲也是左右对称的，等等；自然式的小游园常用乔灌木丛进行空间分隔组合，并适当配置草坪，多为疏林草地或林边草坪等。可利用自然地形挖池堆山，如地势较平坦，也可人工营造小地形。有自然河流、湖海等水面的则可加以艺术改造，创造自然山水特色的园景，园中可设置各种花架、花镜、石椅、石凳、花台、景石等，但其形态要与自然式的环境相协调。

（二）医疗机构附属绿地设计

医院、疗养院等医疗机构绿地也是城市园林绿地系统的重要组成部分，是城市普遍绿化的基础。医院绿化的目的是多方面的，它不仅可以改善医院的小气候条件，为病人和医务人员创造良好的户外环境，而且在医疗卫生保健方面具有一定的积极意义，医院绿化还可以起到卫生防护隔离作用。因此如何充分利用植物的各种功能，特别是一些树木的杀菌、杀虫、驱虫等功能，并结合医院的总体布局和建筑特点合理布置绿地，是医院绿化的重点。

1. 医疗机构的绿地组成

医疗机构包括综合性医院和各种专科医院、休、疗养院等，由于它们的功能不同，在绿地组成上也有差别，下面以综合性医院为例来介绍医疗机构绿地的组成。综合性医院是由多个使用要求不同的部分组成的，它的平面可分为医务区和总务区两大部分，医务区又分为门诊部、住院部、辅助医疗部等几部分（见图 10-69）。

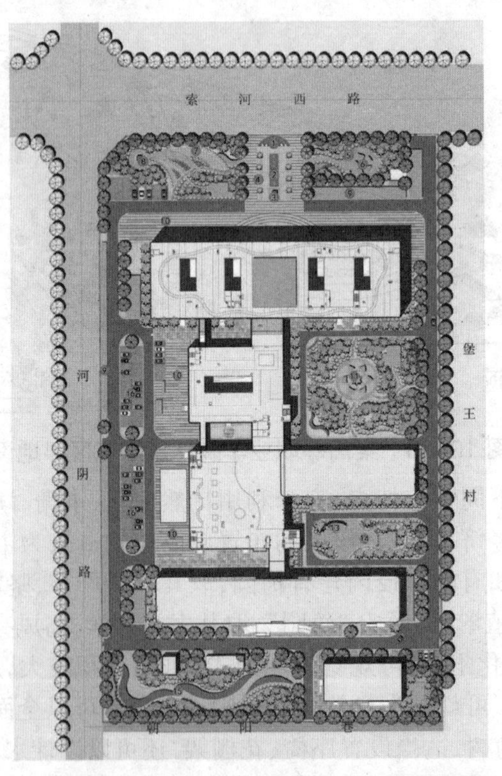

图 10-69　荥阳市人民医院景观设计平面图

（1）门诊部绿地。门诊部是接纳各种病人，对病情进行诊断，确定门诊治疗或住院治疗的地方，同时也是进行疾病防治和卫生保健工作的地方。门诊部的位置既要便于患者就诊，又要保证诊断、治疗所需要的卫生和安静的条件，因此门诊部一般面临街道设置或靠近医院大门，但门诊部建筑要退后道路红线 10 ~ 25m 的距离，以便有足够的空间供人流集散和绿化布置。门诊部绿地一般较分散，在医院大门两侧、围墙内外、建筑周围呈条带状分布。

（2）住院部绿地。住院部是医院的主要组成部分，一般有单独的出入口，其位置在总体布局上一般位于医院的中部。住院部以保证患者能安静休息为基础，尽可能避免外来干扰和刺激，以创造安静、卫生和适用的治疗和疗养环境，因而住院部绿地空间相对较大，呈团块状和条带状分布于住院楼前及周围。住院部与门诊部及其他建筑围合，形成较大的内部庭院，此区也是医院绿地的重点。

（3）其他部分绿地。

①医院的辅助医疗部门；主要由手术室、药房、X 光室、理疗室和化验室等组成，如单独设置在一幢楼内，则周围需要有茂盛的树木隔离，注意，不得栽植有绒毛和花絮的植物，并保证通风和采光。

②医院的行政管理部门；主要是对全院的业务、行政与后勤进行管理，在一些大型医院中常单独设立在一幢楼内，周围应有绿化衬托，绿化风格应简洁、高雅，视线应通透。

③医院的总务部门；属于供应和服务性质的部门，包括食堂、锅炉房、洗衣房、制药间、药库、车库等，周围也应有花草树木掩映。

④医院的病理解剖室和太平间等；一般单独设置，与街道和其他部分保持较远距离，并用绿化隔离带隔离。

2. 医疗机构分区绿地设计

根据医疗机构各组成部分功能要求的不同，其绿地布局亦有不同的形式。现分述各区绿地规划要求：

（1）门诊区。门诊区靠近医院主要出入口，一般与城市街道相邻，是城市街道与医院的结合部，所以为了防止来自街道和周围的烟尘和噪声污染，有条件的医院可在医院外围密植 10m 多宽的乔灌木防护林带。

门诊部一般人流较集中，所以在大门内外、门诊楼前要留出一定的交通缓冲地带和集散广场，这部分绿地不仅起到卫生防护隔离作用，还有衬托、美化门诊楼和市容街景的作用，体现医院的精神风貌和管理水平。因此，应根据医院条件和场地大小，因地制宜地进行绿化设计。

①入口广场的绿化：综合性医院入口广场一般较大，在不影响人流、车辆交通的条件下，广场可设置装饰性的花坛和草坪，有条件的还可设置水池、喷泉和主题雕塑等，形成开朗、明快的格调。当喷泉开启时，空气湿度增加，负离子形成，有益于人们的身体健康。

②广场周围的布置：广场周边可以设置整形绿篱、草坪和花灌木等，组成一个清洁整齐的绿地区，但是花木的色彩对比不宜强烈，应以常绿素雅为宜。医院的临街围墙以通透式为主，使医院内外绿地交相辉映，围墙与大门形式需协调一致，色彩宜淡雅。

③门诊楼周围绿化：门诊楼周围的基础绿带，应与建筑风格协调一致，美化衬托建筑形象。可植草坪、绿篱和低矮的常绿灌木，一般不宜种植色彩艳丽的花卉和花灌木。乔木应在距离建筑物 5m 以外栽植，以免影响室内通风与采光。门诊楼后常因建筑物遮挡，造成光照不足，

要注意耐阴植物的选择搭配在门诊楼与其他建筑之间应保持 20m 以上的距离，此间栽植乔灌木，以起到绿化、美化和卫生隔离效果。

（2）住院区。住院区是医院绿化的重点地段。该区常位于门诊楼后、医院中部比较安静的地段，如果此区地势相对较平坦，视野较开阔，四周又有景可赏就更好了。住院部周围空地可设计小广场或小游园，但小广场上不宜采用过多的铺装。广场内以花坛、水池、喷泉等作中心景观，周边务必要设计座椅、桌凳、亭廊、花架等休息设施供病人室外活动时休息。小游园设计应以自然式为主，游园中的道路应尽量平缓，采用无障碍设计，方便病人使用。也可在局部设计园林雕塑、小品和景石，但这些点景类设施应显得自然、典雅，富有生活情趣，一般色彩不宜太浓重，造型不宜太夸张，切免刺激病人（见图 10–70）。

图 10–70　某医院住院部前绿地休闲景观

住院区在植物配置上要注意以下几点：

①要有明显的季节性。在很多大型医院，特别是一些休、疗养院里，长期住院的病人较多，植物的季节变换会让这类病人感受到自然界的变化，使之在精神上比较兴奋，从而提高药物疗效。

②植物景观应丰富多彩，乔、灌、草合理搭配，平时要注意养护管理。林下植被不宜太多，以免长势不良、孳生病虫害。草坪植物要合理灌溉，如果灌溉过多，湿度过大会孳生细菌。同时植物配置要考虑到病人在室外活动时夏季遮荫、冬季晒太阳的需要，即常绿与落叶树要有一个合适的比例，常绿树太多，医院环境会显得比较阴森，对病人的心理会产生不利的影响，而且会造成通风不良、孳生细菌。

③多选用一些杀菌力强的树种，以发挥绿地的功能作用。一些树种具有较强的杀灭真菌、细菌和原生动物的能力，这些树种主要有：侧柏、圆柏、铅笔柏、雪松、杉松、油松、华山松、白皮松、红松、湿地松、火炬松、马尾松、黄山松、黑松、柳杉、黄栌、盐肤木、锦熟黄杨、尖叶冬青、大叶黄杨、桂香柳、核桃、月桂、七叶树、合欢、刺槐、国槐、紫薇、广玉兰、木槿、苦楝、桉树、茉莉、女贞、丁香、悬铃木、石榴、枣树、枇杷、石楠、麻叶绣球、枸橘、银白杨、钻天杨、垂柳、栾树、臭椿及蔷薇科的一些植物。

这些植物的合理配置，能形成稳定的保健型人工植物群落，从而达到增强人体健康、辅助治疗的目的。

（3）其他区域绿化设计。其他区域包括辅助医疗的药库、制剂室、解剖室、太平间和后勤部门的食堂、浴室、洗衣房及宿舍区等，该区域往往位于医院后部单独设置，绿化要强调隔离作用，特别是太平间、解剖室应单独设置出入口，并处于病人视野之外，周围用常绿乔灌木密植隔离。手术室、化验室、放射科周围不能植有绒毛飞絮植物，且要保证通风、采光。

后勤部门的食堂、浴室及宿舍区要和住院区有一定距离，可用植物相对隔离，为医务人员创造一定的休息、活动环境（见图 10-71）。

图 10-71 医院的防护隔离带（乔木混交林）

3. 不同性质医院绿化的特殊要求

（1）儿童医院绿化。儿童医院主要收治 14 岁以下的儿童患者，其绿地除具有综合性医院的功能外，还要考虑儿童的一些特点。要安排儿童活动场地和儿童活动的设施，这些设施的外形、色彩和尺度都要符合儿童的心理与需要，富有童心和童趣，在绿地中也可适当点缀一些童趣盎然的园林小品，在场地铺装上要采用一些色彩丰富的、轻松、活泼的装饰图案，减少病儿对医院和疾病的心理压力。

在植物选择和配置上，要注意以下几个问题：其一，绿篱高度不超过 80cm，以免阻挡儿童视线；其二，注意植物的色彩效果，多选用一些色叶植物；其三，避免选择对儿童有伤害的植物。

（2）传染病医院绿化。传染病医院主要收治各种急性传染病的患者，因此其园林绿地设计有一些特殊的地方：其一，应突出绿地的防护隔离作用，在医院的四周和局部要做较宽的防护隔离带。防护隔离带要比一般医院宽，最好在 30m 以上，以乔木为主，乔灌木结合，且要密实；其二，常绿树种相对落叶树种来说比例要大一些，这样冬季也具有防护作用。其三，不同病区之间也要相互隔离，避免交叉感染，同时利用绿地把不同病人组织到不同空间中去休息、活动。有条件的传染病医院一般较大，不同病区之间有一定的距离，其间用密实的林带隔离，较小的传染病医院的不同病区之间可用绿篱隔离。

（3）精神病医院绿化。精神病医院主要接收有精神病的患者，它的绿化也有特殊的地方：

由于艳丽的色彩容易使病人精神兴奋，神经中枢失控，不利于治病和康复，因此，精神病医院绿地设计应突出宁静的气氛，营造素雅的景观，色彩上以白、绿色调为主，植物选择上多种植乔木和常绿树，少种花灌木，可选种如白丁香、白碧桃、白月季、白牡丹等白色花灌木。在病房区周围面积较大的绿地中，可布置休息庭园，让病人在此感受阳光、空气和自然气息。

（三）其他公共事业单位附属绿地设计

其他公共事业单位是指党政机关、行政事业单位、各种团体及部队等，这部分绿地也是城市园林绿地系统中的重要组成部分。搞好公共事业单位的环境绿地设计，不仅可以为该单位的工作人员及其家属创造良好的户外活动环境，同时也能提升单位的形象和知名度，提高城市绿化覆盖率。

公共事业单位的环境绿地建设，首先应体现本单位的特色和时代特色，根据因地制宜的原则进行合理布局。其次要注意以生态造景为主，满足多功能要求。应主要营造自然绿色植物生态景观，以自然审美价值为主、人工艺术文化为辅，在满足停车空间和休闲活动空间的前提下，避免盲目追求所谓“高档次”的硬质景观。最后要注意的是在编制绿地规划时，应考虑到实施的可操作性和易管理性，不要一味引进栽培各种高档名贵植物以及进行大量的装饰性和时尚性造景，而应从实际出发，大量运用乡土植物来营造和谐的自然生态景观。

公共事业单位环境绿地主要包括：大门入口处绿地、办公楼前绿地（主要建筑物前）、附属建筑旁绿地、庭院休息绿地（小游园）、道路绿地等（见图 10–72）。

图 10–72 浙江大学办公楼前景观

1. 大门环境绿地设计

大门入口处是单位形象的缩影，其环境绿地是单位的重点景观之一，因此一般单位都非常重视此区的规划和建设。大门环境绿地设计应全面考虑景观色彩效果和形态的视觉效果，在满足交通组织和安全管理功能的同时，取得最佳的景观视觉效果。

一般机关事业单位的主要大门，往往面临城市主干道或街道，其绿地的形式、色彩和风格，既要创造本单位的特色，又要与街道景观和大门建筑统一协调。大门内外，一般都留有较大的广场空间，以满足人流集散和车辆出入停留的需要。外广场通常可设置花坛、路标等，广场外缘可设花台、花境,多配置花灌木,有条件的单位可四季更替种植草本花卉,形成大色块的效果,给人以强烈的视觉冲击感。门内广场多与单位内部的主干道相连,其间可布置花坛、水池、喷泉、雕塑、花境、草坪、树坛或小型游憩绿地等,布局形式多采用规则式,以显得整体美观。庄重大方。

停车场是大门环境常有的设施,为了减少硬地铺装面积而又满足功能要求,可设置植草砖停车场,同时在外围种植高大乔木,以利夏日遮荫,并能增加单位绿化覆盖面积。

临街绿地还要考虑卫生防护功能,必要时可设置卫生隔离绿带,以阻滞灰尘,减低街道噪声对单位内部的影响。

2. 办公环境绿地设计

办公区是公共事业单位的一个重要区域,是单位对外交流与服务的一个重要窗口。因此,办公环境绿地景观如何,直接关系到各公共事业单位在社会上的形象。

办公区的主体建筑一般为办公楼或综合楼等,其环境绿地规划设计要与主体建筑艺术相一致。若主体建筑为对称式,则其环境绿地也宜采用规则对称式布局。一般来说,办公区绿地多采用此种布局形式,以营造整洁而有理性的空间环境,有利于培养严谨的工作作风和科学态度。植物种植设计除衬托主体建筑、丰富环境景观和发挥生态功能以外,还应注意艺术造景效果,多设置盛花花坛、模纹花坛、花台、观赏草坪、花境、树木造型景观等。在空间组织上多采用开朗空间,创造具有丰富景观内容和层次的大空间,给人以明朗、舒畅的景观感受。

办公区的花坛一般设计成规则的几何形状,其面积根据主体建筑的体量大小和形式以及周围环境空间的具体尺度而定。花坛植物主要采用花灌木和一二年生草本花卉,在节日期间,要选用色彩鲜艳丰富的草花来创造欢快、热烈的气氛。花卉植物的总体色彩既要协调,也要有一定对比效果。花坛一般为封闭式,仅供观赏,花坛内也可栽植造型植物,如常绿灌木球或桩景树、吉祥动物造型等。

办公楼前如空间较大,也可设置喷泉水池、雕塑或草坪广场等景观,水池、草坪宜为规则几何形状,一般不宜堆叠假山。办公楼周围基础绿带的设计应简洁明快,可以用绿篱围边,草坪铺底,中间栽植常绿球形灌木和花灌木。为保证室内通风、采光,高大乔木可栽植在距建筑物5m之外,为防日晒,也可于建筑两山墙处结合行道树栽植高大乔木(见图10-73)。

图10-73 许昌市某事业单位办公楼前植物配置

二、工矿企业绿地规划设计

工矿企业的园林绿地是城市绿地的重要组成部分,在做企业的总体规划时应该预留充分的用地作为园林绿化用地,建设花园式工厂应是工厂环境建设追求的目标。工矿企业中建筑林立,烟囱密集,一些工厂污染严重,生态条件恶劣,这势必会给城镇生态环境造成很大的破坏,因此工矿企业的绿化至关重要。工矿企业绿化除具有一般绿化所具有的作用和功能外,还具有一些特殊的功能,如树立企业形象、改善职工的工作环境、吸收有害气体、减弱噪声等。因此加强工厂绿地建设,不仅可以改善工厂环境,为城镇的生态环境建设作贡献,而且在一定程度上能够提高企业的劳动生产率和市场竞争力。

(一)工矿企业绿地的特点与设计概述

工矿企业绿化和其他地方相比有一定的特殊性,这个特殊性主要是由工矿企业的性质、类型和生产工艺的特殊性决定的。认识工矿企业绿地环境条件的特殊性,有助于正确选择绿化植物,合理进行规划设计,满足绿化功能和服务对象的需要。

1. 环境恶劣,对植物生长不利

工矿企业在生产过程中常常排放或逸出各种有害于人体健康和植物生长的气体、粉尘、烟尘和其他物质,使空气、水、土壤受到不同程度的污染,加之工程建设和生产过程中材料的堆放和废物的排放使土壤的结构、肥力和化学性能都变得较差,这样的状况在目前的生产条件和管理条件下还不可能完全杜绝。因而工厂绿地的气候、土壤等环境条件对植物的生长发育是不利的,在有些污染大的厂矿企业甚至是恶劣的,这也就增加了绿化的难度。因此根据不同类型、不同性质的工矿企业,慎重选择那些适应性强、抗性强、能耐恶劣环境的花草树木,并采取措施加强管理和保护,是工矿企业绿化成败的关键,否则就会出现所栽植的植物因不适应恶劣环境而死亡、事倍功半的效果。

2. 用地紧张,绿化用地面积少

工矿企业内建筑密度大,道路、管线及各种设施纵横交错,特别是中小型工矿企业,往往能作为绿化的用地很少。因此工矿企业要提高绿化覆盖率和绿地率,必须灵活运用绿化布置手法,见缝插绿,甚至找缝插绿,以争取绿化用地。而且绿地设计要特别注重其生态效益,以植物造景为主,分层绿化,林下植被要丰富,还可以充分利用攀缘植物进行垂直绿化或者营建屋顶花园,以增加绿地面积。

3. 绿化要保证安全生产

工矿企业的中心任务是发展生产,为社会提供质优量多的产品,因此工矿企业的绿化要有利于生产正常运行,要有利于产品质量的提高。企业内地上、地下管线密布;建筑物、构筑物、铁道、道路交叉如织,厂内外运输繁忙,有些精密仪器厂、仪表厂、电子厂的设备和产品对环境质量有较高的要求。因此,工矿企业绿化首先要处理好与建筑物、构筑物、道铁、铁路的关系,满足设备和产品对环境的特殊要求,在绿地设计中不能因绿化而任意延长生产流程和交通运输线,影响生产的合理性。

例如，干道两旁的绿地要服从于交通功能的需要，服从管线使用与检修的要求；一些兼作交通、堆放、操作的地方绿化时尽量用大乔木，用最小绿地占地获得最大绿化覆盖率，以充分利用林下空间；车间周围的绿化必须注意绿化与建筑朝向、门窗位置、风向等的关系，充分保证车间对通风和采光的要求；在无法避开的管线处，设计时必须考虑各类植物距各种管线的最小净间距，等等。只有从生产的工艺流程出发，根据环境的特点，确定适合的绿化方式、方法，合理地进行规划，才能使绿化满足使用功能要求(见图 10-74)。

图 10-74 某企业厂区绿地环境设计

4. 绿化要满足服务对象的要求

工矿企业绿化的服务对象就是本企业员工及其家属，因此在条件许可时，可以从丰富职工的业余文化生活出发，绿地设计中考虑到“绿化、美化、彩化”的要求，适当设置一些景点、景区、建筑小品和休息设施，围绕有利于创造优美的厂区环境来进行。如利用厂内山丘水塘，置水榭、建花架、植花木，形成小游园，自然生动；或设水池、喷泉，种荷花，点缀雕塑，相映成趣。这样的设计不仅在企业内的职工生活区可采用，在一些企业的入口处、生产区和仓库区也可采用，充分发挥绿化在美化环境、消除职工身心疲劳、提高职工工作积极性等方面的作用。

(二)工矿企业绿化树种的选择和规划

1. 工矿企业绿化树种选择的原则和要求

前已述及，有些工矿企业绿地环境条件较差，因此对绿化树种的选择有一些特殊的要求。一些精密仪器类企业对环境的要求较高，为保证产品质量，也必须选择一些合适的树种。因此，如何认真选择树种和做好树种规划，是工矿企业绿化中首先面对的问题。

(1)适地适树，选择抗污能力强的植物。适地适树是绿化树种选择的普遍原则之一，但在工业环境下，这个普遍原则具有特殊的含义。所谓适地适树，就是根据绿化地段的环境条件选择园林植物，使环境适合植物生长，也使植物能适应栽植地环境。工矿企业是污染源，特别是一些大型的国有企业由于各方面的原因，污染情况可能更加严重，所以宜选择最佳适应范围的植物，充分发挥植物对不利条件的抵御能力。要对工矿企业的污染源进行调查和测定，然后在此基础上选择抗污能力强的树种，尽快取得良好的绿化效果，避免失败和浪费，发挥工厂绿地改善和保护环境的功能。

（2）满足生产工艺流程对环境的要求。一些精密仪器类企业，对环境的要求较高，保证产品质量，要求车间周围空气洁净、尘埃少，要选择滞尘能力强的树种，如榆、刺楸等，不能栽植杨、柳、悬铃木等有飘毛飞絮的树种。

对有防火要求的厂区、车间、场地要选择油脂少、枝叶水分多、燃烧时不会产生火焰的防火树种，如珊瑚树、银杏等，不能选择松柏类含油脂高的树种。

（3）兼顾不同类型的植物，并确定合理的比例关系。工矿企业要形成很好的园林绿地环境，植物配置上必须按照生态学的原理设计复层混交人工植物群落。首先确定企业绿化的主调树种和基调树种。主调树种和基调树种是企业绿化的支柱，对保护环境、美化企业、反映企业的面貌作用显著。首先，要求抗性和使用性强，适合工厂多数地区的栽植，必须在调查研究和观察试验的基础上慎重选择；然后做到乔、灌、草搭配，耐阴与喜光植物结合，绿树与落叶树结合，速生与慢长树木结合，并确定合理的比例关系。如常绿树与落叶树相比，各有优缺点，常绿树可以保证四季的景观并起到良好的防风作用，但落叶树种吸收有害气体的能力、抗烟尘及吸滞尘埃的能力远比常绿树种强，所以二者之间的比例最好在1∶1左右，充分发挥二者的功能；再如速生树种和慢长树种之间的比例，要视工厂的性质、规模、资金情况、自然条件以及原有植物情况来确定，参考比例为乔木中快长树占75%，慢长树为25%，等等。

2. 工厂绿化常用树种

工矿企业绿化应该有针对性地选择一些对某种气体和烟尘抗性强或较强的树种，而不应选择一些对某种气体反应敏感的树种。下面是一些树种对各种有害气体和烟尘的抵抗情况，在选择树种时应特别注意。

（1）抗二氧化硫气体和对二氧化硫敏感的树种。

①抗性强的树种有大叶黄扬、九里香、夹竹桃、槐树、相思树、棕榈、合欢、青冈栎、山茶、怪柳、构树、瓜子黄杨；银杏、枸骨、十大功劳、蟹橙、刺槐、枳橙、重阳木、枸杞、蚊母、北美鹅掌楸、金橘、雀舌黄杨、侧柏、女贞、紫穗槐、榕树、凤尾兰、皂荚、白蜡、小叶女贞、梧桐、无花果、海桐、广玉兰、枇杷等。

②抗性较强的树种有华山松、杜松、侧柏、冬青、飞蛾槭、楝树、黄檀、丝棉木、红背桂、椰子、菠萝、高山榕、扁桃、含笑、八角盘、粗榧、板栗、地兜帽、金银木、柿树、三尖杉、银桦、枫香、木麻黄、白皮松、罗汉松、石榴、珊瑚树、青桐、白榆、腊梅、木槿、芒果、蒲桃、石栗、细叶榕、枫杨、杜仲、日本柳杉、丁香、无患子、梓树、紫荆、垂柳、杉木、蓝桉、加拿大杨、小叶朴、云杉、龙柏、月桂、柳杉、臭椿、榔榆、榉树、丝兰、枣、米兰、沙枣、苏铁、红茴香、细叶油茶、花柏、卫矛、玉兰、泡桐、香梓、黄葛榕、胡颓子、大平花、乌柏、旱柳、木菠萝、赤松、桧柏、栀子花、桑树、朴树、毛白杨、桃树、榛树、印度榕、厚皮香、凹叶厚朴、七叶树、柃木、八仙花、连翘、紫藤、紫薇、杏树等。

③反应敏感的树种有苹果、梅、樱花、落叶松、马尾松、悬铃木、梨、玫瑰、贴梗海棠、白桦、云南松、雪松、羽毛槭、月季、油梨、毛樱桃、湿地松、油松、郁李等。反应敏感的树种不宜在排放二氧化硫气体较多的工矿企业（钢铁厂、大量燃煤的电厂等）栽植。

（2）抗氯气和对氯气敏感的树种。

①抗性强的树种有龙柏、苦楝、槐树、九里香、木槿、凤尾兰、侧柏、白蜡、黄杨、小叶女贞、臭椿、棕榈、大叶黄杨、杜仲、白榆、皂荚、榕树、构树、海桐、厚皮香、蚊母、沙枣、柽柳、枸骨、紫

藤、山茶、柳树、椿树、合欢、丝兰、无花果、女贞、枸杞、丝棉木、广玉兰、樱桃、夹竹桃等。

②抗性较强的树种有桧柏、旱柳、梧桐、铅笔柏、丁香、紫穗槐、栀子花、卫矛、小叶榕、榉树、江南红豆树、水杉、朴树、人心果、梓树、银桦、枳橙、红茶油茶、罗汉松、君迁子、太平花、山桃、桂香柳、紫薇、珊瑚树、重阳木、毛白杨、乌桕、油桐、接骨木、木麻黄、泡桐、细叶榕、天目木兰、板栗、米兰、扁桃、云杉、枇杷、银杏、桂花、月桂、天竺桂、蓝桉、刺槐、枣、紫荆、樟、鹅掌楸、黄葛榕、石楠、假槟榔、悬铃木、地兜帽、蒲桃、蒲葵、凹叶厚朴、芒果、柳杉、瓜子黄杨、石榴等。

③反应敏感的树种有池杉、樟子松、赤杨、木棉、枫杨紫椴、薄壳山核桃等。反应敏感的树种不宜在排放大量氯气的工矿企业里栽植。

（3）抗氟化氢气体和对氟化氢敏感的树种。

①抗性强的树种有大叶黄杨、侧柏、栌木、桑树、细叶香桂、构树、沙枣、山茶、柽柳、金银花、青冈栎、厚皮香、石榴、红茴香、龙柏、白榆、蚊母、槐树、天目琼花、丝棉木、红花油茶、花石榴、棕榈、瓜子黄杨、木麻黄、海桐、皂荚、银杏、香椿、杜仲、朴树、夹竹桃、凤尾兰、黄杨等。

②抗性较强的树种有桧柏、臭椿、白蜡、凤尾兰、丁香、榆树、滇朴、梧桐、山楂、青冈桐、楠木、银桦、地锦、枣树、榕树、丝兰、含笑、垂柳、拐枣、泡桐、油茶、珊瑚树、杜松、飞蛾槭、樱花、女贞、刺槐、云杉、小叶朴、木槿、枳橙、紫茉莉、乌桕、月季、胡颓子、垂枝榕、蓝桉、柿树、樟树、柳杉、太平花、紫薇、桂花、旱柳、小叶女贞、鹅掌楸、无花果、白皮松、棕榈、凹叶厚朴、白玉兰、合欢、广玉兰、梓树、楝树等。

③反应敏感的树种有葡萄、慈竹、榆叶梅、南洋楹、紫荆、山桃、白千层、金丝桃、梅花、梓树、杏等。反应敏感的树种不宜在排放大量氟化氢气体的工厂（铝电解厂、磷肥厂、炼钢厂、砖瓦厂等）里栽植。

（4）抗乙烯或对乙烯敏感的树种。

①抗性强的树种有夹竹桃、棕榈、悬铃木、凤尾兰等。

②抗性较强的树种有黑松、柳树、重阳木、白蜡、女贞、枫树、罗汉松、红叶李、榆树、香樟、乌桕等。

③反应敏感的树种有月季、大叶黄杨、刺槐、合欢、玉兰、十姐妹、苦楝、臭椿等。反应敏感的树种不宜在排放大量乙烯气体的工厂里栽植。

（5）抗氨气和对氨气敏感的树种。

①抗性强的树种有女贞、石楠、紫薇、银杏、皂荚、柳杉、无花果、樟树、石榴、玉兰、丝棉木、朴树、广玉兰、杉木、紫荆、木槿、蜡梅等。

②反应敏感的树种有紫藤、枫杨、悬铃木、刺槐、芙蓉、楝树、珊瑚树、杨树、薄壳山核桃、杜仲、小叶女贞等。反应敏感的树种不宜在排放大量氨气的工厂里栽植。

（6）抗二氧化氮的树种。

这类树种有龙柏、黑松、夹竹桃、大叶黄杨、棕榈、女贞、樟树、构树、广玉兰、臭椿、无花果、桑树、楝树、合欢、枫杨、刺槐、丝棉木、乌桕、石榴、酸枣、旱柳、糙叶树、垂柳、蚊母、泡桐等。

（7）抗臭氧的树种。

这类树种有枇杷、连翘、海州常山、日本女贞、黑松、银杏、悬铃木、八仙花、冬青、樟树、柳杉、枫杨、美国鹅掌楸、夹竹桃、青冈栎、日本扁柏、刺槐等。

（8）抗烟尘的树种。

这类树种有香榧、榉树、三角枫、朴树、珊瑚树、樟树、麻栎、悬铃木、重阳木、槐树、广玉兰、女贞、蜡梅、五角枫、苦楝、银杏、枸骨、青冈栎、大绣球、皂荚、构树、榆树、大叶黄杨、冬青、粗榧、青桐、桑树、紫薇、木槿、栀子花、桃叶珊瑚、黄杨、樱花、泡桐、刺槐、厚皮香、石楠、苦槠、黄金树、乌桕、臭椿、刺楸、桂花、楠木、夹竹桃等。

（9）滞尘能力较强的树种。

这类树种有臭椿、白杨、黄杨、石楠、银杏、麻栎、海桐珊瑚、朴树、白榆、凤凰木、广玉兰、榉树、刺槐、榕树、冬青、枸骨、皂荚、樟树、厚皮香、楝树、悬铃木、女贞、槐树、柳树、青冈栎、夹竹桃等。

（三）工矿企业绿地分区规划

工矿企业绿地分区规划就是在绿地总体规划的基础上，根据各分区的特点进行合理的绿化布局，它既是总体规划的一部分，也是总体规划的补充。工厂绿地由厂前区绿地、生产区绿地、仓库区绿地、休息游憩绿地（工厂小游园）和工厂周围的防护林带等组成，各分区绿地各有特点，都以改善和保护环境为主，兼顾美化和观赏功能（见图 10-75）。

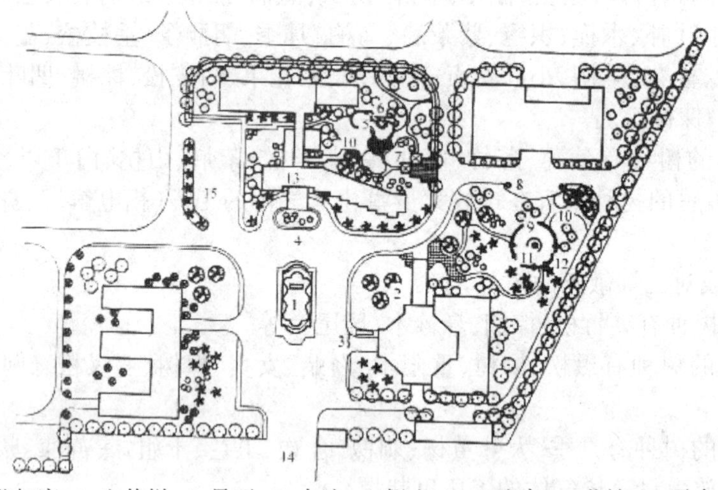

1、喷水池 2、花架廊 3、宣传栏 4、景石 5、水池 6、假山 7、双连亭 8、花钵 9、平台 10、坐凳 11、雕塑 12、构架 13、办公楼 14、大门 15、停车场

图 10-75 珠江电厂绿化规划平面图

1. 厂前区绿地设计

厂前区包括主要入口、厂前建筑群和厂前广场，这里是职工居住区与工厂生产区的纽带、对外联系的中心，也是厂内外人流最集中的地方。厂前区在一定程度上代表着工厂的形象，体现工厂的面貌，也是工厂文明生产的象征，因此厂前区的绿化要美观、整齐、大方、开朗、明快，给人以深刻印象，还要方便车辆通行和人流集散。

从绿地的整体布局来说，一般多采用规则式或混合式。入口大多采用对称布局，要富于装饰性和观赏性，入口附近的绿化要与建筑的形体色彩相协调，在远离大门的两侧种高大的树木，大门附近要用矮小而观赏价值较高的植物或建筑小品作重点装饰。入口一般与道路或广场相连，要因地制宜地设置林荫道、行道树、绿篱、花坛、草坪、喷泉、水池、假山、雕塑等。广场周边、道路两侧的行道树，选用冠大荫郁、耐修剪、生长快的乔木或用树姿优美、高大雄伟的常绿乔木,形成外围景观或林荫道。花坛、草坪及建筑周围的基础绿带或用修剪整齐的常绿绿篱围边,点缀色彩鲜艳的花灌木、宿根花卉或植草坪,用低矮的色叶灌木形成大色块或模纹图案。如在广场中心设计雕塑,则雕塑一定要体现本厂特点,雕塑基部可用花灌木点缀衬托。另外,广场的设计在考虑停车空间和人流集散的前提下,要有较大的绿化面积,且广场中以遮荫树为主。

如用地宽余,厂前区绿化还可与小游园的布置相结合,设置喷泉水池、建筑小品、园路小径,可放置园灯、园桌、园椅,栽植观赏花木和草坪,形成恬静、清洁、舒适、优美的环境,为职工工余后休息、散步、谈心、娱乐提供场所,也丰富了厂区面貌,成为城市景观的有机组成部分。

2. 办公区绿化设计

办公区一般处在工厂的上风向,管线也较少,所以绿化条件较好。绿化的形式应与建筑形式相协调,办公楼附近一般采用规则式布局,可设计花坛、雕塑等。远离大楼的地方则可根据地形变化采用自然式布局,设计草坪、树丛等。

3. 生产区绿地设计

生产区是生产的场所,其绿地大小差异较大,多为条带状。由于车间生产特点不同,其周围的绿化设计也较复杂。一般来说,绿化设计要根据生产特点,职工视觉、心理和情绪特点,为车间创造生产所需要的环境条件,防止和减轻车间污染物对周围环境的影响和危害,满足车间生产安全、检修、运输等方面对环境的要求。此区绿地功能性较强,必须根据车间具体情况因地制宜地进行绿化设计。

各类生产车间周围绿化要求与设计要点见表 10-12。

表 10-12 各类生产车间周围绿化要求与设计要点

车间类型	绿化要求与目的	设计要点
一般性生产车间	考虑通风、采光、防风、隔热、防尘、防噪等	车间南向和东西向种植落叶大乔木，北向种植常绿、落叶和灌木混交林，空地上铺设草坪，用园林小品点缀，形式自由活泼
有严重污染的车间	发挥植物在不同的污染环境中的卫生防护功能	有针对性地选择抗性强的树种。配置时掌握“近疏远密”原则，与主导风向平行的方向要留有通风道，以保证有害气体的扩散
强烈噪声的车间	减轻噪声对周围环境的影响	选择枝叶茂密、树冠矮、分支点低的乔灌木，多层密植
多粉尘的车间	有利于滞尘	密植滞尘、抗尘能力强、叶面粗糙、有黏液分泌的树种，形成立体绿化的层次
高温车间	有利于改善和调节小气候环境	以草坪和常绿树种为主，色彩清爽淡雅，自然式布局，可设置水池、座椅等小品
食品、精密仪器、光学仪器、工艺品等车间	要求清洁、防尘、降温、美观	选择无飞絮、无花粉、无飞毛、枝叶茂密、吸尘能力强的树种，铺设大块草坪，设计水池、假山、雕塑的园林小品
防火、防爆车间	绿化以防火隔离为主	选择枝叶水分含量大、不易燃烧的少油脂树种，不得栽植针叶植物等油脂较多的松、柏类植物，要留出消防通道
露天车间	起防护隔离、防止人流横穿及防火遮盖等作用	布置数行常绿乔灌木混交林带

4. 仓库、堆物场绿地设计

仓库区的绿化设计，要注意到以下问题：

1）要考虑消防、交通运输和装卸方便等要求，因此绿化布置宜简洁，在仓库周围要留出5 ~ 7m 宽的消防通道。

2）要选择病虫害少、树干通直的树种，分枝点要高。

3）选用防火树种，禁用易燃树种。

4）仓库的绿化以稀疏栽植乔木为主，树的间距要大些，以 7 ~ 10m 为宜。

5）地下仓库的上面，根据覆土厚度的情况，种植草皮、藤本植物和乔灌木，可起到装饰、隐蔽、降低地表温度和防止尘土飞扬的作用。

6）装有易燃物的贮罐周围应以草坪为主，防护堤内不种植物。

7）露天堆物场，在不影响物品堆放、车辆进出和货物装卸的条件下，周边应栽植高大、防火、隔尘效果好的落叶阔叶树，以利夏季时工人遮荫休息，且可以与外围隔离。

5. 厂内道路绿化设计

厂内道路绿化是环境绿化的重要组成部分，应满足遮荫、防尘、降低噪声、保证交通运输安全等要求。因此宜选择生长健壮、树冠整齐、分枝点高、遮荫效果好、抗性强的乔木作为行道树。主干道两侧行道树多采用行列式布置，通常以等距形式各栽植 1 ~ 2 行乔木，创造林荫道的效果。若主干道较宽，中间也可设立分车绿带，以保证行车安全。厂内一般道路、人行道两侧可种植三季有花、季相变化丰富的花灌木。道路与建筑物之间的绿化要有利于室内采光，防止污染，减弱噪声。

6. 工厂小游园设计

一些大中型的工厂企业规模大，建筑密度小，厂区内会有大片空地，因此一些工厂根据厂区内的立地条件，因地制宜地布置小游园，形成优美的环境，既美化了厂容厂貌，又给职工提供了很好的休息和娱乐的场所。厂内休息性小游园面积一般不大，以植物绿化美化为主，条件具备时可适当设置一些建筑小品，如亭廊花架、雕塑、园灯、水池、假山、置石等；面积较大的，可将游园建成功能较齐全完善的工厂小花园或小公园，游园内可设置室外音乐场地、舞池、棋牌室、健身场地等。游园的布局形式可分为规则式、自然式和混合式，但一般以自然式居多，如果游园内有山丘、池塘、河道等自然山水地貌，则采用自然式布局。总之，小游园的设计要根据其所在位置、功能、性质、场地形状、地势及职工爱好，因地制宜地灵活布置，并与周围环境相协调。

游园在厂区设置的位置一般有以下几种：

（1）结合厂前区布置。厂前区是职工上下班必经之地，也是外来人员首到之处，因此厂前区的绿化布置应该作为工厂的一项形象工程来抓。游园结合厂前区布置，既方便职工游憩，也美化了厂前区的面貌和街道侧旁景观。游园的设计要显开朗、大气，不能影响人的视线，要重视俯视效果，一般设计成规则式或混合式。

（2）结合厂内自然地形布置。厂内如有自然山丘或天然池塘、河道等水体，则是布置游园的好地方，既可丰富游园的景观，又增加了休息活动的内容。可用花墙、绿篱、绿廊分隔园中空间，并因地势高低布置园路、山石、坐凳等丰富园景。有条件的工厂可将游园的水景与贮水池、冷却池等相结合，水边可种植水生花草，如鸢尾、睡莲、荷花等。

（3）结合公共福利设施设置。小游园可和本厂的工会俱乐部、电影院、阅览室、体育活动场等相结合统一布置，扩大绿化面积，实现工厂花园化。

（4）在车间附近设置。车间附近是工人工余休息最便捷之处，设计时可以根据本车间工人爱好，布置成各有特色的小游园，并结合厂区道路和车间出入口，创造优美的园林景观，使职工在花园式的工厂中工作和休息。

7. 工厂防护林带设计

工厂防护林带是工厂绿化的重要组成部分，尤其对那些产生有害气体或产品要求卫生防护很高的工厂更显得重要。它的主要作用是滞滤粉尘、净化空气、吸收有害气体、减轻污染、保护改善厂区乃至城市环境等。工厂防护林带设计前首先要考察工厂的污染源、污染物以及污染程度等，然后根据污染物的情况选择合适的树种，确定林带合理的位置、林带的条数和宽度。

（1）防护林带的树种选择与搭配。应选择生长健壮、病虫害少、抗污染能力强、树体高大、枝叶茂密、根系发达的树种，而且在树种搭配上，要注意常绿树与落叶树相结合、乔木和灌木相结合、阳性树与耐阴树相结合、速生树与慢长树相结合等。

（2）防护林带的位置。

①工厂区与生活区之间的防护林带。

②工厂区与农田交界处的防护林带。

③工厂内分区、分厂、车间、设备场地之间的隔离防护带，如厂前区与生产区之间的防护林带，各生产系统为减少相互干扰而设置的防护林带，防火、防爆车间周围起防护隔离作用的林带。

④结合厂内、厂际道路绿化形成的防护林带。

（3）防护林带的结构。防护林带因其结构不同，其效果也就不同，按结构的不同，可分以下几种：

①通透结构：防护林带由枝叶稀疏的乔灌木组成，或者只用乔木不用灌木，株行距因树种而异，一般为 3m × 3m。此种结构使气流一部分从下层树干之间通过，一部分从上面绕过，因而减弱风速，阻挡污染物质。此种结构形式可在距污染源较近处使用。

②半通透结构：以乔木构成林带主体，在林带两侧配置灌木。此种结构使少部分气流从林带下层的树干之间穿过，大部分气流则从林带上部绕过，在背风林边缘处形成涡旋和弱风。此种林带适于沿海防风或在远离污染源处使用。

③紧密结构：由常绿乔木、落叶乔木和灌木混合组成的林带，防护效果好。此种形式使气流遇到林带时，在迎风处上升扩散，从林冠上方绕过；在背风处急剧下沉，形成涡旋，有利于有害气体的扩散和稀释。

④复合式结构：如果有足够宽度的地带设置防护林带，可将上述三种结构形式结合起来，形成复合式结构。一般在临近工厂的一侧建立通透结构，临近居住区的一侧建立紧密结构，中间为半通透结构。复合式结构的防护林带可以充分发挥其净化空气、减轻污染的作用。

第十一章　掇　山

在有山有水的园林中，平地可视为山体与水面之间的过渡地带。一般做法是临山的一边以渐变的坡度与山麓连接，而在近水的一旁以比较缓的坡度，徐徐伸入水中，以造成一种“冲积平原”的景观。在山多平地较少的园林中，可在坡度不太陡的地段修筑挡土墙，削高填低，改造为平地，使得原来的地形更富于变化。

堆山，又称掇山、迭山或叠山。园林中的山地往往是利用原有地形适当改造而成的，因山地常能构成园林风景，组织分隔空间，丰富园林景观，故在没有山的公园尤其是平原城市，人们常常在园林中人工挖池、堆山，这种人工创造的山称为“假山”，以满足园林功能和艺术上的要求。

假山，是相对于真山而言的，是以造景游览为主要目的，以土、石等为材料，以自然山水为蓝本并加以艺术的提炼和夸张，创造而成的可观可游的人工景观，它是园林“师法自然”的一个典型例子。它和自然界中的真山相比，体量不大，然而却有石骨嶙峋、植被苍翠的特征，一样会使人很自然地联想起深山幽林、奇峰怪石等自然景观，体验到自然山林之意趣。

第一节　假山的种类及作用

一、按堆叠的材料来分

假山有土山、石山、土石山 3 类。

（一）土山

即全部用土堆积而成。土山多利用园内挖池掘出的方土堆置而成。堆置土山既可处理园中废土，又可堆高山林，还可节省投资。但由于土山坡度要在土壤的安息角（一般为 30°　）内，所以不能堆得太高、太陡。若山体较高时，则占地面积较大，且造型困难，艺术效果差。

（二）石山

即全部用岩石堆叠而成，故又称叠石。石山由于叠置的手法不同，可以形成峥嵘、妩媚、玲珑、顽拙等多变景观。石山因不受坡度限制，所以在山体占地面积不大的情况下，亦能达到较高的高度，且造型稳定，艺术效果好。石山宜就地取材，否则投资太大。

(三)土石山

即以土为主体结构,表面再加以点石(一般石占30%左右)堆砌而成。因其基本上以土为主,所以占地面积也较大,只是在部分山坡使用石块挡土时,其占地可局部少一点。一般来讲,土石山较为经济。

假山是中国传统园林的重要组成部分,在各类园林中得到了广泛的应用。

假山是以造景、游览为主要目的,以自然山水为蓝本,用自然山石为题材经过艺术提炼、概括、夸张,形成山系水系,是人工再造的山景或山水景物的统称。

置石是以具有一定观赏价值的自然山石,进行独立造景或作为配景布置,主要表现山石的个体美或局部组合,而不具备完整山形。

一般来说假山的体量大而集中,布局严谨,可观可游,具有山林野趣。置石则体量较小,布置灵活,以观赏为主,同时也结合一些功能方面的要求。

假山根据堆叠材料的不同可分为石山、石山带土和土山带石3种类型。置石则依布置方式的不同分为特置、对置、散置、群置等。

二、假山的功能

假山在我国山水园林中的布局多种多样,形状亦千姿百态。堆叠的目的虽各有不同,但其园林功能大致可归纳如下:

(一)构成自然山水园的主景

在自然式山水园中,或以山为主景,或以山石为驳岸的水池为主景,整个园子的地形骨架皆以此为基础进行变化。例如北京北海公园的琼华岛(今北海之白塔山),采用土石相间的手法堆叠;清代扬州个园的“四季假山”;明代南京徐达王府之西园(今南京之瞻园)、明代所建今上海之豫园、清代所建今苏州的环秀山庄等,总体布局都是以山为主、以水为辅,建筑退居次要地位,这类园林实际上是假山园。而位于广州白天鹅宾馆庭院中的“故乡水”,虽说也是以水为主题,但其艺术构图中心仍是以山石和亭为主景。

(二)划分和组织园林空间

在采用集锦式布局的园林中,利用假山划分和组织空间主要是从地形骨架的角度来进行的,它具有自然灵活的特点。假山当前,阻隔视线,峰回路转,步移景异,使空间富于变化。颐和园仁寿殿与昆明湖之间的地带,是宫殿区与居住、游览区的交界。在此处运用土山带石的做法堆制了一座假山,这座假山在分隔空间的同时结合了障景处理,在宏伟的仁寿殿后面把园路收缩得很狭窄,一出谷口则辽阔、疏朗、明亮的昆明湖突然展现在面前,这种“欲扬先抑、欲放先收”的造景手法效果极佳。此外,如苏州拙政园中的枇杷园和远香堂、腰门一带的空间用假山结合云墙的方式划分空间,从枇杷园内通过园洞门北望雪香云蔚亭,又以山石作为前置夹景,都是成功的例子。

利用假山组织空间还可以结合障景、对景、背景、框景、夹景等手法灵活运用。广州晓港公园北大门入口广场布置泉石作为障景,也起到了较好的组景作用。北京中华民族园南门大型假山瀑布,是对景、障景和划分空间等手法的成功运用。

(三)点缀和装饰园林景色

运用山石小品作为点缀园林空间、陪衬建筑和植物的手段,在园林中普遍运用,尤其以江南私家园林运用最为广泛。如苏州留园东部庭院的空间基本上是用山石和植物装点的,或石峰凌空,或粉壁散置,或廊间对景,或窗外的漏景。揖峰轩庭院在天井中立石峰,天井周围布置山石花台,点缀和装饰了园景,具有"因简易从,尤特致意"的特点。

(四)用山石作驳岸、挡土墙、护坡、花台和石阶等

在坡度较陡的土山坡地常设置山石,以阻挡和分散地表径流,降低其流速,减少水土流失,起到护坡作用。如北海琼华岛山南部分的群置山石,颐和园龙王庙土山上的散点山石等均有此效。坡度更陡的土山往往开辟成自然式的台地,在土山外侧采用自然山石做挡土墙。自然山石挡土墙外观曲折起伏,凹凸多变,自然真实。例如颐和园圆朗斋、写秋轩,北海的酣古堂、亩鉴室周围均为自然山石挡土墙的佳作。

利用山石作驳岸、花台、石阶、踏跺等,既坚固实用,又具有装饰作用。例如北京颐和园中的知春亭、后湖及谐趣园等局部都采用山石驳岸;广州流花湖公园湖岸小景的建造,是结合湖岸地形高差,以塑石、塑树桩和塑树根汀步,组成挡土构筑物,富有观赏性。江南私家园林中还广泛地利用山石作花台种植牡丹、芍药及其他观赏植物,并用花台来组织庭院中的游览路线,或与壁山、驳岸相结合,在规整的建筑范围中创造出自然、疏密的变化。

(五)作为室内外自然式的家具或器设

利用山石作诸如石屏风、石桌、石凳、石几、石榻、石栏、石鼓、石灯笼等家具或器设,既为游人提供了方便,又增添了景观的自然美。例如杭州柳浪闻莺的枫杨林下设置石桌、石凳,和谐自然;又如置于无锡惠山山麓唐代之听松石床(又称偃人石),如图 11-1 所示,床、枕兼得于一石,石床另一端又镌有李阳冰所题的篆字"听松",是实用结合造景的佳例。此外,山石还可用作室内外楼梯、园桥、汀步及镶嵌门、窗、墙等。

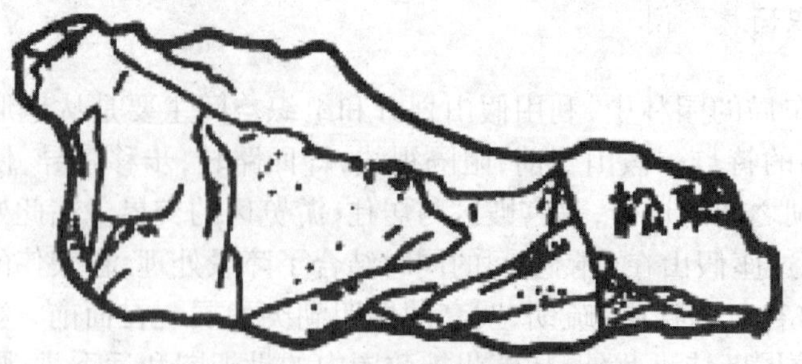

图 11-1 唐代听松石床

第二节 假山的构建要点

假山布置最根本的法则是“因地制宜,有真有假,做假成真”(《园冶》)。具体要注意以下几点。

一、山水依存,相得益彰

水无山不流,山无水不活,山水结合可以取得刚柔并济、动静交替的效果,形成山环水抱之势。苏州环秀山庄,山峦起伏,构成主体;弯月形水池环抱山体西、南两面,一条幽谷山涧,贯穿山体,再入池尾,是山水结合成功的佳例。

二、立地合宜,造山得体

在一个园址上,无论采用哪些山水地貌组合单元,都必须结合相地、选址,因地制宜,统筹安排,才能做到“造山得体”。山的体量、石质和造型等均应与自然环境相互协调。

三、巧于因借,混假于真

按照环境条件,因势利导。将一切能利用的景观通过因借手法纳入园内,丰富园景。例如无锡的寄畅园,借九龙山、惠山子于园内,在真山前面造假山,竟如一脉相贯,取得“真假难辨”的效果。又如杭州西冷印社和烟霞洞等处,均采取以本山裸露的岩石为主,进行造山,把人工堆的山石与自然露岩相混布置,收到了很好的效果。

四、宾主分明,“三远”变化

假山的布局应主次分明,互相呼应。先立宾主之位,再定假山之形。画山有所谓“三远”。宋代郭熙《林泉高致》中说:“山有三远,自山下而仰山巅,谓之高远;自山前而窥山后,谓之深远;自近山而望远山,谓之平远。”每远每异,山形步步而异。苏州环秀山庄的湖石假山,并不是以奇异的峰石取胜,而是从整体着眼,巧妙地运用了三远变化,致使在有限的地盘上,叠出酷似自然的山石林泉。

五、远观山势,近看石质

“势”是指山水的轮廓、组合和所体现的态势。山的组合,要有收有放,有起有伏,形断而意连。远观整体轮廓,求得合理的布局。“质”指的是石质、石性、石纹、石理。叠山所用的石材、石质、石性须相一致;叠时对准纹路,要做到理通纹顺;好比山水画中,要讲究“皴法”一样,使叠成的假山,符合自然之理,做假成真。

六、树石相生，未山先麓

石为山之骨，树为山之衣。没有树的山缺乏生机，给人以“童山”“枯山”的感觉。

叠石造山中有句行话“看山看脚”，意思是看一个叠山作品，不是先看山堆叠如何，而是先看山脚是否处理得当，若要山巍，则需脚远，可见山脚造型处理的重要性。

七、寓情于石，情景交融

叠山往往运用象形、比拟和夸张的手法创造意境，所谓“片山有致，寸石生情”。扬州个园的四季假山，即是寓四时景色于一园的。春山选用石笋与修竹象征“雨后春笋”；夏山选用灰白色太湖石作流云式叠石，并结合荷、山洞和树荫，用以体现夏景；秋山选用富于秋色的黄石，以象征“重九登高”的民情风俗；冬山选用宣石和蜡梅，石面洁白耀目，如皑皑白雪。加以剖面风洞之寒风呼啸，冬意更浓。冬山与春山，仅一墙之隔，墙开透窗，可望春山，有“冬去春来”之意。

第三节　假山的构建与设计原则

一、拼叠山石的基本原则

叠石造山无论其规模大小，都是由一块块形态大小各异的山石拼叠而成的。所谓拼是山石水平相靠，所谓叠是山石上下相摞。

(1)同质：指山石拼叠组合时，其品种、质地要一致。石料的质地不同，石性各异，违反了自然山川岩石构成的规律，强行将其组合，必然难以兼容，不伦不类，从而失去整体感。

(2)同色：即使山石品种质地相同，其色泽亦有差异。如湖石就有灰黑色、灰白色、褐黄色和青色之别。黄石也有深黄、淡黄、暗红、灰白等色泽变化。所以除质地相同外，也要力求色泽上的一致或协调，这样才不会失其自然风格。

(3)接形：根据山石外形特征；将其互相拼接组合，既保证预计变化的基础而又浑然一体，这就叫作“接形”。

接形山石的拼叠面力求形状相似，拼叠面如凸凹不平，石形互接，特别讲究顺势，如向左则先用石造出左势，如向右则用石造成右势，欲向高处先出高势，欲向低处先出低势。

(4)合纹：纹是指山石表面的纹理脉络，当山石拼叠时，合纹不仅是指山石原有的纹理脉络的衔接，而且还包括外轮廓的接缝处理，这样才能做到“以假为真”。

二、假山的分层结构与施工

假山的外形虽然千变万化，但就其基本结构而言可分为基础、中层和结顶三部分。

(一)基础

“假山之基，约大半在水中立起。先量顶之高大，才定基之浅深。掇石须知占天，围土必然占地，最忌居中，更宜散漫。”说明假山由设计到施工的要领。基础是首位工程，其质量的优劣直接影响假山艺术造型的使用功能。

假山如果能坐落在天然岩基上当然是最理想的，否则都需要做基础。做法有如下几种：

①桩基：这是一种传统的基础做法，用于水中的假山或山石驳岸。

②灰土基础：北方地区地下水位一般不高，雨季比较集中，灰土基础应有比较好的凝固条件。灰土一旦凝固便不透水，可以减少土壤冻胀的破坏。北京古典园林中陆地假山基础多采用此种做法。

③毛石基础：对于土壤比较坚实的土层，可采用毛石基础，多用于中小型园林假山。毛石基础的厚度随假山体量而定。毛石基础应分层砌筑，每层厚 40 ~ 50cm，上层比下层每侧应收回 40cm 为大放脚。毛石应选用 300 号以上未经风化石料，用 M5.0 水泥砂浆砌筑，砂浆必须饱满，不得出现空洞和干缝。

④混凝土基础：对于比较软弱的土层，可采用混凝土加固基础。做法是在夯实后的素土层上铺钉石（尖朝下）20cm 厚，夯入土中 6cm 其上铺混凝土（C15 或 C20）30cm 厚，养护 7 天后再砌毛石基础。

对于水中或大型假山，基础必须牢固，可采用钢筋混凝土替代混凝土加固。仍采用 C15 ~ C20 混凝土 30cm 厚，配置 10 号钢筋，双向分布，间距 200mm；应置于下部 1/3 处，养护 7 天后再砌毛石基础。

（二）底层

底层，是指在基础上铺置假山造型的山脚石，术语称为拉底。这层山石大部分在地面以下，只有小部分露出地面以上，并不需要形态特别好的山石。但此层山石受压最大，要求有足够的强度，因此应选用坚实、顽夯、平大的山石打底。亦即《园冶》所谓“立根铺以基石”法。古代匠师把“拉底”看作叠山之本，因为假山空间的变化都立足于这一层，如果底层未打破整形的格局，则中层叠石亦难以变化。拉底的要点有：

①活用：用石必须灵活，见机而引，力求不同形体、大小及长短参差混用，避免大小一样的山石连安。

②找平：凡安石，均求其最大而平坦之面朝上，下面垫石加固，为向上发展创造条件。

③错安：安石排列，必犬牙相错、高低不一，首尾拼连呈大小不同形状，八字斜安。

④朝向：安基必须考虑叠山之朝向，不论基石本身或组成之阵势，都应符合总的朝向要求。凡朝向游人集中之面，均力求凹凸多变。

⑤断续：基石为叠石之底盘，须避免筑成墙基状，应有断有续，有整有零。

⑥并靠：成组安石，接口紧密，搭接稳固。

（三）中层

位于基石以上、顶层以下的大部分山体，是观赏的主要部位，此层山石变化多端，山体各种形态，多出自此层，因此叠石掇山的造型技法与工程措施的巧妙结合主要表现在这部分。

（四）结顶

即处理假山最顶层的山石，俗称“收头”。从结构上讲，结顶山石的块体较大，以便合凑收压，有画龙点睛的作用。要选用轮廓和体态都富有特征的山石。结顶一般分峰顶、峦顶和平顶3种类型，峰又可分为剑立式（上小下大，竖直而立，挺拔高矗）、斧立式（上大下小，形如斧头侧立，稳重而有险意）、流云式（横向挑伸，形如奇云横空，参差高低）、斜劈式（势如倾斜山岩，插式如有明显的动势）、悬垂式（用于某些洞顶，有如钟乳倒悬，滋润欲滴，以奇制胜）。其他还有花式、笔架式、剪刀式等，不胜枚举。所有这些结顶的方式都是在自然地貌中有本可寻。结顶往往是在逐渐合凑的中层山石顶面加以重力的镇压，使重力均匀地分层传递下来。往往用一块结顶的山石同时镇压下面几块山石。如果结顶面积大而石材不够整时，就要采用“拼凑”的手法，并用小石镶缝使之成为一体。

（五）做脚

做脚是指在掇山基本完成以后，在紧贴起脚石的部分拼叠山脚，弥补起脚边不足的操作技法。做脚又称为补脚或做假脚，它虽然无须承担山体的重压，但必须与主山造型相适应，既要表现出山体余脉延伸之势，如同从土中生出的效果，又要陪衬主山的结构和形态的变化。

三、假山洞的结构形式

在叠石造山中，洞为取阴部分。最能吸收游人视觉，引起游人遐想，激发游人寻幽探胜的心理。所谓“别有洞天”“洞天福地”“曲径通幽”“无山不洞，无洞不奇”等，对于营造幽静和深远的境界是十分重要的。

山洞是山体造型的主要形式，根据结构受力不同，假山洞的结构形式主要有以下3种：

（1）梁柱式：如图11-2所示，假山洞壁由柱和墙两部分组成，柱受力而墙承受荷载不大，此洞墙部分可用作采光和通风。洞顶常采用花岗岩条石为梁，或间有“铁扁担”加固。这虽然满足了结构上的要求，但洞顶外观极不自然。扬州“寄啸山庄”假山用铁吊架从条石挂下来，上架山石，可弥补单调、呆板之感，显得自然生动。如能采用大块自然山石为梁，使洞顶和洞壁融为一体，景观会更加自然。

（2）挑梁式：亦称叠涩式，如图11-3所示，石柱渐起向洞内层层挑伸，至洞顶用巨石合，这是吸取桥梁中之“叠涩（悬臂桥）”的做法。

（3）券拱式：如图11-4所示，其承重力是沿券拱传递，顶壁一气呵成，整体感强，不会出现梁柱式石梁压裂、压断的危险。此法为清代叠山名师戈裕良所创，现存苏州环秀山庄的太湖石假山就出自戈氏之手，其中山洞无论大小均采用拱式结构。

图11-2　梁柱式假山洞

图11-3　挑梁式假山洞

图11-4　券拱式假山洞

四、传统假山叠石技法

历代匠师将山石拼叠技法归纳为30字诀："安、连、接、斗、跨；拼、悬、卡、剑、垂；挑、飘、飞、戗、挂；钉、担、钩、榫、扎；填、补、缝、垫、楔；搭、靠、转、顶、压。"图解如图11-5～图11-34。应着重指出的是：以上这些山石拼叠技法都是从自然山石景观中归纳出来的。在实际操作中，应灵活运用，不能当作教条，否则就会失之毫厘，差之千里。

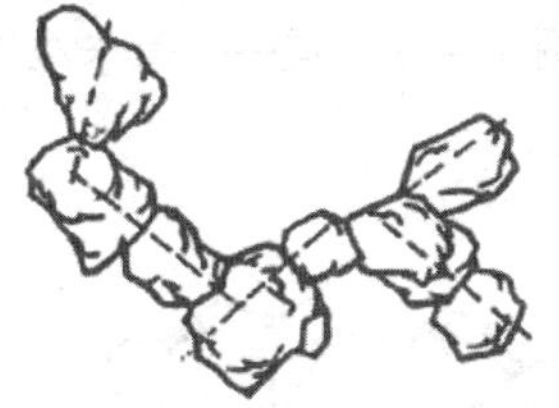

图11-5 安——安放布局平面宜成八字

图11-6 连——左右连靠

图11-7 接——上下拼接

图11-8 斗——斗石成拱状

图11-9 跨——斜撑成拱跨

图11-10 拼——竖或横向多石拼叠

图11-11 悬——悬臂

图11-12 卡——两峰相峙，中夹块石

图11-13 剑——矗立如剑指向天

图11-14 垂——垂直向下悬垂

图11-15 挑——悬作伸臂状

图11-16 飘——端处置石

图 11-17　飞——顶点处点石

图 11-18　戗——斜向撑石以成洞壁

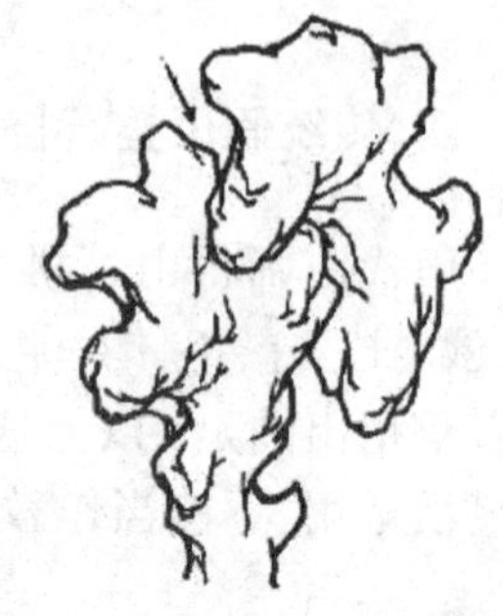

图 11-19　挂——悬卡成挂

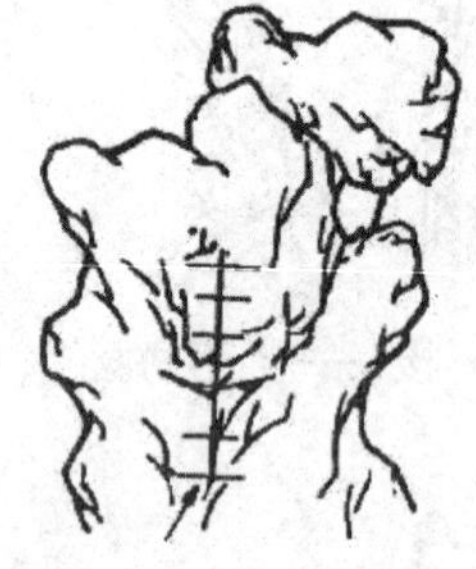

图 11-20　钉——以扒钉连固拼石

图 11-21　担——两头出挑，铁件横担

图 11-22　钩——用铁件钩挂悬垂

图 11-23　榫——以石加工成榫拼接

图 11-24　扎——将石穿扎或捆扎

图 11-25　填——留空填实

图 11-26　补——添加

图 11-27　缝——按石拼缝

图 11-28　垫——叠石时用石垫平

图 11-29 楔——用楔形片石打入底脚缝道处

图 11-30 搭——按石性拼接

图 11-31 靠——石块相互支撑平衡

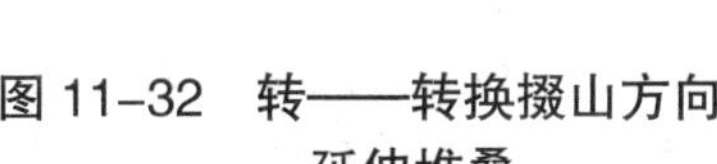

图 11-32 转——转换掇山方向延伸堆叠

图 11-33 顶——偏侧支顶向上

图 11-34 压——在挑石之尾部压石，以求平衡

第四节 山石建置

一、置石

置石所用的山石材料较少，结构简单，对施工技术也没有专门的要求，因此容易掌握。置石的布置特点是：以少胜多，以简胜繁。但要求目的明确，布局严谨，手法简练。

依布置形式不同，置石可分为如下几类：

（一）特置

特置是指将体量较大、形态奇特，具有较高观赏价值的山石单独布置成景的一种置石方式，亦称单点、孤置山石。如杭州的绉云峰（见图 11-35）、苏州留园的三峰（冠云峰、瑞云峰、岫云峰）、广州海珠花园的飞鹏展翅（见图 11-36）、苏州狮子林的嬉狮石等都是特置山石名品。

特置山石应选用体量大、轮廓线分明、姿态多变、色彩突出、具有较高观赏价值的山石。如绉云峰因有深的皱纹而得名；瑞云峰以体量特大，姿态不凡且遍布窝、洞而著称；冠云峰因兼备透、漏、瘦于一石，婷婷玉立、高耸入云而名噪江南；玉玲珑以千穴百孔、玲珑剔透、形似灵芝而出众；青芒岫以雄浑的质感、横卧的体态和遍布青色小孔洞而被纳入皇宫内院。

图 11-35　结云峰

图 11-36　飞鹏展翅

特置山石常用作入门的障景和对景，或置于廊间、亭侧、天井中间、漏窗后面、水边、路口或园路转折之处。特置山石也可以和壁山、花台、岛屿、驳岸等结合布置，现代园林中的特置多结合花台、水池或草坪、花架来布置。特置好比单字书法或特写镜头，本身应具有比较完整的构图关系，古典园林中的特置山石常镌刻题咏和命名。

特置山石布置的要点在于相石立意，山石体量与环境应协调。如苏州网师园北门小院在正对出园通道转折处，利用粉墙作背景安置了一块体量合宜的湖石，并衬以植物，由于利用了建筑的倒挂楣子作框景，从暗透明，犹如一幅生动的画面。北京颐和园仁寿殿前的特置太湖石，前有仁寿门为框景，后有仁寿殿做衬托，形象鲜明、突出，同时具有障景和对景功能，运用极为恰当。

特置山石的安置可采用整形的基座，如图 11-37 所示；也可以坐落在自然的山石上面，如图 11-38 所示。这种自然的基座称为磐。

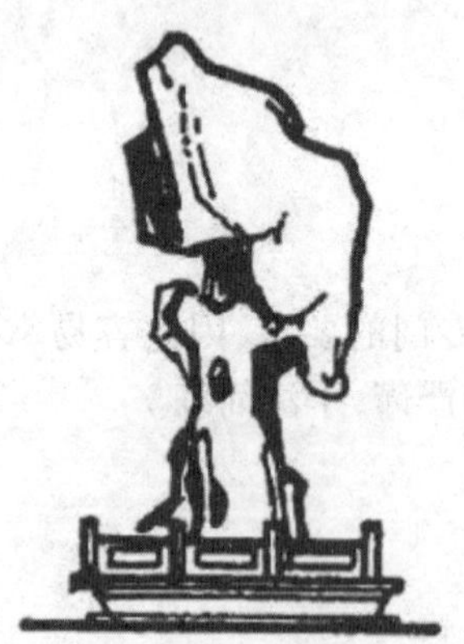

图 11-37　在整形基座上的特置

图 11-38　在自然基座上的特置

特置山石在工程结构方面要求稳定和耐久，其关键是掌握山石的重心线以保持山石的平衡。传统做法是用石榫头定位，如图 11-39 所示。石榫头必须在重心线上，其直径宜大不宜小，榫肩宽 3cm 左右，榫头长度根据山石体量大小而定，一般从十几厘米到二十几厘米。榫眼的直径应大于榫头的直径，榫眼的深度略大于榫头的长度，这样可以保证榫肩与基磐接触可靠稳固。吊装山石前须在榫眼中浇入少量黏合材料，待石榫头插入时，黏合材料便可自然充满空隙。

在养护期间，应加强管理，禁止游人靠近，以免发生危险。

特置山石还可以结合台景布置。其做法为：用石料或其他建筑材料做成整形的台，内盛土壤，底部有排水设施，然后在台上布置山石和植物，仿作大盆景布置。北京故宫御花园绛雪轩前面就有用琉璃贴面为基座，以植物和山石组合而成的台景，据说台内原种太平花，建筑因此而得名。

（二）对置

即沿建筑中轴线两侧作对称布置的山石，如图 11-40 所示，在北京古典园林中运用较多，例如锣鼓巷可园主体建筑前面对称安置的房山石，颐和园仁寿殿前的山石布置等。

（三）群置

群置是指运用数块山石互相搭配组成一个群体，亦称聚点。这类置石的材料要求可低于特置，关键在山石之间的组合、搭配方面。

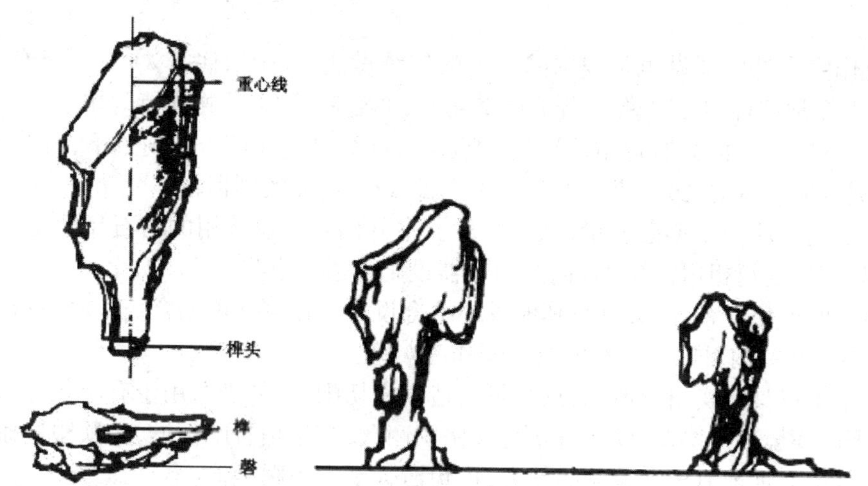

图 11-39 特置山石的传统做法

图 11-40 对置

群置常用于园门两侧、廊间、粉墙前、路旁、山坡上、小岛上、水池中或与其他景物结合造景。如苏州耦园二门两侧，几块山石和松枝结合护卫园门，共同组成诱人入游的门景。避暑山庄卷阿胜境遗址东北角尚存山石一组，寥寥数块却层次多变，主次分明，高低错落，具有寸石生情的效果。

群置的关键手法在于一个“活”字，布置时要主从有别，宾主分明，搭配适宜，根据“三不等”原则（即石之大小不等，石之高低不等，石之间距不等）进行配置。

群置山石还常与植物相结合，配置得体，则树、石掩映，妙趣横生，景观之美，足可入画。

（四）散置

散置是仿照山野岩石自然分布之状而施行点置的一种手法，亦称“散点”，见图 11-41。

散置并非散乱随意点摆，而是断续相连的群体。形散神在，散置山石时，要有疏有密、远近结合、彼此呼应，切不可众石纷杂，零乱无章。

图 11-41　散置

散置的运用范围甚广，在土山的山麓、山坡、山头，在池畔水际，在溪涧河流中，在林下、在花径、在路旁均可以散点山石而得到意趣。北京北海琼华岛南山西路山坡上有用房山石作的散置，处理得比较成功，不仅起到了护坡作用，同时也增添了山势的变化。

(五) 山石器设

用山石作室内外的器设也是我国园林中的传统做法。《闲情偶寄》(清 · 李渔) 之“零星小石”一节中提到这种用法时说：“若谓如拳之石，亦需钱买，则此物亦能效用于人。使其斜而可简，则与栏杆并力。使其肩背站，可置香炉茗具，则又可代几案。花前月下，有此待人，又不妨于露处，则省他物运动之劳，使得久而不坏。名虽石也，而实则器也。”

山石器设选石应力求形态质量，顺其自然。室外山石器设选用的山石尺寸比一般家具要大些，以便与室外空间相称；作为室内的山石器设则可适当小些。

山石器设既可独立布置，又可与其他景物结合设置。在室外可结合挡土墙、花台、水池、驳岸等统一安排；在室内可以用山石叠成柱子作为装饰。

山石几案不仅具有实用价值，而且又可与造景密切配合，特别适用于有起伏地形的自然地段，易与周围的环境取得协调，既节省木材又坚固耐久，且不怕日晒雨淋，无须搬进搬出。山石几案布置在林间空地或有树木遮荫的地方，以免游人受太阳曝晒。

山石几案虽有桌、几、凳之分，但切不可按一般家具那样对称安置。北京中山公园水榭东南面有一组独立布置的青石几案，见图 11-42。几个石凳大小、高低、体态各不相同，却又很均衡地统一在石桌周围，西南隅留空，植油松一株以挡西晒。又如北京北海琼华岛北山延南薰在室内以湖石点置山石几案两处，尺度合宜，石形古拙多变，渲染了仙人洞府的气氛。

图 11-42　青石几案布置

二、与园林建筑相结合的山石布置

这是用山石来陪衬建筑的做法。为使建筑取得建在自然山岩上的效果，可以用少量的山石在其适当的部位进行装饰、点缀。所置山石应模拟自然裸露的山岩，建筑则依岩而建。山石在这里所表现的实际是大山之一隅，可以适当运用局部夸张的手法，以减少人工的气氛，增添自然的情趣，常见的结合方式如下：

（一）山石踏跺和蹲配

《长物志》（明·文震亨）中“映阶旁砌以太湖石垒成者曰涩浪”所指的山石布置即为此种。山石踏跺和蹲配（见图 11-43A）常用于丰富建筑立面、强调建筑出入口。若采用自然山石做成踏跺，不仅具有台阶的功能，而且有助于处理从人工建筑到自然环境之间的过渡，北京的假山师傅亦将其称为“如意踏跺”。踏跺的石材宜选用扁平状的，间以各种角度的梯形，甚至是不等边三角形的石材，往往显得更加自然。踏跺每级的高度和宽度不一，随形就势，灵活多变。台级上面一级可与台基地面同高，体量稍大些，使人在下台阶前有个准备。石级每一级都向下坡方向有 2% 的坡度以利排水。石级断面不能有“兜脚”现象，即要上挑下收，以免人们上台阶时脚尖碰到石级上沿。用小块山石拼合的石级，拼缝要上下交错，以上石压下缝。山石踏跺有石级平列的，也有互相错列的；有径直而入的，也有偏径斜上的。当台基不高时，可以采用像苏州狮子林燕誉堂前的坡式踏跺；当游人出入量较大时可采用苏州留园五峰仙馆那种分道而上的办法。

蹲配常与踏跺结合布置。高者曰“蹲”，低者名“配”，务必使蹲配在建筑轴线两旁有均衡的构图关系。山石踏跺和蹲配虽小，但却颇显匠心。现代园林布置还常在其两侧设置花池，把山石和植物结合在一起用以装饰建筑出入口。

（二）抱角和镶隅

建筑的外墙转折多成直角，其内、外墙角都比较单调、平滞，常用山石来进行装点。对于外墙角，山石成环抱之势紧包基角墙面，称为抱角；对于内墙角则以山石镶嵌其中，称为镶隅。山石抱角和镶隅的体量均须与墙体所在的空间取得协调。一般园林建筑体量不大时，无须做过于臃肿的抱角。如承德避暑山庄外围的外八庙。当然，也可以采用以小衬大的手法，即用小巧的山石衬托宏伟、精致的园林建筑，如颐和园万寿山上的圆朗斋等建筑均采用此法且效果甚佳。山石抱角的选材应考虑如何使山石与墙接触的部位，特别是可见的部位能融合起来，见图 11-44B。

江南私家园林和岭南园林多用山石作小花台来镶填墙隅，花台内点植体量不大却又潇洒、轻盈的耐阴观赏植物。由于花台两面靠墙，植物的枝叶外展，从而使本来较为呆滞的墙隅变得生动活泼且富于光影、风动的变化。这种镶隅一般都很小，但就院落造景而言它却起了很大的作用。

（三）粉壁置石

《园冶》（明·计成）中“峭壁山者，靠壁理也，借以粉壁为纸，以石为绘也。理者相石皴纹，仿古人笔意,植黄山松柏、古梅、美竹。收之圆窗,宛然镜游也。”所指山石布置就是这一种。粉壁置石是以墙为背景,在面对建筑的墙面、建筑山墙或相当于建筑墙面前基础种植的部位作石景或山景布置,因此也有称壁山的。在江南园林的庭院中,这种布置随处可见,有的结合花台、特置和各种植物进行布置,式样多变。苏州网师园南端琴室所在的院落中,于粉壁前置石,石的姿态有立、蹲、卧的变化,加以植物和院中台景层次变化,使整个墙面变成一个丰富多彩的风景画面;苏州留园鹤所墙前以山石作基础布置,高低错落,疏密相间,并用小石峰点缀建筑立面,这样一来,白粉墙和暗色的漏窗、门洞的空处都形成衬托山石的背景,竹、石的轮廓非常清楚,见图 11-44。

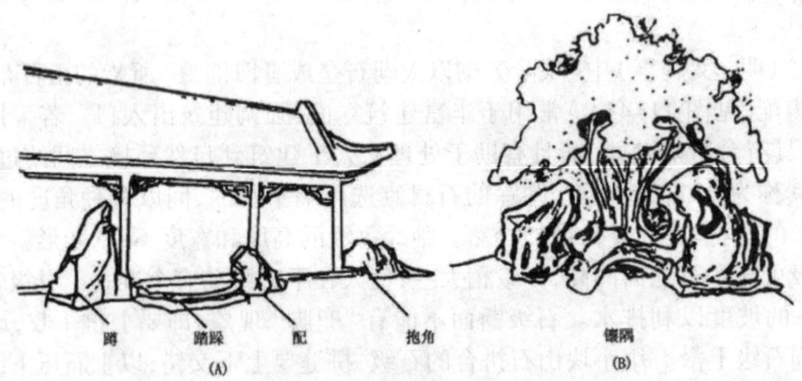

图 11-43　踏跺、蹲配、抱角和镶隅

图 11-44　粉壁置石

粉壁置石在工程上需注意两点:一是石头本身必须直立,不可倚墙;二是注意排水。

(四)廊间山石小品

园林的廊在平面上往往做成曲折回环式,以便更好地争取空间的变化并使游人能够从不同的角度去观赏景物。这样便会在廊与墙之间形成一些大小不一、形态各异的小天井空隙地,这里可以发挥山石小品的“补白”功能,使之在很小的空间里造成层次和深度的变化,丰富沿途的景色,使建筑空间小中见大。上海豫园东园万花楼东南角有一处回廊小天井处理得较好。自两宜轩东行,有园洞门作为景框猎取此景;自廊中往返路线的视线焦点也集中于此,因此位置和朝向处理得法。石景本身处理亦精炼,一块湖石立峰,两丛南天竹作陪衬,秋日红叶层染,冬季硕果累累。

（五）门窗漏景

园林景色为了使室内外互相渗透常用漏窗景门等透取石景。这种手法是清代李渔首创的。他把内墙上原来挂山水画的位置开成漏窗，然后在窗外布置竹石小品之类，使真景入画，生动百倍，他称之为“无心画”。以“尺幅窗”透取“无心画”是从暗处看明处，窗花有剪影的效果，从早到晚，窗景因时而变。苏州留园东部揖峰轩北窗三叶均以竹石为画。微风拂来，竹叶翩翩；阳光投下，修身弄影。空间虽小却十分精美、深厚，居室内而得室外风景之美。

（六）云梯

以山石掇成的室外楼梯称为云梯。云梯除具有使用功能外，又可形成自然山石景观。如果只能在功能上作为楼梯而不能成景则不是上品。而做得好的云梯往往组合丰富，变化自如。云梯的布置一般接于稍间，尽量减少观赏面，多靠墙布置；踏跺两侧以蹲配隐阶，忌暴露无遗；为避免外观臃肿，应呈上悬下收之势，可布置峰石和山洞，增加变化。如扬州寄啸山庄东院壁山与山石楼梯的结合，苏州留园明瑟楼假山楼梯等，不失为使用功能和造景相结合的佳例。

三、与植物相结合的山石布置——山石花台

山石花台即用自然山石叠砌的挡土墙，其内种花植树。山石花台的作用有三：一是降低地下水位，为植物的生长创造了适宜的生态条件。二是取得合适的观赏高度，免去躬身弯腰之苦，便于观赏。三是通过山石花台的布置组织游览路线，增加层次，丰富园景。

（一）花台的平面要有曲折的变化

就花台的个体轮廓而言，应有曲折、进出的变化。要有大弯兼小弯的凹凸面，弯的深浅和间距都要自然多变。

如果同一空间内不止一个花台，这就要考虑花台的组合问题。花台的组合要求大小相间、主次分明、疏密有致、若断若续、层次深厚。在庭院中布置山石花台时，应占边、把角、让心。

苏州狮子林五松园东院用三个花台把院子分隔成几个有疏密层次变化的空间，北边花台靠墙，南面花台紧贴游廊转角，在居中的花台立起作为这个局部主景的峰石，这组山石花台的布置显然更具匠心。

（二）花台的立面要有起伏的变化

山石花台在竖向上应有高低的变化，对比要强烈，效果要显著，比例协调，切忌把花台做成“一码平”。花台中可少量点缀一些山石，花台外亦可埋置一些山石，似余脉延伸，变化自然，见图 11-45。

（三）花台的断面要有虚实的变化

花台的断面轮廓应有曲直、伸缩的变化，形成虚实明暗的对比，使其更加自然。

苏州怡园的牡丹花台位于锄月轩南，倚墙而建，自然跌落为3层，平面曲折秀婉，石峰散立，高低错落，丰富了景观层次。

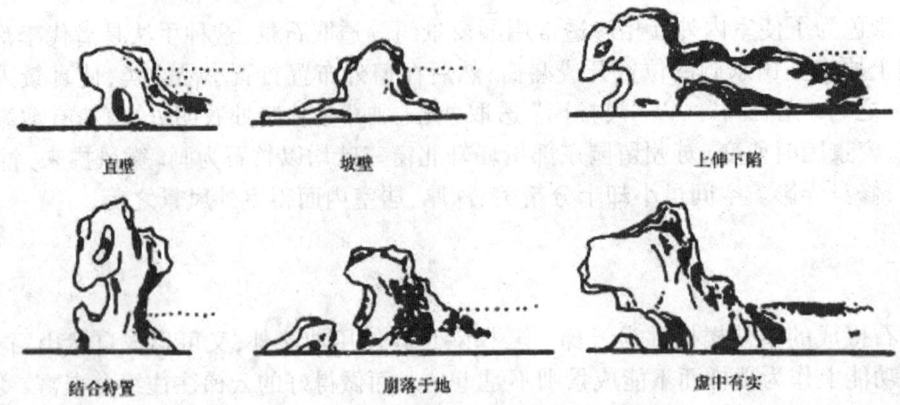

图 11-45　花台立面

第五节　园林景观塑山

园林塑山在岭南园林中出现较早，是指采用石灰、砖、水泥等非石材料经人工塑造的假山。如岭南四大名园（佛山梁园、顺德清晖园、番禺余荫山房、东莞可园）中都不乏灰塑假山的身影。经过不断地发展与创新，塑山已作为一种专门的假山工艺在园林中得到广泛运用，不仅遍及广东（见图 11-46、图 11-47、图 11-48、图 11-49、图 11-50），而且亦在全国各地开花结果。

图 11-46　塑山模式图　　图 11-47　深圳中国民俗文化村塑山洞

一、塑山的特点

塑山在园林中得以广泛运用，与其“便”“活”“快”“真”的特点是密不可分的。

便——指塑山所用材料来源广泛，取用方便，可就地解决。

活——指塑山在造型上不受石材大小和形态限制，可完全按照设计意图进行随意灵活造型。

快——指塑山的施工期短，见效快。

真——好的塑山无论是在色彩上还是质感上都能取得逼真的石山效果。

图 11-48　广东中山市紫马岭公园塑山

图 11-49　广州云台花园塑石

图 11-50　广东中山市紫马岭公园塑山

二、塑山的分类

园林塑山根据其骨架材料的不同，可分为以下两种：砖骨架塑山，即以砖做为塑山的骨架，适用于小型塑山及塑石；钢骨架塑山，即以钢材做为塑山的骨架，适用于大型假山。见图 11-51。

三、塑山的施工工艺流程

(一)砖骨架塑山

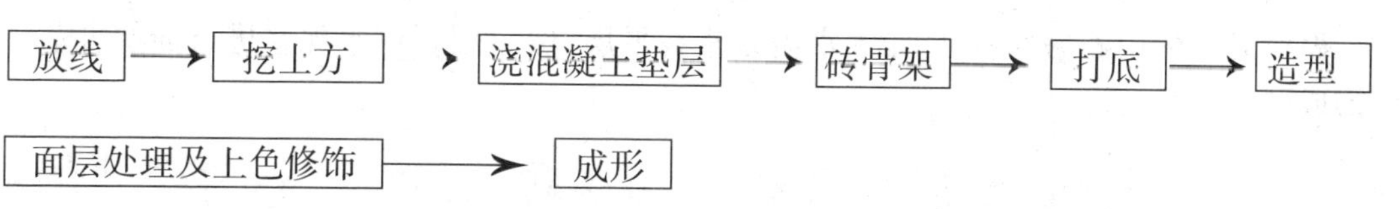

图 11-51 （锦绣中华）塑石假山

（二）钢骨架塑山

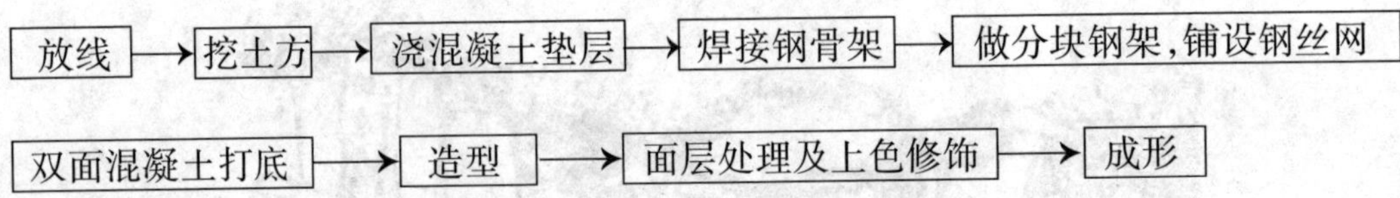

另外，对于大型置石及假山，还需做钢筋混凝土基础并搭设脚手架。

四、塑山过程中应注意的几个问题

（一）铺设钢丝网

钢丝网在塑山中主要起成形及挂泥的作用。铺设之前，先做分块钢架附在形体简单的钢骨架上，变几何形体为凹凸的自然外形，其上再挂钢丝网。钢丝网根据设计造型用木锤及其他工具成型。

（二）打底及造型

塑山骨架完成后，若为砖骨架，一般以 M7.5 混合砂浆打底，并在其上进行山石皴纹造型；若为钢骨架，则应先抹白水泥麻刀灰二遍，再堆抹 C20 豆石混凝土（坍落度为 0 ~ 2），然后于其上进行山石皴纹造型。

（三）面层批荡及上色修饰

先沿成型的山石皴纹抹 1∶2.5 水泥砂浆找平层，然后用石色水泥浆进行面层批荡，抹光修饰成型。

第十二章　理　水

通常人们习惯用“挖湖堆山”或“掇山理水”来概括中国园林的创作特征。这也正说明“掇山理水”在中国园林中的作用。水历来都是中国园林中必不可少的造景要素，掇山理水、山水环绕是中国园林中重要的造景手法。

第一节　水体的功能与类型

一、水体的功能

中国传统园林以山水为地形骨架，山因水活，水因山转。各种水体能使园林产生千姿百态、生动活泼的景观，形成开朗的或虚无缥缈的空间和透景线。经常欣赏山色水景，能使人心旷神怡，静心养性，陶冶情操。因此，水体在园林造景中起到非常重要的作用。

水历来就与人类的活动有着密切的联系。水是人类不可缺少的自然资源，是人类生存的基本条件。我国传统的居住模式就和水体密不可分。在地基选择格局上，讲究在宅前要有月牙形水池或其他水体，这样利于夏天承纳南风，冬季防御北风。这一模式对以后各类建筑的环境构建产生很大影响，它说明了人类深谙水的作用以及在利用水资源上积累了丰富的经验。

水是决定一个城市发展的重要因素。城市的给排水系统是城市规划的组成部分。水体的蓄水排洪、疏水防涝、灌溉与消防等功能保证了城市的安全，给工农业、居民生活等提供了最基本的条件。

水体可组织水上交通和游览。在桂林漓江，一方面充分利用漓江良好的航运条件组织货物运输，另一方面又依据两岸优美的自然风光和风土人情开展山水游，使其成为著名的旅游胜地。巴黎凡尔赛宫内的十字形运河，也是航运与游览结合的佳作。

水体有调节小气候、吸收粉尘、改善环境卫生等功能。随着城市规模扩大，人口增多，各种污染性排放物增加，城市地面产生热岛效应，各种有害物聚集并长期滞留，城市生态难以自我调节，其系统平衡必遭破坏。而园林水体能增加空气湿度，提高负氧离子浓度，降低温度，吸收游尘，排污去污，且效果显著，这对改善城市生态、保护环境大有益处。

水体为水生植物创造生长条件。现代园林提倡以植物造景为主，融游赏于生态环境之中，这已成为人们的共识。园林植物种类繁多，习性各异。水生植物因其生长快、管理粗放、点缀水体、丰富园景而得到广泛应用。水生植物由于品种、习性不同，对水深要求也不一致。如芦苇、慈菇、千屈菜等沼生植物要求水深 1m 以内；荷花、睡莲等水生植物可配置在稍深的水体中。

水体能美化环境并可作为开展水上活动和游憩的场所。各种形式的水体能创造出千姿百态的景致，美化生存空间。扬州瘦西湖、南京莫愁湖、北京北海等给城市风貌增色不少。利用水体还可组织众多的体育娱乐活动，如划船、游泳、垂钓、漂流、滑冰等。

水还能陶冶人们的情操、提高美学素养。寄情山水是中国园林特有的审美意蕴。《画论》曰：“水令人远，石令人古”，孔子：“智者乐山，仁者乐水。”现代人将山喻为凝固的诗，将水称为流动的音乐。这种哲理已深刻影响到园林创作、园林评价和园林审美。人们渴望山水组合达到情景交融、诗情画意的效果。因此，在欣赏飞流直下的瀑布时，会得到“疑是银河落九天”的舒怀和享受；欣赏优美的喷泉时，会令人心旷神怡、精神振奋；临近于清澄如镜的庭院水景，会感到清爽静谧，心境舒畅。

水是纯洁、智慧、崇高、无私的象征。孔子说：“水无私给予万方生灵”，以水警世后人。

二、水体的类型

水无常态，方圆曲直动静均与特定的环境有关。正因如此，园林水体的分类多种多样，一般按水体的形式、功能和状态来分。

（一）根据水体的形式划分

1. 自然式水体

自然式水体是指形式不规则、变化自然的水体，如保持天然的或模仿天然形状的河、湖、池、溪、涧、泉、瀑等，水体随地形变化而变化。如苏州怡园水面（见图 12-1），南京瞻园水体（见图 12-2），颐和园水体（见图 12-3）。

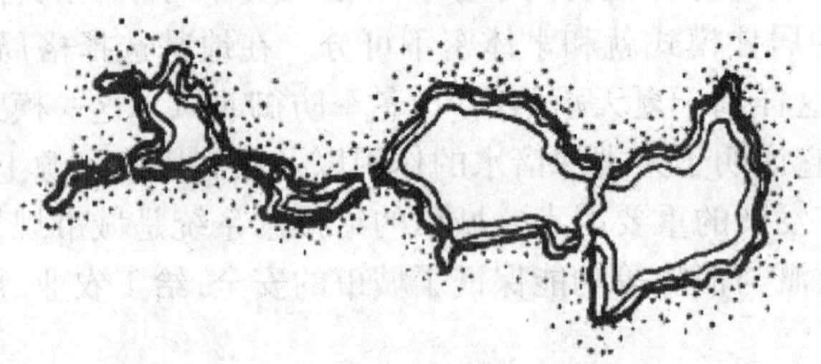

图 12-1　苏州怡园水体

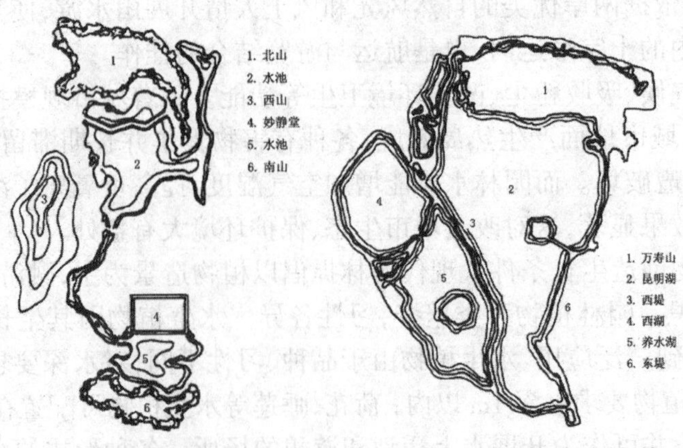

图 12-2　南京瞻园水体　　图 12-3　颐和园水体

2. 规则式水体

规则式水体是指边缘规则，具有明显轴线的水体，一般由人工开凿成几何形状的水环境。按水体线形又可分为几何形水池和流线形水池两种（见图 12-4、图 12-5）。

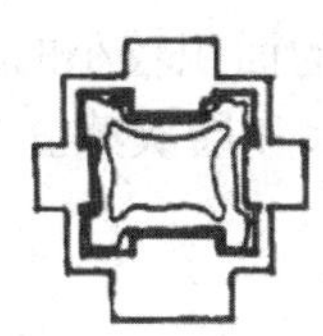
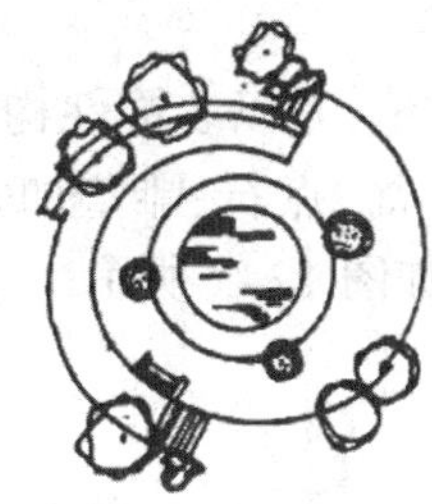

图 12-4 几何形规则式水池

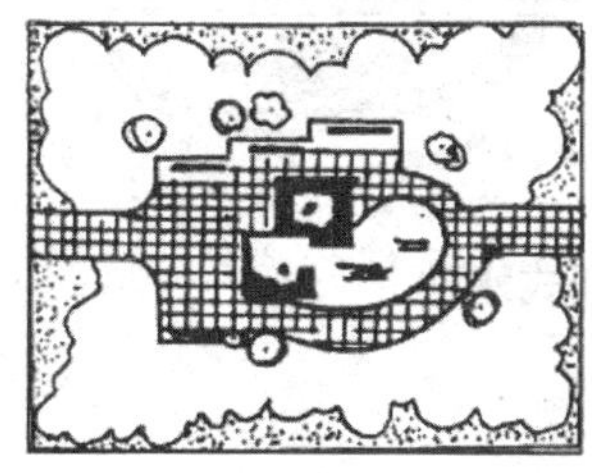

图 12-5 流线型规则式水池

3. 混合式水体

是自然式水体和规则式水体相结合形成的水体。它吸收了前两种水体的特点，使水体更富于变化，特别适用于水体组景。如苏州留园水面、无锡惠山第二泉庭院、颐和园扬仁风水景等（见图 12-6）。

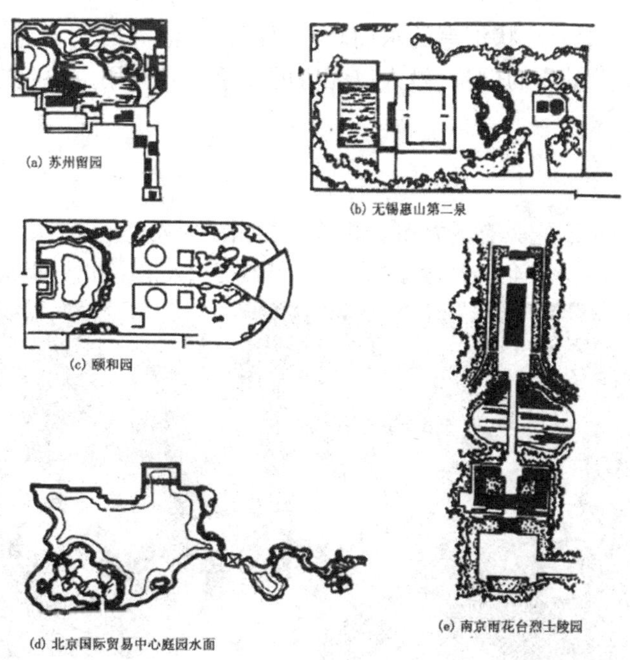

图 12-6 混合式水体

（二）根据水体的功能划分

1. 观赏性水体

也称装饰性水池，是以装饰性构景为主的面积较小的水体，具有很强的可视性、透景性，常利用岸线、曲桥、小岛、点石、雕塑加强观赏性和层次感。水体可设计喷泉、叠水或种植水生植物兼养观赏鱼类，如图 12–7 所示。

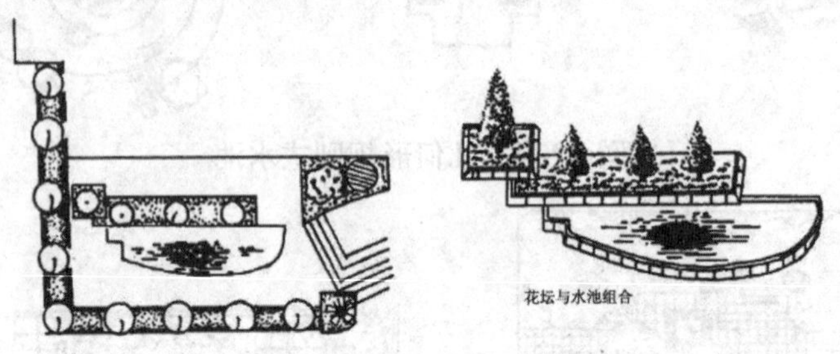

图 12–7　观赏性规则式水池

2. 开展水上活动的水体

指可以开展水上活动，诸如游船、游泳、垂钓、滑冰等具有一定面积的水环境。此类水体要求活动功能与观赏性相结合，并有适当的水深、良好的水质、较缓的坡岸及流畅的岸线。

（三）根据水体的状态划分

1. 静态水体

静态水体是指园林中成片状汇聚的水面。常以湖、塘、池等形式出现。它的主要特点是安详、宁静。能反映出周围景物的倒景，给人以无穷的想象。其作用主要是净化环境、划分空间、丰富环境色彩，增加景深。

2. 动态水体

动态水体是就流水而言，它具有活力和动感，令人振奋。形式上主要有溪涧、喷水、瀑布、跌水等。动态水体常利用水姿、水色、水声创造活泼、跌动的水景景观，让人倍感欢快、振奋，如图 12–8 所示。

图 12–8　动态水体

第二节 水景施工

园林中的各种水景，如湖、池、河、泉、岛、溪涧、瀑布、跌水等常常是园林的构图中心，也是山水园最具特色的部分。因而，在考虑水景布置时必须注意：一是水体的由来去处。布置水景的要领是“疏源之去由，察水之来历”，切忌水出无源，去之无宿。因此，挖池与堆山宜同步设计，同步施工。《画论》有：“胸中有山方能有水，意中有水方许作山”，这充分说明理水时察其来龙去脉的重要。二是水景布置要结合环境条件，因地因水制宜，师法自然，布局得体。三是水景布置的施工技术要求。要做到水景设计方案合理、技术先进、材料可取、施工可行、经济适用。

一、湖

湖属静态的水体，有天然湖和人工湖之分。前者是自然的水域景观，如著名的陕西华清池、云南滇池、杭州西湖等。人工湖是人工依地势就低挖凿而成的水域，沿岸因境设景、自成天然图画，如深圳仙湖、北京十三陵水库及一些现代公园中的人工大水面。湖的特点是水面宽阔平静，具平远开阔之感。此外，湖还有较好的湖岸线及周边的天际线，“碧波万顷、鱼鸥点水、白帆浮动”是湖的特色描绘。

（一）湖的布置要点

湖的布置应充分利用湖的水景特色。根据造景需要，灵活布置，并无一定之规。

湖岸处理要讲究“线”形艺术，湖面忌“一览无余”，应采取多种手法组织湖面空间。可通过岛、堤、桥、舫等形成阴阳虚实、湖岛相间的空间分隔，使湖面富于层次变化。同时，水面应接近岸边游人，湖水盈盈、碧波荡漾，易于产生亲切之感。

开挖人工湖要视基址情况巧作布置。湖的基址宜选择壤土、土质细密、土层厚实之地，不宜选择过于黏质或渗透性大的土质为湖址。如果渗透力大于0.009m/s，必须采取工程措施设置防漏层。

（二）人工湖施工

按设计图纸确定土方量。按设计线形定点放线。

考察基址渗漏状况。好的湖底全年水量损失占水体体积5% ~ 10%，一般湖底10% ~ 20%，较差的湖底20% ~ 40%，以此制定施工方法及工程措施。

湖底做法应因地制宜，常见的有灰土层湖底、塑料薄膜湖底和混凝土湖底等。其中灰土做法适于大面积湖体，混凝土湖底适宜较小的湖池。如图12-9所示是几种常见的湖底做法。

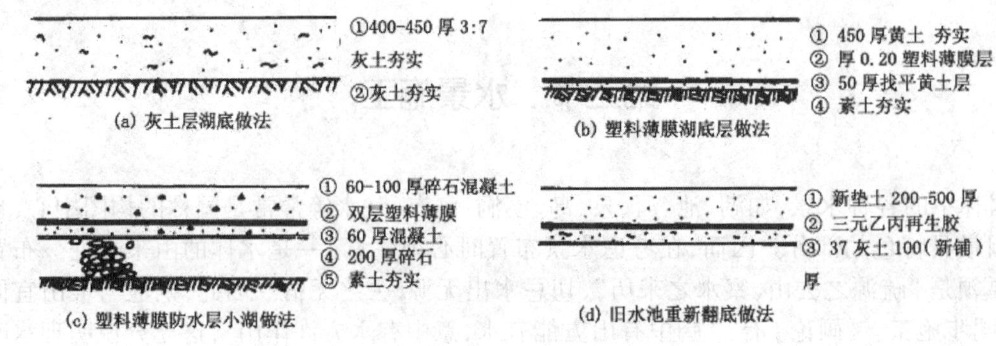

图 12-9 几种简易湖底做法（引自毛培琳《水景设计》）

二、池

池是静态水体。园林中常以人工池出现,其形式多样,可由设计者任意发挥。一般而言,池的面积较小,岸线变化丰富且具有装饰性,水较浅,以观赏为主,现代园林中的流线形抽象式水池更活泼、生动,富于想象。

(一)池的形式

池可分为自然式水池、规则式水池和混合式水池 3 种。池更强调岸线的艺术性,可通过铺饰、点石、配置使岸线产生变化,增加观赏性。

另一特点是,规则式人工池往往需要较大的欣赏空间,要结合雕塑、喷泉共同组景。自然式人工池,装饰性强,要很好地组合山石、植物及其他饰物,使水池融于环境之中,天造地设般自然。

(二)池的布置

人工水池通常是园林构图中心。一般可用作广场中心、道路尽头以及和亭、廊、花架、花坛组合形成独特的景观。水池布置要因地制宜,充分考虑园址现状。大水面宜用自然式或混合式;小水面更宜用规则式,尤其是单位庭院绿地。此外,还要注意池岸设计,做到开合有效、聚散得体。

有时,因造景需要,在池内养鱼,或种植花草。水生植物池,应根据植物生长特性配置,植物种类不宜过多。水池深浅依植物生长特性而定。

(三)人工池做法

图 12-9(b)是常见人工水池的做法,较适于水面不大、防漏要求较高的水池。图 12-9(c)是用塑料薄膜作防水层,采用两层混凝土结构,适于对防渗要求更高的水池。目前,一种 UEA(型混凝土膨胀剂)在水池工程中得到广泛应用。该种混凝土具有抗裂防渗、补偿收缩自应力等优良性能,合理使用能降低水池成本、缩短工期、保证工程质量。

图 12-10 ~图 12-15 是水池常用结构,以供参考(具体见喷水池结构)。

(a) 水池池壁（岸）处理

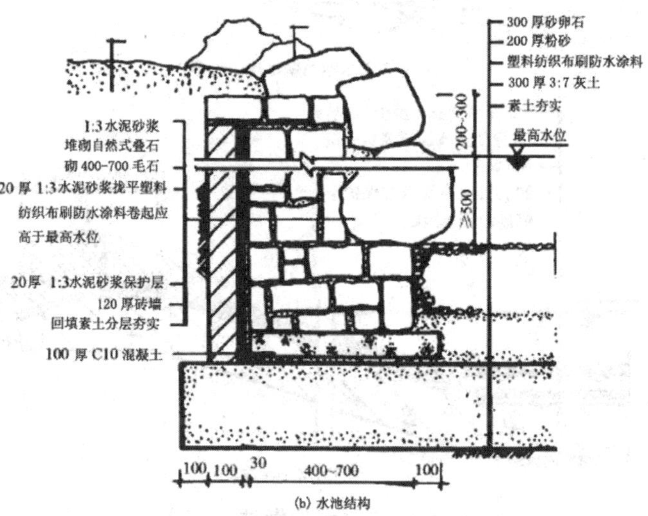

(b) 水池结构

图 12-10　水池的做法（一）

(a) 水池池壁（岸）处理

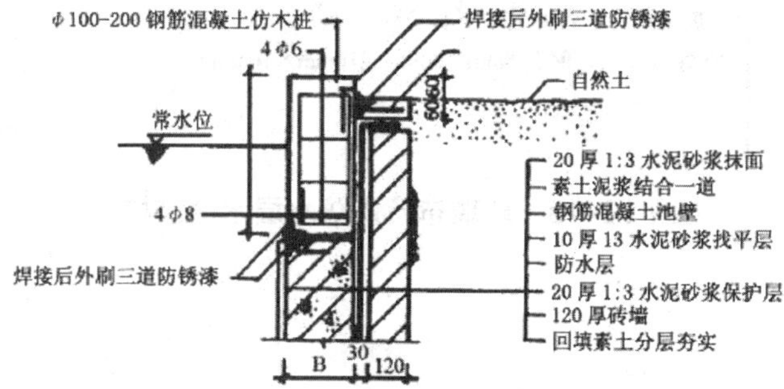

(b) 水池池壁结构

(c) 池岸平面

图 12-11　水池做法（二）

(a) 水池池壁（岸）处理

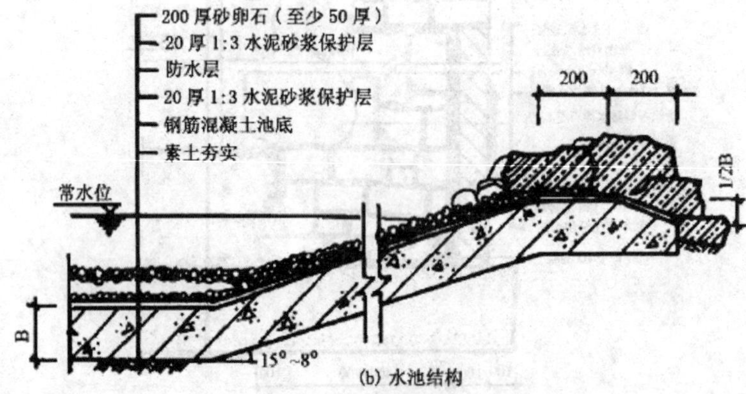

(b) 水池结构

图 12-12 水池做法（三）

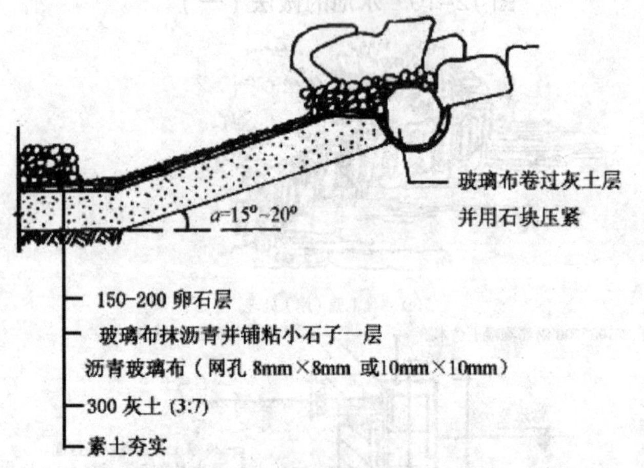

图 12-13 玻璃布沥青防水层水池结构

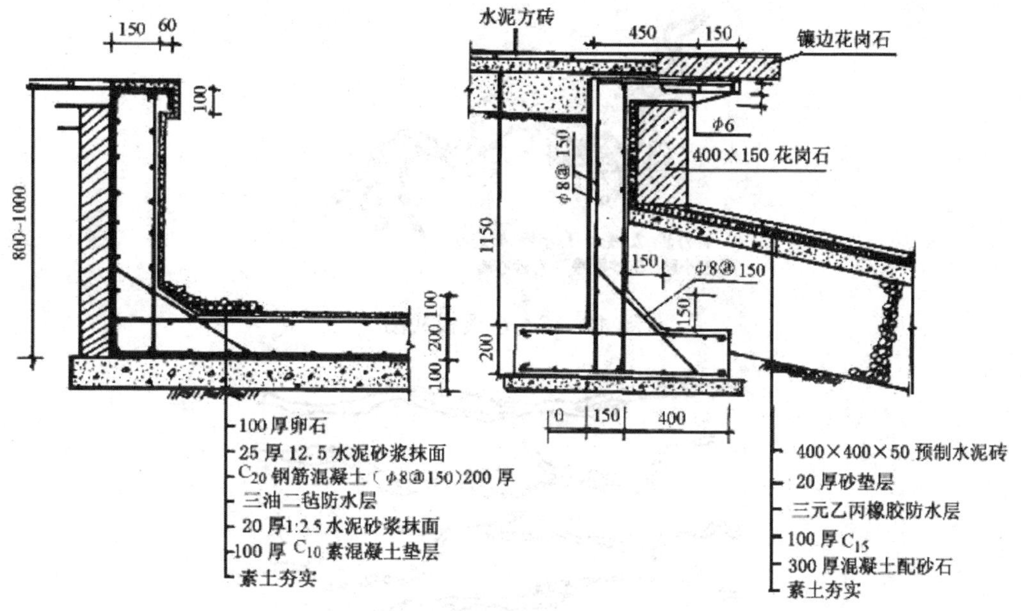

图 12–14 油毡防水层水池结构　　图 12–15 三元乙丙橡胶防水层水池结构

三、溪涧

园林中的溪涧是模拟自然界溪流，是连续的带状动态水体。溪浅而阔，水沿滩泛漫而下，轻松愉快，柔和随意；涧深而窄，水量充沛，水流急湍，扣人心扉。图 12–16 是溪的一般模式，由图可看出溪涧一些基本特点：溪涧曲折狭长的带状水面，有明显的宽窄对比，溪中常设挡水石、汀步、小桥等。自然界中的溪流（见图 12–17）多是在瀑布或涌泉下游形成的，溪岸高低错落，流水清澈晶莹，且多有散石净砂，绿草翠树，很能体现水的姿态和声响。如贵州花溪，两山狭崎、山环水绕、水清山绿，流水叮咚。

园林中由于地形条件的限制，平坦基址设计溪涧有一定难度，但通过一定的工程措施也可再现自然溪流，图 12–18 是颐和园的后溪景区，它通过带状水面将分散的景点连贯于一体，强烈的宽窄对比，不同的空间交替，幽深曲折，形成忽开忽合、时收时放的节奏变化。北京首钢月季园（见图 12–19）根据地形条件设计了涌泉、瀑布，经小溪至水体（金鱼池），整个水景组合一气呵成。无锡寄畅园的八音涧、颐和园谐趣园内的玉琴峡等更是人工理水的范作。

园林中溪涧的布置讲究师法自然，平面上要求蜿蜒曲折，对比强烈；立面上要求有缓有陡，空间分隔开合有序。整个带状游览空间层次分明、组合合理、富于节奏感。

布置溪涧，宜选陡石之地，充分利用水姿、水色和水声。通过溪水中散点山石能创造水的流态；配置沉水植物，间养红鲤可赏水色；布置跌水可听其声。

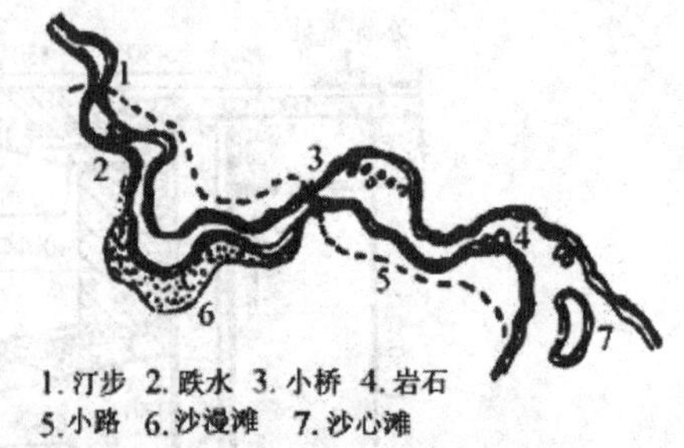

图 12-16 小溪模式图

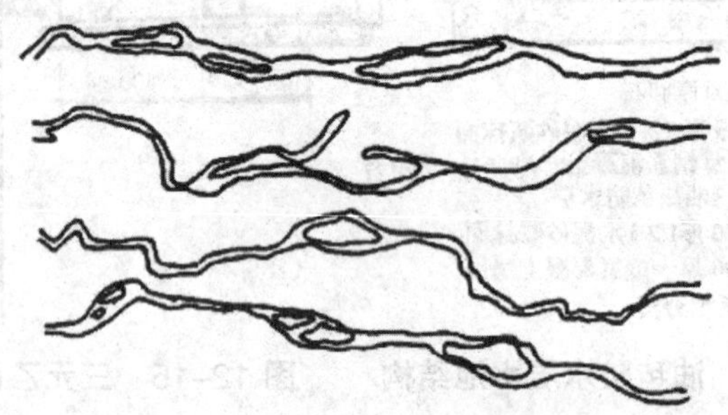

图 12-17 自然溪流的各种形式

图 12-18 颐和园后溪河

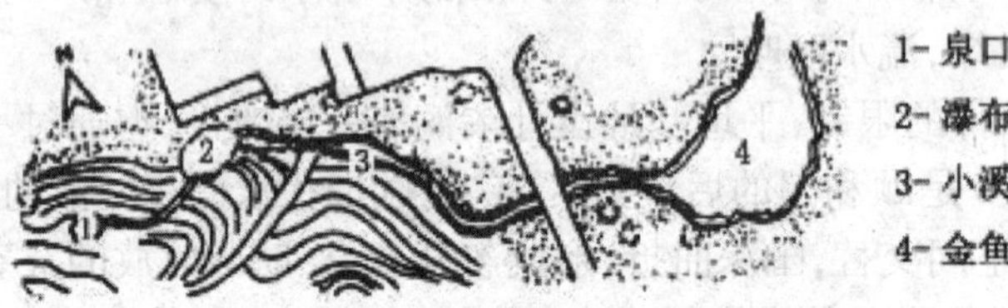

图 12-19 北京首钢月季园叠石水景平面图

四、瀑布

瀑布属动态水体，有天然瀑布和人工瀑布之分。天然瀑布是由于河床突然陡降形成落水高差，水经陡坎跌落如布帛悬挂空中，形成千姿百态、优美动人的壮观景色。人工瀑布是以天然瀑布为蓝本，通过工程手段而修建的落水景观，如图 12-20 所示。

在瀑布设计时为了说明瀑布落差与瀑宽的关系而将瀑布分成水平瀑布和垂直瀑布两类。前者瀑面宽度大于瀑布落差，后者瀑面宽度小于瀑布落差。例如著名的贵州黄果树瀑布就属于垂直瀑布，其瀑宽为 84m，总落差约 90m，奔腾咆哮、汹涌澎湃、气势非凡。

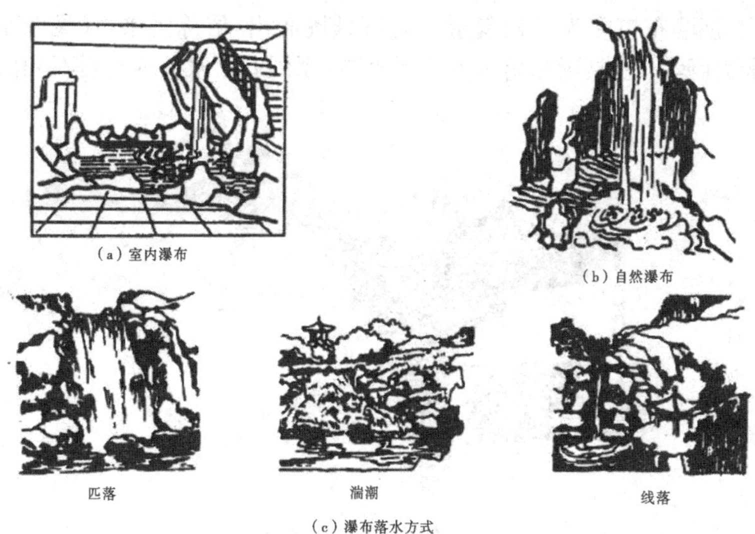

图 12-20 瀑布落水景观

(一)瀑布的构成

瀑布一般由背景、上游水源、落水口、瀑身、承水潭和接溪流五部分构成,如图 12-21 所示。人工瀑布常用以山体上的山石、树木为背景,上游积聚的水(或水泵提水)流至落水口,落水口也称瀑布口,其形状和光滑度影响到瀑布水态及声响。瀑身是观赏的主体。

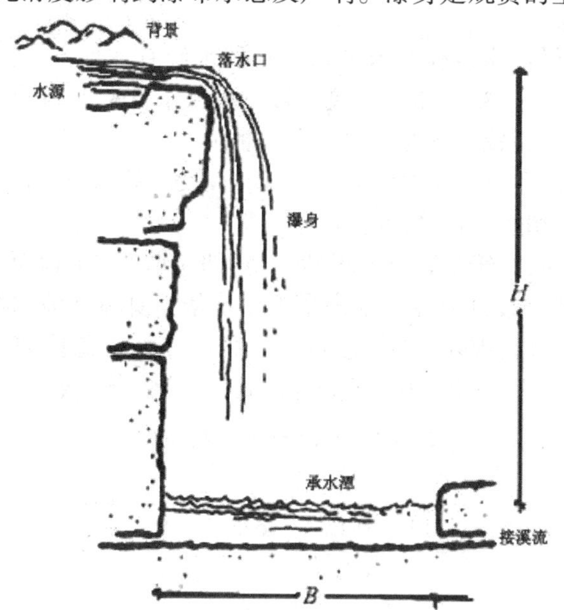

图 12-21 瀑布模式及瀑身落差高度与潭面的关系

(二)瀑布的特征

景观良好的瀑布具有以下特征,一是水流经过的地方常由坚硬扁平的岩石构成,瀑布边缘轮廓清晰可见；二是瀑布口多为结构紧密的岩石悬挑而出，俗称泻水石（见图 12–22），水由泻水石倾泻而下，水力巨大；三是瀑布落水后接承水潭，潭周有被水冲蚀的岩石和散生湿生植物。

图 12–23　瀑布泻水石

（三）瀑布落水的形式

瀑布落水的形式多种多样，常见的有直落、段落、分落、对落、布落、离落、滑落、壁落和连续落等，如图 12–23 所示。

（四）瀑布布置要点

瀑布设计必须有足够的水源作为保证。瀑布的水源有三种：一是利用天然水位差，这种水源要求建园范围内有泉水、溪、河道；二是直接利用城市自来水，但投资成本高；三是水泵循环供水，如图 12–24 所示，是较经济的一种给水方法。

不论何种水源均要达到一定的供水量，据经验：高 2m 的瀑布，每米宽度流量为 0.5rn^3/min 较适宜。表 12–1 是瀑布用水量估算情况。

瀑布设计就景观来说，在于是否具备天然情趣，即所谓“在乎神而不在乎形”。因此，瀑布设计要与环境相协调，瀑身设计要注意水态景观。要依据具体环境选择瀑布造型。不宜将瀑布落水作等高、等距或一直线排列，要使流水曲折、分层分段地流下，各级落水有高有低。各种灰浆修补、石头接缝要隐蔽，不露痕迹。可利用山石、树丛将瀑布泉源遮蔽以求自然之趣。

表 12–1　瀑布用水量估算

单位：m

瀑布落水高度（m）	蓄水池水深（m）	用水量（L/s）	瀑布落水高度（m）	蓄水池深度（m）	用水量（L/s）
0.30	6	3	3.00	19	7
0.90	9	4	4.5	22	8
1.50	13	5	7.5	25	10
1.50	13	5	7.5	25	10
2.10	16	6	>7.5	32	12

瀑布落水口处理是瀑布造型的关键，为保证瀑布效果，要求堰口水平光滑。以下 3 种方法

能保证堰口有较好的出水效果：①堰唇采用青铜或不锈钢；②增加堰顶蓄水池水深；③在出水管口处加挡水板，降低流速，以流速不超过 0.9 ~ 1.2m/s 为宜。

就结构而言，凡瀑布流经的岸石缝隙必须封死，以免泥土冲刷至潭中，影响瀑布水质。

瀑布承水潭宽度至少应是瀑布高的 2/3，即 B=2/3H，以防水花溅出。承水潭池底结构如图 12–25 所示，且保证落水点为池的最深部位。

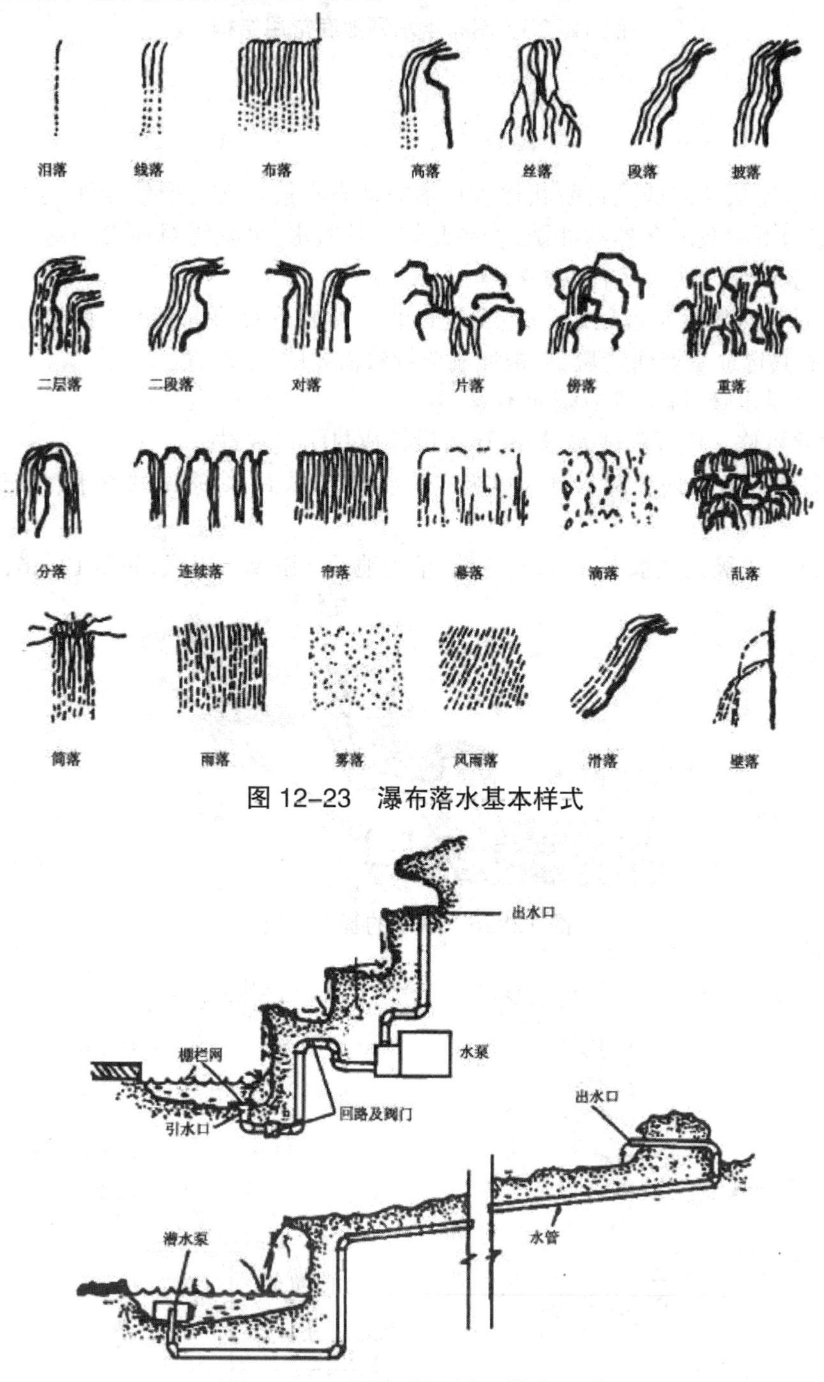

图 12–23 瀑布落水基本样式

图 12–24 瀑布水泵循环供水系统

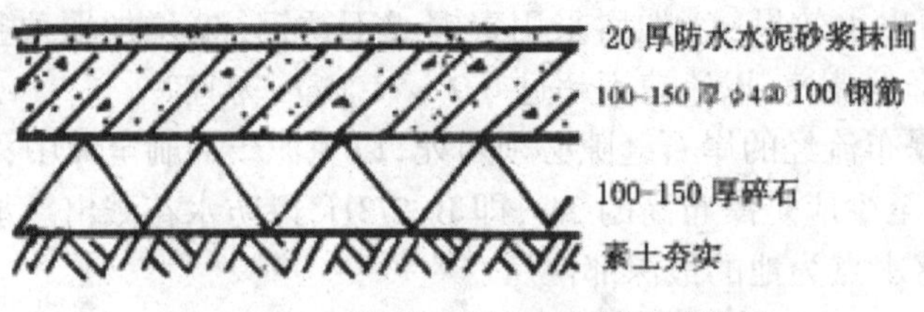

图 12-25 瀑布承水潭池底常用结构

五、跌水

跌水是指水流从高向低呈台阶状逐级跌落的动态水景。在地形较陡处，水流经过时容易对无护面措施的下游造成激烈的冲刷，若在此处设计跌水，可减缓对地表冲刷，同时也形成了极具韵味的落水景观。跌水具有以下特点：

（1）跌水是自然界落水现象之一，它既是防止水冲刷下游的重要工程设施，又是连续落水组景手段，因而其选址是坡面陡峻、易被冲刷或景致需要的地方。

（2）跌水其供水管、排水管应蔽而不露。

（3）跌水除可修建成开敞式水景外，还可设计成封闭式水景。

跌水的形式多种，一般将跌水分为单级式跌水、二级式跌水、多级式跌水、悬臂式跌水和陡坡跌水。

单级式跌水：单级式跌水由进水口、胸墙、消力池及下游溪流组成，如图 12-26、12-27 所示。

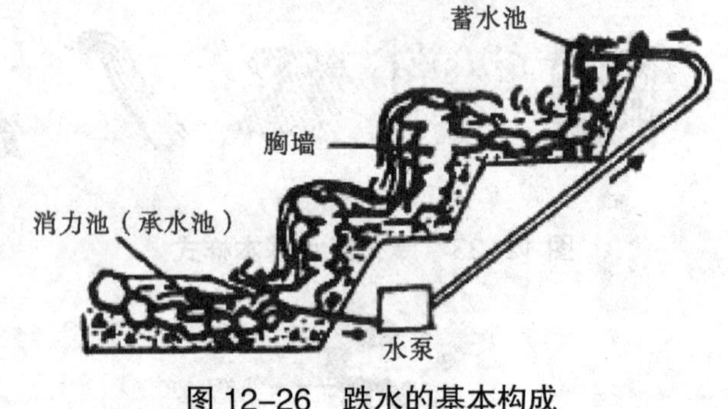

图 12-26 跌水的基本构成

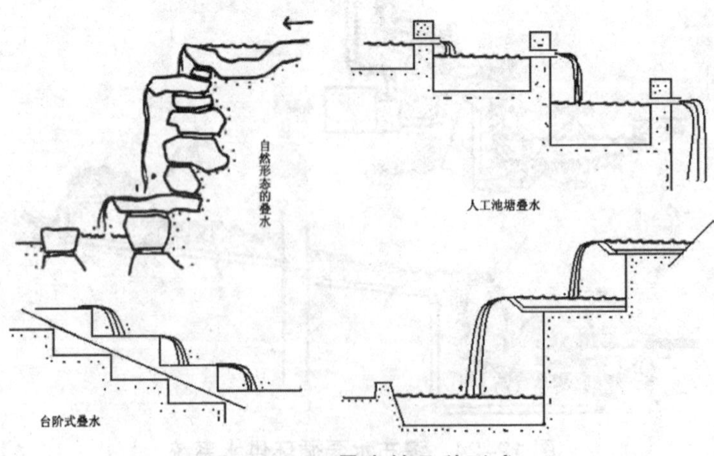

图 12-27 叠水的几种形式

进水口是经供水管引水到水源的出口，应通过某些工程手段使进水口自然化，如配饰山石。胸墙也称跌水墙，它能影响到水态、水声和水韵。胸墙要求坚固、自然。消力池即承水池，作用是减缓水流冲击力，避免下游受到激烈冲刷。消力池长度也有一定要求，其长度应为跌水高度的1.4倍。连接消力池的溪流应根据环境条件设计。

二级式跌水：即溪流下落时，具有两阶落差的跌水。二级式跌水的水流量较单级式跌水小，故下级消力池底厚度可适当减小。

多级式跌水：具有三阶以上落差的跌水。多级式跌水一般水流量较小，因而各级均可设置蓄水池（或消力池），水池可为规则式也可为自然式，视环境而定。有时为了造景需要，渲染环境气氛，可配装彩灯，使整个水景景观盎然有趣。

悬臂式跌水：悬臂式跌水的特点是其落水口处理与瀑布落水口泻水石处理极为相似，它是将泻水石突出成悬臂状，使水能泻至池中间，落水更具魅力。

陡坡跌水：陡坡跌水是以陡坡连接高、低渠道的开敞式过水构筑物。园林中多应用于上下水池的过渡。由于坡陡水流较急，需稳固的基础。

布置跌水首先应分析地形条件，重点着眼于地势高差变化，水源水量情况及周围景观空间等。其次确定跌水的形式。水量大，落差单一，可选择单级式跌水；水量小，地形具有台阶状落差，可选多级式跌水。最后，跌水应结合泉、溪涧、水池等其他水景综合考虑，并注意利用山石、树木、藤萝隐蔽供水管、排水管，增加自然气息，丰富立面层次。

六、喷泉

喷泉又称喷水，是由压力水喷出后形成各种动态水景。起装饰点缀园景的作用。喷泉有天然喷泉和人工喷泉之分。

人工喷泉最早出现于西方，在公元前605年，喷泉作为欣赏水景首次出现于古巴比伦空中花园中，被认为是最早用于园林的喷泉设计。自此，喷泉得到广泛应用。例如“喷泉之都”意大利罗马，共计有3000多个喷泉，形状各异、多姿多彩；法国路易十四凡尔赛宫的阿波罗喷泉，设计水池容积200万m^3，1400多个喷头，景点各具特色。这些喷泉设计主题各异，但都与规则喷水池及各式各样的雕塑相结合，成为西方喷泉设计的古典模式。

我国圆明园的人工喷泉，明显受到西方喷泉设计的影响，喷头多为动物造型。当这些喷泉纳入了圆明园特定的环境后，出现了意想不到的效果，被称为大水法。

当代，随着电子工业的发展、新技术新材料的广泛应用，喷泉发展到了自动控制，使之成为集喷水、音乐、灯光于一体的综合性水景，成为城市主要景观之一。

（一）喷泉位置

喷泉设计选址宜在人流集中之处。轴线的端点、交点，建筑物前，广场中心，花坛组群等处均可设置。有时设置一些装饰性强的小型喷泉以营造气氛，如影剧院、商厦、宾馆、写字楼等室内空间的喷泉水景。

（二）喷泉环境

喷泉设计必须与环境取得一致。主题与形式应与环境相协调，应起到装饰和渲染环境的作用。主题式喷泉要求环境能提供足够的喷水空间和联想空间,使人通过喷泉的艺术联想,感到精神振奋、心情舒畅。装饰性喷泉要有一定的背景空间方能起到装饰效果。与雕塑组景的喷泉,常需开阔的草坪和精巧简洁的铺装衬托。庭院、室内空间和屋顶的喷泉小景,最宜衬以山石、草灌花木。节日用的临时性喷泉则要用艳丽的花卉或醒目的装饰物为背景,使人倍感节日的欢乐气氛。

喷泉对环境的要求,应注意:

①喷泉水柱细而长,呈透明状时,应设置深绿色背景。做法是配以连续密植、分枝点低的常绿乔木,并点缀芳香型花卉。

②当水柱为短而粗时,多呈半透明状,要安排与喷高相宜的背景,背景宜深,但空间不可过于封闭。喷泉周围应有足够的铺装空间以满足欣赏的活动空间需要,一般大型喷泉,视距应为中央喷水高度的 3 倍;中型喷泉视距应为中央喷水高度的 2 倍;小型喷泉视距为中央喷水高度的 1 倍即可。表 12–2 为喷泉选址与喷泉设计的关系,以供参考。

表 12–2　喷泉对环境的要求

喷泉环境	喷泉的参考设计
开放空间（如广场、车站前、公园入口、园林轴线交叉中心）	宜选用规划式水池、喷水要高，水姿丰富，配适当照明，铺装宜宽、规整
半围合空间（街道转角、多幢建筑物前）	多用长方形或流线形水池，喷水柱宜细，组合简洁
特殊空间（旅馆、饭店、展览会场、写字楼）	圆形、长方形或流线形水池，水量要大，喷水优美多彩，层次分明，照明华丽，铺装精巧，宜配雕塑
喧闹空间（花园小区、游乐中心、影剧院）	流线形水池，喷水多姿多彩，水形丰富，音、色、姿结合，简洁明快，配山石、雕塑衬托
幽静空间（古典园林、浪漫茶座）	自然式水池，山石点缀，铺装精巧，喷水朴素，充分利用水声，强调意境
庭院空间	圆形、半月形、流线形水池，喷水自由，可与雕塑、花台结合，池内养鱼，水姿简洁，山、石、花相间

（三）常见喷头类型

喷头是喷泉的主要组成部分,不同的喷头形式可造就多变的喷泉景观。

要保证喷水质量,达到设计水型,必须重视喷头的形式、结构、材料及加工质量等,这些因素对喷泉的景观艺术效果会产生重要影响。制造喷头的材料一般要求耐磨、防锈、抗弯强度好,不易变形等特点。目前生产厂家常用铜或不锈钢制作,这类喷头质量好、寿命长,应用广泛。铝合金喷头逐渐被取代。园林中常见的喷头类型归纳如下:

①单射流喷头

这是目前应用最广的一种喷头,属喷水的最基本形式。喷水时水柱线条清晰、简练明快。如喷头低于水面时,便可形成涌泉。喷头形状和喷水型如图 12–28 所示。

②喷雾喷头

这种喷头内安螺旋导水板,水流经喷头并在喷头内旋转,当水由喷头小孔喷出时,快速散开弥漫成雾状,朦胧典雅。如入水角在 40° 15′ ~ 42° 36′,当有阳光时很容易形成彩虹景观,绚丽多彩。喷头构造如图 12–29 所示。

③旋转喷头

此种喷头是利用压力将水送至喷头后，借助驱动孔的喷水，靠水的反推力带动回转器转动，使喷头不断地转动而形成欢乐愉快的水姿，如图 12–30 所示。

④环形喷头

环形喷头出水口成环状断面（见图 12–31），水沿孔壁喷出形成外实内空的环形水柱，气势粗犷、雄伟，动感强。

⑤扇形喷头

该种喷头喷水成扇形水膜，且常常成孔雀状造型，如图 12–32（b）所示。与之相近的还有平头喷头，见图 12–32（a）。

⑥多孔喷头

由多个单射流喷头组成，喷水层次丰富，水姿多变，视感好，如图 12–33 所示。

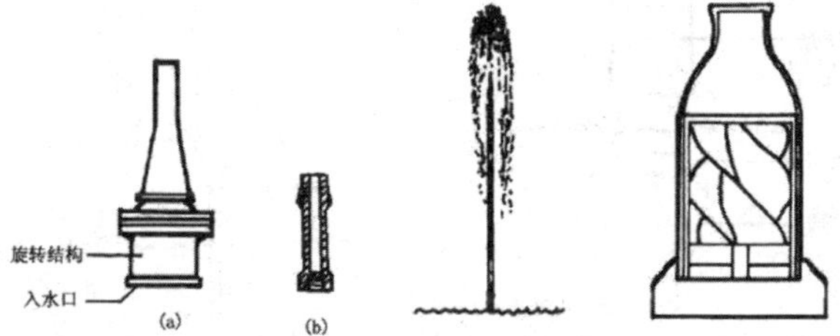

图 12–28 单射流喷头及喷水型 图 12–29 喷雾喷头

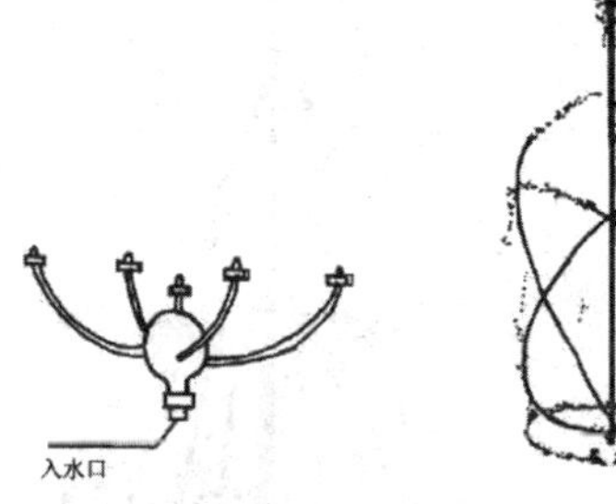

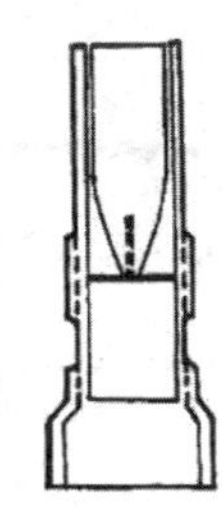

图 12–30 旋转型喷头及喷水型 图 12–31 环形喷头

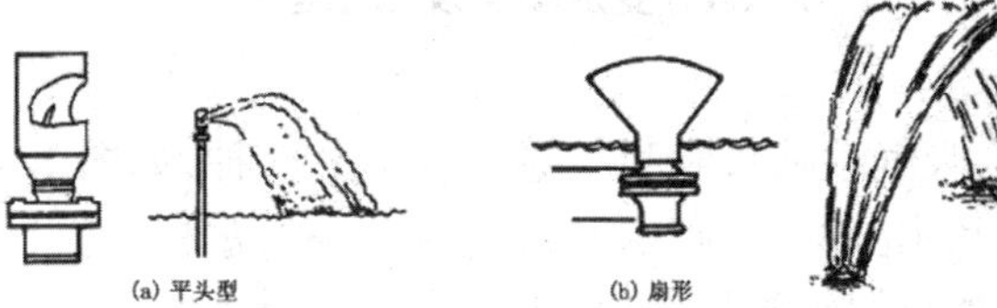

图 12–32 扇形喷头及喷水型

图 12–33 多头喷嘴及喷水型

⑦变形喷头

变形喷头种类较多，喷水造型各异。此类喷头在出水口的前面安装有可调节的反射器，当水流经过反射器时，迫使水流按预定角度喷出，起到造型作用，见图 12-34。

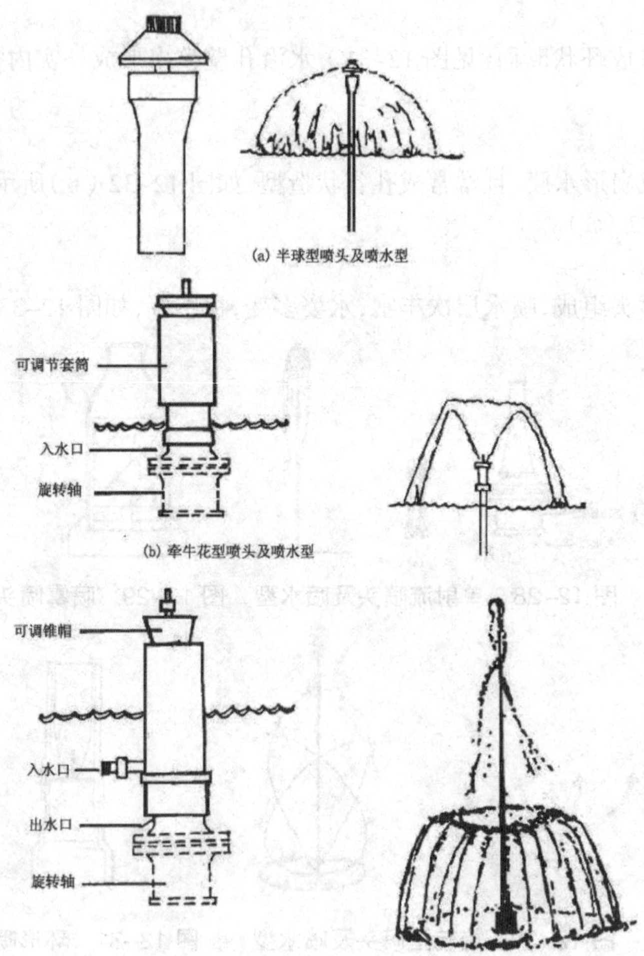

图 12-34 变形喷头及喷水型

⑧吸力喷头

这种喷头常有吸水喷头、吸气性喷头和吸气吸水性喷头 3 种，如图 12-35 所示。它们共同的特点是利用水压差将空气和水吸入，待喷水、气混合喷出时，水柱膨大且含大量小气泡，成为白色带泡沫的不透明水柱。如夜间经彩灯照射，更加光彩夺目。

⑨蒲公英形喷头

此种喷头是通过一个圆球形外壳安装多个放射状短喷管，并在每个管端安置半球形喷头，当喷水时能形成半球形或球形水花，如同蒲公英一样，美丽动人，这种喷头喷孔很小，对水质要求较高，需配备过滤设施。此种喷头可单独、对称或组合使用，在自控式大型喷泉中应用，效果较好，如图 12-36 所示。

⑩组合式喷头

也称复合型喷头，是由两种或两种以上喷水型各异的喷头，经组合而形成的复合喷头，能喷出较为复杂、富于变化的水花。

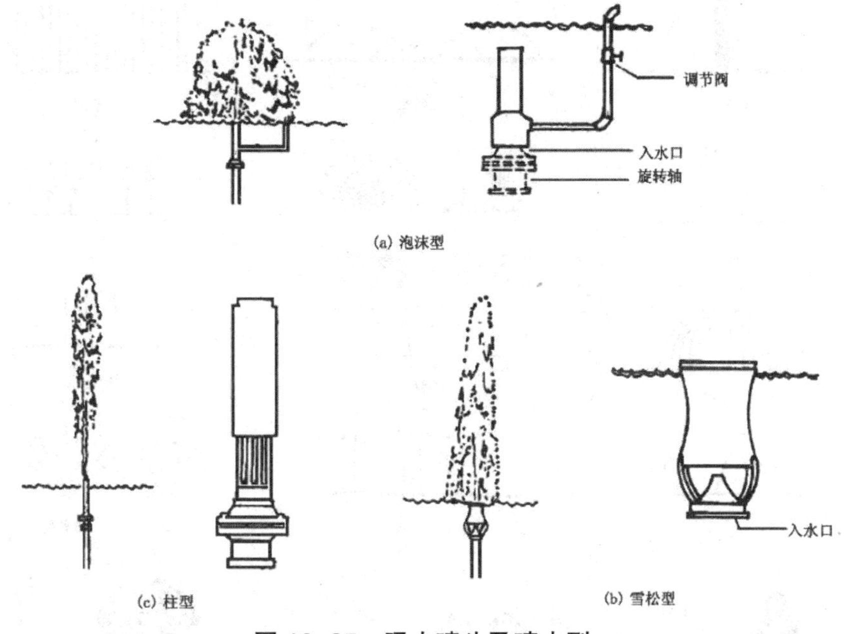

图 12-35 吸力喷头及喷水型

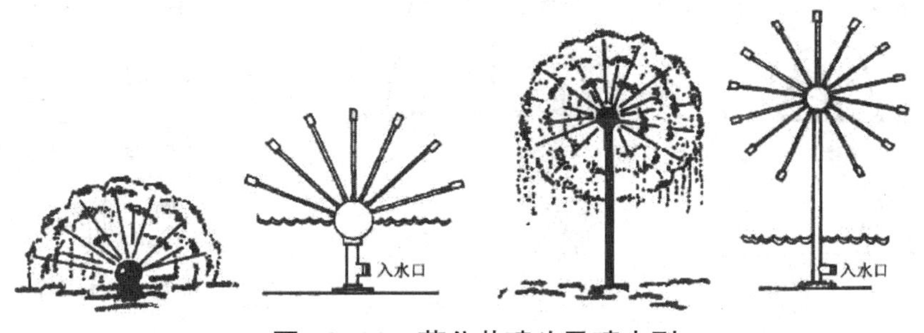

图 12-36 蒲公英喷头及喷水型

(四)喷泉水型

喷泉的喷水形式是指水型的外观形态,如雪松形、牵牛花形、蒲公英形、水幕形、编织型等。图 12-37 为常见喷泉水型,基本装饰性要求越来越高,喷泉水型必将不断丰富和发展。

(五)喷泉供水形式

喷泉供水水源多为人工水源,有条件的地方也可利用天然水源。目前,最为常见的供水方式有直流式供水、水泵循环供水和潜水泵循环供水 3 种。

(1)直流式供水。直流式供水形式如图 12-38(a)所示。

直流式供水特点是自来水供水管直接接入喷水池内与喷头相接,给水喷射一次后即经溢流管排走。其优点是供水系统简单,占地小,造价低,管理简单。缺点是给水不能重复利用,耗水量大,运行费用高,水型难以保证。这种供水方式常与假山盆景结合,可做小型喷泉、孔流、涌泉、水膜、瀑布、壁流等,适合于小庭院、室内大厅和临时场所。

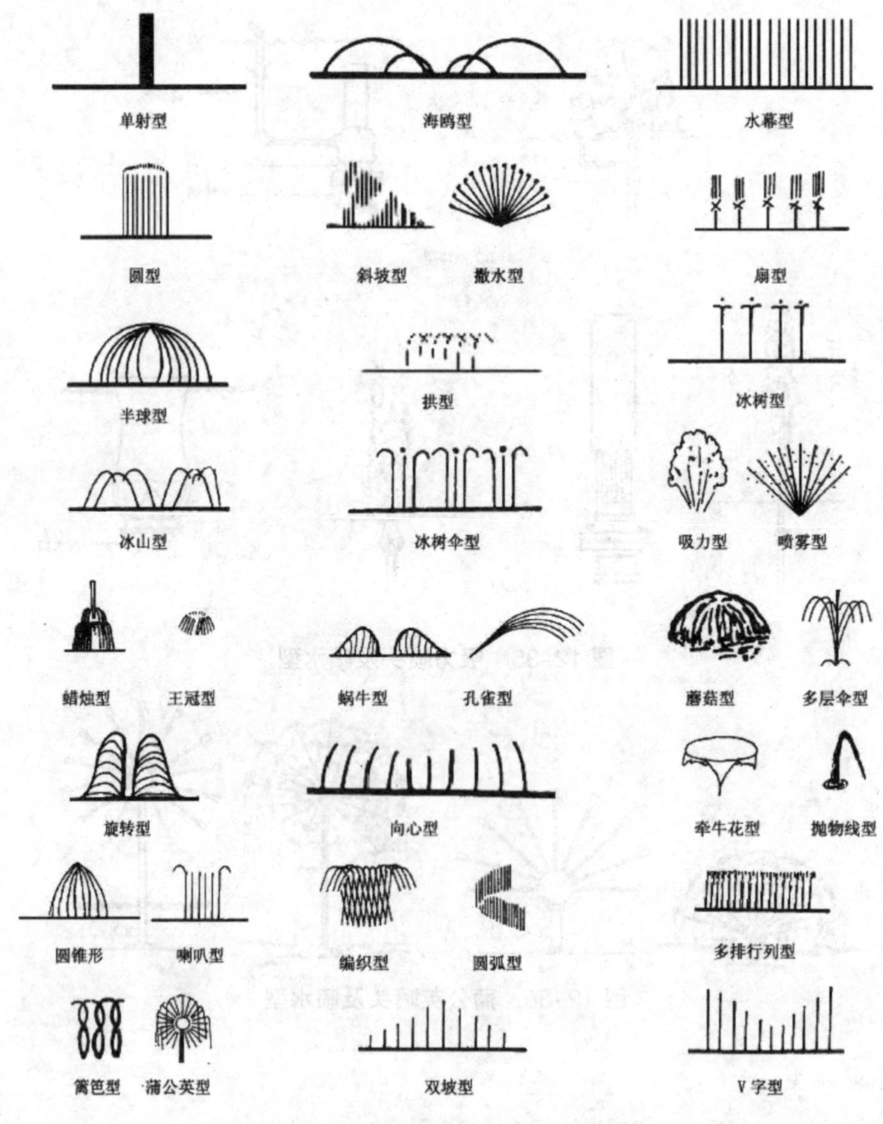

图 12-37　喷泉常见的喷水形式

（2）水泵循环供水。水泵循环供水形式如图 12-38（b）所示。水泵循环供水是另设泵房和循环管道，使水得以循环利用。其优点是耗水量小，运行费用低，操作方便，水压稳定。缺点是系统复杂，占地大、造价高，管理麻烦，水泵循环供水适合于各种规模和形式水景工程。

（3）潜水泵供水。潜水泵供水形式如图 12-38（c）所示。潜水泵供水特点是潜水泵安装在水池内与供水管道相连，水经喷头喷射后落入地内，直接吸入泵内循环利用。其优点是布置灵活，系统简单，占地小，造价低，管理容易，耗水量小，运行费用低。缺点是水型调整困难。潜水泵循环供水适合于中小型水景工程。

随着科学技术的日益发展，大型自控喷泉不断出现，为适应喷泉造景的需要，常常采取水泵和潜水泵结合供水，充分发挥各自特点，保证供水的稳定性和灵活性，简化系统，方便管理。

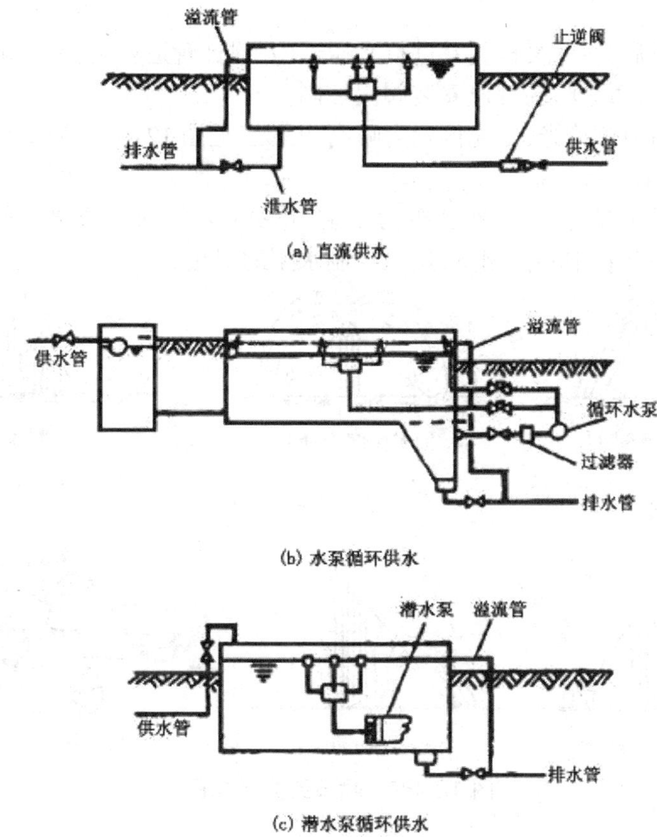

图 12–38 喷泉供水形式

（六）喷泉管理布置要点

当喷水池形式、喷头位置确定后，就要考虑管网的布置。喷泉管网主要由吸水管、供水管、补给水管、溢水管、泄水管及供电线路等组成。以下是管网布置时应注意的几个问题：

①喷泉管道要根据实际情况布置。小型喷泉，其管道可直接埋入土中，或用山石、矮灌木遮盖。大型喷泉，分主管和次管，主管要敷设在可通行人的地沟中，为了便于维修应设检查井：次管直接置于水池内。

②环形管道最好采用十字形供水，组合式配水管宜用分水箱供水，其目的是要获得稳定等高的喷流。

③为了保持喷水池正常水位，水池要设溢水口，要在其外侧配备拦污栅，但不得安装阀门。溢水管要有 3% 的顺坡，直接与泄水管连接。

④应安装补给水管，以保证水池正常水位。补给水管与城市供水管相连，并安装阀门控制。

⑤泄水口要设于池底最低处，用于检修和定期换水时的排水，管径 100mm 或 150mm，也可按计算确定，安装单向阀门，和公园水体或城市排水管网连接。

⑥连接喷头的水管不能有急剧变化，要求连接管至少有 20 倍其管径的长度。如果不能满足时，需安装整流器。

⑦喷泉所有的管线都要具有不小于 2%的坡度，所有管道均要进行防腐处理；管道接头要

严密，安装必须牢固。

⑧管道安装完毕后，应认真检查并进行水压试验，保证管道安全，一切正常后再安装喷头。为了便于水型的调整，每个喷头都应安装阀门控制。

⑨喷泉照明多为内侧给光，给光位置为喷高 2/3 处（见图 12–39），照明线路采用防水电缆，以保证供电安全。

⑩在大型的自控喷泉中，管线布置极为复杂，并安装功能独特的阀门和电器元件，如电磁阀、时间继电器等，并配备中心控制室，用以控制水型的变化。

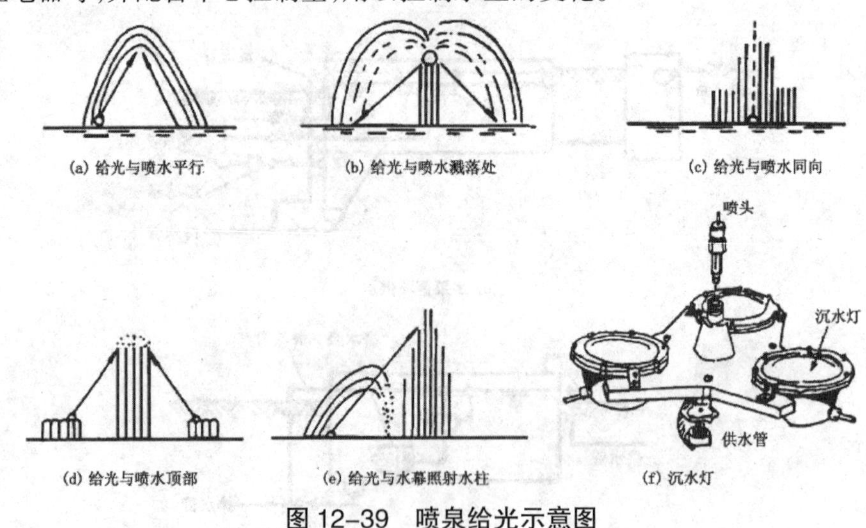

图 12–39　喷泉给光示意图

（七）喷泉构筑物

喷泉除管线设备外，还需配套的构筑物，如喷水池、泵房及给、排水井等。

1. 喷水池

喷水池是喷泉的重要组成部分，它既能独立成景，点缀、装饰、渲染环境，又能维持正常的水位以保证喷水，因此，可以说喷水池是集审美功能与实用功能于一体的动静（喷时动、停时静）相兼的人工水景。

①水池形状和大小。园林中的喷水池分为规则式水池和自然式水池两种。规则式水池平面形状呈几何形，如圆形、椭圆形、矩形、多边形、花瓣形等。自然式水池岸线为自然曲线，如弯月形、肾形、心形、泪珠形、蝶形、云形、梅花形、葫芦形等，现代喷水池形式新颖，活泼大方，富于时代感。

水池的大小应根据周围环境和喷高而定，喷水越高，水池越大。为了防止水滴飘移而落到池外，一般水池半径为最大喷高的 1 ~ 1.3 倍。自然式水池宜小，平均池宽可为喷高的 3 倍。

②喷水池结构与构造。水池由基础、防水层、池底、池壁、压顶等部分组成。

基础是水池的承重部分，由灰土和混凝土层组成。施工时先将基础底部素土夯实（密实度不得小于 85%）；灰土层一般厚 30cm（3 份石灰 7 份中性黏土）；C10 混凝土垫层厚 10 ~ 15cm。

水池工程中，防水工程质量的好坏对水池安全使用及其寿命有直接影响。

目前,水池防水材料种类较多,如按材料分,主要有沥青类、塑料类、橡胶类、金属类、砂浆、混凝土及有机复合材料等;如按施工方法分,有防水卷材、防水涂料、防水嵌缝油膏和防水薄膜等。

由于池底的位置重要,结构宜坚固耐久,多用钢筋混凝土池底,一般厚度大于20cm;如果水池容积大,要配双层钢筋网。施工时,每隔20m选择最小断面处设变形缝(伸缩缝、防震缝),变形缝用止水带或沥青麻丝填充;每次施工必须由变形缝开始,不得在中间留施工缝,以防漏水,见图12-40、图12-41和图12-42。

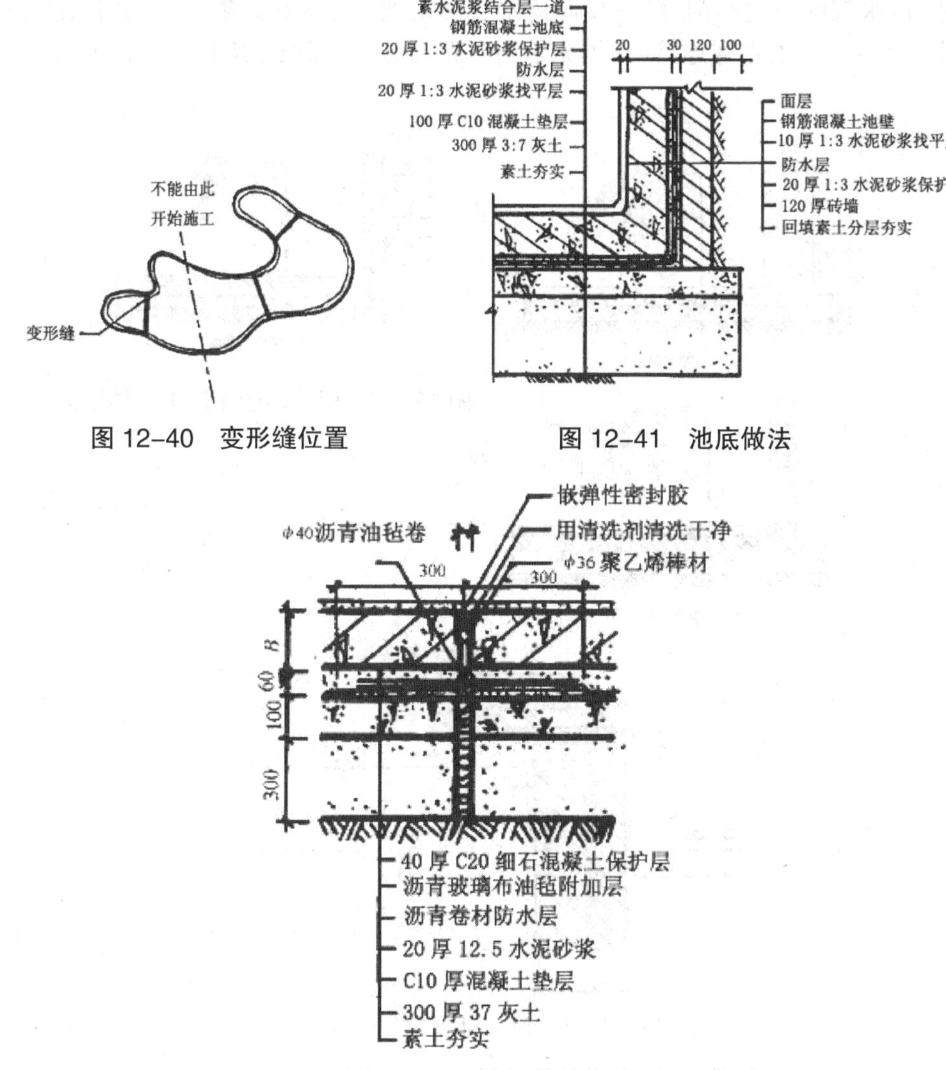

图12-40 变形缝位置

图12-41 池底做法

图12-42 伸缩缝的做法

池壁是水池竖向部分,承受池水的水平压力,水池越深,压力越大。池壁一般有砖砌池壁、块石池壁和钢筋混凝土池壁3种,见图12-43。壁厚视水池大小而定,砖砌池壁一般采用标准砖,M7.5水泥砂浆砌筑,壁厚不小于240mm。砖砌池壁虽然具有施工方便的优点,但红砖多孔,砌体接缝多,易渗漏,不耐风化,使用寿命短。块石池壁自然朴素,要求垒砌严密,勾缝紧密。混凝土池壁用于厚度超过400mm的水池,混凝土现场浇注。钢筋混凝土池壁厚度多小于

300mm，常用 150 ~ 200mm，宜配 D8、D12 钢筋，中心距多为 200mm。见图 12-44。

压顶属于池壁最上部分，起保护池壁、防止污水泥沙流入池中和防止池水溅出的作用。对于下沉式水池，压顶至少要高于地面 5 ~ 10cm；而当池壁高于地面时，压顶做法必须考虑环境条件，要与景观相协调，可作成平顶、拱顶、挑伸、倾斜等多种形式。压顶材料常用混凝土和块石。

完整的喷水池还必须设有供水管、补给水管、泄水管和溢水管及沉泥池。布置示意如图 12-45 ~ 图 12-49 所示。管道穿过水池时，必须安装止水环，以防漏水。供水管、补给水管安装调节阀；泄水管配单向阀门，防止反向流水污染水池；溢水管无须安装阀门，连接于泄水管单向阀后直接与排水管网连接（具体见管网布置部分）。沉泥池应设于水池的最低处并加过滤网。

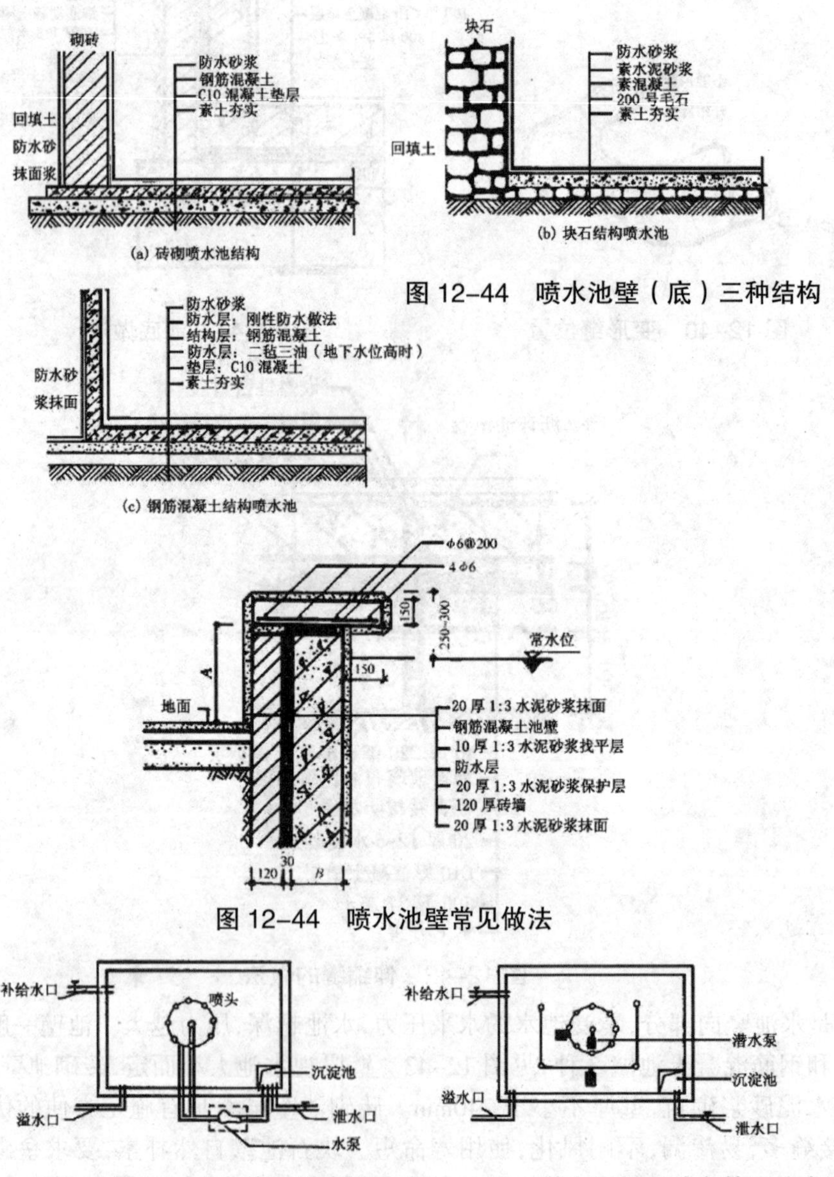

图 12-44 喷水池壁（底）三种结构

图 12-44 喷水池壁常见做法

图 12-45 水泵加压喷泉管口示意图　图 12-46 潜水泵加压喷泉管口示意图

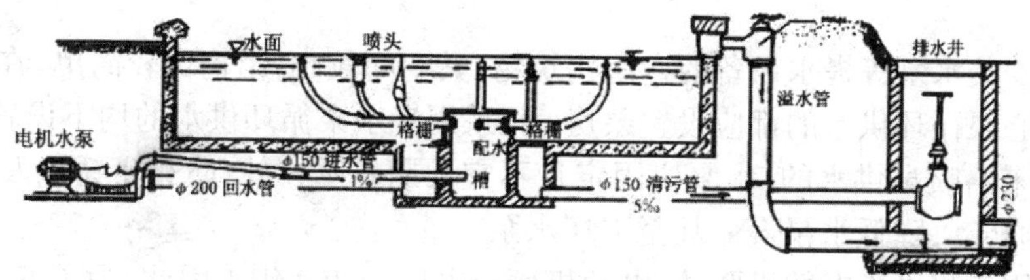

图 12-47 人工喷泉工作示意图

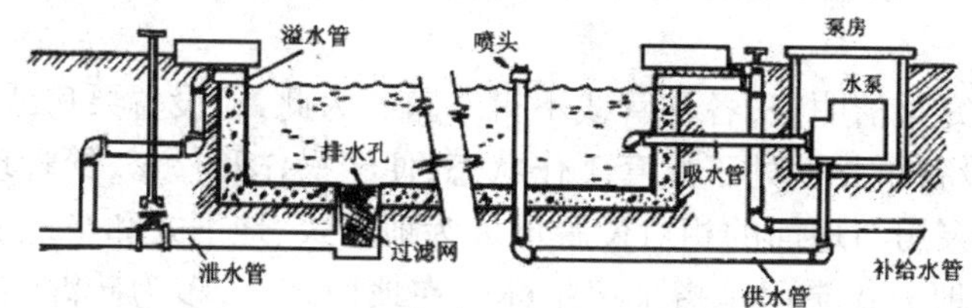

图 12-48 喷水池管线系统示意图

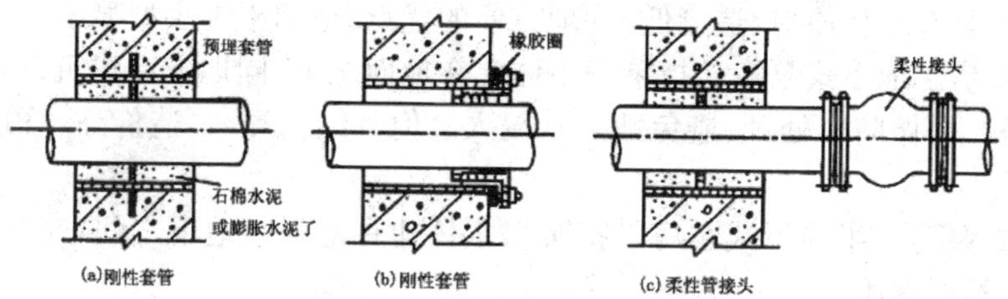

图 12-49 管道穿池壁常见做法

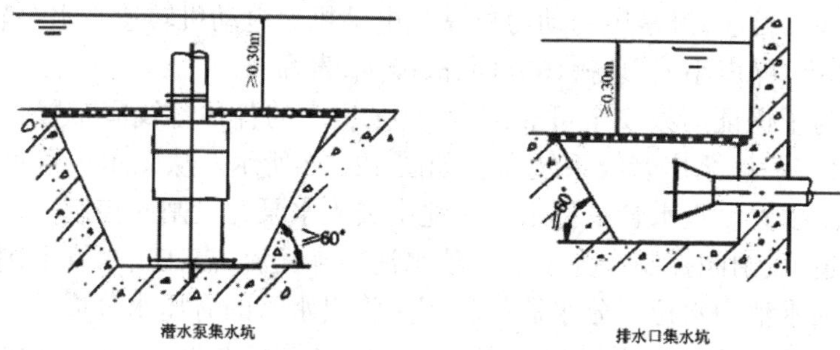

图 12-50 集水坑的做法

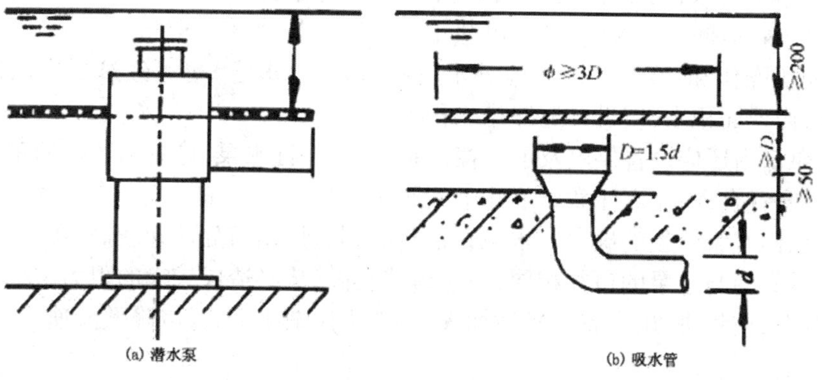

图 12-51 防堵塞设置挡板

2. 泵房

泵房是指安装水泵等提水设备的专用构筑物，其空间较小，结构比较简单。在喷泉工程中，凡采用清水离心泵循环供水的都应设置泵房；凡采用潜水泵循环供水的均不设置泵房。

泵房是用来给喷泉供水的，水泵应固定且不宜长期暴露在外，防止生锈以及泥砂、杂物等侵入水泵，影响转动，降低水泵寿命甚至损坏水泵。

水泵多采用三相异步电动机驱动，电动机额定电压为380伏。因此，为了安全起见也应将水泵安装在泵房内，潜水泵也要将控制开关设于室内，控制箱应安装在离地面1.6m以上安全的地方。

喷泉周围环境讲究整洁明快，各种管线不得暴露。为此，应设置泵房或以其他方法掩饰。

在泵房内，各种设备可长期处于配套工作状态，便于操作和检修，给管理带来方便。

泵房的形式根据泵房与地面的相对位置可分为地上式、地下式和半地下式3种。

①地上式泵房。地上式泵房是指泵房主体建在地面之上，多为砖混结构。一般常与管理用房结合，便于管理。若需单独设置时，应控制体量，讲究造型和装饰，尽量与喷泉周围环境协调。地上式泵房具有结构简单、造价低、管理方便的优点，适用于中小型喷泉。

②地下式泵房。地下式泵房是指泵房主体建在地面之下，同地下室建筑，多为砖混结构或钢筋混凝土结构，需做防水处理，避免地下水浸入。但其结构复杂，造价高，管理操作不便，适用于大型喷泉。

③半地下式泵房。半地下式泵房是指泵房主体建在地上与地下之间，兼具地上式和地下式二者的特点，不再重述。

泵房的管线布置包括以下几个方面：

①动力机械选择。目前，最常用的动力机械是电动机。电动机转速与水泵转速是为接近，且为直接传动，效率高，噪声小，管理操作方便，故障少，寿命长。

②管线布置。为了保证喷泉安全可靠地运行，泵房内的各种管线应布置合理、调控有效、操作方便、易于管理。一般泵房管线系统布置如图12-52所示。从图示中可见与水泵相连接的管道有吸水管和出水管。吸水管是将水从水池中吸入水泵并设闸阀控制。出水管是指水泵至分水器之间的管道，设闸阀控制。为了防止喷水池中水倒流，需在出水管上闸阀后安装止逆阀，防止倒流，保持喷水池中水位。分水器的作用是将出水管的有压水分成几路（由设计确定）通过供水管送至喷水池中供喷水用。为了调节供水的水量和水压，应在每条供水管上安装闸阀控制。由于季节所限，当喷泉停止运行时，为了防止管道冻坏，需将供水管内存水排除。一般在泵房内供水管最低处设置回水管，以截止阀控制。

③为了便于操作和管理，为喷水池补水的补水管（给水管）也可经过泵房以截止阀控制。为了防止泵房内地面积水，应设置地漏排除积水。

④此外，泵房内还应设置供电及电气控制系统，以保证水泵、灯具和音响的正常工作。

为使管线布置合理，还需注意以下几个问题：

①水泵进、出水管管径的确定。水泵在运行时，其进、出口处流速较高，可达到3.4m/s。如果进、出水管的管径与水泵的口径相同，由于流速较高，势必造成较大的阻力，从而降低了供水的稳定性。为此，应将进、出水管的管径加大，一般采用渐扩形式，以降低流速、减少阻力，使水流平稳。

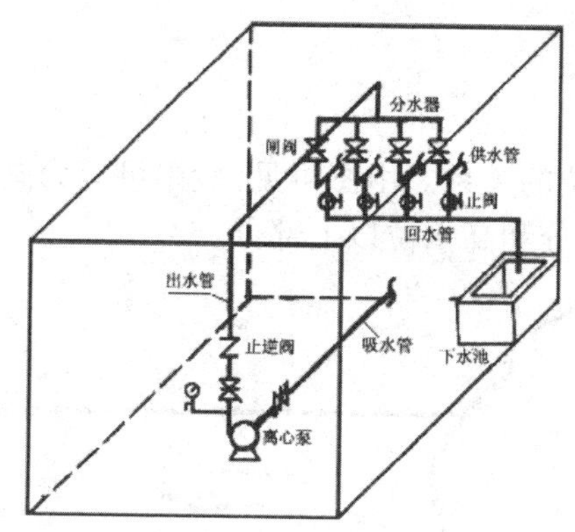

图 12-52 泵房管线系统示意图

实践证明，进水管的流速不宜超过 2.0m/s，出水管的流速不宜超过 3.0m/s。进、出水管管径可按下式确定并进行调整。

进水（吸水）管径：$DN \geqslant 800\sqrt{Q}$（mm）

出水管径：$DN \geqslant 600\sqrt{Q}$（mm）

式中 Q 为水泵流量，单位为 m^3/s。

②当管径大于水泵口径时，需在进、出口处配置渐变管，使水泵与进出管有过渡连接。

③渐变管长度可视其大小头直径差确定，一般取差数的 7 倍可满足要求。

④泵房用电要注意安全，开关箱和控制板的安装应符合规定。地下式泵房，要注意机房排水、通风。泵房内应配备灭火器等灭火设备。

第三节 驳岸与护坡

园林中的各种水体需要有稳定、美观的岸线，并使陆地与水面之间保持一定的比例关系，防止水岸坍塌而影响水体，因而应进行驳岸与护坡处理。

一、驳岸工程

驳岸是一面临水的挡土墙，是支持陆地和防止岸壁坍塌的水工构筑物。

（一）驳岸的作用

驳岸用来维系陆地与水面的界限，使其保持一定的比例关系。驳岸是正面临水的挡墙，用来支撑墙后的陆地土壤。

驳岸能保证水体岸坡不受冲刷。通常水体岸坡受水冲刷的程度取决于水面的大小、水位高低、风速及岸土的密产度等。因而，要沿岸线设计驳岸以保证水体坡岸不受冲刷。

驳岸还可强化岸线的景观层次。驳岸除支撑和防冲刷作用外，可通过不同的形式处理增加驳岸的变化，丰富水景的立面层次，增强景观的艺术效果。

（二）影响驳岸稳定的因素

图 12–53 表明驳岸与水位的关系。由图可见，驳岸可分为湖底以下部分，常水位至低水位部分、常水位到高水位之间部分和高水位以上部分。

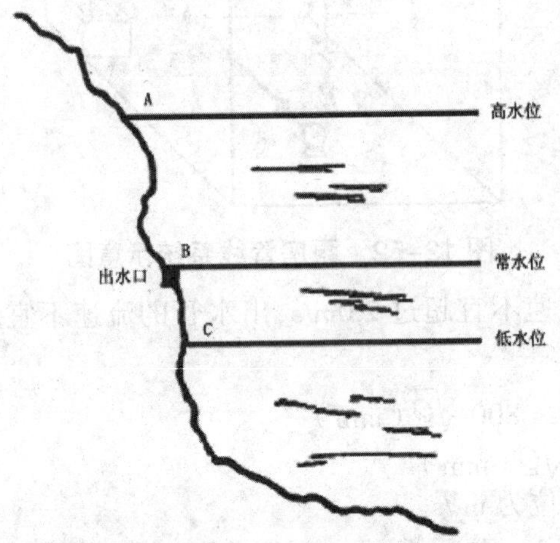

图 12–53　驳岸与水位的关系

高水位以上部分是不淹没部分，主要受风浪撞击和淘刷、日晒风化或超重荷载，造成岸坡损坏。

常水位至高水位部分（B ~ A）属周期性淹没部分，多受风浪拍击和周期性冲刷，使水岸土壤遭冲刷淤积于水中，损坏岸线，影响景观。

常水位至低水位部分（B ~ C）是常年被淹没部分，其主要是湖水浸渗冻胀，剪力破坏，我国北方地区因冬季结冻，常造成岸壁断裂或移位。

C 以下部分是驳岸基础，影响因子主要是地基的强度。地基强度大，基础稳固；反之则易引起地基沉陷，致使驳岸变形开裂。

（三）驳岸的形式

按照驳岸的造型形式将驳岸分为规则式驳岸、自然式驳岸和混合式驳岸 3 种。

规则式驳岸指用块石、砖、混凝土砌筑的几何形式的岸壁，如常见的重力式驳岸、半重力式驳岸、扶壁式驳岸等，见图 12–54（a）、图 12–54（b）。规则式驳岸多属永久性的，要求较好的砌筑材料和较高的施工技术。

自然式驳岸是指外观无固定形状或规格的岸坡处理，这种驳岸自然亲切，景观效果好。

混合式驳岸是规则式与自然式驳岸相结合的驳岸造型，见图 12–54（c）。混合式驳岸易于施工，具有一定装饰性，适用于地形许可且有一定装饰要求的湖岸。

（四）驳岸的结构类型与施工

1. 砌石类驳岸

是指在天然地基上直接砌筑的驳岸，特点是埋设深度不大，基址坚实稳固。如块石驳岸中的虎皮石驳岸、条石驳岸、假山石驳岸等。

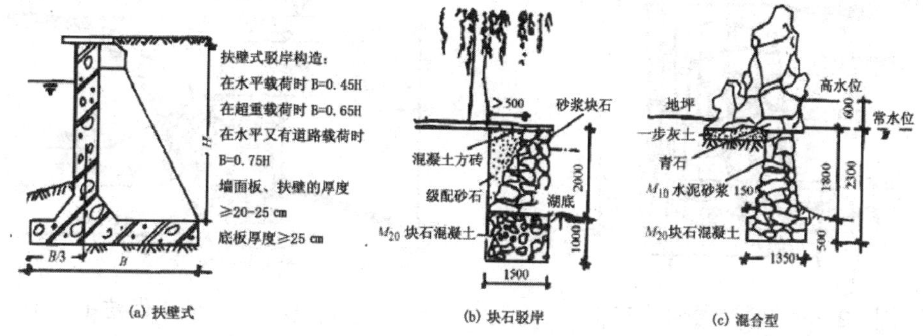

图 12-54 驳岸的形式

图 12-55 是砌石驳岸的常见构造,它由基础、墙身和压顶三部分组成。基础是驳岸承重部分,并通过它将上部重量传给地基。因此,驳岸基础要求坚固,埋入湖底深度不得小于 50cm,基础宽度应视土壤情况而定,砂砾土 0.35 ~ 0.40h,砂壤土 0.45h,湿砂土 0.50 ~ 0.60h。饱和水壤土 0.75h。墙身是基础与压顶之间部分,承受压力最大,包括垂直压力、水的水平压力及墙后土壤侧压力。压顶为驳岸最上部分,宽度 30 ~ 50cm,用混凝土或大块石做成。其作用是增强驳岸稳定性,美化水岸线,阻止墙后土壤流失。图 12-56 是重力式驳岸结构尺寸图。块石驳岸迎水面常采用 1 : 10 边坡。

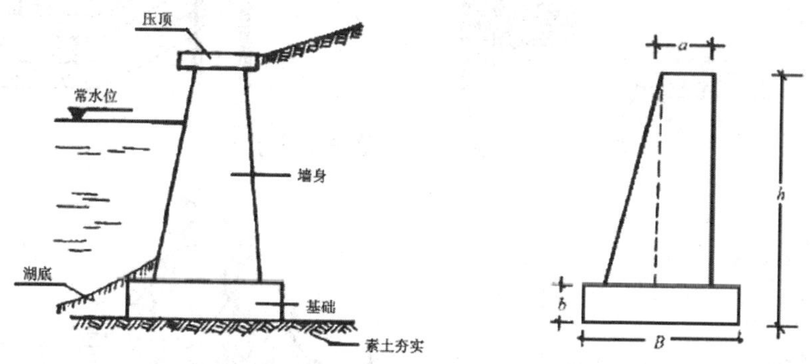

图 12-55 永久性驳岸结构示意图　　图 12-56 重力式驳岸结构示意图

如果水位位变化较大,为满足景观要求,可将岸壁迎水面做成台阶状,以适应水位的升降。图 12-57 ~ 12-61 是园林中砌石类驳岸结构图,供参考。

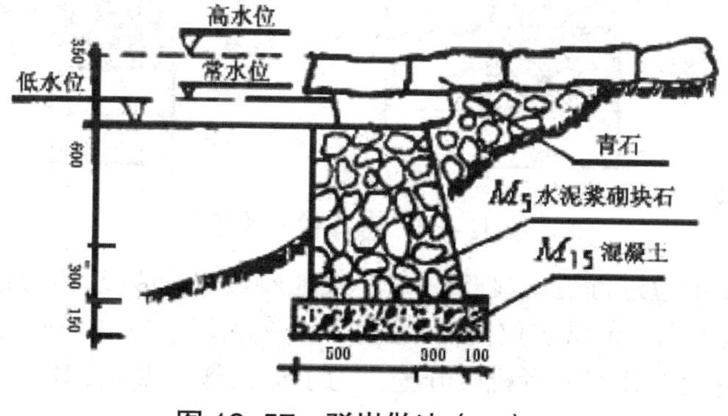

图 12-57 驳岸做法(一)

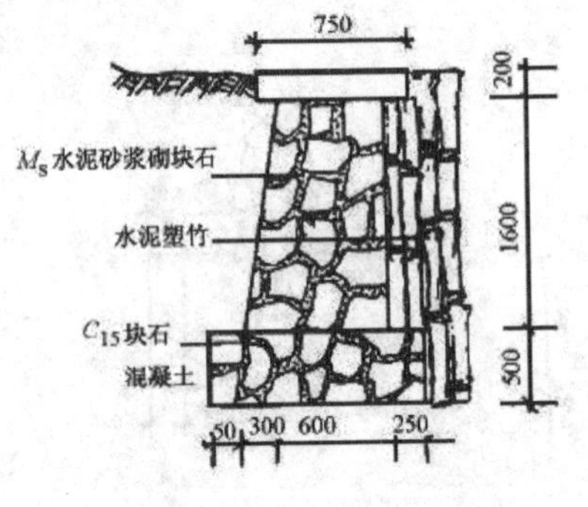

图 12-58　驳岸做法（二）

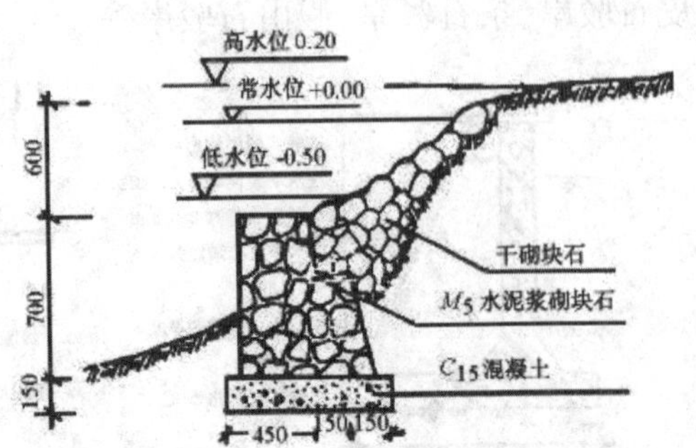

图 12-59　驳岸做法（三）

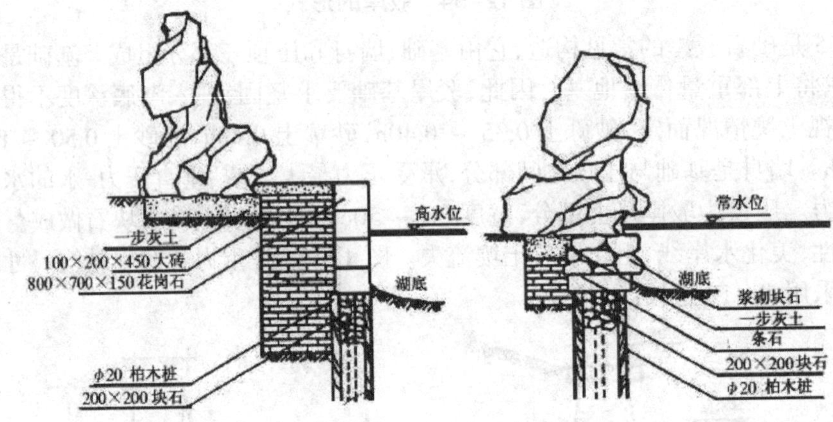

图 12-60　驳岸做法（四）

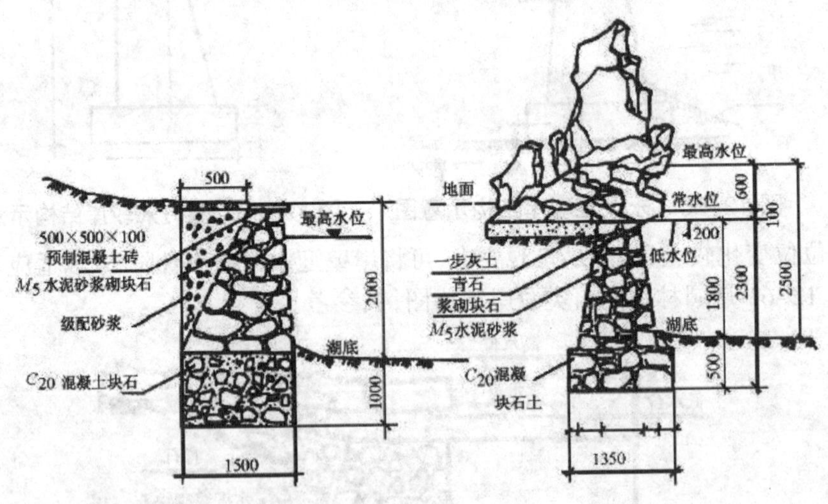

图 12-61　驳岸做法（五）

砌石类驳岸施工前应进行现场调查，了解岸线地质及有关情况，作为施工时的参考。

①放线：依据设计图上的常水位线，确定驳岸的平面位置，并在基础两侧各加宽 20cm 放线。

②挖槽：一般由人工开挖或者机械开挖。为了保证施工安全，对需要放坡的地段，应根据规定进行放坡。

③夯实地基：开槽后应将地基夯实，遇土层软弱时需进行加固处理。

④浇筑基础：一般为块石混凝土，浇注时应将块石分隔，将块石之间填满混凝土，不得将块石置于边缘。

⑤砌筑岸墙：将砌块石岸墙墙面应平整、美观；砂浆饱满，勾缝严密。每隔 25 ～ 30m 做伸缩缝，缝宽 3cm，可用等防水材料填充。填充时应略低于砌石墙面，缝用水泥砂浆勾满。如果驳岸有高差变化，应做沉降缝，确保驳岸稳固。驳岸墙体应于水平方向 2 ～ 4m、竖直方向 1 ～ 2m 处预留泄水孔，口径 120mm，便于排除墙后积水，保护墙体。也可于墙后设置暗沟、填置砂石排除积水。

⑥砌筑压顶：可采用预制混凝土板块压顶。顶石应向水中至少挑出 5 ～ 6cm，并使顶面高出最高水位 50cm 为宜。

2. 桩基类驳岸

桩基是我国古老的水工基础做法，在水利建设中得到广泛应用，当地基表面为松土层且下层为坚实土层或基岩时最宜用桩基。其特点是：基岩或坚实土层位于松土层下，桩尖打下去，通过桩尖将上部负荷传给下面的基岸或坚实土层；若桩打不到基岩，则利用摩擦桩，柏木桩侧表面与泥土间的摩擦力将荷载传到周围的土层中，以达到控制沉陷的目的。

图 12-62 是桩基驳岸结构示意，它由桩基、卡当石、盖桩石、混凝土基础、墙身和压顶等几部分组成。卡当石是桩间填充的石块，起保持木桩稳定作用。盖桩石为桩顶浆砌的条石，作用是找平桩顶以便浇灌混凝土基础。

桩基的材料，有木桩、石桩、灰土桩和混凝土桩、竹桩、板桩等。木桩要求耐腐、耐湿、坚固、无虫蛀。桩木的规格取决于驳岸的要求和地基的土质情况，一般直径 10 ～ 15cm，长 1 ～ 2m，弯曲度（d/L）小于 15%，且只允许一次弯曲（见图 12-63）。桩木的排列一般布置成梅花桩、品字桩、马牙桩。梅花桩、品字桩的桩距为桩径的 2 ～ 3 倍，即 5 个桩 / ㎡；马牙桩要求桩木排列紧凑，必要时可酌增排数。

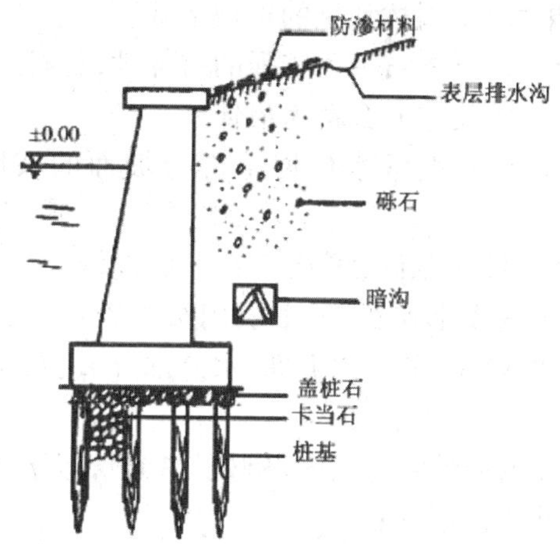

图 12-62　桩基驳岸结构示意图

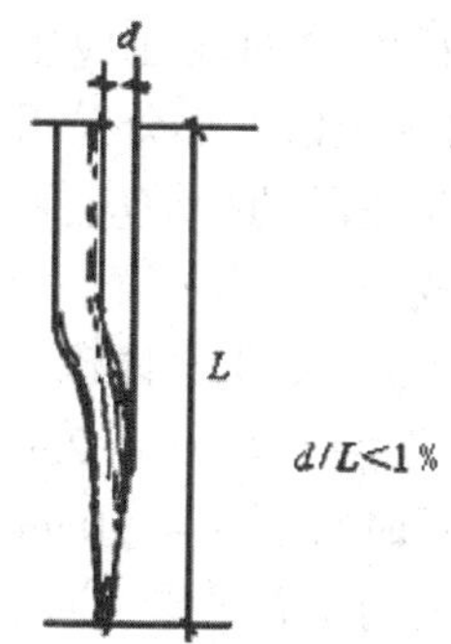

图 12-63　木桩弯曲度

灰土桩是先打孔后填灰土的桩基做法，常配合混凝土用，适于岸坡水淹频繁木桩易腐的地方。

竹桩、板桩驳岸是另一种类型的桩基驳岸。驳岸打桩后，基础上部临水面墙身由竹篱（片）

或板片镶嵌而成，适于临时性驳岸。竹篱驳岸造价低廉、取材容易，施工简单，工期短。施工时，竹桩、竹篱要上一层柏油，目的是防腐。竹桩顶端由竹节处截断以防雨水积聚，竹片镶嵌直顺紧密牢固。

由于竹篱缝很难做得密实，因此竹篱驳岸不耐风浪冲击、淘刷和游船撞击，岸土很容易被风浪淘刷，造成岸篱分开，最终失去护岸功能。因此，此类驳岸适用于风浪小、岸壁要求不高、土壤较黏的临时性护岸地段。

桩基驳岸的施工，参见砌石类驳岸的施工。

二、护坡工程

（一）护坡的作用

护坡是保护坡面防止雨水径流冲刷及风浪拍击的一种水工措施。它与驳岸的主要区别在于驳岸多采用岸壁直墙，有明显的墙身，岸壁斜度大于45°。护坡不同，它没有支撑土壤的直墙，而是在土壤斜坡（45° 以内）上铺设护坡材料的做法。护坡的作用主要是防止滑坡、减少地面水和风浪的冲刷以保证岸坡稳定。

（二）护坡的方法

护坡方法的选择应坡岸用途、构景透视效果、水岸地质状况和水流冲刷程度而定。目前常见的方法有铺石护坡、灌木护坡和草皮护坡。

1. 铺石护坡

当坡岸较陡，风浪较大或因造景需要时，可采用铺石护坡，如图 12-64（1）所示。铺石护坡由于施工容易，抗冲刷力强，经久耐用，护岸效果好，是园林常见的护坡形式。

护坡石料要求吸水率低（不超过 1%）、比重大（大于 $2t/m^3$）和较强的抗冻性，如石灰岩、砂岩、花岗岩等岩石，以块径 18 ～ 25cm，长宽比 1∶2 的长方形石料为最佳。

铺石护坡的坡面应根据水位和土壤状况确定，一般常水位以下部分坡面的坡度小于 1∶4，常水位以上部分采用 1∶1.5 ～ 1∶5。

重要地段的护坡应保证足够的透水性，为保证坡岸稳固，可在块石下面设倒滤层。倒滤层常做成 1 ～ 3 层，第一层为粗砂，第二层为小卵石或小碎石，最上层用级配碎石，总厚度为 15 ～ 25cm。如果水体深 2m 以上，为使铺石护岸更稳固，可考虑下部（水淹部分）用双层铺石，基础层（下层）厚 20 ～ 25cm，上层厚 30cm，碎石垫层厚 10 ～ 20cm。

铺石时每隔 5 ～ 20cm 预留泄水孔，20 ～ 25m 做伸缩缝，并在坡脚处设挡板，座于湖底下。要求较高的块石护岸，应用 M7.5 水泥砂浆勾缝，并浆砌压顶石。

铺石护坡的施工步骤为：

①开槽，坡岸地基经过平整后，按设计要求挖基础梯形槽，并素土夯实。

②铺倒滤层，砌坡脚石。按要求分层填筑倒滤层，应沿坡分布均匀。然后在开挖的沟槽中砌坡脚石，坡脚石宜选用大石块，并灌足砂浆。

③铺砌块石，补缝勾缝。从坡脚石起，由下而上铺砌块石，石块呈品字形排列，保持与坡面

平行，石间用砂浆和碎石填满、垫平，不得有虚角（可采用人在石面上行走来检验虚实），然后用M7.5 水泥砂浆勾缝。

2. 灌木护坡

灌木护坡较适于大水面平缓的坡岸。由于灌木有韧性、根系盘结、不怕水淹，能削弱风浪冲击力，减少地表冲刷，护岸效果较好。护坡灌木要具备速生、根系发达、耐水湿、株矮常绿等特点，可选择沼生植物护坡。施工时可直插、可植苗，但种植密度要大，若因景观需要强化天际线变化，可适量植草和乔木，如图 12-64（2）所示。

3. 草皮护坡

草皮护坡适于坡度在 1 : 5 ～ 1 : 20 的湖岸缓坡。要求草种耐水湿，根系发达，生长快，生存力强。护坡做法按坡面具体条件而定，可直接利用原有坡面的杂草护坡，也有直接在坡面上播草处加盖塑料薄膜；或如图 12-64（3）所示，先在正方砖、六角砖上种草，然后用竹签四角固定作护坡。最为常见的是块状或带状种草护坡，沿坡面自下而上成网状铺草，用木方条分隔固定，稍加压踩。若要增加景观层次、丰富地貌、加强透视感，可在草地上点缀山石，配以花灌木。

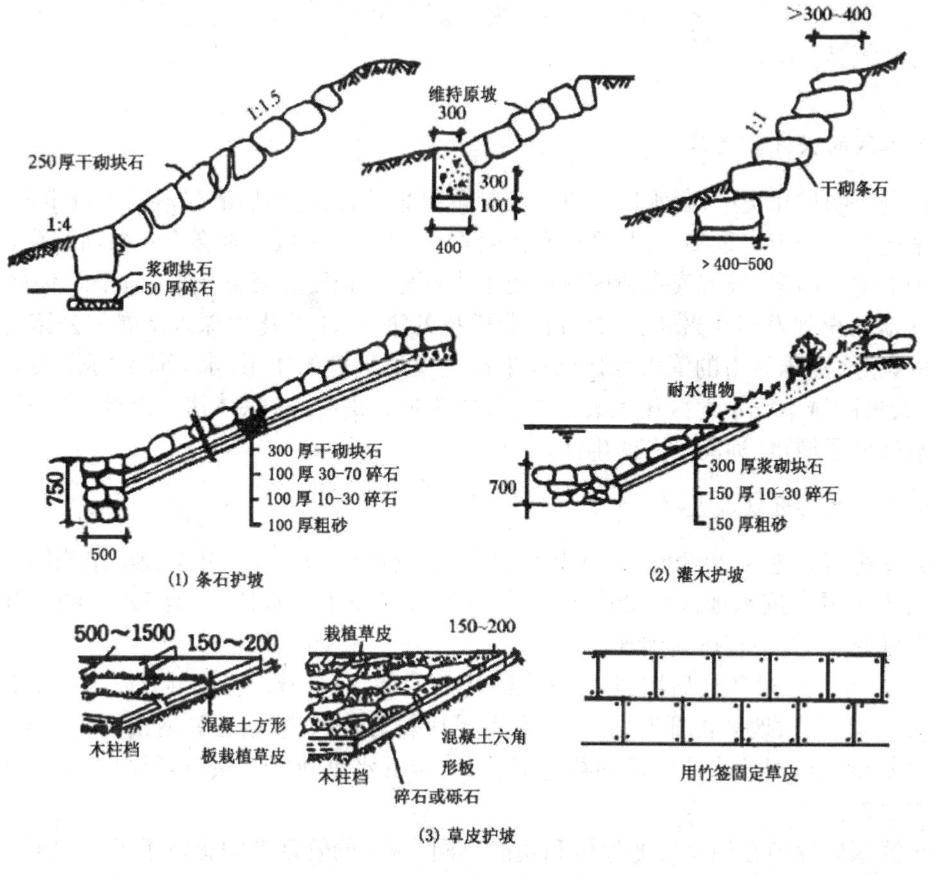

图 12-64 护坡的做法

第四节　滨水绿地规划设计

一、滨水绿地概述

滨水地区在孕育着丰富的自然生态资源、营造恬静优美的景观环境的同时，又作为人们生活的场所或开展游乐活动的场所。滨水区是一个特定的空间地段，指“与滨水绿地、湖泊、海洋毗邻的土地或建筑；城镇临水体的部分”。滨水绿地是滨水区的重要组成部分。20世纪80年代以来，滨水绿地逐渐成为园林景观设计的一大焦点。作为能够直接接触到水，拥有宝贵自然环境的滨水区，其价值正广泛地被人们重新认识。相应地，人们对滨水的要求亦不仅限于历来的防洪和水利，而提出了多样化、高质量的要求。滨水绿地作为一种重要的环境资源，它能够提高环境的质量，丰富地域风貌，同时为人们提供各种生活和休闲空间。滨水绿地也因水的存在而具有自身的独特性，体现了人们对水的认识以及敬水、用水、赏水的各种方式，并在一定程度上决定了滨水区的形态、风貌、灵魂以及独特的地方特色。

（一）滨水区发展简介

1. 滨水区的兴旺和衰落

在人类文明进化史中，滨水区一直扮演着重要角色，滨河而居的村落随着城市发展逐步形成一个个庞大的城市。事实上，几乎没有人会否认：“每一个城市都会有一条河流穿过。”

基于水运等因素，城市滨水地区在历史上大都是最先发展繁荣起来的地区，不少城市都因为滨水绿地而得到发展和兴旺，但是伴随着科技的进步，工业化的深入发展和公路、铁路等交通工具的兴起，穿越城市的滨水绿地已经不再起交通运输的作用，水运优势逐渐丧失，加之种种原因，大量的城市滨水地区逐渐衰落下去，成为城市的死角，水体污染黑臭、沿岸垃圾遍布，河流逐渐远离了城市，远离了人的生活。

2. 滨水区的再开发与复兴

西方发达国家进入20世纪60年代后，后工业化社会的到来使社会经济结构随之转型，人们重新发现了城市滨水地区的价值，因此相继展开了城市滨水地区（码头区）的再开发活动，并取得良好效果，并一直持续到现在。

我国在20世纪90年代后期，随着社会经济的发展，许多城市也相继开展了滨水综合整治、滨水景观规划、滨水地区再开发，其中既取得了比较显著的成绩，也暴露出不少问题。但无论如何已显示出居民对滨水地区的向往和渴求，希望滨水重新回归城市、回归生活，政府也有意开展这项工作。

由于滨水区绿地在城市中的地位和功能不同，城市的管理者们也赋予了它们不同的待遇，对于那些主干水系，由于富有人文情调和自然风光而得到重视。同时这些滨水绿地的滨河地段也往往是商业、文化、休闲的核心地段，在整个城市绿地系统中声名显赫。

(二)滨水绿地景观的构成

滨水绿地景观必须以水为中心,在此基础上应理解为有多种多样的景物,如水的波纹、近岸的芦苇、岸上的松树、建筑和街道、远处的山峰等,本章所讲述的滨水绿地设计即是以这些多种多样的景物为研究对象的设计。

原始的水域及周边的景观是自然生成的景观,水域景观由水域、过渡域和周边陆域三部分的景观构成。水域的景观基本是由水域的平面尺度、水深、流速、水质、水生态系统、地域气候、风力、水面的人类活动等要素所决定;过渡域的景观基本是指岸边水位变动范围内的景观;周边的陆域景观,主要是由地理景观所确定,但是在人口稠密区,更多的是受人文景观的影响。

作为水域景观的一种类型,滨水绿地景观的构成也就不单单指河流本身的景物景观,它还包括更大范围的外延扩展。根据尺度的大小,滨水绿地景观可分为大尺度景观和小尺度景观。大尺度景观是指河谷地区广域的景观中,依照视觉上所包围的河谷或泛滥平原地区所界定的范围;小尺度景观主要由滨水、堤防和河畔植被所组成。自然状态下所形成的小尺度景观受滨水的形态、特性、流水、现有滨水之植被、土地利用等因素的影响。

城市滨水绿地的景物构成与自然滨水绿地有共同之处。然而,城市滨水绿地并非对自然滨水绿地的不合理模拟。对于城市滨水绿地景观,就其构成要素而论,除构成滨水景观的诸如水面、河床、护岸等物质性要素之外,还包括了人的活动及其感受等主观性因素。

此外,滨水历史文化等有关人文景观方面的要素构成了城市滨水绿地景观的重要内涵。概括起来,城市滨水绿地景观可以包含以下三个方面的内容(见图 12-65)。

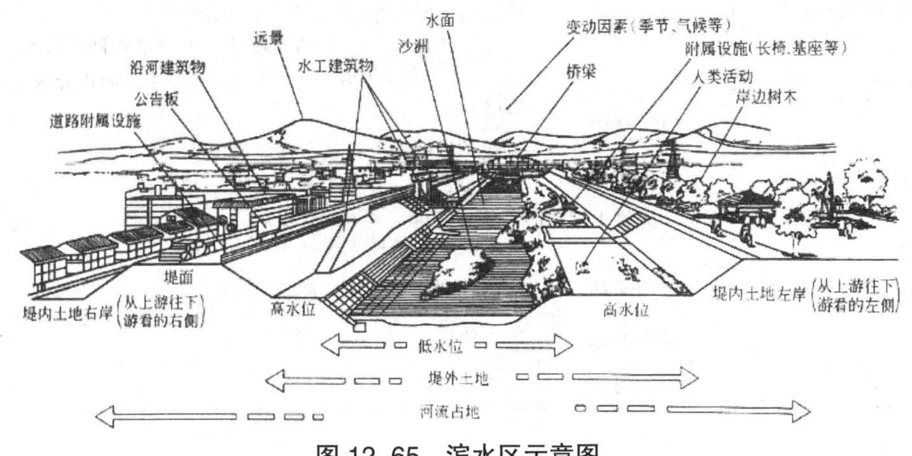

图 12-65 滨水区示意图

1. 自然景物

如水面的波纹、近岸旁的芦苇、岸上的树木、浮动的渔舟、闲适的小鸟、和煦的阳光等,又称为软质景观。有树、草、鱼、鸟、水、土、石等自然景物的河流景观,才能称其为真正的河流景观,保存、修复这个景观,留给后世以丰富的自然环境是滨水设计面临的一个重要课题。

2. 人造景物

如堤防、护岸、沿河的建筑、桥梁等景观构筑,又称为硬质景观。目前我国大多数的滨水绿地设计往往侧重于构成景观的硬质景观，而忽视了绿地林荫一类的软质景观的规划设计，其实软质景观才适合大众所需要的充满生活气息的环境。

3. 人与文化

通常就是指河流空间中活动着的人及其构成的景观，包括人的活动、节庆活动的开展及与之相关的人文活动，此外还包括与滨水有关的历史文化等。

为更好地理解滨水绿地景观，不能仅着眼于表面的构成景物，还必须研究滨水绿地景观和地区的关系。滨水绿地景观因所在的城区大小不一，被重视的功能也各不相同。而且滨水地带固有的自然、历史和文化特征是滨水环境的固有特性（即地区风格），因这种地区风格的不同，使滨水绿地景观的风貌具有极大的差异（见表 12-3）。

表 12-3　滨水绿地景观的构成要素

滨水绿地景观	水体	水体（平面性状、经横剖面、高河滩等）
		水体内部地形（沙洲、河床地质构造等）
		水面（流向、水质、倒影等）
		水体的构筑物（堤防、护岸、水闸等）
	沿岸	附属设施（长椅、小品、铺装、广告牌等）
		植被（树木、防护林、草坪等）
		道路（自行车道、通道、步道等）
		道路附属物（路标、电杆、道路绿化等）
		建筑物（沿滨水建筑物、水利设施等）
		空地（公园、广场、农田等）
	跨越结构	桥梁
		其他（供电线、管道等）
	远景	自然景观（山岳、丘陵、森林等）
		人工景观（高楼大厦、城郭等）
	人的活动	人、汽车、自行车、船等
	自然生态	鸟、鱼等
	变动因素	季节、气候、时间等

（三）滨水绿地的功能

滨水绿地和人的关系十分密切，并与城市的开发历史有深远的关系。在综合环境中滨水绿地的作用极大，同时也是非常重要的。滨水绿地的众多功能可归纳为：生态功能、景观功能、社会功能、经济功能。这 4 种功能同时存在，相辅相成。在规划设计时只重视空间景观功能或排水功能而不顾其他功能是不正确的，只强化一种单一的功能是不合适的，这样的滨水绿地也是不存在的。保持滨水绿地空间适宜的环境，协调好众多的功能，是滨水绿地规划设计要解决的重要问题。

1. 生态功能

（1）改善气候。绿色植物通过遮荫、吸收太阳能和蒸腾水分，可降低地面和底层大气的温度，降低昼夜温差，提高空气湿度。水的比热较大，水温不易随着气温的升高而升高，炎炎夏季徜徉于河畔不会感到酷热难当，这就是滨水绿地改善气候的作用。

（2）改善卫生环境。绿色植物能降低空气中二氧化硫、氟化物、氯化物等有害物质的含量，减轻飘尘和减弱噪声。有研究表明，40m 宽的林带可以使氟化物的浓度降低 47.9%，20m 宽的林带可降低 34%；大片绿地在生长季节最佳减尘率达 61.1%，非生长季节为 20% ~ 30%；草坪上空的飘尘浓度为裸露地面的 20%。大多数的绿色植物还能分泌杀菌素，减少空气中细菌含量。日本有统计数字表明，绿化覆盖率在 5% 以下的地区，呼吸系统病死亡率为 4 ~ 6 人 / 万人，而绿化覆盖率为 25% 的地区死亡率则降低了一半。

（3）蓄水防洪。防洪功能是指以防御洪水为主的防灾功能，滨水绿地的设计一般都要考虑防洪的要求。因为水的流经区域多半为人口密集的地带，在夏季暴雨突降时滨水绿地能起到防洪蓄水的作用。并且滨水绿化树、花卉、草坪能降低地表径流，涵养水源，降低暴雨的破坏力。

（4）给水供水的水利功能。是指对水的利用功能，包括给水、用水的水资源利用，还包括航运和渔业在内。

2. 景观功能

景观功能除了美化环境，确保河畔游览活动和公园、紧急疏散道路等场地作用外，还能为城市居民提供一个亲水、休闲的活动空间。这种滨水活动空间不同于城市中的其他常见的绿地空间，其有一定的特殊性。滨水区绿地系统景区内潺潺的流水、生机勃勃的植物能创造出一个类似大自然的园林空间。滨水绿地是城市中的一块乐土、一块开阔的空间，久居城市的人们希望的就是有这样一片能开阔视野、放松心情的景观空间。

3. 社会功能

近年来，在环境功能中，亲水功能尤其得到重视。人具有群居性，但是随着城市的发展，居住在城市中的人们相互交流的机会越来越少，人越来越孤单。缺乏交往使人逐渐孤独，厌倦生活。滨水区绿地的社会功能就是给城市居民提供一个放松心情、可以尽情交往的空间。滨水区绿地系统的优美景观如绿色的树木、彩色的花朵、清清的流水能给来此游玩的人们以视觉上、听觉上的刺激，使久居在“灰色丛林”的城市居民减轻心理压力，恢复健康心境。

4. 经济功能

一般来说，在两个经济发展水平相当的城市中，绿化越好吸引的投资也就越多。城市滨水区是城市商业较集中的地方，景观效果、绿化效果越好就越能吸引外来的投资。

（四）滨水绿地的类型

1. 根据观赏景观的位置分类

在考虑滨水绿地设计时，需要想到人在什么位置观赏景观。人在观赏滨水绿地景观时，景观视点可呈现多方位、多角度、静态性与动态性等特性。从桥上可以看到河面景，从岸边可以看到呈某一角度的河面景和对岸景。可以在某个地点站立向某一方向眺望，也可以边移动边体验陆续展开的景观，视角不相同，视觉的效果就不同。滨水绿地、河岸的建筑、远山等相对尺度的配合也影响着滨水绿地景观的视觉效果。滨水绿地景观根据观察者的视点位置不同分为对岸景、纵观景和鸟瞰景（见图 12-66）。

图 12-66　滨水绿地对景

2. 根据水面宽度与两边景物的高度关系分类

①被包围感的景观。相对河宽来说，若河岸的建筑物和山岭相对较高，就会产生被包围的感觉。这是由于从岸边或桥上眺望时，建筑物或山的仰角较大，使人感觉到自己是处在一个被包围的环境中。根据经验，仰角大于 10° 就会产生这种感觉。另外河面宽不足 100m 时，对岸人的活动、表情等均清晰可见，在这个尺度的距离内亦有两岸成为一个整体的感觉。

②开放感的景观。河面很宽，河岸的建筑物、山等相对变小，被包围感较弱，就会产生开放的感觉，河面宽超过 200m 的大江（河）、湖滨的景观多使人有这种感觉，岸边的整体感消失了。若视线对着附近的草木和高河滩的草地、河滩、桥梁等周边景观所构成的景物，一方面有一种视觉的稳定感，另一方面也能感受到无限的天空和开放感觉的魅力。

在滨水绿地景观中，为了使其景观更易于亲近，需要注意规模问题。在具有深远感的纵观景中，区分滨水绿地空间是很重要的。如因桥和滨水绿地弯曲等原因，空间被封闭而看不到。当水面宽阔时，就容易感到辽阔。另外在狭窄的滨水绿地中，如桥与桥之间的距离缩短就会给人以非常拥挤、局促的感觉。

在对岸景中，河宽与对岸景观规模的大小关系也是一个重要的问题。对水面占视野大半的宽阔滨水绿地、对岸景物不很清晰的中等滨水绿地或是能辨清植物和人物表情的中等滨水绿地，其构成的景物要素设计方法是不同的。

这种空间视觉的区分是距离和视觉关系的问题。因此对于对人类有极大利用价值的滨水绿地，必须安排好各种活动的空间范围。怎样进行小范围的分区规划而不破坏景区的整体气氛？怎样均衡活动分布与空间分区，形成统一的滨水景观？通常，用怎样来看和怎样能看到的视点来检验景观效果。

在滨水绿地景观设计时，应全面考虑眺望场所的分布及景观视点，探求适当的景点，既能眺望有特征的滨水，又能使心情愉快。

3. 根据与地形相关的滨水绿地特征和沿河的土地利用特征分类

滨水绿地景观可根据与地形相关的滨水绿地特征和沿河的土地利用特征来分类。关于沿河状况，有自然、田园、郊区、市区等差别，其对景观影响极大。根据滨水的位置、流经地域的地形地貌以及流经所在地周围用地功能的不同，可形成不同的滨水绿地风格。

滨水绿地设计就是要把握滨水绿地的自身特点以及滨水绿地与周围环境的关系，进而考虑如何定位滨水绿地景观，围绕滨水地区的风格特点，做出使之与周围环境相协调的景观设计。

二、滨水绿地设计原则

滨水绿地设计牵涉到诸多方面的问题，要使规划设计取得较为理想的成效，应该遵循以下几条基本原则。

（一）系统与区域原则

滨水绿地的形成是自然循环和自然地理等多种自然力综合作用的过程，该过程构成了一个复杂的系统，系统中某一因素的改变，都将影响到景观面貌的变化。所以在进行滨水绿地设计时，首先应该对滨水（滨水绿地）的汇水范围，从区域的角度、以系统的观点进行全方位的考虑。这是第一个层次，需要解决的问题有控制水土流失、合理调配水资源、对重大水利工程设施进行环境评价、协调城市岸线和土地的使用、综合治理环境污染，特别是要控制城市用地对滨水的侵占，做好污水截流、市政设施配套等。这些重大问题的解决，是滨水绿地设计的基本保障。

（二）多目标兼顾原则

滨水治理不单纯是解决一个防洪问题，还应包括改善水域生态环境、改进滨水可及性与亲水性、增加娱乐机会、提高滨水地区土地利用价值等一系列问题。如果仅从某一个角度出发，轻则造成资源的浪费，重则对城市生态带来不利影响，因此必须统筹兼顾、整体协调。滨水绿地设计必须能够为此提供多样性的结构、功能组合，以满足现代城市社会生活多样性的要求。

（三）生态设计原则

依据景观生态学原理，模拟自然滨水，保护生物多样性，强调绿地个性，实现绿地的可持续发展。

滨水绿地景观设计的前提和基础是必须保护自然生态。在滨水绿地景观中，最基本的自然景观是自然界经过缓慢发展变化形成的经过人类生活、生产活动变迁而留存下来的自然生态。有树、草、鱼、鸟、水、土、石等自然物体的滨水绿地景观，才能称其为真正的滨水绿地景观。

关于滨水绿地的自然保护对策有以下几点：

1. 使用天然材料构筑人工景物

如果滨水绿地中的水工结构使用天然石材，如河中固有的卵石和块石等，不仅可以给在那里生息的生物提供良好的生存环境，也为这些生物提供了必要的生活资源；但是如果滨水绿地改造后的河槽三个面都是混凝土结构，就成了只有水容器功能的单一构造的水工结构，便很难见到多种多样的生物群体了。

在近年来的城市化进程中，为确保绿地和空地，也正在重新认识保留自然状态的护岸林和缓冲水池的重要性。护岸林及与此相关的干砌石构筑的各种设施多半作为古迹和文物来看待，所以要尽可能地保护其自然状态。

2. 恢复自然植被

为实现滨水绿地的自然生态保护，最好是在保护原有自然植被的基础之上，对滨水绿地流域中固有的植物或群体进行保护和恢复。在保护自然植被时，要尽量避免在水边进行人工绿化，应保护当地原有的树种和植物。利用河滩公园和堤防植树要注意树种的选择，树种的组合一定要和植树的地带相适应。

3. 保护水质

水质问题是滨水绿地景观的前提条件，对水质差的滨水绿地治理时，规划设计必须要考虑水质保护计划。滨水绿地本身具有水体自净能力，随着河水的流动，依靠沉淀作用和生物活动使水质得到净化。但是，滨水绿地中流入的污染物多半超过滨水绿地的水体自净能力，因此，在将污水排放到滨水绿地之前首先必须进行排污处理，使污染物质不能排放到滨水绿地中，如采用在家庭设置家用合并净化池来处理生活污水、利用植物或一些过滤材料的净化功能来净化水道等措施来保护水质。

（四）自然美学原则

保持自然线形，强调植物造景，运用天然材料，创造自然生趣，鼓励平易质朴，反对铺张奢华，达到“虽由人作，宛自天开”的艺术境界（见图 12-67）。

图 12-67　自然、生态的滨水绿地设计

（五）文化保护原则

在滨水绿地设计中，要遵循自然景观整治与文化景观（人文景观）保护利用相结合的原则，以维护历史文脉的延续性，恢复和提高景观活力，塑造城市新形象。我们虽然在进行现代式的绿地设计，也不能完全脱离本地原有的文化与当地人文历史沉淀下来的审美情趣。在处理这个问题时一般有两种方式：一种是保留传统园林的内容或文化精神，整体上仍沿用传统布局，在材料及节点处理上呈现一定的现代感和现代工艺、手法，这是20世纪30年代园林师们逐渐从古典园林设计中走出来时采用的一种谨慎小心的做法，即“旧瓶装新酒”；另一种则是目前国际园林（景观）设计界流行的做法，即在现代园林（景观）设计中汲取“只言片语”的传统园林形式，使人隐隐约约地感受历史的信息与痕迹。

（六）亲水性原则

受现代人文主义影响极大的现代滨水绿地设计更多地考虑了人与生俱来的亲水特性。以往，人们惧怕洪水，因而建造的堤岸总是又高又厚，将人与水远远隔开。而科学技术发展到今天，人们已经能较好地掌握水的四季涨落特性，因而亲水性设计成为可能。如何让人与水进行直接接触式的交流，是处理这类景观设计时应着重探讨的。在各种滨水绿地利用形式中，近年来社会要求特别强烈的是亲水活动。所谓亲水活动，是指活动时把水在身边的感受作为目标的活动。滨水绿地空间形态也深受其影响。根据亲水活动的类型，与之对应的空间有以下几种：

1. 接近水

在近水平台及水中栈道等空间眺望水面和沿河景观及休息等。

2. 进入水中

在河滩和沙洲上进行拾河贝、戏水及钓鱼等活动。这类活动空间为浅滩等。

3. 利用水面

利用宽阔水面的活动有水上滑行和划船等活动，也包括将水面空间用作游泳场。这类空间要有丰富的水量和宽阔的水面，最好水的流速较小。

4. 水边的应用

利用高河滩的平地和河边开展钓鱼、露营和野餐等娱乐休闲活动。这类河边空间的横向坡度以1：40左右的缓坡为好。

5. 水边宽阔空间的应用

将滨水绿地的宽阔空间作为自然公园、体育公园和休闲场所等，具有开放性意义，这类空间设计最好能保持其不加改造的自然状态（见图12–68）。

（七）以人为本的设计原则

人是各种活动的主体，景观设计的最终目的是满足人的需要，创造一个令人身心愉悦的环境。以人为本的设计应注意以下三个方面的问题。

图 12-68　人可以亲近的滨水绿地

1. 空间尺度的人性化

（1）区域和滨水段尺度中的人性化设计。区域和滨水段尺度中的人性化设计指景观可达性和人性化的审美价值高的景观边界。前者指城市与滨水的密切联系，作为城市开放空间之一的滨水景观必须与社区等空间紧密联系，空间通畅，道路系统明确，以使人便捷可达；后者指滨水景观边界处理协调且与相临的城市景观相得益彰。

（2）邻里和场所尺度中的人性化设计。邻里和场所尺度中的人性化设计包括人性化的功能布局、内容丰富和人性化的景观格局、丰富的空间层次。滨水景观应包含内容丰富的功能区域，每种区域内还细化有各种功能，满足人的多种要求。另外，还要有丰富多彩的视觉层次。

（3）空间和细部尺度中的人性化设计。空间和细部尺度中的人性化设计要求注意人感知的细节，如视觉感知要求人在景观中活动时要不断有新的、吸引人注意力的事物展现出来，使人的体验过程充满趣味。还要求人所使用设施的尺度、材料等细节方面不仅要考虑景观的空间位置关系，更要考虑滨水景观与所享用空间的人的关系，从而满足人的需要。

2. 空间系统表达的清晰性

清晰的空间系统表达帮助人们对空间形态、空间要素及相互空间关系做出清晰判断。在功能区及空间节点连接上，要有足够的、清晰的导向性。这要求在满足滨河景观统一性的基础上，对空间功能分区、道路系统进行统一清晰的规划。

3. 对人的生理和心理特征的关注

例如，提供充足的休憩、休闲设施，提供各种亲水性活动满足人的需求。在设计的舒适性、多样性、新颖性和美观性方面下功夫，使设计出来的成果富有想象力和审美情趣，既可以满足人们休憩需要，又可以起到调节人们心情的作用。

总之，贯彻以人为本的设计原则可以使人在滨水绿地空间环境中获得舒适和愉悦的感受。

三、滨水绿地的规划设计

（一）滨水绿地的设计特点

城市滨水绿地是一个特定的空间地段，它既是陆地的边缘也是水的边缘，包括200 ~ 300m的水域空间及与之相邻的城市陆域空间，在此范围内滨水绿地设计首先要满足城市景观功能上的统一要求。滨水绿地构筑物一般是按防洪等要求设计的，因此所设计的绿地景观需在满足此重大功能的前提下与周围景观协调一致，规划时要从整体的统一性方面加以考虑。

滨水绿地规划设计时还要体现滨水绿地的景观特色，而滨水绿地景观本身在设计时也要体现出滨水绿地风貌。因此不论是自然段、田园段还是城市段的滨水绿地设计，均需考虑地区特征。

（二）滨水绿地设计基本模式

滨水绿地设计应该具体问题具体分析，但是一些带有模式性的处理方法，在实际中具有指导意义。

1. 关于滨水绿地平面处理

滨水的景观设计涉及滨水平面和断面两方面的问题。天然的滨水绿地有凹岸、凸岸，有浅滩和沙洲，它们既为各种生物创造了适宜的生存环境，又可减低河水流速、蓄洪涵水、削弱洪水的破坏力。

在设计滨水绿地平面时，一般认为拓宽断面、裁弯取直、修筑高堤就能解决防洪问题。事实上，从流域范围看，此举对解决防洪问题收益不大，相反却大大损害了滨水景观的美学价值。对于滨水绿地的平面布局应该综合考虑，形成有机系统，这样才能实现多目标的统一。具体来讲，首先应在解除滨水瓶颈基础上，尽量保持滨水的自然弯曲，滨水断面收放有致，不必强求平行等宽；其次，尽可能地多安排一些蓄水湖池，这种“袋囊状”结构不仅有益于防洪，而且对于景观和生态都具有重大意义；最后，尽可能使水系形成网络，有益于构建生态系统的基础框架。如图12-69所示为不同处理模式的滨水景观比较。

例如，合肥市环城公园系统利用古城墙护城河旧址，结合南淝河、董铺水库等城市水系，建立了开放的城市绿地空间环境。设计充分结合自然地形和文物景点，岗阜起伏、水陆相间、河湖岛洲、亭桥楼阁、宜山则山、宜水则水，以自然环境为设计依据，因势利导地处理平面及空间，既不矫揉造作，又不拘于原状，成为现代城市绿地景观生态设计的一个成功范例（见图12-70）。

2. 关于滨水绿地断面处理

滨水绿地断面处理的关键是要设计一个能够保证常年有水的水道及能够应付不同水位、水量的河床。这对于北方城市的滨水绿地尤为重要。一方面，由于这些地区水资源短缺，平时水量很小，但洪水时又有较大的径流量，从防洪出发需要较宽的滨水断面；另一方面，这些地区一年内大部分时间无水，绿地景观很难看。为了解决这种矛盾，可以采取一种多层台阶式（复式）的断面结构（见图 12-71），这样当较大洪水发生时，允许淹没滩地。平时这些滩地也是理想的开敞空间环境，具有较好的亲水性，适合居民自由休闲和游憩。

美国加州山裘斯格达路普河滨公园在滨水断面处理上采取了多种形式，根据滨水断面所处位置不同，因地制宜，灵活运用，取得了良好的效果（见图 12-72）。

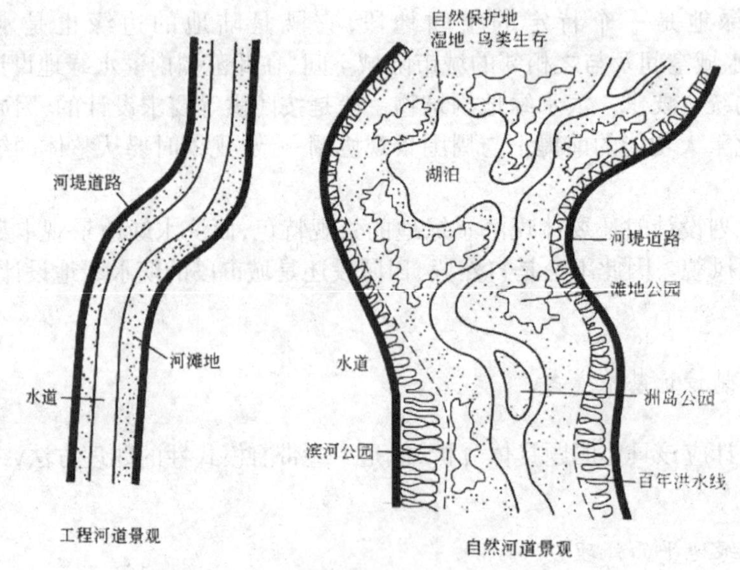

图 12-69　不同处理模式的滨水景观比较

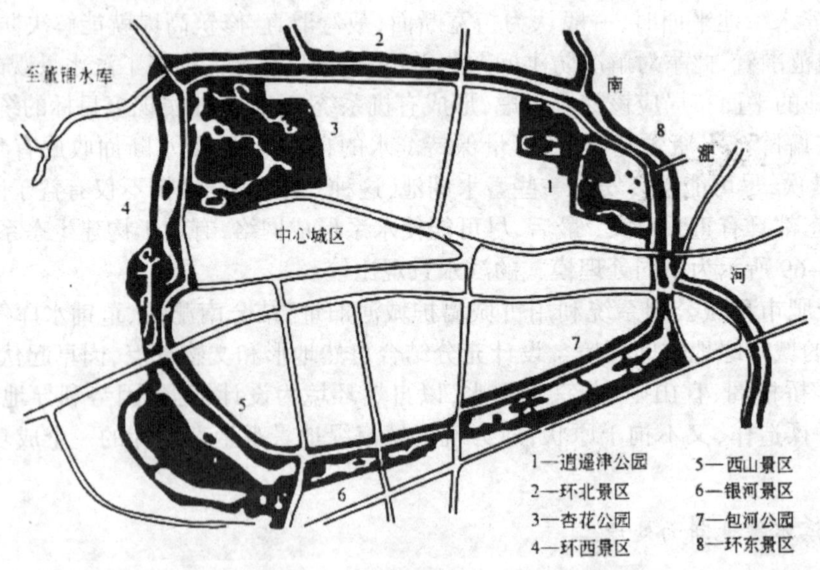

图 12-70　合肥市环城公园系统结构布局图

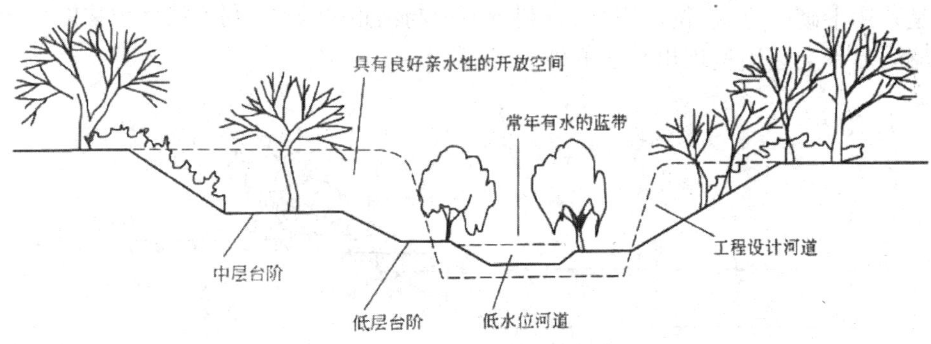

图 12-71 多层台阶式滨水断面结构图

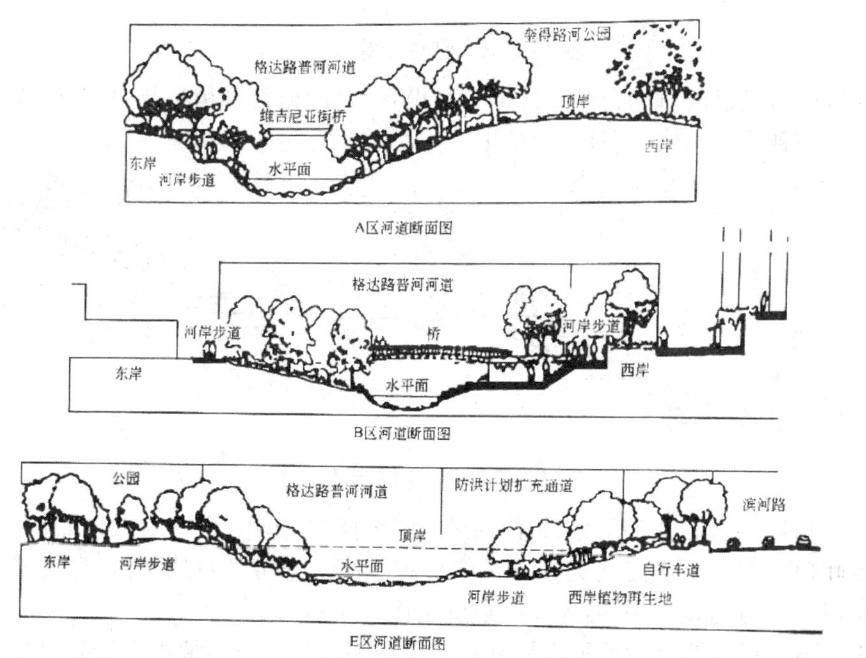

图 12-72 美国加州山袭斯格达路普河滨公园滨水断面设计图

3. 关于滨水堤岸的处理

在滨水绿地设计中，堤岸的处理是个重点，但在这方面往往花了很多钱效果却并不理想，造成浪费。在堤岸处理方式上，应该鼓励运用生态堤岸，即运用植物、石头和土壤等生态材料来构建滨水堤岸，以代替钢筋混凝土和石砌挡土墙的硬式河岸。这样不仅能够维护滨水堤岸的生态功能、美学价值，而且有利于降低造价和管理费用。对于坡度缓或腹地大的滨水地段，可以考虑保持自然状态，配合植物种植，达到稳定河岸的目的。我国传统的“治河六柳”法就是这方面的总结。对于较陡的坡岸或冲蚀较严重的地段，在使用水泥和石块护岸时，可以通过挖洞加圈的方法，种植树木花草，打破单调的硬线条，增加河岸生机。对于河底处理也是一样，尽量保持自然状态，促进地下水补充。下面介绍几种生态堤岸。

（1）刚性堤岸。主要由刚性材料如块石、混凝土块、砖、石笼、堆石等构成，但建造时不用砂浆，而是采用干砌的方式，留出空隙，以利于河岸与河道的交流，利于滨水植物的生长。随着时间的推移，堤岸会逐渐呈现出自然的外貌(见图 12-73)。

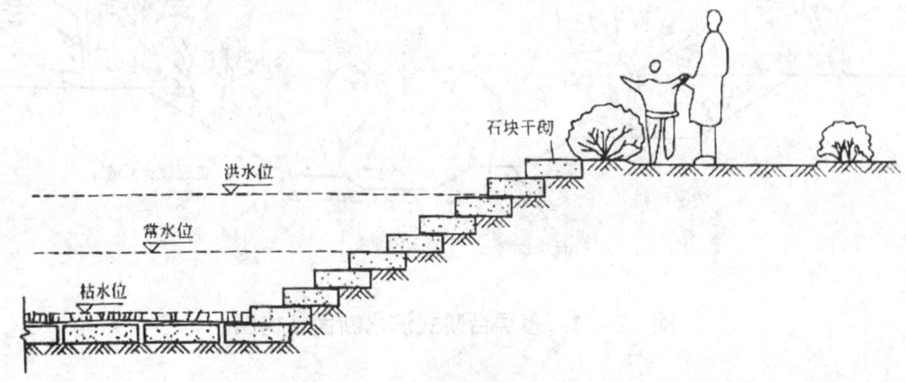

图 12-73 刚性堤岸（一）

也可将堤岸沿经过改造的台阶式地形分级设置，台阶面可种植植物，也可作为休息或散步的场所。与上一种方式相比，这种结合地形的方法需要有足够的用地(见图 12-74)。

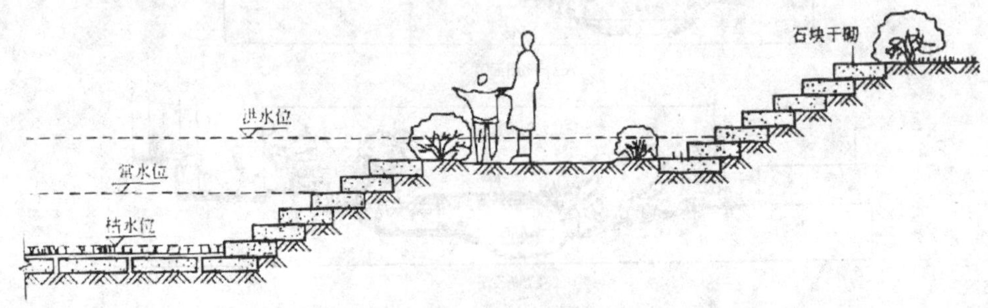

图 12-74 刚性堤岸（二）

刚性堤岸可以抵抗较强的流水冲刷，能在短期内发挥作用，且相对占地面积小，适合于用地紧张的城市滨水绿地。不足之处在于可能会破坏滨水地带的自然植被，导致现有植被覆盖和自然控制侵蚀能力的丧失，同时人工的痕迹也比较明显。

2）柔性堤岸：可分为自然原型堤岸和自然改造型堤岸。自然原型堤岸是直接将适于滨河地带生长的植被种植在堤岸上，利用植物的根、茎、叶来固堤。这种堤岸类型适用于用地充足、岸坡较缓、侵蚀不严重、最接近自然状态下的滨水带(见图 12-75)。自然改造型堤岸则主要用植物切枝或植株，或将其与枯枝及其他材料相结合，来防止侵蚀、控制沉淀，同时为生物提供栖息地。

图 12-75 自然原型堤岸

柔性堤岸的建设常与生物工程、生物技术侵蚀控制、生物稳固等专业术语联系在一起，这些方法技术是目前滨水绿地建设，包括堤岸建设中发展最为迅速的领域，下面介绍几种自然改造型堤岸类型。

①树桩：将活的、易生根的树木切枝直接插入土壤中，利用根系固着土壤，枝叶削减流水能量，适合于水岸交错带和堤岸带。

②柴笼：将植物切枝系成圆柱状的柴捆，顺等高线方向放置于岸坡上的浅渠内，适合于堤岸带。

③树枝压条：将活体切枝以交叉或交叠的方式插入土层中，适合于水岸交错带和堤岸带。

④枝条捆包：将树枝压条、木桩和压紧的回填土结合使用，适合于水岸交错带和堤岸带。

⑤植被格：将植物切枝层间的土壤用自然或合成的织物材料包裹，与树枝压条结合使用，适合于岸底带和水岸交错带使用。

⑥木笼墙：将原木连锁放置呈箱形，内部回填适宜的材料和植物切枝层，切枝在木笼内生根并伸入岸坡，适合于岸底带。

⑦树枝沉床：将带有分枝的植物切枝顺斜坡方向放置，形成沉床，切枝被切的一端插入坡脚保护结构中，适合于水岸交错带。

⑧树木铺面：用缆锁将一连串完整的枯树捆在一起，铆入河岸，适合于岸底带。

⑨原木与根系填料铺面：将原木与根系填料铆入河岸，为生物提供栖息地，适合于岸底带和水岸交错带。

⑩休眠树干：将树干以正方形或三角形的形式种植在堤岸上，适合于水岸交错带。

⑪棕纤维卷。用棕丝细绳将棕纤维系成圆柱形结构物，放置于坡脚，适合于岸底带和水岸交错带（见图 12-76）。

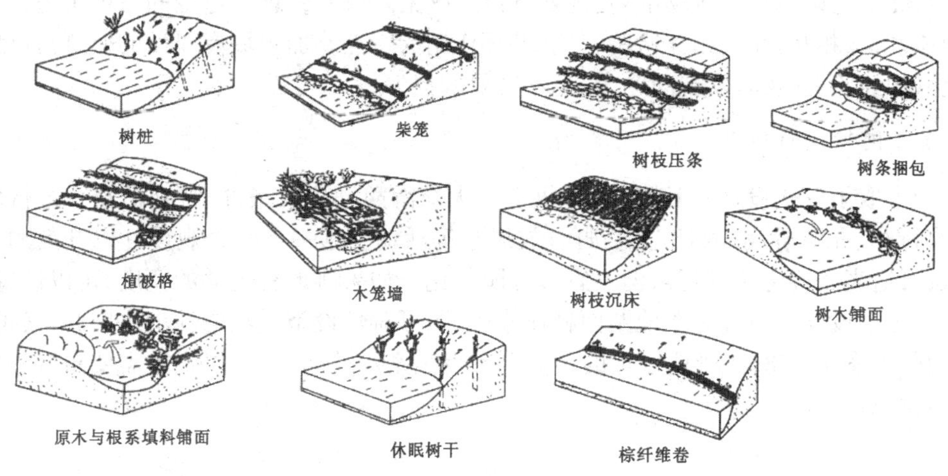

图 12-76 自然改造型堤岸

（3）刚柔结合型堤岸。刚柔结合型堤岸综合了以上两种堤岸的优点，具有人工结构的稳定性和自然的外貌，见效快，生态效益好。以下为常见的两种刚柔结合型堤岸。

①种植植物的堆石：将由大小不同的石块组成的堆石置于与水接触的土壤表面，再把植物切枝插入石堆中使斜坡更加稳定。植物的根系可提高强度，植被可遮盖石块，使堤岸外貌更加自然。

②与植物结合使用的插孔式混凝土块：将预制的混凝土块以连锁的形式放置于岸底的浅渠中，再将植物切枝或植株扦插于混凝土块之间和堤岸上部，其上覆土压实，再播种草本植物（见图 12–77）。

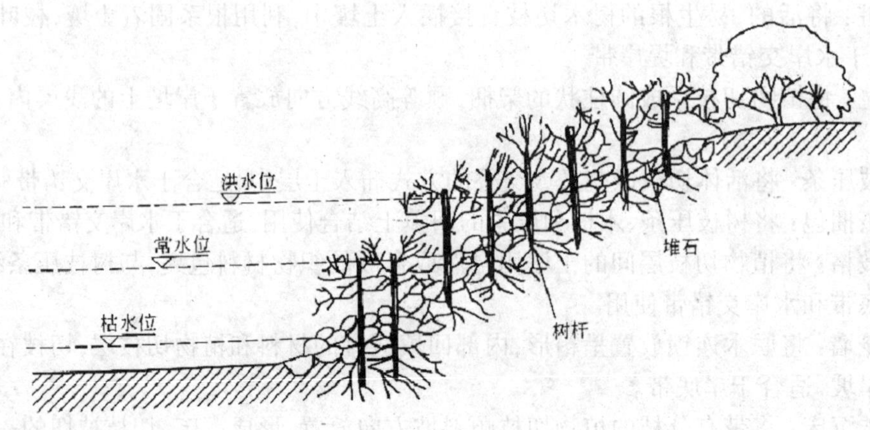

图 12–77 刚柔结合型堤岸

在以上类型的堤岸设计中，植物选择是关键，生态堤岸的成功与否和植物选择有直接的因果关系。植物选择最根本的原则是适地适树，要首先保证所用植物能在不需要太多的养护管理条件下顺利成活；其次要选择根系发达的植物，以利于稳固堤岸；最后要注意不同种植物的共生性和互补性，避免恶性的种间竞争。实践表明，一开始就种植水生植物群落而不是采用先锋树种如柳、山茱萸等是不成功的，因为蕨类植物需要柳树在一年后提供的绿荫。另外以上方法应互相结合，综合运用。

滨水堤岸建设是一个涉及策划、规划、设计、施工、维护、管理全过程的系列工程，每个环节既自成体系，又相互影响、相互检验，具有循环作用的特点。加强堤岸建设的监测与反馈，可以积累宝贵的经验，并及时发现问题，避免不必要的损失。

4. 关于河滩地的利用

由于采取了复式设计，河滩地为提供多种大众游憩创造了条件，特别适合于进行散步、慢跑、骑自行车、儿童游戏、晒日光浴、野餐放风筝等活动。这一空间景观设计以开敞的草坪、草地为主，可适当布置树丛、树群，但不宜过分园林化。如果滩地有足够的宽度，可以设置球场及其他休闲运动设施。通过对滩地断面稍作修改，既可避免设施受经常性洪水威胁，又可以丰富滩地景观（见图 12–78）。滩地设计的另一个重点是亲水性问题，可以根据需要布置一些平台、台阶、栈桥、石矶等。

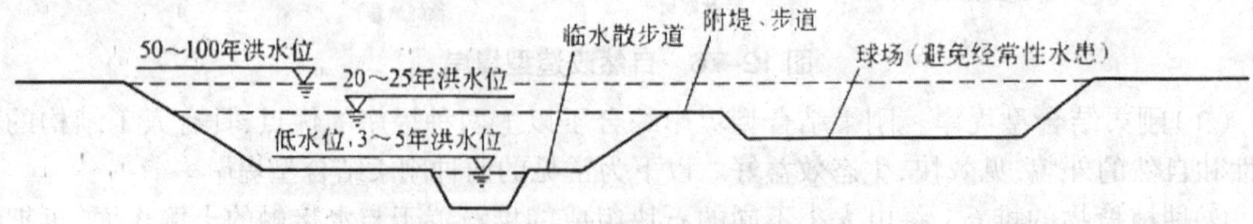

图 12–78 滩地利用断面结构图

例如，长春市伊通河城区上段风光带规划，在靠近城市中心的一段河滩地上，通过系列广场、雕塑、小品以及草坪、树木等手段，展现和突出了长春“汽车城”“电影城”和“科技城”的城市特色，增加了滨水绿地景观的文化内涵。

5. 关于滨水之外的土地利用及滨水绿地和街区的空间关系

滨水外土地利用应从城市总体规划上综合考虑，并应与城市街区建立良好的联系，如把水经渠引到社区或公共绿地，也可靠河设置平台，由此建立起密切的关系，形成良好的视觉感，并展现出沿河建筑的形态。要做到这一点，应遵循以下原则。

①确定滨水两侧建筑后退控制线，保证有一定宽度的绿化用地，以植物造景为主，强调整体性，形成一条连续的绿色走廊。

②改善城市道路可及性，方便游人自由出入滨水，沿河设计一条步行系统，街路与绿带之间最好能够运用地形，形成一定的分割、减弱噪声干扰。

③重点地段布置城市广场、小游园，充分结合城市历史文化，满足居民日常游憩活动。

④滨水周边土地利用性质，应以居住、商业和公共设施为主，提高土地利用价值。

四、滨水绿地景观要素设计

在进行滨水绿地景观要素设计时，应力求使所设计的景观要素与地区的风土相协调，并满足使用功能。设计时应着重考虑舒适性、安全性、景观的合理性、科学性、经济与管理的便利性。不同类型的滨水绿地应配置有不同的景观要素，所以应根据滨水绿地的类型进行其要素设计。

（一）自然段的滨水绿地景观要素设计

此类绿地多在离市区较远的上游山间地带，呈现一派山林野趣的景观。自然段的滨水绿地为居民提供节假日外出观赏学习（如观察鸟类、观察植物）的旅游场所。这类滨水绿地要求有观察设施（观察点、说明牌）、散步道、观察用小道、座椅、停车场、厕所、小卖店、休息处等。在景观要素配置方面应注意以下问题：

（1）观察设施不要过于显眼，可使用天然材料，采用调和的色调并利用树木进行遮蔽等。

（2）散步道沿线设置座椅、饮水处等基础设施。

（3）停车场应远离景点和观察点进行设置。

（4）在停车场附近，最好设置洗手间、小卖店、休息处等设施。

（二）田园段（或郊区段）的滨水绿地景观要素设计

此类绿地多在较远的城郊或邻近城市的自然部分，滨水绿地堤岸多宽阔，未进行刻意的修整，自然植被丰富。这类滨水绿地为居民提供短途的郊游活动场所，可以在里面进行采摘花草、捉虫、自然观察等亲近自然的活动。田园段（或郊区段）的滨水绿地景观要素要求有踏步、坡道、散步道、座椅、草坪广场、小溪水道、停车场、洗手间、小卖店等。在景观要素配置方面应注意以下问题。

（1）原有灌木等自然植被，只要其不会对泻洪能力产生不良影响，则应尽量不做处理，予以保留。

（2）散步道应该沿着水道边生长的湿生植物和水边的自然植被迂回设置，并在道路沿线观景效果良好的地方设置座椅。

（3）要在与堤内侧停车场或者主要休闲道路衔接的地方设置踏步及坡道。

（4）最好能在堤内侧停车场的附近设置洗手间、小卖店等设施。

（三）城市段滨水绿地景观要素设计

城市段滨水绿地的形式较多，应该根据具体情况合理布置绿地要素，下面以临近市区或市区内较安静的滨水绿地为例来说明。

此类滨水绿地一般面积较大，居民日常利用较多，它能为居民提供散步、健身等文化休闲活动。这类滨水绿地的构成要素有草坪广场、乔灌木、散步道、座椅、亲水平台、小型文化广场、小亭子、洗手间、饮水处、踏步、坡道、自行车运动及慢跑用道路、小卖店、食堂等。在绿地要素配置方面应注意以下问题：

（1）应该使堤防背水面的踏步与堤内侧的主要生活道路衔接。

（2）力求散步道有效利用堤防边侧乔木的树荫，将其作曲折、蜿蜒状设置。同时在景观效果良好的地方以适当的间隔设置座椅。

（3）设置防止跌落水中的措施。

（4）在低水护岸部位及接近水面的地方设置亲水平台，以满足利用者接近水的要求。

（5）应力求使堤防迎水面的缓斜坡护岸在坡度上有所变化，并铺植草坪。防止景观过分单调，并增加使用功能。

五、滨水绿地规划设计的趋势——建设自然型的滨水绿地景观

（一）建设自然型的滨水绿地景观的必要性

自然型的滨水绿地景观是指模拟自然滨水绿地形态或恢复、保护滨水绿地的自然形态的一种景观。自然型的滨水绿地景观最大限度地使用了天然植物栽植和石材，并构筑成近似自然的形态。它相对于城市型滨水绿地景观而言，有占地多但维护费用少的特点。

随着全球人口的增多，城市化进程的加快，住宅建设、交通网扩张和集约化农业对土地的占用越来越多，并严重威胁到多种动植物的生存。为了保护受到威胁的动植物的种群和它们繁衍的区域，在构建城市绿地时，应该考虑扩大其生存的区域，尤其是物种多样化的滨水地带及其边界。因此，条件具备时营建自然型的滨水绿地景观是必要的。

（二）建设自然型的滨水绿地景观应遵循的原则

自然型的滨水绿地景观建设的理念，可以表述为：人类是生活在大自然中的，在不充分了解大自然之前不应该随心所欲地改变自然。自然的改变应停留在最小限度内，即使已改变的场合，也要以其他形式进行修补，让自然复原，甚至要设法创造自然。因为只有这样，人与自然

才能和谐相处,共存共荣。为此,我们应遵循下面的设计原则。

1. 为生物创造富有多样性的环境条件

如果河流和水渠一样形状雷同和单调,那么水的流动形态也不会有变化,环境条件将十分单一,只能形成贫乏而又不稳定的生态系统。然而,当在河流里构筑浅滩和深潭,让河岸线忽宽忽窄地不规律变化,岸坡也或陡峭或舒缓,呈现构造上的多样性时,便会创造出富有多样性的环境条件,形成丰富稳定的生态系统。而且,类似河岸和河底的侵蚀、冲刷和淤积,这些自然活力的表现应该被允许存在。只有如此,才能提供新的物种安身立命的可能性。

水面忽宽忽窄,其储水和游水功能也会很强,可使洪水的峰值流量减少,迟滞径流的蔓延,收到理想的治水效果。而且,像这样具有构造多样性的河流,在水质净化方面,也都处于最佳状态。

2. 扩大作为生物生存区域的水面和绿化

即使让河流具备富有多样性的环境条件,但如果这样的区段很短,并且是孤立存在的话,其中的生态系统也会很贫乏,同样威胁到种群的生存和繁殖。因此,必须将这样的区段尽量延长,跨越上、下游之间,甚至扩展到支流,还要辟出绿道,在森林和原野上布下一张由流水和绿带编制成的网络。只有这样,其中的生物才有可能自由迁徙,种群才会不断增加,形成相对稳定的生态系统。

在城市中设法扩大水面和绿化是很重要的。如果让铺装具有透水性,扩大雨水的渗透范围的话,便能够在土壤中繁殖出更多的微生物。在城市扩大流水和绿地的努力不单纯是为了保护生态系统,它在补给地下水、改善城市水循环、减轻酷暑严寒的剧烈变化、抑制洪水径流、净化大气和给城市以润泽舒适等方面,都将起到积极的作用。

3. 复苏真正的河流

建设自然型的滨水绿地景观的真正目的是要面对水域进行构思,建设一条“普通的、真正的河”。溪流从岩石间奔涌而下,田园中的小河显得悠然自得,到了下游,缓缓地流着。复原这种真正的河流形态,让人们印象中的家乡河流景观重现在眼前,这不是一般抽象意义上的河流改造,而是要构建一条具有当地特色的自然形态河流。在利用植物栽植的护岸上,从当地的柳树中选择适当的品种,地面则利用当地的野草。石材的选择同样如此。或自由奔放、气势雄浑,或安闲恬适、悠然温顺,这才是河流的本来面目。为此,我们在滨水绿地建设中,要坚持的一个重要理念便是:因地制宜,量体裁衣。

4. 营造构图简约、朴素优美的景观

自然型滨水绿地建设的根本目的,不是刻意地按标准在这儿修筑一个堤坝或在那儿准备一个栖息场所,而是要建设一条普通的河。因为一条普通的河,可以通过简约朴素的设计,毫不困难地满足它的各种功能要求。然而按标准做总是将河流真正的特点丢掉,使具有多样性的河流最后也许变成了单纯的水渠。自然型的滨水绿地最大限度地使用了天然植物栽植和石材,并构筑成近似自然的形态,避免设计上人工的个性色彩过分张扬,表现出一种朴素的美,给人一种亲切感,消除了人工构筑物所特有的冷漠和呆板而自然地融入到环境中去。而且这种自然景物无时无刻不在改变它的面貌和表情,呈现出千姿百态的景观,令人感到美不胜收,百看不厌(见图 12-79)。

图 12-79　南阳市淅川县渠首水库四周景观

(三)建设自然型的滨水绿地景观的措施

(1)减少人工程序,放弃过分追求标准一致和单纯崇尚唯美的建设方法。标准能给技术人员以安全感,让他觉得正在做的事是正确的,但是标准并非是技术人员应具有的创造性思维的代用品。无论是什么样的标准,在具体案例中都应再一次检验它应用的可能性。为了建设近于自然状态的景观,要通过对现有对象的思考和想象,来找出更多的可能性。对于过去将某段滨水绿地作成暗渠的例子,应将其恢复到自然状态。

(2)为保护被水滋润的景观,在条件允许的情况下,最好采用渗透性好的铺装材料。来自地表和斜坡处的排水,应尽可能使其渗入地下,在不得已的情况下,可将其蓄于储水池中。

(3)依据生态学的观点,将接近自然的土地连成网络。自然状态的绿地虽然对物种生存很重要,但是太孤立了。因此,必须通过营造接近自然形态的滨水绿地和接近自然的土地(农田中的树林)将自然状态的绿地在尽可能广的范围内连成一片。

(4)不要干预自然的活力。自然现象使得地形不断发生改变,创造出让许多动植物种群繁衍生息的必要条件。如周期性的河水泛滥,使得岸边出现富有多样性的边界部分,在设计中,应保留这些富有多样性的边界部分,优先培育当地的原生植物。在对自然的改造中,一定要进行有关环境融合性的试验,对自然的人为改造应控制在最低限度内进行,对人为改造的地方应设法补偿。

参考文献

[1] 陈从周 . 说园 [M]. 上海：同济大学出版社，1984.

[2] 杜汝俭，等 . 园林建筑设计 [M]. 北京：中国建筑工业出版社，1984.

[3] 胡长龙 . 城市园林绝对化设计 [M]. 上海：上海科学技术出版社，2003.

[4] 胡先祥，等 . 园林规划设计 [M]. 北京：机械工业出版社，2007.

[5] 刘福智，等 . 风景园林建筑设计指导 [M]. 北京：机械工业出版社，2007.

[6]（明）计成 . 园冶注释 [M]. 北京：中国建筑工业出版社，1988.

[7] 张付根，薛金国，尤扬，等 . 城市园林设计 [M]. 北京：中国农业大学出版社，2008.

[8] 李贞，薛金国，李山，等 . 城市园林设计理论与实践 [M]. 北京：中国农业大学出版社，2013.

[9]〔美〕约翰·O. 西蒙兹 . 景观设计学 [M]. 北京：中国建筑工业出版社，2000.

[10]〔美〕T. 贝尔托斯基 . 园林设计初步 [M]. 闫红伟，李俊英，王蕾等译 . 北京：化学工业出版社，2007.

[11] 彭一刚 . 中国古典园林分析 [M]. 北京：中国建筑工业出版社，1986.

[12] 荣先林，等 . 实用园林景观设计图集典范 [M]. 合肥：安徽文化音像出版社，2003.

[13] 苏雪痕 . 植物造景 [M]. 北京：中国林业出版社，2007.

[14] 同济大学建筑系园林教研室编 . 公园规划与建筑图集 [M]. 北京：中国建筑工业出版社，1986.

[15] 唐学山，等 . 园林设计 [M]. 北京：中国林业出版社，1997.

[16] 夏惠 . 园林艺术 [M]. 北京：中国建筑工业出版社，2007.

[17] 筑龙网组编 . 园林古建小品设计 CAD 精选图集 [M]. 北京：机械工业出版社，2007.

[18] 张德炎，等 . 园林规划设计 [M]. 北京：化学工业出版社，2007.

[19] 马杰，李留振，黄广远 . 彩叶植物生产栽培及应用 [M]. 北京：中国农业大学出版社，2014.

[20] 李振卿，陈建业，李红伟，等 . 彩叶植物栽培与应用 [M]. 北京：中国农业大学出版社，2011.

[21] 汪卫东，刘道纯，翟宝黔，等 . 园林植物识别与栽培 [M]. 天津：天津科学技术出版社，2018.

[22] 毛培琳 . 园林铺地 [M]. 北京：中国林业出版社，1992.

[23] 黄金锜 . 屋顶花园设计与营造 [M]. 北京：中国林业出版社，1994.

[24] 樊佳 . 浅谈城市绿地景观系统规划 [EB/OL]. 百度文库 – 专业资料 – 工程科技 – 城 / 园林规划 https：//wenku.baidu.com/view/5886e156f61fb7360b4c65e0.html.

[25] 王军，傅伯杰，陈利顶 . 景观生态规划的原理和方法 [J]. 资源科学，1999.

[26] 教材建设与出版管理中心，杨赉丽 . 城市园林绿地规划（第 2 版）[M]. 北京：中国林业出版社，2006.

[27] 黄凤茹 . 城市景观和城市规划新思路 [J]. 城市规划汇刊，1998（1）：52—58.

[28] 车生泉 . 城市绿色廊道研究 [J]. 城市规划，2000.

[29] 邓毅 . 城市景观的生态化设计 [J]. 城市问题，2002.

[30] 李敏 . 城市绿地系统与人居环境规划 [M]. 北京：中国建筑工业出版社，1999.